Fondements des mathématiques 10

Auteurs

Barbara J. Canton
B.A. (Hons.), B.Ed., M.Ed.
Limestone District School Board

Steve Etienne
B.Sc., B. Admin., Ed. Cert.
District School Board of Niagara

Honi Huyck
B.Sc. (Hons.), B.Ed.
Belle River, Ontario

John Santarelli
B.Sc., B.Ed.
Hamilton-Wentworth Catholic
District School Board

Ken Stewart
B.Sc. (Hons.), B.Ed.
York Region District School Board

Auteurs collaborateurs

Derrick Driscoll
B.Sc., B.Ed.
Thames Valley District School Board

Ann Heide
B.A., B.Ed., M.Ed.
AHA Educational Activities
Ottawa, Ontario

Sandy Szeto
B.Sc., B.Ed.
Toronto District School Board

Consultant principal

Steve Etienne
B.Sc., B. Admin., Ed. Cert.
District School Board of Niagara

Consultante en évaluation

Lynda M. Ferneyhough
B.Math., C.F.P., M.Ed.
Peel District School Board

Consultante en littératie

Nina Purba Jaiswal
B.A., B.Ed., M.Ed.
Peel District School Board

Consultante pédagogique

Jacqueline Hill
B.Sc., B.Ed.
Durham District School Board

Consultant technologique

Derrick Driscoll
B.Sc., B.Ed.
Thames Valley District School Board

Consultants à l'édition française

Saci Hebabi

Alain Gamache

Conseillers

Jacqueline Hill
B.Sc., B.Ed.
Durham District School Board

Janet Moir
B.A. (Hons.), B.Ed.
Toronto Catholic District School
Board

Colleen Morgulis
B.Math. (Hons.), B.Ed.
Durham Catholic District School
Board

Larry Romano
B.A. (Hons.), B.Ed.
Toronto Catholic District School
Board

Cheryl Warrington
B.Sc., B.A., B.Ed.
District School Board of Niagara

CHENELIÈRE ÉDUCATION

Fondements des mathématiques 10

Traduction de : *Foundations of Mathematics 10* de Barbara J. Canton,
 Steve Etienne, Honi Huyck, John Santarelli et Ken Stewart
 © 2007 McGraw-Hill Ryerson (ISBN 978-0-07-097768-6)

© 2009 Les Éditions de la Chenelière inc.

Édition : Johanne L. Massé
Coordination : Guillaume Bélanger
Traduction : Peggy Brenier et Gilles Rivet
Révision linguistique : Marie-Hélène de la Chevrotière
Correction d'épreuves : Natacha Auclair
Infographie : Transcontinental Transmédia
Impression : Imprimeries Transcontinental

Conception graphique : Pronk&Associates
Conception de la couverture : Liz Harasymczuk

Cette ressource est disponible grâce à l'appui finan-
cier de Patrimoine canadien/Canadian Heritage, sous
la gestion du ministère de l'Éducation de l'Ontario.

Source de la photo de la couverture

Getty Images

CHENELIÈRE ÉDUCATION

7001, boul. Saint-Laurent
Montréal (Québec) Canada H2S 3E3
Téléphone : 514 273-1066
Télécopieur : 450 461-3834 / 1 888 460-3834
info@cheneliere.ca

ISBN 978-2-7651-0520-6

Dépôt légal : 1er trimestre 2009
Bibliothèque et Archives nationales du Québec
Bibliothèque et Archives Canada

Imprimé au Canada

1 2 3 4 5 ITIB 12 11 10 09 08

Nous reconnaissons l'aide financière du gouvernement du Canada par l'en-
tremise du Programme d'aide au développement de l'industrie de l'édition
(PADIÉ) pour nos activités d'édition.

Gouvernement du Québec – Programme de crédit d'impôt pour l'édition de
livres – Gestion SODEC.

Remerciements

Aux réviseurs de *Fondements des mathématiques 10*

Les éditeurs et auteurs de *Fondements des mathématiques 10*, de McGraw-Hill Ryerson, souhaitent remercier sincèrement les élèves, enseignants, consultants et réviseurs qui ont contribué à la parution de ce manuel grâce à leur temps, leur énergie et leur expertise. Nous les remercions pour leurs commentaires et suggestions toujours pertinents. La valeur de leur contribution s'est révélée inestimable, et ce, dans la mesure où ils nous ont permis de mieux cerner les besoins des élèves et des enseignants.

Dan Bruni
York Catholic District School Board

Ian Charlton
Thames Valley District School Board

Chris Dearling
Consultant en mathématiques
Burlington, Ontario

Mary Ellen Diamond
Niagara Catholic District School Board

Emidio DiAntonio
Dufferin-Peel Catholic District School Board

Karen Frazer
Ottawa-Carleton District School Board

Doris Galea
Dufferin-Peel Catholic District School Board

Mark Guindon
Consultant industriel et travailleur
Bath, Ontario

Beverly A. Hitchman
Upper Grand District School Board

Raymond Ho
Durham District School Board

Mike Jacobs
Durham Catholic District School Board

Alan Jones
Peel District School Board

Travis Kartye
Thames Valley District School Board

Alison Lane
Ottawa-Carleton District School Board

Edward S. Luvor
Toronto Catholic District School Board

Jane Lee
Toronto District School Board

David Lovisa
York Region District School Board

Paul Marchildon
Ottawa-Carleton District School Board

Donald Mountain
Thames Valley District School Board

Andrzej Pienkowski
Toronto District School Board

Richard Poremba
Brant Haldemand Norfolk Catholic District School Board

Clyde Ramlochan
Toronto District School Board

Sharon Ramlochan
Toronto District School Board

Julie Sheremeto
Ottawa-Carleton District School Board

Robert Sherk
Limestone District School Board

Susan Siskind
Toronto District School Board

Robert Slemon
Toronto District School Board

Victor E. Sommerkamp *B.Sc., B.Sc. (Honours), B.Ed., M.A.*
Dufferin-Peel Catholic District School Board

Joe Spano
Dufferin-Peel Catholic District School Board

Carol Sproule
Ottawa-Carleton District School Board

Michelle St.Pierre
Simcoe County District School Board

Laura Stancati
Toronto Catholic District School Board

Tony Stancati
Toronto Catholic District School Board

Tara Townes
Waterloo Catholic District School Board

Chris Wadley
Grand Erie District School Board

Anne Walton
Ottawa-Carleton District School Board

Terrence Wilkinson
Simcoe County District School Board

Peter L. Wright *B.Sc. (Hons), M.Sc., B.Ed.*
Grand Erie District School Board

Table des matières

Chasse au trésor   VIII

C'est parti !   IX

Stratégies de résolution de problèmes   x

Chapitre 1

Les systèmes de mesure et les triangles semblables   2

Prépare-toi   4
1.1 Le système international d'unités (SI)   6
1.2 La conversion de mesures   12
1.3 Les triangles semblables   19
1.4 Résoudre des problèmes à l'aide
de triangles semblables   30
Révision du chapitre 1   38
Test modèle du chapitre 1   40

Chapitre 2

La trigonométrie du triangle rectangle   42

Prépare-toi   44
2.1 Le théorème de Pythagore   46
2.2 Les rapports et les proportions
dans les triangles rectangles   54

2.3 Le sinus et le cosinus   63
2.4 La tangente   74
2.5 Résoudre des problèmes portant
sur des triangles rectangles   83
Révision du chapitre 2   88
Test modèle du chapitre 2   90
Projet : Refaire un parc du voisinage   92
Révision des chapitres 1 et 2   94

Chapitre 3

Les fonctions affines   **96**

Prépare-toi   **98**
3.1 La pente comme taux de variation   100
3.2 Étude technologique de la pente et de l'ordonnée à l'origine   112
3.3 Les propriétés des pentes de droites   119
3.4 Déterminer l'équation d'une droite   130
3.5 Représenter graphiquement à la main des fonctions affines   141
Révision du chapitre 3   **150**
Test modèle du chapitre 3   **152**

Chapitre 4

Les équations du premier degré   **154**

Prépare-toi   **156**
4.1 Résoudre des équations du premier degré en une ou en deux étapes   158
4.2 Résoudre des équations du premier degré en plusieurs étapes   167
4.3 Modéliser à l'aide de formules   178
4.4 Transformer la forme générale d'une équation du premier degré   188
Révision du chapitre 4   **194**
Test modèle du chapitre 4   **196**

Chapitre 5

Les systèmes d'équations du premier degré   **198**

Prépare-toi   **200**
5.1 Résoudre graphiquement des systèmes d'équations du premier degré   202
5.2 Résoudre des systèmes d'équations du premier degré par substitution   209
5.3 Résoudre des systèmes d'équations du premier degré par élimination   216
5.4 Résoudre des problèmes impliquant des systèmes d'équations du premier degré   223
Révision du chapitre 5   **230**
Test modèle du chapitre 5   **232**
Projet : Collecte caritative   **234**
Révision des chapitres 3 à 5   **236**

Chapitre 6

Les fonctions du second degré   **238**

Prépare-toi   **240**

6.1 Explorer les fonctions non affines   **242**

6.2 Modéliser les fonctions du second degré   **249**

6.3 Les caractéristiques principales
des fonctions du second degré   **258**

6.4 Les taux de variation dans les
fonctions du second degré   **268**

Révision du chapitre 6   **276**

Test modèle du chapitre 6   **278**

Chapitre 7

**Les expressions algébriques
du second degré**   **280**

Prépare-toi   **282**

7.1 La multiplication de deux binômes   **284**

7.2 Les facteurs communs et la factorisation   **294**

7.3 La factorisation d'une différence de carrés   **302**

7.4 La factorisation de trinômes
de la forme $ax^2 + bx + c$, où $a = 1$ **310**

Révision du chapitre 7   **316**

Test modèle du chapitre 7   **318**

Chapitre 8

Représenter les fonctions du second degré   **320**

Prépare-toi   **322**

8.1 Interpréter les fonctions du second degré   **324**

8.2 Représenter les fonctions du second degré de diverses manières   **333**

8.3 La fonction du second degré $y = ax^2 + c$ **340**

8.4 Résoudre des problèmes comportant une fonction du second degré   **348**

Révision du chapitre 8   **356**

Test modèle du chapitre 8   **358**

Projet : Un concours de coups de circuit   **360**

Révision des chapitres 6 à 8   **362**

Projet : Concevoir un jeu   **364**

Révision des chapitres 1 à 8   **366**

Annexe – Habiletés   **369**

Annexe – Technologie   **397**

Réponses   **420**

Glossaire   **465**

Index   **472**

Sources   **480**

Chasse au trésor

Explore ton manuel

1. Ton manuel comporte huit chapitres. Chaque chapitre est divisé en plusieurs sections. Combien de sections y a-t-il au total dans ton manuel ?

2. Fais la liste de ce qu'il y a après le chapitre 8.

3. Suppose que tu souhaites savoir à quel endroit les calculatrices à affichage graphique sont utilisées dans le manuel. Où regarderais-tu pour trouver les pages exactes ?

4. Quel est le titre du chapitre 1 ?

5. Repère les pages de Prépare-toi du chapitre 1. Lis le problème du chapitre. Quel problème François essaie-t-il de résoudre ?

6. Quel est le titre de la section 1.1 ?

7. Quels termes sont définis dans la marge de la page 6 ?

8. Quels sont les concepts clés de la section 1.3 ?

9. Suppose que tu travailles sur le problème 4 de la page 33 et que tu ne trouves pas la solution. Où pourrais-tu trouver de l'aide ?

10. Dans le chapitre 1, repère une rubrique Math plus qui renvoie à du contenu disponible sur Internet et à propos duquel ton enseignant ou ton enseignante peut t'aider.

11. Repère la section de la révision du chapitre 1. Comment peut-elle t'aider à te préparer au test du chapitre ?

12. Consulte la liste de termes clés au début du chapitre 1. Choisis un terme clé et vérifie-le dans le glossaire qui se trouve à la fin du manuel. Prends note du terme et de sa définition.

13. Suppose qu'un certain outil technologique te semble difficile à utiliser. Où trouverais-tu de l'aide ?

14. Suppose que tu doives réviser des compétences mathématiques précises avec lesquelles tu as de la difficulté. Où trouverais-tu des renseignements utiles ?

Bienvenue dans le manuel Fondements des mathématiques 10

Avant de commencer à explorer les nouveaux concepts et les nouvelles compétences mathématiques présentés dans ce manuel, réfléchis aux nombreuses manières d'utiliser les mathématiques au quotidien. Regarde les exemples de ce diagramme conceptuel. Comment utiliserais-tu les mathématiques pour répondre à ces questions ? Réfléchis à d'autres situations de ta vie quotidienne où on a recours aux mathématiques.

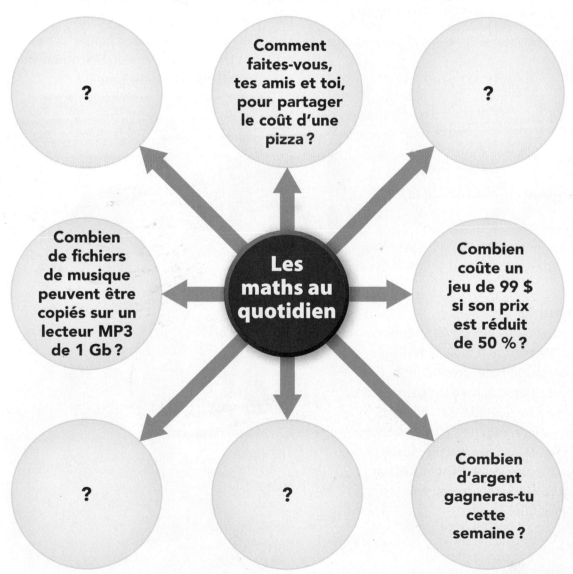

?

Comment faites-vous, tes amis et toi, pour partager le coût d'une pizza ?

?

Combien de fichiers de musique peuvent être copiés sur un lecteur MP3 de 1 Gb ?

Les maths au quotidien

Combien coûte un jeu de 99 $ si son prix est réduit de 50 % ?

?

?

Combien d'argent gagneras-tu cette semaine ?

Stratégies de résolution de problèmes

Comment peux-tu résoudre des problèmes semblables aux quatre problèmes suivants ? Compare tes idées avec les stratégies proposées dans les pages suivantes.

Problème 1

Au cours de la première ronde d'un tournoi de soccer, chaque équipe doit affronter chacune des autres équipes au moins une fois. Combien de matchs seront joués si 12 équipes participent au tournoi ?

Problème 2

Sasha compare des forfaits de téléphone portable. L'entreprise A facture 40 $ par mois pour les 250 premières minutes, plus 0,25 $ pour chaque minute supplémentaire. L'entreprise B facture 30 $ par mois pour les 250 premières minutes, plus 0,30 $ pour chaque minute supplémentaire. Sasha pense qu'elle utiliserait environ 20 minutes par jour. Quel forfait Sasha devrait-elle choisir ? Pourquoi ?

Problème 3

Quelle est la somme des 99 premiers nombres naturels impairs consécutifs ?

Problème 4

Tatjana construit une clôture en bois autour d'un champ rectangulaire de 72 m sur 112 m. Elle placera un poteau dans chaque coin ainsi qu'à tous les 8 m sur les côtés. De combien de poteaux Tatjana aura-t-elle besoin ?

Les gens doivent résoudre des problèmes mathématiques à la maison, au travail et dans leurs loisirs. On peut les résoudre de différentes manières. Dans ton manuel, nous t'encourageons à essayer diverses méthodes. Elles peuvent être différentes de celles présentées, mais sont peut-être tout aussi bonnes.

Un modèle de résolution de problème
Nous te suggérons la méthode suivante en quatre étapes :

Comprendre

Lis l'énoncé du problème.
- Réfléchis au problème. Exprime-le dans tes propres mots.
- De quels renseignements disposes-tu ?
- De quels autres renseignements as-tu besoin ?
- Qu'est-ce qu'on te demande de faire dans le problème ?

Planifier

Choisis une stratégie pour résoudre le problème. Tu peux parfois avoir besoin de plusieurs stratégies.
- Pense à d'autres problèmes que tu as réussi à résoudre. Ce problème ressemble-t-il à l'un d'eux ? Peux-tu utiliser une stratégie similaire ? Les stratégies que tu peux utiliser incluent les suivantes :
  - tracer un diagramme
  - dresser une liste ordonnée
  - chercher une régularité
  - faire un modèle
  - travailler à rebours
  - créer un tableau
  - faire une simulation
  - effectuer des essais systématiques
  - faire une supposition
  - trouver l'information nécessaire
  - choisir une formule
  - résoudre un problème plus simple
- Le matériel suivant pourrait t'aider. Considère la façon de l'utiliser :
  - des outils tels qu'une règle ou une calculatrice
  - du matériel tel que du papier quadrillé ou une droite numérique

Résoudre !

Exécute ton plan pour résoudre le problème.
- À l'aide d'un calcul mental, estime une réponse possible.
- Effectue les calculs nécessaires et décris les étapes de ton travail.
- Explique ton raisonnement.
- Révise ton plan s'il ne fonctionne pas.

Vérifier

Examine ta réponse. Est-elle vraisemblable ?
- Ta réponse est-elle proche de ton estimation ?
- Ta réponse correspond-elle aux données du problème ?
- Ta réponse est-elle vraisemblable ? Sinon, crée un nouveau plan. Essaie une autre stratégie.
- Résous le problème d'une autre manière. Obtiens-tu la même réponse ?
- Compare ta méthode avec celle d'autres élèves.

Stratégies de résolution de problèmes

Voici différentes façons de résoudre les problèmes de la page **x**.

Il est souvent nécessaire d'utiliser plusieurs stratégies pour résoudre un problème. Tu peux aussi résoudre ces problèmes d'une autre façon.

Problème 1	Au cours de la première ronde d'un tournoi de soccer, chaque équipe doit affronter chacune des autres équipes au moins une fois. Combien de matchs seront joués si 12 équipes participent au tournoi ?
Stratégie	**Exemple**

Stratégie	Nombre d'équipes		Nombre de matchs
Résoudre un problème plus simple	2		1
Tracer un diagramme	3		3
Dresser une liste ordonnée	4		6
Chercher une régularité	5		10

Le nombre d'équipes commence à 2 et augmente de 1 unité chaque fois. Le nombre de matchs commence à 1 et augmente selon la régularité 1, 3, 6 et 10. La différence entre les nombres consécutifs de matchs augmente de 1 unité chaque fois. Continue la régularité pour trouver le nombre de matchs pour 12 équipes.

Nombre d'équipes	Nombre de matchs
6	15
7	21
8	28
9	36
10	45
11	55
12	66

Conclusion : Il y aura 66 matchs si chaque équipe affronte chacune des 11 autres équipes.

Problème 2	Sasha compare des forfaits de téléphone portable. L'entreprise A facture 40 $ par mois pour les 250 premières minutes, plus 0,25 $ pour chaque minute supplémentaire. L'entreprise B facture 30 $ par mois pour les 250 premières minutes, plus 0,30 $ pour chaque minute supplémentaire. Sasha pense qu'elle utiliserait environ 20 minutes par jour. Quel forfait Sasha devrait-elle choisir ? Pourquoi ?
Stratégie	**Exemple**
Faire une supposition	Suppose que Sasha utilise le même nombre de minutes chaque jour, soit 20 minutes. Un mois comporte environ 30 jours. $20 \times 30 = 600$
Trouver l'information nécessaire	Sasha utiliserait environ 600 minutes par mois. Calcule le coût total pour chaque forfait.

Entreprise A

$C = 40 + 0,25(600 - 250)$
  $= 127,5$

Les 250 premières minutes sont payées par la cotisation mensuelle. Sasha doit payer des frais de 0,25 $ pour chaque minute supplémentaire.

Le coût total avec l'entreprise A serait de 127,50 $ par mois.

Entreprise B

$C = 30 + 0,30(600 - 250)$
  $= 135$

Le coût total avec l'entreprise B serait de 135,00 $ par mois.

Conclusion : Sasha devrait choisir l'entreprise A, car elle paiera 7,50 $ de moins par mois si elle utilise son téléphone 20 minutes par jour.

Stratégies de résolution de problèmes

Problème 3	Quelle est la somme des 99 premiers nombres naturels impairs consécutifs?
Stratégie	**Exemple**
Trouver l'information nécessaire	Les 99 premiers nombres impairs consécutifs sont les nombres impairs de 1 à 197.
Résoudre un problème plus simple	Calcule la somme des 5 premiers nombres impairs consécutifs : $$\begin{aligned} &1 + 3 + 5 + 7 + 9 \\ =\ &(1 + 9) + (3 + 7) + 5 \\ =\ &10 + 10 + 5 = 25 \end{aligned}$$ *Remarque que la somme du premier nombre et du dernier nombre est égale à la somme du deuxième nombre et de l'avant-dernier nombre.*
Chercher une régularité	Utilise la régularité d'égalité entre la somme du premier et du dernier nombre et la somme du deuxième et de l'avant-dernier nombre pour déterminer la somme des 8 premiers nombres impairs consécutifs. Calcule cette somme pour vérifier si la régularité s'applique toujours. Les 8 premiers nombres impairs consécutifs sont 1, 3, 5, 7, 9, 11, 13 et 15. La somme du premier et du dernier nombre est 16. Il y a 8 nombres ; multiplie donc cette somme par 8, puis divise le résultat par 2. $$\frac{8 \times 16}{2}$$ $$= 64$$ *Divise par 2 parce que tu as ajouté les nombres deux fois.* Par conséquent, $1 + 3 + 5 + 7 + 9 + 11 + 13 + 15 = 64$ La régularité fonctionne. Utilise-la pour déterminer la somme des 99 premiers nombres impairs consécutifs, c'est-à-dire les nombres impairs de 1 à 197. La somme du premier et du dernier nombre est 198. Il y a 99 nombres, multiplie donc cette somme par 99 et divise le résultat par 2. $$\frac{99 \times 198}{2}$$ $$= 9801$$ **Conclusion :** La somme des 99 premiers nombres impairs consécutifs est 9 801.

Problème 4	Tatjana construit une clôture en bois autour d'un champ rectangulaire de 72 m sur 112 m. Elle placera un poteau dans chaque coin ainsi qu'à tous les 8 m sur les côtés. De combien de poteaux Tatjana aura-t-elle besoin ?
Stratégie	**Exemple**
Trouver l'information nécessaire	La largeur du champ est de 72 m. Puisque les poteaux sont placés à tous les 8 m, la largeur sera divisée en sections de 8 m. $$\frac{72}{8} = 9$$ La longueur du champ est de 112 m. Elle sera également divisée en sections de 8 m. $$\frac{112}{8} = 14$$
Tracer un diagramme	Il y aura 9 sections de clôture le long de la largeur du champ et 14 sections le long de sa longueur. 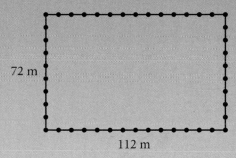 **Conclusion :** Tatjana aura besoin de 46 poteaux.
Choisir une formule	Les dimensions du champ sont de 72 m sur 112 m. Détermine le périmètre du champ. $$P = 2L + 2l$$ $$= 2(112) + 2(72)$$ $$= 224 + 144$$ $$= 368$$ Le périmètre du champ est de 368 m. Les poteaux de la clôture seront placés à tous les 8 m. $$\frac{368}{8} = 46$$ **Conclusion :** Tatjana aura besoin de 46 poteaux.

1 Les systèmes de mesure et les triangles semblables

As-tu déjà souhaité connaître la hauteur d'une falaise ou d'une montagne ou encore la largeur d'une rivière ou d'un ravin ?

Dans ce chapitre, tu étudieras les propriétés des triangles semblables. Tu détermineras, à l'aide de ces propriétés, la hauteur d'objets très imposants. Tu exploreras également le système de mesure impérial ainsi que le système métrique.

Dans ce chapitre, tu vas :

- vérifier, par l'exploration, les propriétés de triangles semblables ;
- déterminer, à l'aide du raisonnement proportionnel, les longueurs des côtés de triangles semblables ;
- résoudre des problèmes portant sur des triangles semblables dans des situations réalistes ;
- résoudre des problèmes de mesure en utilisant le système impérial ;
- convertir des unités impériales en unités métriques courantes et passer d'un système à l'autre afin de résoudre des problèmes de mesure.

Raisonnement

Modélisation | Sélection des outils

Résolution de problèmes

Liens | Réflexion

Communication

Termes clés

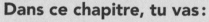

angles congrus	grandeurs proportionnelles	système international d'unités (SI)
angles correspondants	rapport	triangles semblables
côtés correspondants	système impérial	

Littératie

Crée ton propre tableau de mots. Mets à jour ton tableau au début de chaque section en y ajoutant les nouveaux mots clés présentés.

Définition :	Caractéristiques :
Exemples :	Contre-exemples :

Les dessinatrices et les dessinateurs préparent les dessins techniques et les plans nécessaires à la construction d'une machine, d'un gratte-ciel ou autre. Leurs dessins fournissent des directives visuelles en montrant un objet de façon détaillée et en indiquant ses dimensions, les matériaux à utiliser ainsi que la marche à suivre. De bonnes connaissances en mathématiques sont fondamentales dans cette profession, de même que dans de nombreuses autres.

Prépare-toi

Les fractions et le sens des nombres

1. Place ces fractions en ordre croissant. Nous avons ordonné le premier ensemble à titre d'exemple.

   a) $\dfrac{3}{8}, \dfrac{5}{32}, \dfrac{1}{2}, \dfrac{3}{4}$

   $\dfrac{3}{8} = \dfrac{12}{32}$

   $\dfrac{1}{2} = \dfrac{16}{32}$

   $\dfrac{3}{4} = \dfrac{24}{32}$

   Donc, l'ordre croissant des fractions est

   $\dfrac{5}{32}, \dfrac{3}{8}, \dfrac{1}{2}, \dfrac{3}{4}.$

   b) $1\dfrac{1}{2}, \dfrac{5}{16}, \dfrac{1}{4}, \dfrac{7}{5}, \dfrac{11}{32}$

   c) $\dfrac{9}{16}, \dfrac{5}{64}, \dfrac{3}{8}$

2. Simplifie ces expressions. La première a été simplifiée à titre d'exemple.

   a) $\dfrac{3}{8} + \dfrac{3}{16}$

   $= \dfrac{6}{16} + \dfrac{3}{16}$

   $= \dfrac{9}{16}$

   b) $\dfrac{5}{32} + \dfrac{3}{64} + \dfrac{5}{8}$

   c) $\dfrac{5}{16} - \dfrac{3}{8}$

   d) $\dfrac{3}{4} \times \dfrac{1}{2}$

   e) $\dfrac{3}{4} \times \dfrac{1}{8}$

   f) $3\dfrac{1}{4} + 5\dfrac{1}{2}$

   g) $\dfrac{3}{16} \times 2$

   h) $26 \div \dfrac{1}{2}$

   i) $\dfrac{1}{2} + \dfrac{3}{4} + \dfrac{5}{8}$

   j) $\dfrac{7}{8} - \dfrac{1}{2}$

Les rapports et les proportions

3. Récris chacun de ces rapports sous la forme la plus simple. Nous avons simplifié le premier rapport à titre d'exemple.

   a) $54 : 18$

   $54 \div 18 = 3$

   $18 \div 18 = 1$

   $54 : 18 = 3 : 1$

   b) $36 : 9$

   c) $24 : 36 : 72$

4. Résous ces équations. La première équation a été résolue à titre d'exemple.

   a) $x : 3 = 1 : 5$

   $\dfrac{x}{3} = \dfrac{1}{5}$

   $5x = 3$

   $x = \dfrac{3}{5}$

   b) $x : 9 = 5 : 3$

   c) $4 : 1 = p : 3$

   d) $1,5 : s = 9 : 15$

   e) $8 : 6 : 10 = 12 : p : q$

Problème du chapitre

François est un émondeur. Il doit abattre un gros arbre malade. Pour cela, il doit déterminer la hauteur de l'arbre et l'endroit où la cime de l'arbre tombera une fois l'arbre coupé. Dans ce chapitre, tu apprendras à faire les calculs mathématiques nécessaires à la résolution du problème de François.

Les propriétés des angles

5. Détermine la mesure de ces angles inconnus. La mesure du premier angle est donnée à titre d'exemple.

a)

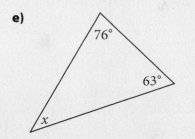

x = 100° (angles opposés)
y = 80° (angles supplémentaires)

b)

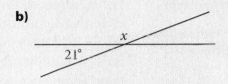

c)

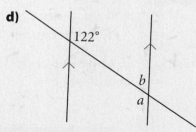

d)

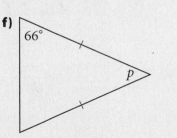

e)

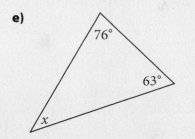

f)

Le système international d'unités (SI)

Quelle est ta taille ? Quelle est la température à l'extérieur ? Quelle est la masse de ton chien ou de ton chat ?

Les exemples de l'emploi du système international d'unités (SI) abondent autour de nous. Que ce soit dans la vie quotidienne, au travail ou dans les sciences, nous utilisons ce système de mesures basé sur des multiples de 10. Pense ainsi au sprint de 100 mètres couru aux Jeux olympiques, à la bouteille de 300 millilitres de jus d'orange que tu achètes parfois pour te désaltérer ou aux médicaments dont on calcule la dose en milligrammes.

système international d'unités (SI)
- Système de mesures dans lequel toutes les unités sont basées sur des multiples de 10.

Explore

Matériel

- tasse à mesurer
- cuillères à mesurer
- balance
- sable ou eau
- contenant de 1,5 l
- mètre

Les unités SI

Il existe des unités de longueur, de masse, de volume ou de capacité et de température.

Le tableau ci-dessous indique les unités SI les plus couramment utilisées.

Catégorie	Unités de mesure	Abréviation
Longueur	millimètre, centimètre, mètre, kilomètre	mm, cm, m, km
Volume ou capacité	millilitre, litre	ml, l
Masse	milligramme, gramme, kilogramme, tonne	mg, g, kg, t
Température	degré Celsius	°C

Partie A : les unités de longueur

1. a) À l'aide d'un mètre, détermine le nombre de millimètres dans un centimètre, puis le nombre de centimètres dans un mètre.

b) À l'aide d'un mètre, détermine le nombre de millimètres dans 10 centimètres, puis dans un mètre.

Partie B : les unités de volume ou de capacité

2. Remplis un contenant de 1,5 l à l'aide d'une tasse à mesurer de 250 ml. Combien de fois dois-tu remplir la tasse ? Combien y a-t-il de millilitres dans 1,5 l ? Combien y en a-t-il dans 1 l ?

Partie C : les unités de masse

3. a) À l'aide d'une balance, trouve la masse de divers objets en grammes puis en kilogrammes. Note tes résultats.

b) Nomme des objets dont on détermine la masse en tonnes. Compare tes réponses avec celles de tes camarades.

Réfléchis Examine tes réponses. Dresse un tableau qui montre les liens entre les unités de mesure de la longueur, les liens entre les unités de mesure de la capacité et les liens entre les unités de mesure de la masse. Montre ton tableau à un camarade.

Exemple 1

Mesurer et noter la longueur d'objets

Détermine la longueur des objets ci-dessous en centimètres et en millimètres.

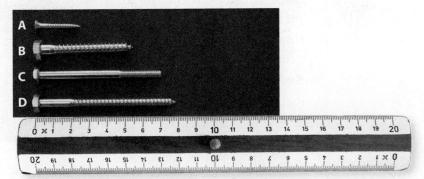

Solution

Voici la mesure de chaque vis ou boulon.

a) 2,5 cm ; 25 mm   **b)** 5,5 cm ; 55 mm

c) 7 cm ; 70 mm   **d)** 7,8 cm ; 78 mm

Exemple 2

Effectuer des calculs liés aux capacités

Clément possède un restaurant dans la région d'Ottawa. Chez un grossiste, il achète deux contenants de 50 l de ketchup. Les bouteilles en plastique sur les tables ont une capacité de 250 ml. Combien de bouteilles de ketchup Clément peut-il remplir avec ses deux contenants de 50 l ?

Solution

$50\ l \times 2 = 100\ l$

$100\ l \times 1\,000 = 100\,000$ ml

$100\,000 \div 250 = 400$ bouteilles

1 litre = 1 000 millilitres. Il faut donc multiplier par 1 000.

Deux contenants de 50 l chacun vont permettre à Clément de remplir 400 bouteilles de 250 ml.

Exemple 3

Calculer le coût de carreaux de céramique

Une famille d'Orléans veut rénover le mur de sa cuisine. Des carreaux de céramique de 10 cm sur 10 cm se vendent 2,25 $ l'unité. Combien faut-il de carreaux pour couvrir un mètre carré ? Quel est le coût total, toutes taxes comprises ?

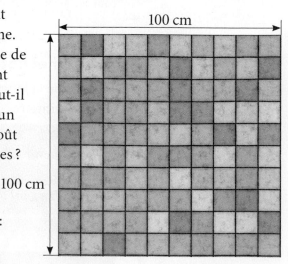

Solution

Calcule l'aire d'un carreau :

$A = L \times l$

$\quad = 10 \times 10$

$\quad = 100$ cm^2

Convertis un mètre carré en centimètres carrés :

$1 \text{ m} = 100 \text{ cm}$

$1 \text{ m}^2 = 100 \text{ cm} \times 100 \text{ cm} = 10\,000 \text{ cm}^2$

Divise 10 000 cm² par l'aire d'un carreau :

$10\,000 \text{ cm}^2 \div 100 \text{ cm}^2 = 100 \text{ carreaux}$

Il faut 100 carreaux pour couvrir un mètre carré.

Détermine le coût total sans les taxes :

$= 100 \text{ carreaux} \times 2,25 \text{ \$}$

$= 225,00 \text{ \$}$

Ajoute la TVP de 8 % et la TPS de 5 %, soit 13 % de taxes :

$225,00 \text{ \$} \times 1,13 = 254,25 \text{ \$}$

Il en coûte 254,25 $ pour couvrir un mètre carré.

Concepts clés

- Les unités SI les plus souvent utilisées sont le mètre, le litre, le gramme, et le degré Celsius.

- Des règles permettent de convertir les unités de longueur, de masse et de volume ou de capacité.

Parle des concepts

D1. Dresse la liste des unités SI (et de leurs abréviations) qui servent à mesurer :

    a) la longueur   **b)** la capacité

    c) la masse   **d)** la température

D2. Décris les relations entre les diverses unités de longueur du système international d'unités.

D3. Décris les relations entre les diverses unités de masse du système international d'unités.

Exerce-toi **A**

Si tu as besoin d'aide pour répondre à la question 1, reporte-toi à l'exemple 1.

1. Mesure en millimètres le périmètre de chaque figure aussi précisément que possible.

a)   **b)** 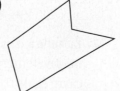   **c)**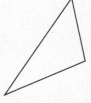

Si tu as besoin d'aide pour répondre aux questions 2, 3 et 4, reporte-toi à l'exemple 2.

2. Convertis chaque mesure en millilitres.
   a) 4,5 l
   b) 1,89 l
   c) 25,5 l
   d) 3,4 l

3. Convertis chaque mesure en litres.
   a) 250 ml
   b) 340 ml
   c) 6 cuillerées de 15 ml chacune

4. Exprime chaque mesure en mètres.
   a) 5,2 km
   b) 250 cm
   c) 4 500 mm
   d) 750 km

5. Convertis chaque mesure en grammes.
   a) 32 kg
   b) 832 kg

6. Exprime chaque mesure en kilogrammes.
   a) 3 500 g
   b) 125 mg

Raisonnement

Modélisation | **Sélection des outils**

Résolution de problèmes

Liens · **Réflexion**

Communication

7. Avec une ou un camarade, détermine la ou les unités de mesure qui conviennent selon le cas. Explique tes choix pour :
   a) les dimensions d'un livre, d'un bureau, d'une pelouse, d'un terrain d'atterrissage ;
   b) le contenu d'un dé à coudre, d'un verre, d'une piscine, d'un océan ;
   c) la masse d'une feuille de papier, d'un livre, d'une personne, d'une auto.

Applique les concepts **B**

8. Une recette exige 7 cuillerées d'huile d'olive. Chaque cuillerée correspond à 15 ml. Une bouteille d'un quart de litre d'huile sera-t-elle suffisante ?

9. Pour fabriquer un rideau, Florian a besoin de 12 500 cm² de tissu. Le magasin vend les tissus au mètre carré. Combien de mètres carrés de tissu Florian doit-il acheter ?

10. Jade prépare un souper spaghetti pour 225 personnes. Selon ses calculs, il lui faut environ 90 g de pâtes sèches par personne. Combien de kilogrammes de pâtes doit-elle commander ?

11. Odile doit parcourir les 70 km qui séparent Alfred d'Ottawa. Il y a 15 l d'essence dans le réservoir de son camion, qui consomme 20 l aux 100 km. Odile aura-t-elle assez d'essence ?

12. La salle à dîner de Jamila mesure 15 m par 12 m. Jamila veut installer un revêtement de sol qui coûte 12 ¢ le décimètre carré. Un décimètre carré égale 0,01 mètre carré. Quel sera le coût de ce revêtement ?

13. Il existe d'autres unités SI, mais elles sont peu utilisées dans la vie quotidienne. C'est le cas, par exemple, du centilitre, qui est utilisé en Europe mais très peu au Canada. Chez nous, la plupart des mesures de capacité s'expriment en litres ou en millilitres. Avec une ou un camarade, trouve d'autres unités de mesure SI dont tu n'entends presque jamais parler.

Problème du chapitre

14. François doit enlever des branches mortes au sommet d'un arbre haut d'environ 4,5 m. François mesure 180 cm et son échelle atteint environ 2,5 m de hauteur. François peut-il faire le travail avec son échelle ou doit-il louer un échafaudage?

Approfondis les concepts C

Pour les questions 15 à 17, reporte-toi au plan ci-dessous.

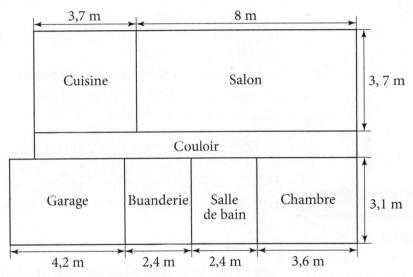

15. Dans ta maison, tu prévois recouvrir le plancher d'une moquette dans la chambre, de bois franc dans le salon et de carreaux de 25 cm sur 25 cm dans la cuisine, la salle de bain et la buanderie. Calcule le nombre de m² de chaque type de revêtement dont tu auras besoin.

a) moquette   **b)** carreaux   **c)** bois franc

16. Les carreaux coûtent 1,10 $ chacun, la moquette coûte 28 $/m² et le bois franc coûte 32 $/m². Combien le tout va-t-il te coûter, avant taxes, si tu ne peux pas acheter une fraction de mètre carré?

17. Tu dois acheter de l'apprêt pour peindre les trois murs intérieurs du garage. Les murs ont 2,4 mètres de hauteur.

a) Calcule l'aire totale que tu dois couvrir d'apprêt.

b) Si un litre d'apprêt couvre 20 m², combien de litres d'apprêt te faut-il?

La conversion de mesures

La plupart des pays utilisent le SI. Le Canada l'a adopté il y a plusieurs dizaines d'années. Auparavant, notre système de mesures officiel était le système impérial. Certaines unités impériales sont d'ailleurs encore utilisées ici. Notre plus proche voisin et principal partenaire commercial, les États-Unis, utilise encore un système de mesures dérivé du système impérial.

Le système utilisé varie selon le secteur d'activité. En sciences et en médecine, le SI est utilisé partout dans le monde. Par contre, dans le secteur de la construction et en cuisine, le système impérial est encore répandu au Canada. Il faut donc parfois convertir des mesures d'un système à l'autre.

Les relations entre les unités SI et les unités impériales

Ce tableau montre les unités les plus courantes de chaque système.

	Unités SI	Unités impériales
Longueur	millimètre (mm)	
	centimètre (cm)	pouce (po)
	mètre (m)	verge
	kilomètre (km)	mille
Masse (SI) Poids (impérial)	gramme (g)	once (oz)
	kilogramme (kg)	livre (lb)
	tonne (t)	tonne (tn)
Capacité	millilitre (ml)	once liquide (oz liquide)
		tasse (= 8 oz liquides)
		pinte
	litre (l)	gallon
Température	degré Celsius (°C)	degré Fahrenheit (°F)

Explore

Matériel

- cylindres ou tasses à mesurer gradués en onces liquides et en millilitres
- mètre rigide
- balance indiquant les livres et les kilogrammes
- thermomètre gradué en degrés Celsius et Fahrenheit
- verge

système impérial

- Système de mesure en vigueur dans les pays anglo-saxons. Le pied ou la livre sont des exemples de mesures impériales.

Partie A : les unités de longueur

Utilise un mètre rigide et une verge.

1. Combien y a-t-il approximativement de centimètres dans un pouce?

2. a) Lequel est le plus long : la verge ou le mètre?

    b) Quelle est, en centimètres, la différence entre ces deux longueurs?

Partie B : les unités de masse et de poids

La livre est une unité impériale de poids. Le kilogramme est une unité SI de masse. La masse est la quantité de matière contenue dans un objet. La force gravitationnelle influe sur le poids, mais pas sur la masse d'un objet. Ainsi, le poids d'un objet est moindre sur la Lune que sur la Terre, mais sa masse est la même. Sur la Terre, le poids et la masse ne sont pas équivalents. Trop souvent, on les confond.

Utilise une balance.

3. a) Lequel pèse le plus : un kilogramme ou une livre?

    b) Environ combien de livres y a-t-il dans un kilogramme?

4. Environ combien de grammes y a-t-il dans une livre?

Partie C : les unités de capacité

Utilise des cylindres gradués pour explorer les relations entre les unités de capacité.

5. a) Quelle capacité est la plus grande : la tasse ou le litre?

    b) Approximativement combien de tasses y a-t-il dans un litre?

6. Approximativement combien de millilitres y a-t-il dans une tasse?

Partie D : les unités de température

7. Choisis cinq températures en degrés Celsius.

    a) Trouve l'équivalent de chaque température en degrés Fahrenheit.

    b) Avec une ou un camarade, compare chaque température en degrés Celsius avec son équivalent en degrés Fahrenheit. Décris une méthode qui permet d'estimer, en degrés Celsius, une température exprimée en degrés Fahrenheit.

8. Choisis deux températures en degrés Fahrenheit.

    a) À l'aide de la méthode que tu as décrite à la question 7b), estime l'équivalent en degrés Celsius de chaque température.

    b) À l'aide d'un thermomètre, détermine l'équivalent en degrés Celsius de chaque température. Compare tes résultats à tes estimations en a). Jusqu'à quel point tes estimations étaient-elles proches de la réalité?

> **Math plus**
>
> Indique ton poids en livres et ta masse en kilogrammes. Ensuite calcule ton poids sur la Lune en multipliant ton poids sur Terre par $\frac{1}{6}$. Quelle serait ta masse sur la Lune? Pour en savoir plus, demande à ton enseignant ou ton enseignante de te guider vers des sites Internet appropriés.

Souvent, une simple estimation suffit lorsqu'on doit convertir une mesure impériale en une mesure SI, ou vice versa. Voici quelques repères utiles :

> Un kilomètre correspond à environ 0,6 milles.
> Un pouce mesure environ 2,5 centimètres.
> Un mètre est à peu près équivalent à une verge.
> Une livre correspond à environ 450 grammes.
> Un kilogramme correspond à environ 2,2 livres.
> Un gallon correspond à environ 4 litres.
> Une once liquide correspond à environ 30 millilitres.

Pour estimer rapidement l'équivalent en degrés Celsius d'une température exprimée en degrés Fahrenheit, soustrais 30 de la température et divise le résultat par 2. Souviens-toi qu'une estimation ne donne pas une valeur exacte.

Exemple 1 — L'estimation

A Quand Chan convertit en gallons un volume exprimé en litres, son estimation est toujours basse ; et quand il convertit en litres un volume exprimé en gallons, son estimation est toujours élevée. Explique pourquoi.

B Pour estimer l'équivalent en kilomètres d'une distance exprimée en milles, Beatta multiplie la distance par 6, puis elle déplace la virgule décimale d'une position vers la gauche et finalement ajoute le nombre initial. Explique pourquoi cette méthode fonctionne.

Solution

A Quatre litres égalent un peu moins d'un gallon. C'est pourquoi, s'il divise par 4 pour convertir en gallons un volume exprimé en litres, Chan obtient toujours une estimation basse. Inversement, s'il multiplie par 4 pour convertir en litres un volume exprimé en gallons, il obtient toujours une estimation élevée.

B Lorsque Beatta multiplie la distance par 6 et déplace ensuite la virgule décimale d'une position vers la gauche, elle obtient 0,6 fois la valeur de départ. En ajoutant le résultat à la valeur initiale, ceci revient à multiplier par 1,6.

Estimer ou calculer ?

A Les plans d'un nouveau manège indiquent les mesures en unités impériales. Or, les essieux du manège seront fabriqués dans une usine où on utilise le SI. D'après les plans, les essieux doivent avoir $1\frac{3}{4}$ po de diamètre. Peut-on se contenter d'estimer leur diamètre en unités SI ? Pourquoi ? Quel est le diamètre des essieux en millimètres ?

B Selon la recette de sa grand-mère, Nitusha a besoin de 2 lb de poisson pour préparer un potage. Combien de grammes de poisson doit-elle acheter ? Une estimation suffit-elle dans ce cas ?

Solution

A Dans ce cas, une estimation ne suffit pas. Pour des raisons de sécurité, les essieux doivent être parfaitement ajustés, ce qui exige une mesure exacte. Un pouce correspond à 25,4 mm. Calcule le diamètre des essieux en millimètres.

$= 1\frac{3}{4} \times 25,4$ *Convertis $\frac{3}{4}$ en 0,75 et multiplie 25,4 par 1,75.*

$= 44,45$

Les essieux ont un diamètre de 44,45 mm.

B Dans ce cas, une estimation est suffisante, car il n'est pas nécessaire d'utiliser exactement la quantité indiquée.
Une livre correspond à environ 450 g.
$2 \times 450 = 900$
Nitusha devrait acheter environ 900 g de poisson.

Exemple **3**

Convertir des températures

Suppose qu'on prévoit un maximum de 76 °F aujourd'hui en Louisiane. Estime cette température en degrés Celsius.

Solution

Pour estimer la température, on enlève 30 et on divise par 2.
$76 - 30 = 46$
$46 \div 2 = 23$
Une température de 76 °F correspond donc à environ 23 °C.

Exerce-toi

Si tu as besoin d'aide pour répondre à la question 1, reporte-toi aux exemples 1, 2 et 3.

1. Estime l'équivalent de chaque mesure dans l'unité indiquée.

    a) 10 milles   en kilomètres

    b) 6 gallons   en litres

    c) 156 livres   en kilogrammes

    d) 2 c. à table   en millilitres

    e) 80 °F   en degrés Celsius

    f) 25 pouces   en centimètres

    g) 10 onces liquides   en millilitres

    h) 55 verges   en mètres

2. Le bulletin météo annonce 12 cm de neige. Combien de pouces cela fait-il ?

3. Hier, la température a atteint 87 °F à Orlando, en Floride. À Timmins, en Ontario, elle a atteint 28 °C. Dans quelle ville a-t-il fait le plus chaud ? Comment le sais-tu ?

4. Pierre-André se rend aux États-Unis. Un panneau routier lui indique qu'il se trouve à 228 milles de sa destination. Combien de kilomètres lui reste-t-il à parcourir ?

Raisonnement

Modélisation | Sélection des outils

Résolution de problèmes

Liens | **Réflexion**

Communication

5. Avec une ou un camarade, détermine s'il vaut mieux utiliser une mesure exacte ou une mesure approximative dans chaque cas. Explique tes choix pour :

a) la distance jusqu'au trou sur un terrain de golf ;

b) une dose d'un médicament ;

c) la température à l'extérieur (pour décider quels vêtements porter) ;

d) la distance à parcourir lors d'un voyage en auto ;

e) les dimensions des pièces d'une machine ;

f) ta taille.

Problème du chapitre

6. Le Service d'entretien des routes et parcs de la ville doit planter des arbres autour d'un nouveau parc. Son responsable décide de consulter François. L'un des côtés du parc est bordé de poteaux électriques dont les fils sont à 16 pieds du sol (1 pied ou pi = 12 po). Le tableau ci-dessous indique la hauteur maximale des espèces d'arbres que les autorités envisagent de planter autour du parc. Quelles espèces pourra-t-on planter sous les fils électriques ? Comment le sais-tu ?

Espèce	Hauteur maximale (mètres)
Érable de Sibérie	4,5 à 6,0
Viorne à feuilles de prunier	3,6 à 4,5
Frêne bleu	12,0
Érable à écorce de papier	6,0 à 9,0
Amélanchier	4,5 à 7,5

7. Ilya regarde un téléjournal américain où on rapporte que le prix de l'essence atteint 3,20 $ le gallon. Combien coûte un litre d'essence aux États-Unis ?

Littératie

8. Avec une perceuse munie d'un foret de $\frac{5}{16}$ po, peux-tu percer un trou assez grand pour y insérer un boulon de 5 mm ? Explique ta réponse.

9. Éric trouve la recette de confiture aux groseilles rouges de sa grand-mère. Toutes les mesures indiquées sont en unités impériales. Avec une ou un camarade, convertis, en unités SI, les mesures de la recette de la grand-mère d'Éric.

Math plus

On considère généralement que 1 tasse égale environ 250 ml, même si on dit que 1 once liquide égale environ 30 ml et que 1 tasse égale 8 onces liquide.

Confiture aux groseilles rouges

3 lb de groseilles rouges fraîches

3 tasses de sucre

1 tasse et 1 c. à table d'eau

1 c. à table de fécule de maïs

10. Marcel achète 5 morceaux d'emmental. Chaque morceau a une masse de 250 g. Marcel paie un total de 36,75 $ pour ce fromage. Ailleurs, il achète une meule de fromage Noyan d'une livre. Il la paie 18,75 $. Quel fromage est le moins cher au kilogramme? Explique ta réponse.

11. L'entraîneur de Masum lui recommande de boire $\frac{1}{2}$ gallon d'eau par jour. Masum achète des bouteilles de 500 ml d'eau. Combien de bouteilles doit-elle boire par jour?

12. a) La plupart des bactéries se développent à des températures de 5 °C à 60 °C. Quel est cet intervalle en degrés Fahrenheit?

   b) Les bactéries du genre *Salmonella* meurent lorsque la température de cuisson dépasse 150 °F. Combien cela fait-il en degrés Celsius?

Vérification des connaissances

13. Tu prépares une fête et tu veux offrir un punch aux fruits à tes invités. Pour le préparer, il te faut:
une bouteille de 1,89 l de jus de pamplemousse;
deux cannettes de 355 ml de concentré de jus d'orange congelé;
deux bouteilles de 2 l de soda gingembre;
500 ml de fraises en purée.

   a) Cette recette donne assez de punch pour 25 personnes. Approximativement combien de litres faut-il prévoir pour 85 personnes?

   b) Tu veux mettre le punch dans un bol. Quelle devra être la capacité du bol si tu utilises les quantités indiquées dans la recette?

   c) Si tu verses le punch dans des contenants de 4 l, combien t'en faudra-t-il pour 85 personnes?

Approfondis les concepts C

14. Selon son constructeur, une automobile consomme 9 l d'essence aux 100 km. Combien de milles peut-elle parcourir avec un gallon d'essence?

Raisonnement
Modélisation   **Sélection des outils**
Résolution de problèmes
Liens   **Réflexion**
Communication

15. Anouk doit administrer une dose de 2,5 ml/kg d'un médicament à son bébé qui pèse 9 lb 6 oz (indice: 1 lb = 453,6 g et 1 oz = 28,349 5 g). Quelle quantité du médicament doit-elle donner à son bébé? Serait-il sage qu'Anouk estime la quantité requise? Pourquoi?

16. L'automobile de Raj parcourt 45 milles avec un gallon d'essence. Combien de kilomètres son auto peut-elle parcourir avec un litre d'essence?

1.3 Les triangles semblables

Le grand hall du Musée des beaux-arts du Canada, à Ottawa, est coiffé d'un imposant dôme en verre. Dans ce hall, on a reproduit la forme de la Bibliothèque du parlement, qui se trouve tout près de là.

Les architectes utilisent des formes semblables dans leurs dessins et dans leurs modèles réduits pour concevoir des édifices.

Explore

Les propriétés des triangles semblables

Matériel

- papier quadrillé
- rapporteur d'angles
- règle

Première méthode : utiliser un crayon et du papier

1. Sur du papier quadrillé, trace les triangles ABC, DEF et GHI.

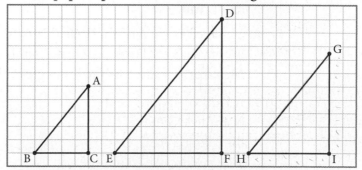

2. Reproduis ce tableau, puis remplis-le.

m∠A =	m∠D =	m∠G =
m∠B =	m∠E =	m∠H =
m∠C =	m∠F =	m∠I =
m$\overline{AB}$ =	m$\overline{DE}$ =	m$\overline{GH}$ =
m$\overline{BC}$ =	m$\overline{EF}$ =	m$\overline{HI}$ =
m$\overline{AC}$ =	m$\overline{DF}$ =	m$\overline{GI}$ =

3. Quelles mesures sont égales?
Quelles mesures sont différentes?

4. Détermine les rapports entre les longueurs des paires de côtés correspondants.
Compare ces rapports.
Compare les mesures des angles correspondants.

Deuxième méthode : utiliser le *Cybergéomètre*®

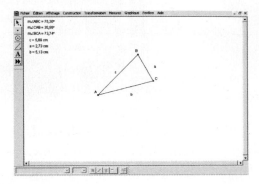

1. Ouvre le *Cybergéomètre*®, puis, dans le menu **Fichier**, choisis une nouvelle esquisse.

2. Dans le menu **Affichage**, clique sur **Préférences**. Assure-toi que **Points** est coché pour l'option **Affichage automatique de l'étiquette**.

3. À l'aide de l'outil **Segment**, construis un petit triangle au centre de l'écran.

4. Mesure l'angle ABC : à l'aide de l'outil **Sélection**, sélectionne les points A, B et C (dans cet ordre), puis choisis **Angle** dans le menu **Mesures**. Mesure ensuite les angles CAB et BCA.

5. À l'aide de l'outil **Texte**, nomme les côtés a, b et c du triangle ABC. Le côté a se trouve à l'opposé de l'angle A, le côté b, à l'opposé de l'angle B, et le côté c, à l'opposé de l'angle C.

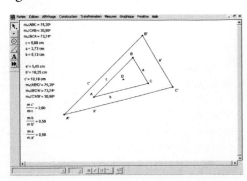

À l'aide de l'outil **Sélection**, sélectionne chaque segment de droite, puis choisis **Longueur** dans le menu **Mesures**. Note les longueurs des côtés.

6. À l'aide de l'outil **Point**, crée un point dans ton triangle. Sélectionne ce point. Dans le menu **Transformation**, choisis **Définir le centre**. Sélectionne tous les points et les segments de droite de ton triangle.

Dans le menu **Transformation**, choisis **Homothétie**. Utilise un rapport fixe de 2 pour 1. Clique sur OK. Tu devrais obtenir un nouveau triangle plus grand. Ce nouveau triangle est semblable au triangle ABC.

À l'aide de l'outil **Texte**, nomme les côtés du nouveau triangle.

7. De la même manière que pour le petit triangle, mesure tous les angles et toutes les longueurs des côtés du nouveau triangle.

Que remarques-tu à propos des mesures des **angles correspondants** ? Selon toi, quel est le lien entre les **rapports** des longueurs des **côtés correspondants** ?

8. Pour vérifier tes prédictions sur les rapports entre les longueurs des côtés correspondants, sélectionne l'un des côtés du grand triangle et le côté correspondant du petit triangle. Dans le menu **Mesures**, choisis **Rapport**.

Refais cette opération pour les autres paires de côtés correspondants. Quel est le lien entre les rapports ?

Penses-tu que cela est vrai pour toutes les paires de triangles semblables ?

9. Refais l'étape 6 en utilisant un autre rapport constant pour créer une autre paire de triangles semblables.

Mesure les angles et les côtés de ces nouveaux triangles, puis détermine les rapports entre les longueurs des côtés correspondants. Compare tes résultats avec les constructions de tes camarades. Quelles régularités remarques-tu ?

Tire une conclusion à propos des mesures des angles correspondants de triangles semblables.

Tire une conclusion à propos des rapports entre les longueurs des côtés correspondants de triangles semblables.

Les triangles semblables

Des triangles sont semblables quand leurs angles correspondants sont égaux mais aussi quand les longueurs de leurs côtés correspondants constituent des **grandeurs proportionnelles**.

Quand tu nommes des triangles semblables, énumère les lettres des angles correspondants dans le même ordre pour les deux triangles. Par exemple, dans les triangles semblables ABC et MNP, ∠A correspond à ∠M, ∠B correspond à ∠N et ∠C correspond à ∠P.

---

angles correspondants
- Les angles qui occupent la même position relative dans des triangles semblables.
- Ils sont congrus.

rapport
- Une comparaison, sous forme de fraction, de deux quantités exprimées dans la même unité de mesure.

côtés correspondants
- Les côtés qui occupent la même position relative dans des triangles semblables.

triangles semblables
- Des triangles dont les mesures des côtés correspondants sont dans un même rapport et dont les angles correspondants sont congrus.

grandeurs proportionnelles
- Deux quantités sont proportionnelles si elles sont dans le même rapport.
- Les longueurs des côtés de deux triangles sont proportionnelles si l'on obtient les longueurs des côtés de l'un en multipliant les longueurs des côtés correspondants de l'autre par une même valeur.

Exemple 1 — Calculer des mesures manquantes

En considérant que △ABC ~ △DEF, calcule la mesure de ∠C et la longueur de $\overline{DE}$ au dixième d'unité près.

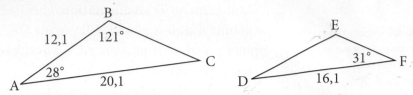

Solution

Puisque △ABC ~ △DEF, les angles correspondants sont congrus.
Donc, m∠C = m∠F
$$= 31°$$

Les côtés correspondants sont de longueurs proportionnelles.

Donc, $\dfrac{m\overline{DE}}{m\overline{AB}} = \dfrac{m\overline{DF}}{m\overline{AC}}$

$\dfrac{m\overline{DE}}{12,1} = \dfrac{16,1}{20,1}$

$m\overline{DE} = \dfrac{12,1 \times 16,1}{20,1}$

$\approx 9,7$

Les numérateurs sont les longueurs des côtés d'un des triangles; les dénominateurs sont les longueurs des côtés de l'autre triangle.

Multiplie les deux membres par 12,1.

La mesure de ∠C est de 31° et la longueur de $\overline{DE}$ est d'environ 9,7 unités.

Exemple 2 — Calculer des mesures manquantes à l'aide d'angles opposés et de triangles semblables

Détermine la longueur de $\overline{FG}$ au dixième d'unité près.

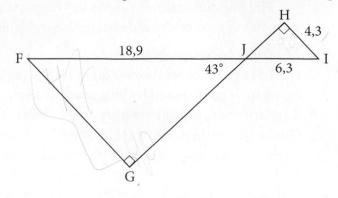

Solution

Si △FGJ ∼ △IHJ, les longueurs des côtés correspondants sont proportionnelles.

m∠HJI = 43° (angles opposés par le sommet)
m∠GFJ = 180° − (43° + 90°)
      = 47°
m∠HIJ = 180° − (43° + 90°)
      = 47°

Puisque m∠GFJ = m∠HIJ, m∠FGJ = m∠IHJ et m∠FJG = m∠HJI, alors △FGJ ∼ △IHJ.

$$\frac{m\overline{FG}}{m\overline{IH}} = \frac{m\overline{FJ}}{m\overline{IJ}}$$

$$\frac{m\overline{FG}}{3,8} = \frac{18,9}{6,3}$$ *Multiplie les deux membres par 3,8.*

$$m\overline{FG} = \frac{3,8 \times 18,9}{6,3}$$ *Utilise une calculatrice.*

$$\approx 11,4$$

La longueur de $\overline{FG}$ est d'environ 11,4 unités.

Exemple 3

Calculer des mesures manquantes à l'aide de droites parallèles et de triangles semblables

Dans ce diagramme, $\overline{DE}$ est parallèle à $\overline{AC}$.
Détermine la longueur de $\overline{AC}$.

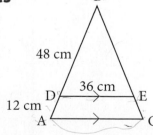

Solution

Trace les triangles séparément.

Si $m\overline{AD}$ = 12 cm
et $m\overline{DB}$ = 48 cm, alors
$m\overline{AB}$ est la somme
des deux longueurs.
Donc, $m\overline{AB}$ = 60 cm.

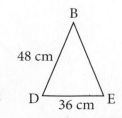

Puisque $\overline{AC}$ est parallèle à $\overline{DE}$, m∠A = m∠D et m∠E = m∠C.

Souviens-toi que si deux droites parallèles sont coupées par une sécante, les angles correspondants sont congrus. C'est ce qu'on appelle quelquefois le modèle F.

L'angle en B est commun aux deux triangles.

Puisque les angles correspondants sont congrus et que △ABC ~ △DBE, alors les longueurs des côtés correspondants sont proportionnelles.

$$\frac{m\,\overline{AC}}{m\,\overline{DE}} = \frac{m\,\overline{AB}}{m\,\overline{DB}}$$

$$\frac{m\,\overline{AC}}{36} = \frac{60}{48}$$

$$m\overline{AC} = \frac{36 \times 60}{48}$$ *Multiplie les deux membres par 36.*

$$m\overline{AC} = 45$$

La longueur de $\overline{AC}$ est de 45 cm.

Exemple 4

Déterminer si des triangles sont semblables à l'aide des longueurs de côtés

Dans le △MNP, $m = 7$ cm, $n = 6$ cm et $p = 4$ cm. Dans le △HJK, $h = 17,5$ cm, $j = 15$ cm et $k = 10$ cm. Démontre que △MNP ~ △HJK.

Solution

Trace et nomme les triangles suivants.

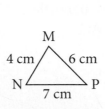 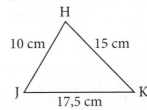

Écris les rapports entre les côtés les plus longs, les côtés les plus courts et les autres côtés.

$$\frac{h}{m} = \frac{17,5}{7} \qquad\qquad \frac{k}{p} = \frac{10}{4} \qquad\qquad \frac{j}{n} = \frac{15}{6}$$

$$\frac{h}{m} = 2,5 \qquad\qquad \frac{k}{p} = 2,5 \qquad\qquad \frac{j}{n} = 2,5$$

Puisque les rapports entre les côtés correspondants sont égaux, △MNP ~ △HJK.

Exerce-toi   A

Si tu as besoin d'aide pour répondre à la question 1, reporte-toi à la rubrique Explore.

1. Pour chacune de ces paires de triangles semblables:
énumère les angles correspondants;
énumère les côtés correspondants;
définis les rapports entre les côtés correspondants;
écris la règle de proportionnalité des côtés correspondants.

a) △ABC ∼ △DEF   **b)** △PQR ∼ △UST

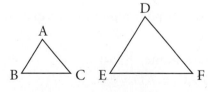 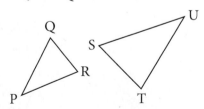

Si tu as besoin d'aide pour répondre à la question 2, reporte-toi à l'exemple 1.

2. Détermine toutes les mesures manquantes de chacune de ces paires de triangles semblables.

a) △DEF ∼ △XYZ

 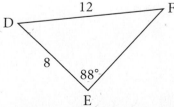

b) △ABC ~ △BDE

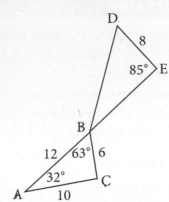

c) △ABC ~ △PQR

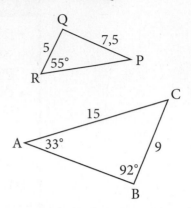

Si tu as besoin d'aide pour répondre à la question 3, reporte-toi à l'exemple 2.

3. Détermine la longueur du côté indiqué, au dixième d'unité près.

a) Calcule la longueur du côté DE.

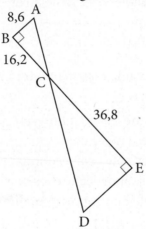

b) Calcule la longueur de x.

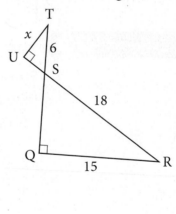

Si tu as besoin d'aide pour répondre aux questions 4 et 5, reporte-toi à l'exemple 3.

4. En considérant que $\overline{DE}$ est parallèle à $\overline{AC}$, m$\overline{AD}$ = 6,8, m$\overline{DB}$ = 9,3 et m$\overline{BC}$ = 12,8, détermine la longueur de $\overline{BE}$ au dixième d'unité près.

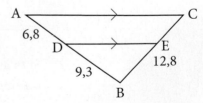

5. Dans ce diagramme, $\overline{DE}$ est parallèle à $\overline{AC}$, m$\overline{BD}$ = 4, m$\overline{DA}$ = 6 et m$\overline{BE}$ = 5. Détermine la longueur de $\overline{BC}$ au dixième d'unité près.

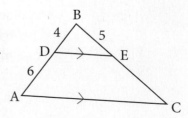

Si tu as besoin d'aide pour répondre à la question 6, reporte-toi à l'exemple 1.

6. Considère $\triangle ABC \sim \triangle DEF$, où $a = 2{,}1$ cm, $c = 5{,}8$ cm, $e = 8{,}7$ cm et $f = 6{,}9$ cm. Discute avec une ou un camarade comment trouver les longueurs d et b. Ensemble, calculez les longueurs d et b au dixième de centimètre près.

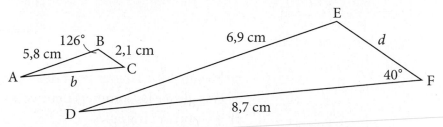

Littératie

7. Explique comment deux sœurs qui se ressemblent beaucoup, sans avoir le même âge, peuvent être comparées à des triangles semblables.

Applique les concepts **B**

Si tu as besoin d'aide pour répondre à la question 8, reporte-toi à l'exemple 4.

8. Dans $\triangle VWX$, m$\overline{WX}$ = 28 cm, m$\overline{VX}$ = 35 cm et m$\overline{VW}$ = 14 cm. Dans le $\triangle PQR$, m$\overline{QR}$ = 20 cm, m$\overline{PR}$ = 25 cm et m$\overline{PQ}$ = 10 cm. Les triangles VWX et PQR sont-ils semblables? Comment le sais-tu?

9. Les triangles ABC et PQR sont semblables. En considérant que m$\angle A$ = 50°, m$\angle B$ = 90°, m$\overline{PQ}$ = 12 cm, m$\overline{PR}$ = 19,2 cm, m$\overline{AB}$ = 4 cm et m$\overline{BC}$ = 5 cm, calcule toutes les mesures manquantes.

10. Considère que $\triangle DEF \sim \triangle RPQ$, où m$\overline{EF}$ = 25,4 cm, m$\overline{DF}$ = 22,9 cm, m$\overline{DE}$ = 20,3 cm et m$\overline{RQ}$ = 15 cm. Calcule la longueur du côté PQ.

11. Les triangles ABC et XYZ sont semblables. Les angles A et C sont congrus, $\overline{XZ}$ mesure 21 cm, $\overline{AB}$ mesure 7 cm et $\overline{AC}$ mesure 35 cm.
   a) Détermine la longueur de $\overline{YZ}$.
   b) Compare ta réponse en a) avec celle d'une ou d'un camarade. Avez-vous trouvé la même réponse? Si vos réponses sont différentes, déterminez ensemble laquelle est la bonne, si l'une des deux l'est.

12. Utilise le *Cybergéomètre*®.
   a) Ouvre une nouvelle esquisse, puis construis un triangle.

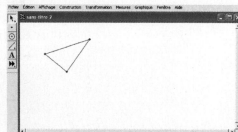

b) Comme le montre cette figure, trace une droite qui relie deux des côtés et qui est parallèle au troisième côté.

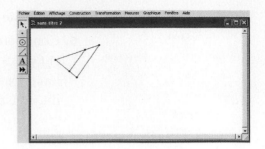

c) Mesure les triangles pour déterminer s'ils sont semblables. Fais glisser les sommets pour voir si ce résultat se vérifie partout.

d) Nomme les triangles.

e) À l'aide de l'outil **Texte** et d'autres fonctionnalités du *Cybergéomètre*®, montre les mesures et les rapports pertinents. Tire une conclusion.

f) Refais les étapes b) et c) en traçant une droite parallèle à un autre côté du triangle.

Vérification des connaissances

13. M.C. Escher (1898-1972) était un artiste néerlandais réputé pour ses représentations mathématiques. Un ensemble de ses travaux porte sur les transformations et les dallages.

Voici la façon de créer ton propre motif de dallage:

- Utilise un morceau de carton de 7 cm de côté.
- Découpe un motif sur deux côtés du carré.
- Fixe les motifs découpés aux autres côtés du carré.
- À l'aide de cette forme, trace un ensemble de figures qui recouvre une feuille entière. Les figures seront collées les unes aux autres.
- Colorie l'ensemble pour rendre l'image intéressante.
- Explique comment les figures semblables se retrouvent dans ton dessin.

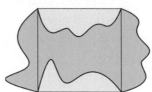

14. Copie ces triangles sur du papier quadrillé.

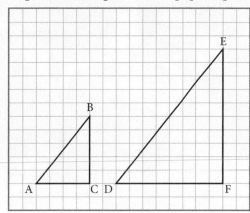

a) Détermine si les triangles sont semblables. Montre ton travail.

b) Compare les longueurs des côtés correspondant de ces triangles. Que remarques-tu ?

c) Calcule l'aire de chaque triangle.

d) Définis le rapport entre les aires des triangles. Quel est le lien entre ce rapport et celui des longueurs des côtés correspondants ?

e) Trace la hauteur de chaque triangle à partir du sommet de son angle droit.

f) Quel est le rapport entre ces hauteurs ?

g) Construit un autre triangle semblable au $\triangle$ABC. Pour ce faire, triple la longueur de chaque côté du triangle ABC.

h) Refais les étapes c) à f). Que remarques-tu ?

15. Le $\triangle$PQR est semblable au $\triangle$WXY, alors m$\overline{PQ}$ = 12 cm, m$\overline{WX}$ = 9 cm et l'aire de $\triangle$WXY est de 72 cm^2. Calcule l'aire du $\triangle$PQR.

16. Les côtés correspondants de deux triangles semblables mesurent 4 cm et 6 cm. Trouve le rapport entre les aires de ces triangles.

Résoudre des problèmes à l'aide de triangles semblables

L'un des plus hauts totems du monde a été érigé en 1972 à Alert Bay, en Colombie-Britannique. Il est très difficile de mesurer directement la hauteur de ce totem. Une façon de déterminer sa hauteur est d'utiliser son ombre. Pour ce faire, on mesure la longueur de l'ombre du totem. Au même moment, on mesure l'ombre d'un objet vertical de hauteur connue. Puisqu'on connaît les longueurs des deux ombres et la longueur de l'objet vertical, on peut utiliser des triangles semblables pour déterminer la hauteur du totem. Ce totem mesure environ 52 mètres !

Explore

Matériel
- mètre à ruban
- mètre rigide

Calculer la hauteur du mât de l'école

Travaille avec des camarades. Utilise un mètre rigide en tant qu'objet de hauteur connue.

1. Mesure la longueur de l'ombre du mât de ton école.

2. Tiens le mètre à angle droit par rapport au sol et demande à un membre du groupe de mesurer la longueur de l'ombre projetée par le mètre.

3. Dessine un schéma comme celui-ci, puis annote-le. Ajoute des triangles qui montrent la position des objets ainsi que leur ombre.

4. Explique pourquoi les deux triangles sont semblables.

5. Calcule la hauteur du mât. Montre ton travail.

Calculer la hauteur d'un arbre

Un poteau de 3 m projette une ombre de 4 m. À proximité, un arbre projette une ombre de 15 m. Quelle est la hauteur de l'arbre ?

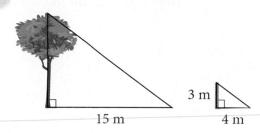

3 m

15 m   4 m

Solution

Représente la hauteur de l'arbre par h. Les deux triangles sont semblables. Leurs côtés correspondants sont donc proportionnels.

$$\frac{h}{3} = \frac{15}{4}$$

$$h = \frac{3 \times 15}{4}$$

$$h = 11{,}25$$

La hauteur de l'arbre est de 11,25 m.

Calculer la longueur d'un étang

Pour trouver la longueur d'un étang, une géomètre a relevé quelques mesures. Elle les a inscrites sur le diagramme suivant. Quelle est la longueur de l'étang ?

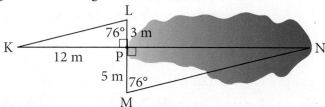

Solution

Les triangles sont semblables. Leurs côtés correspondants sont donc proportionnels.

$$\frac{m\overline{NP}}{12} = \frac{5}{3}$$

Multiplie les deux membres par 12.

$$m\overline{NP} = \frac{12 \times 5}{3}$$

$$m\overline{NP} = 20$$

La longueur de l'étang est de 20 m.

Déterminer la hauteur à l'aide d'un miroir

Les yeux de Véronique se trouvent à 150 cm du sol. Elle place un miroir sur le sol à 18 m de la base d'un mur d'escalade. Elle recule jusqu'à ce qu'elle voie le sommet du mur dans le miroir. Elle se trouve alors à 120 cm du miroir. Quelle est la hauteur du mur d'escalade ?

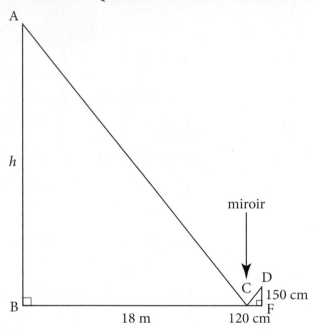

Solution

Représente la hauteur du mur d'escalade par h. L'angle auquel un rayon de lumière atteint un miroir, $\angle ACB$, est congru à l'angle auquel ce rayon de lumière est réfléchi par le miroir, c'est-à-dire $\angle DCF$.

$m\angle ABC = m\angle DFC = 90°$

$m\angle BCA = m\angle FCD$

Donc, $m\angle BAC = m\angle FDC$

Puisque les angles correspondants sont des **angles congrus**, $\triangle ABC \sim \triangle DFC$.

angles congrus
- Des angles qui ont la même mesure.

Donc, $\dfrac{m\overline{AB}}{m\overline{DF}} = \dfrac{m\overline{BC}}{m\overline{FC}}$

$\dfrac{h}{150} = \dfrac{1\,800}{120}$

$h = \dfrac{150 \times 1\,800}{120}$

$h = 2\,250$

> *Assure-toi que toutes les mesures sont exprimées dans la même unité.*
> *18 m = 1 800 cm.*

La hauteur du mur d'escalade est de 2 250 cm, c'est-à-dire 22,5 m.

Concepts clés

- Les triangles semblables peuvent servir à déterminer des hauteurs ou des distances difficiles à mesurer.
- La méthode des triangles semblables peut être appliquée dans de nombreuses situations de la vie courante.

Parle des concepts

D1. Par une journée ensoleillée, Michel et Richard remarquent que leurs ombres sont de longueurs différentes. L'ombre de Richard mesure 2,5 m, et celle de Michel mesure 2,3 m. Selon toi, qui a la plus grande taille : Michel ou Richard ? Pourquoi ?

D2. Décris une façon de déterminer la hauteur d'un arbre de 200 ans.

Exerce-toi

1. Nomme cinq objets qu'on peut mesurer à l'aide de triangles semblables.

2. Choisis l'un des objets que tu as nommés à la question 1. Explique comment tu peux utiliser des triangles semblables pour le mesurer.

Littératie

3. Sherlock Holmes utilise la méthode des triangles semblables pour déterminer la hauteur d'un arbre dans *Le Rituel des Musgrave*. Consulte cette histoire, puis explique pourquoi il était nécessaire d'utiliser cette méthode plutôt que la mesure directe.

Applique les concepts

Si tu as besoin d'aide pour répondre à la question 4, reporte-toi à l'exemple 1.

4. Par une journée ensoleillée, l'ombre de José mesure 2,9 m, tandis que l'ombre d'une tour mesure 11,3 m. Si José mesure 1,80 m, quelle est la hauteur de la tour ?

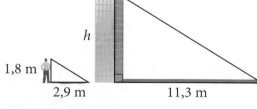

Si tu as besoin d'aide pour répondre à la question 5, reporte-toi à l'exemple 2.

5. Pour calculer la longueur d'un marais, un géomètre a tracé ce diagramme. Détermine la longueur du marais au dixième d'unité près.

Si tu as besoin d'aide pour répondre à la question 6, reporte-toi à l'exemple 3.

6. Un marcheur, dont les yeux sont à 2 m du sol, souhaite connaître la hauteur d'un arbre. Il pose un miroir à l'horizontale sur le sol à 20 m de la base de l'arbre et il remarque que s'il se place au point C, à 4 m du miroir B, il peut voir l'image de la cime de l'arbre. Quelle est la hauteur de l'arbre ?

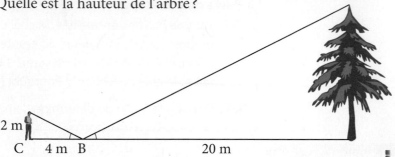

7. Deux échelles sont posées contre un mur de manière à former le même angle par rapport au sol. L'extrémité de l'échelle de 3 m atteint une hauteur de 2,4 m sur le mur. Quelle hauteur l'échelle de 5,4 m atteint-elle ?

8. À un certain moment de la journée, ton ami, dont la taille est de 1,5 m, projette une ombre de 2,4 m. Au même moment, un arbre projette une ombre de 8,5 m. Représente cette situation à l'aide d'un diagramme. Quelle est la hauteur de l'arbre ?

Problème du chapitre

9. Pour trouver la hauteur d'un arbre, François détermine qu'un mètre rigide projette une ombre de 90 cm, tandis que l'arbre projette une ombre de 3,2 m. Représente cette situation à l'aide d'un diagramme. Quelle est la hauteur de l'arbre ?

10. Pour déterminer la largeur d'une rivière, Jordan a fait un relevé de la zone et a obtenu les mesures suivantes. Détermine la largeur de la rivière.

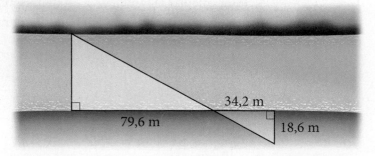

11. La lumière se propage en ligne droite. Ce phénomène est utilisé dans une chambre noire. Quand les rayons de lumière sont réfléchis par un objet et passent par le sténopé (petit trou) de la chambre noire, ils se croisent et forment une image inversée.

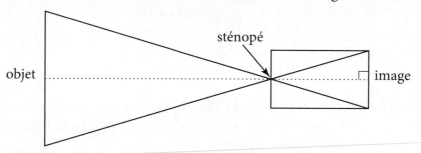

Un objet se trouve à 3,6 m du sténopé. Son image se forme à 4,2 cm sur le côté opposé au sténopé. La hauteur de l'image est de 0,8 cm. Quelle est la hauteur de l'objet ?

Si tu as besoin d'aide pour répondre à la question 12, reporte-toi à l'exemple 3.

12. Paul place un miroir sur le sol à 220 cm de la base d'un mur. Il tient une lampe de poche à 130 cm du sol et projette le faisceau de lumière sur le miroir. À quelle distance du miroir Paul doit-il se tenir pour que la hauteur de la lumière réfléchie sur le mur soit de 100 cm au-dessus de la hauteur à laquelle Paul tient la lampe ?

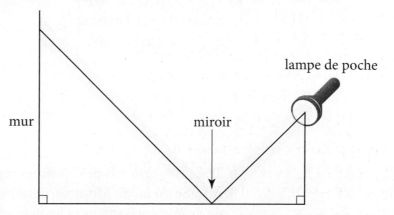

13. Utilise le *Cybergéomètre*® pour simuler la hauteur d'un arbre.
   a) Trace une ligne horizontale pour représenter le sol.
   b) Place deux points sur la ligne : l'un représentera l'emplacement de tes pieds ; l'autre, la base du tronc de l'arbre.
   c) Trace des droites perpendiculaires à ces points.

d) Trace un point sur chaque ligne : l'un représente le sommet de ta tête ; l'autre, la cime de l'arbre.

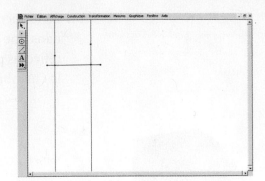

e) Trace un segment de droite reliant les deux points au sol. Cache les lignes perpendiculaires initiales.

f) Trace une droite du ciel au-dessus de l'arbre jusqu'au sol. Cela représente un rayon de soleil.

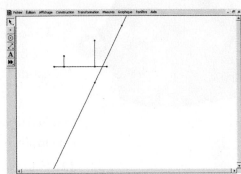

g) Trace deux lignes parallèles au rayon de soleil : l'une qui passe par le point représentant la cime de l'arbre ; l'autre, par le point représentant le sommet de ta tête.

h) Trace un point là où les rayons de soleil entrent en contact avec le sol.

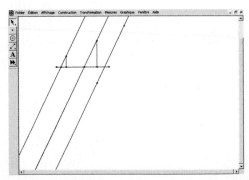

i) Trace les segments de droite qui représentent les ombres.

j) À l'aide du menu **Mesures**, détermine la longueur des segments de droite représentant ta hauteur et celle de l'arbre ainsi que la longueur des ombres. Détermine ensuite les rapports entre les côtés correspondants des triangles.

k) Clique sur la droite qui représente le rayon de soleil, puis déplace-la pour modifier l'angle d'élévation du soleil. Qu'arrive-t-il aux rapports trouvés en j) ? Explique ta réponse.

14. Un téléski s'élève à 39,5 m au-dessus d'une distance horizontale de 118,8 m. Quelle distance verticale as-tu parcourue si tu t'es déplacé horizontalement de 750,2 m ? Représente cette situation par un diagramme.

15. Dans ce diagramme, m∠D = m∠A, m$\overline{AB}$ = 20 cm, m$\overline{CB}$ = 12 cm, m$\overline{DC}$ = 8 cm et m$\overline{DF}$ = 10 cm. Quelle est la longueur de $\overline{AF}$?

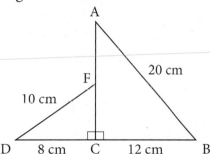

16. Ératosthène était un mathématicien. Il a vécu vers 230 av. J.-C. Pendant qu'il habitait en Égypte, il a remarqué, dans la ville de Syène, que le soleil de midi éclairait le fond d'un puits profond le premier jour de l'été (qui correspond à peu près au 21 juin du calendrier moderne). Cela signifiait que le Soleil se trouvait alors directement à la verticale du puits. Au même moment, à Alexandrie, une ville située à environ 800 km presque en plein nord de Syène, les rayons du soleil touchaient le sol à un angle de 7,2° par rapport à la verticale. Ératosthène a utilisé ces données pour estimer la circonférence de la Terre.

Il a ordonné les proportions de la manière suivante :

$$\frac{7,2°}{360°} = \frac{800}{\text{circonférence de la Terre}}$$

a) Résous cette équation afin d'estimer la circonférence de la Terre.

b) La circonférence de la Terre est d'environ 40 000 km. Jusqu'à quel point l'estimation d'Ératosthène était-elle juste ?

c) À l'aide de ta réponse en a), estime le diamètre de la Terre.

d) Représente cette situation par un diagramme.

Révision des termes clés

angles congrus	rapport
angles correspondants	système impérial
côtés correspondants	système international
grandeurs	d'unités (SI)
proportionnelles	triangles semblables

1. Transcris chacune de ces phrases, puis choisis le terme de l'encadré qui lui correspond.

a) L'ensemble des unités britanniques se nomme le _____.

b) Un _____ est une valeur divisée par une autre.

c) Deux triangles sont dits semblables si leurs _____ sont égaux et que les rapports des longueurs de leurs _____ sont égaux.

d) Quand deux valeurs sont liées par un rapport constant, il s'agit de_____.

2. Explique ces termes à l'aide de mots et de diagrammes :

a) côtés correspondants ;

b) angles correspondants.

1.1 Le système international d'unités (SI), pages 6 à 11

3. Exprime chaque mesure dans l'unité indiquée.

a) 2,54 mètres en centimètres

b) 3 540 millilitres en litres

c) 850 grammes en kilogrammes

4. Un terrain a 5,5 m de largeur. Il est trois fois plus long que large. Calcule la longueur de clôture nécessaire pour l'entourer.

5. Yvan prépare un punch aux fruits pour une fête. La recette exige 10 mg de sucre pour 250 ml de punch. Le bol à punch de Taylor a une capacité de 12 l. Quelle quantité de sucre Taylor doit-il prévoir s'il veut remplir son bol à punch ?

1.2 La conversion de mesures, pages 12 à 18

6. Convertis chaque mesure approximativement dans l'unité indiquée.

a) 6 milles en kilomètres

b) 6 gallons en litres

c) 65 °F en degrés Celsius

d) 8 pieds en mètres

7. Dorothée peut acheter du lait au marché public à 3,58 $ le gallon ou à l'épicerie à 3,79 $ pour quatre litres. Quel est le meilleur achat ?

8. La moquette qu'Alexandre a choisie pour sa nouvelle salle de jeu coûte 8,99 $ le mètre carré. La salle mesure 15 pi sur 18 pi. Combien Alexandre va-t-il payer pour cette moquette ?

9. Sébastien utilise un produit américain pour préparer ses mélanges protéinés à la maison. La recette exige 2 c. à soupe de protéines en poudre pour 6 oz liquides de lait. Combien de poudre Sébastien doit-il verser dans un litre de lait ?

1.3 Les triangles semblables,
pages 19 à 29

10. Dans ce diagramme, $\triangle ABC \sim \triangle DEF$.

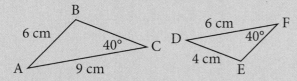

a) Énumère les angles correspondants.

b) Énumère les côtés correspondants.

c) Définis le rapport des côtés correspondants.

d) Écris la règle de proportionnalité des rapports des côtés correspondants.

11. Calcule les mesures manquantes en considérant que $\triangle ABC \sim \triangle FED$.

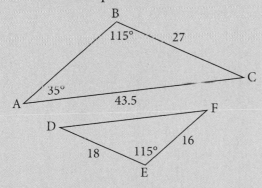

12. Dans ce diagramme, $\overline{DE}$ est parallèle à $\overline{XY}$, m $\overline{XD}$ = 14,6 cm, m $\overline{ZX}$ = 24,8 cm et m $\overline{DE}$ = 6,8 cm. Nomme les triangles semblables, puis détermine la mesure de $\overline{XY}$.

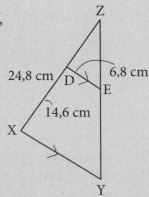

13. Les triangles ABC et STU sont semblables. Dans ces triangles, m $\overline{BC}$ = 30 cm, m $\overline{AB}$ = 40 cm et m $\overline{TU}$ = 25 cm. Quelle est la longueur du côté ST ?

1.4 Résoudre des problèmes à l'aide de triangles semblables,
pages 30 à 37

14. Pour calculer la hauteur d'une falaise, un géomètre relève les mesures suivantes : l'ombre de la falaise mesure 12 m, alors qu'au même moment l'ombre d'un mètre rigide mesure 2 m. Représente cette situation à l'aide d'un diagramme. Calcule la hauteur de la falaise.

15. Pour déterminer la largeur de la rivière White, là où se trouve la traverse du pont suspendu, Tina relève les mesures indiquées sur ce diagramme. Quelle est la largeur de la rivière ?

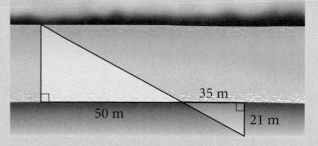

16. Tanesha, qui mesure 1,73 m, doit mesurer la hauteur d'un mât. Elle se trouve à 3,6 m de la base du mât, et le sommet de sa tête touche la corde en diagonale qui relie le mât au sol. Le haut de la corde est fixé en diagonale à 4,5 m de la base du mât. Quelle est la hauteur du mât ? Représente cette situation par un diagramme.

1. Environ combien de pouces équivalent à 10 cm de neige ?

2. Environ combien de livres équivalent à 450 g d'orge ?

3. Combien de centimètre y a-t-il dans 0,001 25 m ?

4. Une mèche de $\frac{3}{8}$ po creusera-t-elle un trou suffisamment grand pour un boulon de 9 mm ? Explique ta réponse.

5. Mingmei achète une nouvelle voiture et aimerait que sa consommation d'essence soit au moins de 33 milles/gallon. Elle aime beaucoup un véhicule dont la consommation est, selon le prospectus, de 6,5 l/100 km. Cette voiture répond-elle aux exigences de Mingmei ? Explique ta réponse.

6. Il est recommandé de consommer 1 000 mg de calcium par jour. Une tasse de lait contient 300 mg de calcium. Si tu bois 1 l de lait, auras-tu consommé la quantité quotidienne recommandée de calcium ? Explique pourquoi.

7. Les triangles QRS et XYZ sont semblables.

   a) Énumère les angles égaux.
   b) Énumère les côtés correspondants.
   c) Définis les rapports entre les côtés correspondants.
   d) Écris la règle de proportionnalité pour les côtés correspondants.

8. Dans ce diagramme, m $\overline{AB}$ = 2,8 cm, m $\overline{CD}$ = 3,5 cm, m $\overline{CE}$ = 4,4 cm et m∠A = m∠C. Nomme les triangles semblables. Calcule la longueur de $\overline{AE}$.

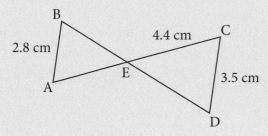

9. Dans ce diagramme, $\overline{DE}$ est parallèle à $\overline{AC}$, m $\overline{BD}$ = 5, m $\overline{BE}$ = 4 et m $\overline{EC}$ = 10. Nomme les triangles semblables. Calcule la longueur de $\overline{BA}$.

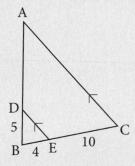

10. Carlos essaie de trouver la hauteur d'un arbre. Il mesure un arbre plus petit dont la hauteur est 3 m. Le plus petit arbre projette une ombre longue de 1,5 m de longueur, alors qu'au même moment, l'ombre du plus grand arbre mesure 5 m. Représente cette situation à l'aide d'un diagramme, puis détermine la hauteur du plus grand arbre.

Retour sur le problème du chapitre

François doit couper un gros arbre qui est malade. Pour le faire sans risque, il doit en connaître la hauteur et déterminer où la cime de l'arbre tombera une fois l'arbre abattu. François marque une ligne de coupe horizontale sur le tronc à 50 cm du sol. Puis, il coupe un bâton et le tient verticalement à bout de bras devant lui. Il s'éloigne de l'arbre jusqu'à ce qu'il voie la cime de l'arbre au-dessus de l'extrémité supérieure du bâton et la ligne de coupe sous l'extrémité inférieure du bâton. Le bras de François a une longueur de 0,8 m, le bâton mesure 0,7 m et François se trouve à 30 m de la base de l'arbre.

a) Détermine la hauteur de l'arbre.

b) À quelle distance du tronc la cime de l'arbre tombera-t-elle ?

c) Décris une autre méthode que François aurait pu utiliser pour calculer la hauteur de l'arbre.

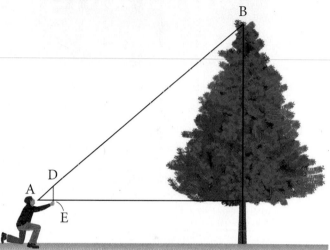

---

11. Mélissa souhaite connaître la hauteur d'une falaise qu'elle est sur le point d'escalader. Elle place un miroir sur le sol à 9 m de la base de la falaise et recule jusqu'à ce qu'elle voie le sommet de la falaise dans le miroir. Elle recule de 3 m par rapport au miroir. Ses yeux se trouvent à 1,8 m du sol. Représente cette situation à l'aide d'un diagramme, puis détermine la hauteur de la falaise.

12. Dans ce diagramme, m $\overline{BC}$ = 7,2 mm, m $\overline{CE}$ = 9,3 mm et m $\overline{DE}$ = 12,4 mm. Nomme les triangles semblables, puis calcule la longueur de $\overline{AB}$.

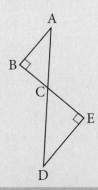

13. Trace un petit diagramme simple sur du papier quadrillé ou à l'aide d'un logiciel de géométrie. Double toutes les dimensions et trace une nouvelle forme, semblable à la première. Estime l'aire de chaque figure ou calcule-la à l'aide du logiciel de géométrie. L'aire de la plus grande figure est-elle le double de l'aire de la plus petite figure ? Trace maintenant une autre figure plus grande sur du papier quadrillé. D'après ton travail précédent, comment devrais-tu modifier les dimensions pour tracer une figure semblable dont l'aire serait la moitié de la première ? Explique tes déductions et prouve-les en estimant l'aire de chaque figure.

2 La trigonométrie du triangle rectangle

Les triangles procurent force et stabilité aux structures. On retrouve souvent des triangles rectangles dans des structures telles que les ponts et les toits. Dans ce chapitre, tu exploreras le théorème de Pythagore et les relations entre les longueurs des côtés du triangle rectangle. Tu appliqueras ces relations afin de résoudre des problèmes portant sur les triangles rectangles.

Dans ce chapitre, tu vas:

- déterminer, par exploration, la relation entre le rapport de deux côtés d'un triangle rectangle et le rapport des deux côtés correspondants dans un triangle rectangle semblable, puis déterminer les sinus, les cosinus et les tangentes ;
- déterminer les mesures des côtés et des angles d'un triangle rectangle à l'aide des principaux rapports trigonométriques et du théorème de Pythagore ;
- résoudre des problèmes portant sur les mesures des côtés et des angles d'un triangle rectangle dans des applications réelles à l'aide des principaux rapports trigonométriques et du théorème de Pythagore ;
- décrire, au cours d'une activité, l'usage de la trigonométrie dans un métier.

Raisonnement
Modélisation | Sélection des outils
Résolution de problèmes
Liens | Réflexion
Communication

Termes clés

angle de dépression	côté adjacent	tangente
angle d'élévation	côté opposé	théorème
cathètes	hypoténuse	de Pythagore
cosinus	sinus	trigonométrie

Littératie

Dans un tableau SVA, écris ce que tu **S**ais sur le sujet que tu t'apprêtes à étudier, ce que tu **V**eux savoir sur la notion en question et, une fois le chapitre terminé, ce que tu as **A**ppris sur le sujet.

S Ce que je SAIS	V Ce que je VEUX SAVOIR	A Ce que j'ai APPRIS

Honoré, qui est un charpentier, se sert des mathématiques chaque jour. À l'aide des propriétés du triangle rectangle, il s'assure que les coins forment des angles de 90°. Ton école offre peut-être un cours sur le travail du bois ou le métal en feuille. Renseigne-toi auprès de ton enseignante ou de ton enseignant sur les mathématiques dont on se sert dans les projets de construction.

Prépare-toi

Calculer des proportions

1. Résous chacune de ces proportions. Nous avons résolu la première proportion à titre d'exemple.

a) $\dfrac{x}{15} = \dfrac{1}{5}$

$5x = 15$

$x = 3$

b) $\dfrac{x}{3} = \dfrac{18}{27}$

c) $\dfrac{12}{42} = \dfrac{x}{14}$

d) $\dfrac{4}{35} = \dfrac{x}{7}$

e) $\dfrac{10}{12} = \dfrac{5}{x}$

f) $\dfrac{11}{x} = \dfrac{33}{9}$

g) $\dfrac{2}{5} = \dfrac{22}{x}$

h) $\dfrac{24}{15} = \dfrac{x}{5}$

i) $\dfrac{34}{x} = \dfrac{17}{45}$

j) $\dfrac{16}{x} = \dfrac{64}{72}$

2. Détermine la valeur de x. Exprime chaque réponse sous la forme d'un nombre décimal. Nous avons résolu la première équation à titre d'exemple.

a) $\dfrac{x}{18} = \dfrac{3}{15}$

$15x = 18(3)$

$15x = 54$

$\dfrac{15x}{15} = \dfrac{54}{15}$

$x = 3,6$

b) $\dfrac{4}{48} = \dfrac{x}{9}$

c) $\dfrac{32}{6} = \dfrac{5}{x}$

d) $\dfrac{18}{x} = \dfrac{45}{20}$

e) $\dfrac{9}{54} = \dfrac{22}{x}$

f) $\dfrac{27}{x} = \dfrac{15}{33}$

g) $\dfrac{12}{50} = \dfrac{x}{10}$

h) $\dfrac{27}{12} = \dfrac{x}{5}$

i) $\dfrac{4}{x} = \dfrac{45}{36}$

Arrondir des nombres

3. Arrondis ces nombres au degré près. Nous avons arrondi le premier nombre à titre d'exemple.

a) 43,66°

Le nombre 0,66 est plus près de 1 que de 0. Arrondi au degré près, 43,66° donne donc 44°.

b) 12,8°

c) 79,2°

d) 58,14°

e) 77,6°

f) 90,3°

g) 42,18°

4. Arrondis ces nombres à une décimale près. Nous avons arrondi le premier nombre à titre d'exemple.

a) 4,87

Le nombre 0,87 est plus près de 0,9 que de 0,8. Arrondi à une décimale près, 4,87 donne donc 4,9.

b) 2,311

c) 9,567

d) 3,33

e) 5,41

f) 1,99

g) 26,98

5. Arrondis ces nombres à quatre décimales près. Nous avons arrondi le premier nombre à titre d'exemple.

a) 2,346 11

Le nombre 0,346 11 est plus près de 0,346 1 que de 0,346 2. Arrondi à quatre décimales près, 2,346 11 donne donc 2,346 1.

b) 0,099 67

c) 3,462 33

d) 0,856 34

e) 0,909 11

f) 3,756 432 2

g) 31,605 846

Problème du chapitre

Un centre de villégiature est situé sur un plateau rocheux à 10 m au-dessus du niveau de la mer. Pour satisfaire la clientèle, Alain y construit un ascenseur.

Alain va devoir recourir aux mathématiques pour faire ses plans et construire l'ascenseur. Le théorème de Pythagore et les rapports trigonométriques l'aideront à concevoir et à construire l'ascenseur.

Alain doit bien évaluer les dimensions des pièces dont il a besoin. Suppose qu'il a une pièce de métal de 1 m et qu'il a besoin de deux morceaux de 0,35 m chacun, comment doit-il arrondir les longueurs à couper pour qu'il puisse, par la suite, limer chaque morceau ?

Les carrés et les racines carrées

6. Calcule chacun de ces carrés. Nous avons calculé le premier carré à titre d'exemple.

a) 24^2

    $= 24 \times 24$

    $= 576$

    Tu peux également, sur ta calculatrice, appuyer sur les touches 24 $\boxed{x^2}$.

b) 56^2 **c)** 71^2

d) 12^2 **e)** 38^2

f) 19^2 **g)** 27^2

7. Calcule chaque racine carrée. Arrondis tes réponses à la décimale près. Nous avons calculé la première racine carrée à titre d'exemple.

a) $\sqrt{27}$

    À l'aide d'une calculatrice scientifique, appuie sur les touches $\boxed{\sqrt{\ }}$ *27, ou bien sur les touches 27* $\boxed{\sqrt{\ }}$.

b) $\sqrt{35}$ **c)** $\sqrt{188}$

d) $\sqrt{287}$ **e)** $\sqrt{1\,143}$

f) $\sqrt{63}$ **g)** $\sqrt{542}$

8. Effectue les opérations. Nous avons résolu la première opération à titre d'exemple.

a) $3^2 + 6^2$

    $= 9 + 36$

    $= 45$

b) $7^2 + 1^2$ **c)** $5^2 + 4^2$

d) $12^2 - 8^2$ **e)** $10^2 - 9^2$

f) $6^2 + 11^2$ **g)** $13^2 - 2^2$

Le théorème de Pythagore

Pythagore (530 av. J.-C.) était à la fois un mathématicien, un philosophe et un astronome. Il croyait que tout pouvait être prédit et mesuré selon des modèles et des cycles. C'est à ce grand mathématicien que l'on attribue le **théorème de Pythagore**, l'une des relations mathématiques des plus utiles. On se sert de ce théorème pour construire des structures telles que la station spatiale internationale.

À ton avis, Pythagore imaginait-il que l'on utiliserait encore son théorème 2 500 ans plus tard… et dans l'espace ?

Explore

Matériel

- papier quadrillé (centimétré)
- papier couleur
- rapporteur d'angles
- règle
- ciseaux

La relation Pythagore

1. Sur du papier quadrillé à 1 cm, trace les trois carrés de chaque jeu ci-dessous. Inscris le numéro du jeu sur chacun des carrés, puis découpe-les. Calcule l'aire de chaque carré en centimètres carrés et inscris-la sur le carré.

   Jeu 1 trois carrés dont les côtés mesurent 3 cm, 4 cm et 5 cm

   Jeu 2 trois carrés dont les côtés mesurent 5 cm, 12 cm et 13 cm

   Jeu 3 trois carrés dont les côtés mesurent 6 cm, 8 cm et 10 cm

   Jeu 4 trois carrés dont les côtés mesurent 4 cm, 5 cm et 6 cm

   Jeu 5 trois carrés dont les côtés mesurent 4 cm, 12 cm et 14 cm

2. Dispose les carrés de chaque jeu de façon à former un triangle. Un côté de chaque carré forme un côté du triangle. À l'aide d'un morceau de ruban adhésif, fixe chaque arrangement sur un morceau de papier couleur.

cathètes
- Les deux côtés les plus courts d'un triangle rectangle.
- Les côtés adjacents à l'angle droit.

hypoténuse
- Le plus long côté d'un triangle rectangle.
- Le côté opposé à l'angle droit.

théorème de Pythagore
- Le carré de l'hypoténuse est égal à la somme des carrés des cathètes.
- Dans un triangle rectangle où a et b sont les cathètes et c est l'hypoténuse, $c^2 = a^2 + b^2$.

3. À l'aide d'un rapporteur d'angles, détermine si les triangles comportent un angle droit.

4. Reproduis ce tableau, puis remplis-le en te basant sur ce que tu as observé dans les cinq triangles.

Jeu	Longueur des côtés (cm)			Aire des carrés (cm²)			Type de triangle (rectangle, acutangle, obtusangle)
1	3	4	5				
2	5	12	13				
3	6	8	10				
4	4	5	6				
5	4	12	14				

5. Cherche une régularité dans tes résultats. Compare les aires des carrés qui se trouvent sur les côtés de chaque triangle. Décris la relation entre les aires à l'aide d'une phrase.

6. Examine les deux derniers triangles. La relation que tu as décrite s'applique-t-elle à ces triangles ? En quoi ces deux triangles diffèrent-ils des trois premiers ?

Dans un triangle rectangle, les deux côtés les plus courts se nomment les **cathètes**. L'**hypoténuse** est le côté opposé à l'angle droit et c'est le côté le plus long. Selon le **théorème de Pythagore**, dans un triangle rectangle, le carré de l'hypoténuse est égal à la somme des carrés des cathètes.

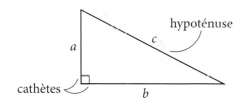

Exemple **1** **Calculer la longueur d'une ferme de toit**

Calcule la longueur du côté incliné, x, de la ferme.

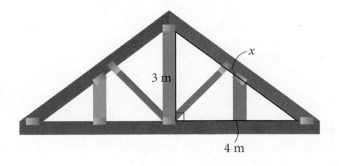

Solution

Une partie de la ferme a la forme d'un triangle rectangle. Les cathètes mesurent respectivement 3 m et 4 m. À l'aide du théorème de Pythagore, calcule la longueur de l'hypoténuse.

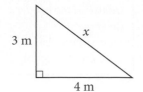

$$x^2 = 3^2 + 4^2$$
$$x^2 = 9 + 16$$
$$x^2 = 25$$
$$x = 5$$

Le côté incliné x de la ferme a une longueur de 5 m.

Exemple 2

Calculer la hauteur atteinte par une échelle

Nirmala se prépare à laver les fenêtres de sa maison. Elle appuie une échelle de 3 m contre le mur. Le pied de l'échelle est situé à 1 m de la maison. Quelle hauteur l'échelle atteint-elle sur le mur ? Arrondis ta réponse au centième près.

Solution

Représente la situation à l'aide d'un schéma.

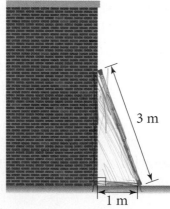

$$3^2 = 1^2 + h^2$$
$$1 + h^2 = 9$$
$$h^2 = 9 - 1$$
$$h^2 = 8$$
$$h = \sqrt{8}$$
$$h \approx 2{,}828$$

L'échelle atteint une hauteur d'environ 2,83 m sur le mur de la maison.

Concepts clés

- Dans un triangle rectangle, le plus grand côté est l'hypoténuse.

- Le carré de l'hypoténuse est égal à la somme des carrés des cathètes.

- Si tu connais la longueur de deux côtés d'un triangle rectangle, tu peux calculer la longueur du troisième côté à l'aide du théorème de Pythagore.

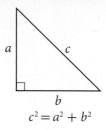

$$c^2 = a^2 + b^2$$

Parle des concepts

D1. Explique comment tu peux déterminer la longueur de w. Compare ta réponse avec celle d'une ou d'un camarade de classe.

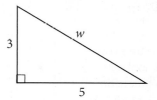

D2. Quand tu examines un triangle rectangle, comment sais-tu quels côtés sont les cathètes ? Comment sais-tu quel côté est l'hypoténuse ?

Exerce-toi **A**

Si tu as besoin d'aide pour répondre aux questions 1 et 2, reporte-toi à l'exemple 1.

1. Calcule la longueur de chaque hypoténuse. Arrondis tes réponses à une décimale près.

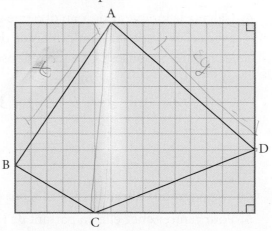

2. Dans chacun de ces triangles, calcule la longueur de l'hypoténuse au dixième d'unité près.

a)
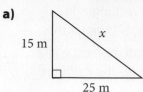

b)
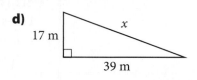

c)

d)

Si tu as besoin d'aide pour répondre aux questions 3 et 4, reporte-toi à l'exemple 2.

3. Calcule la longueur du côté inconnu.

a)
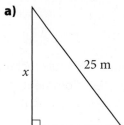

b)
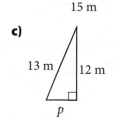

c)

d)
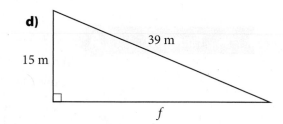

Math plus

Observe une animation qui démontre le théorème de Pythagore. Puis, démontre toi-même le théorème de Pythagore. Pour en savoir plus, demande à ton enseignant ou ton enseignante de te guider vers des sites Internet appropriés.

Raisonnement
Modélisation | Sélection des outils
Résolution de problèmes
Liens | Réflexion
Communication

4. Calcule la longueur de x au dixième près. Compare tes réponses avec celles d'une ou d'un camarade de classe. Avez-vous obtenu les mêmes réponses? Chaque réponse est-elle vraisemblable?

a)

b)

c)
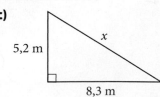

Pour répondre aux questions 5, 6 et 8, fais un diagramme.

5. Pour rentrer chez elle en partant de l'école, Jie-Ling longe deux côtés d'un parc rectangulaire. Le parc a une longueur de 125 m et une largeur de 121 m. Si Jie-Ling traverse le parc en diagonale, quelle distance franchit-elle?

6. a) L'école doit construire une rampe d'accès menant à la porte d'entrée. Les marches actuelles forment une élévation verticale de 1 m. Si, une fois construite, la rampe d'accès mesure 14,6 m, à quelle distance de l'école la rampe débute-t-elle ? Arrondis ta réponse au dixième de mètre près.

b) S'il y a une rampe d'accès à ton école, mesures-en la longueur et la hauteur avec une ou un camarade de classe. À l'aide du théorème de Pythagore, calcule la distance horizontale entre l'école et le bout de la rampe. Ensuite, mesure la distance horizontale, puis compare-la avec le résultat de ton calcul.

Littératie

7. On dit qu'un téléviseur est un modèle 20 po quand la longueur de la diagonale de l'écran mesure 20 po.

20 po

a) Si l'écran d'un téléviseur plat de 20 po a une hauteur de 12 po, quelle est sa largeur ?

b) Si l'écran d'un téléviseur plasma de 55 po a une hauteur de 35 po, quelle est sa largeur ?

c) La pratique qui consiste à identifier un téléviseur en donnant la longueur de la diagonale de l'écran est-elle juste ? Explique.

d) Quelle idée fausse une personne peut-elle se faire quand elle va acheter un téléviseur ?

e) Explique pourquoi, à ton avis, cette pratique s'est établie. Selon toi, profite-t-elle au fabricant, au détaillant ou au consommateur ? Explique ton raisonnement.

f) Discutez de vos réponses en petits groupes.

Raisonnement
Modélisation | Sélection des outils
Résolution de problèmes
Liens | Réflexion
Communication

8. Samir fait la finition de son sous-sol. Il a besoin de cloisons sèches de 1,2 m sur 2,4 m. Le cadre de la porte du sous-sol a une hauteur de 216 cm et une largeur de 91 cm, et Samir doit y passer. Comme l'escalier est tout juste à gauche de la porte, Samir doit transporter ses cloisons en les tenant debout. Les cloisons passeront-elles dans la porte du sous-sol ? Comment le sais-tu ?

9. Pierre-Louis fabrique un chemin de table de 38 cm de longueur sur 22 cm de largeur. Il veut coudre le long de la diagonale, puis ajouter des lignes de couture parallèles à la diagonale.

   a) Détermine la longueur de la diagonale au centimètre près.

   b) Construis un modèle du chemin de table de Pierre-Louis. Mesure la diagonale de ton modèle, puis compare cette valeur avec celle que tu as calculée en a).

10. Natalya joue au baseball. Elle attrape un roulant au troisième but. Le frappeur de l'autre équipe court vers le premier but. Quelle distance la balle lancée par Natalya doit-elle franchir pour retirer le frappeur ?

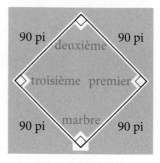

Raisonnement

Modélisation | Sélection des outils

Résolution de problèmes

Liens | Réflexion

Communication

11. Natacha et Philippe posent un nouveau revêtement de sol stratifié dans le salon. Pour vérifier si les murs sont à angle droit, Natacha fait une marque sur le mur à 90 cm du coin et une marque sur l'autre mur à 120 cm du même coin. Entre les deux marques, elle mesure une distance de 158 cm. Les murs qui forment ce coin sont-ils à angle droit ? Comment le sais-tu ?

120 cm

90 cm

158 cm

12. Daniel fabrique un pont en bois pour le train de sa fille. Il dessine le plan du pont. De quelle longueur de bois Daniel a-t-il besoin pour fabriquer le pont ?

5,2 cm   4,7 cm

3,1 cm   2,8 cm

13. Chloé part camper avec ses enfants. En montant sa tente, elle constate qu'il manque les poteaux verticaux. De quelle longueur sont les poteaux qu'elle doit acheter ?

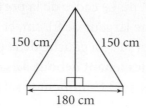

150 cm   150 cm

180 cm

14. Alain veut fabriquer une cage d'ascenseur. Il sait qu'il doit renforcer chaque côté de la cage.

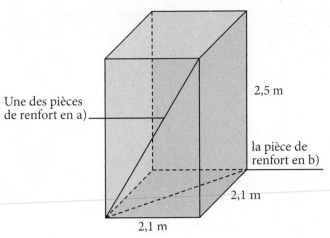

Une des pièces de renfort en a)

la pièce de renfort en b)

2,5 m

2,1 m

2,1 m

a) Si chaque côté de la cage mesure 2,1 m de largeur sur 2,5 m de hauteur et si Alain veut que chaque pièce de renfort ait la longueur de la diagonale, combien mesurera chaque pièce de renfort?

b) La base de la cage mesurera 2,1 m sur 2,1 m. Combien mesurera la pièce de renfort en diagonale de la base de la cage?

Approfondis les concepts C

15. Une rampe de chargement a une longueur de 2,8 m. Une extrémité repose sur le quai de chargement, à 0,7 m du sol, et l'autre extrémité mène dans la remorque du camion, à 1,2 m du sol. Détermine la distance horizontale entre l'arrière de la remorque et le quai de chargement au dixième de mètre près.

2,8 m

0,7 m

1,2 m

2.2

Les rapports et les proportions dans les triangles rectangles

On utilise souvent le triangle rectangle dans le domaine de la navigation. En déterminant l'angle formé par les lignes de visée menant à deux points de référence – par exemple, des points de repère ou des étoiles – et les distances à partir de ces points de référence, le navigateur ou la navigatrice peut déterminer la position de son navire.

Explore

Les rapports des longueurs des côtés de triangles rectangles semblables

Méthode 1 : utiliser un crayon et du papier

Matériel

- calculatrice
- papier quadrillé
- rapporteur d'angles
- règle

Travaille avec une ou un camarade.

1. Suis ces trois étapes afin de tracer une série de triangles rectangles semblables :

   a) Trace une ligne horizontale de 20 unités de longueur. Nomme l'extrémité gauche A et l'extrémité droite B. À partir de B, prolonge la ligne horizontale de 10 unités, puis nomme la nouvelle extrémité C. À partir de C, prolonge la ligne horizontale de 10 autres unités, puis désigne par D la nouvelle extrémité. La ligne AD mesure 40 unités.

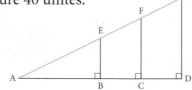

   b) Ensuite, trace à la verticale : $\overline{BE}$, d'une longueur de 10 unités ; $\overline{CF}$, d'une longueur de 15 unités ; et $\overline{DG}$, d'une longueur de 20 unités. Trace une ligne à partir de A afin de former les triangles ABE, ACF et ADG.

   c) À l'aide d'un rapporteur d'angles, mesure l'angle en A.

2. Mesure les longueurs des segments de droite AE, AF et AG. Inscris ces mesures dans un tableau.

3. À l'aide d'une calculatrice, détermine les rapports des longueurs des côtés sous la forme d'un nombre décimal. Arrondis chaque réponse à deux décimales près. Inscris les rapports dans ton tableau.

Triangle	Longueurs des côtés	Rapport 1	Rapport 2	Rapport 3
ABE	m $\overline{AB}$ = m $\overline{BE}$ = m $\overline{AE}$ =	$\dfrac{m\overline{BE}}{m\overline{AE}}$ =	$\dfrac{m\overline{AB}}{m\overline{AE}}$ =	$\dfrac{m\overline{BE}}{m\overline{AB}}$ =
ACF	m $\overline{AC}$ = m $\overline{CF}$ = m $\overline{AF}$ =	$\dfrac{m\overline{CF}}{m\overline{AF}}$ =	$\dfrac{m\overline{AC}}{m\overline{AF}}$ =	$\dfrac{m\overline{CF}}{m\overline{AC}}$ =
ADG	m $\overline{AD}$ = m $\overline{DG}$ = m $\overline{AG}$ =	$\dfrac{m\overline{DG}}{m\overline{AG}}$ =	$\dfrac{m\overline{AD}}{m\overline{AG}}$ =	$\dfrac{m\overline{DG}}{m\overline{AD}}$ =

4. Que remarques-tu au sujet des valeurs inscrites dans ton tableau ?
   a) Quelle relation y a-t-il entre les rapports de la colonne 1 ?
   b) Quelle relation y a-t-il entre les rapports de la colonne 2 ?
   c) Quelle relation y a-t-il entre les rapports de la colonne 3 ?

5. Compare les angles intérieurs des triangles. Que remarques-tu ?

6. Les triangles ABE, ACF et ADG sont semblables. Quelle relation semble-t-il y avoir entre les rapports des longueurs des côtés des triangles semblables ?

Méthode 2 : utiliser le *Cybergéomètre*®

Matériel

- ordinateur
- *Cybergéomètre*®

1. Place le curseur sur l'outil **Règle** et maintiens le bouton de la souris enfoncé pour afficher les trois outils de dessin (**Segment**, **Demi-droite** et **Droite**, dans l'ordre de gauche à droite). Choisis l'outil **Droite**.

2. Construis la droite AD de façon que le point D soit en dessous et à droite du point A. Pour cela, clique d'abord dans le coin supérieur gauche du croquis pour y placer le premier point. Ensuite, clique dans le coin inférieur droit du croquis pour y placer le deuxième point.

3. Choisis l'outil **Texte**. Nomme le premier point en cliquant dessus. S'il ne se nomme pas A, double-clique sur l'étiquette et nomme-le A. Nomme le deuxième point D. Fais glisser l'étiquette sous la droite.

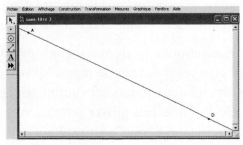

4. Construis la droite horizontale AC de façon que le point C soit à droite du point A. Nomme-le C.

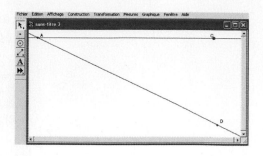

5. À l'aide de l'outil **Sélection**, sélectionne le point C et la droite AC. Le point C et la droite AC devraient être sélectionnés. À l'aide de l'option **Perpendiculaire** dans le menu **Construction**, construis une droite perpendiculaire à AC qui passe par C.

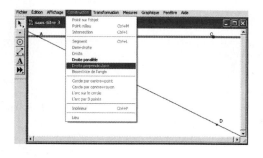

6. Sélectionne la droite AD et la droite perpendiculaire. Dans le menu **Construction**, choisis **Point d'intersection**. Nomme le point d'intersection B.

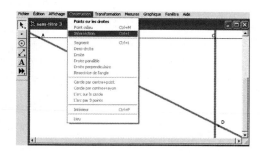

7. À l'aide de l'outil **Sélection**, désélectionne le point B en cliquant n'importe où dans le fond blanc derrière le croquis. Sélectionne le point C, puis le A, puis le B. Dans le menu **Mesure**, choisis **Angle**. L'angle sera automatiquement mesuré et apparaîtra sélectionné.

8. Pour désélectionner la mesure d'angle, clique dans le fond blanc derrière le croquis. Sélectionne, dans l'ordre, les points A, C et B. Dans le menu **Mesure**, choisis **Angle**. La mesure de l'angle apparaîtra sous la mesure d'angle précédente et elle sera sélectionnée. Vérifie si cet angle mesure bien 90°.

9. Désélectionne la mesure d'angle précédente. Sélectionne le point A, puis le point B. Dans le menu **Mesure**, choisis **Distance**. La distance entre les deux points sera automatiquement mesurée et apparaîtra sélectionnée. Fais glisser cette mesure jusqu'au côté AB du triangle.

10. Répète l'étape 9 afin de mesurer la distance entre les points B et C. Fais glisser la mesure de cette distance jusqu'au côté BC du triangle.

11. Répète l'étape 9 pour mesurer la distance entre les points A et C. Fais glisser la mesure de cette distance jusqu'au côté AC du triangle.

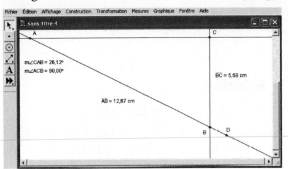

12. Désélectionne la dernière mesure en cliquant n'importe où dans le fond blanc derrière le croquis. Sélectionne le point C : le pointeur devient alors horizontal et la flèche pointe vers la position du point C. Appuie sur la touche fléchée droite et maintiens-la enfoncée : le point C se déplacera alors vers la droite. Remarque que le pointeur n'a pas bougé et qu'il marque encore l'endroit où se trouvait le point C avant que tu le déplaces. La mesure des angles change-t-elle ? La longueur des côtés change-t-elle ? Appuie sur la touche fléchée gauche et maintiens-la enfoncée de façon à ramener le point C à sa position initiale (pointe de la flèche).

13. Le point C doit être encore sélectionné. À l'aide des touches fléchées, déplace le point C vers quatre positions différentes, mais assure-toi de ne pas modifier la grandeur des angles. Reproduis le tableau ci-dessous, puis remplis-le à l'aide de ta calculatrice. Arrondis toutes les valeurs à deux décimales près.

	Longueurs			Rapports		
Triangle	m $\overline{AB}$	m $\overline{BC}$	m $\overline{AC}$	$\dfrac{m\,\overline{BC}}{m\,\overline{AB}}$	$\dfrac{m\,\overline{AC}}{m\,\overline{AB}}$	$\dfrac{m\,\overline{BC}}{m\,\overline{AC}}$
1						
2						
3						
4						

14. Pour résumer tes conclusions, complète cet énoncé : « Même si chaque triangle a des côtés de longueurs différentes, les rapports… »

Nommer les côtés et les angles d'un triangle rectangle

Nomme les côtés du triangle ABC par rapport à l'angle A.

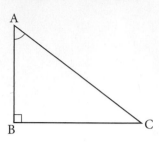

Solution

Deux des côtés du triangle forment les côtés adjacents de ∠A. Ce sont l'hypoténuse, $\overline{AC}$, et la cathète $\overline{AB}$. Parce que le côté $\overline{AB}$ est l'une des cathètes de ∠A, il constitue le **côté adjacent** de ∠A. Le troisième côté, $\overline{BC}$, est en face de ∠A. Il en est le **côté opposé**.

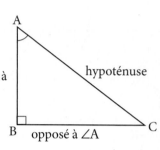

Calculer le rapport des longueurs de côtés

Considère le △ GHJ. Écris le rapport entre la longueur du côté opposé à ∠G et la longueur de l'hypoténuse. Ensuite, exprime ce rapport sous la forme d'un nombre décimal arrondi à trois décimales près.

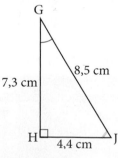

Solution

Le côté HJ est opposé à ∠G et mesure 4,4 cm.
Le côté GJ est l'hypoténuse et mesure 8,5 cm.

$$\frac{m\,\overline{HJ}}{m\,\overline{GJ}} = \frac{4,4}{8,5}$$
$$\approx 0,518$$

Concepts clés

- Dans un triangle rectangle, le côté opposé est celui qui se trouve en face de l'angle étudié, tandis qu'un côté adjacent est l'un des côtés qui forment l'angle étudié et qui n'est pas l'hypoténuse.
- Dans un triangle rectangle, l'hypoténuse est toujours le côté opposé à l'angle droit.
- Dans un triangle rectangle, tout rapport de deux longueurs de côté peut être exprimé sous la forme d'une fraction ou d'un nombre décimal.

Parle des concepts

D1. Explique comment tu peux déterminer quel côté d'un triangle rectangle est l'hypoténuse.

D2. Ton ami a raté un cours ; il cherche un moyen facile pour déterminer, dans un triangle rectangle, quel côté est opposé à un angle et quel côté est adjacent à un angle. Que lui dirais-tu pour l'aider ?

Exerce-toi **A**

Si tu as besoin d'aide pour répondre aux questions 1 et 2, reporte-toi à l'exemple 1.

Math plus

Dans l'Égypte ancienne, les arpenteurs utilisaient une corde divisée en 12 parties égales au moyen de 11 nœuds. En formant un triangle dont les côtés étaient dans un rapport 3 : 4 : 5, ils créaient un angle droit qui servait abondamment pour l'arpentage et la construction.

1. Reproduis chacun de ces triangles. Nomme l'hypoténuse ainsi que le côté opposé et le côté adjacent à l'angle aigu indiqué.

a)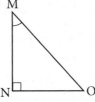

b)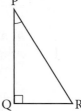

c)

d)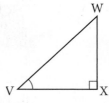

e)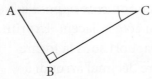

f)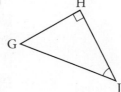

2. Reproduis chaque triangle rectangle. Nomme l'hypoténuse ainsi que le côté opposé et le côté adjacent à l'angle indiqué.

a)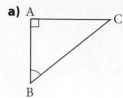

b)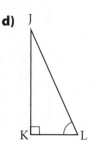

c)

d)

Si tu as besoin d'aide pour répondre aux questions 3, 4 et 5, reporte-toi à l'exemple 2

3. Écris le rapport entre la longueur du côté opposé à l'angle indiqué et la longueur de l'hypoténuse. Exprime ensuite ce rapport sous la forme d'un nombre décimal arrondi à trois décimales près.

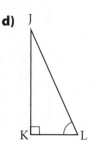

4. Écris le rapport entre la longueur du côté adjacent à l'angle indiqué et la longueur de l'hypoténuse. Ensuite, exprime ce rapport sous la forme d'un nombre décimal arrondi à trois décimales près. Compare tes réponses avec celles d'une ou d'un camarade de classe.

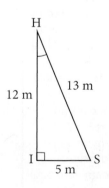

5. Écris, pour l'angle indiqué, le rapport de la longueur du côté opposé à la longueur du côté adjacent. Exprime ensuite ce rapport sous la forme d'un nombre décimal arrondi à trois décimales près.

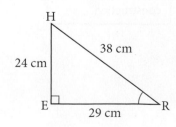

6. Pour l'angle indiqué, écris le rapport entre la longueur du côté opposé et la longueur de l'hypoténuse. Exprime ensuite ce rapport sous la forme d'un nombre décimal arrondi à deux décimales près.

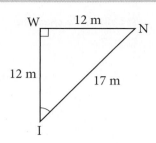

7. Pour l'angle indiqué, écris le rapport entre la longueur du côté adjacent et la longueur de l'hypoténuse. Mesure les longueurs des côtés au millimètre près. Exprime ensuite ce rapport sous la forme d'un nombre décimal arrondi à deux décimales près.

a)
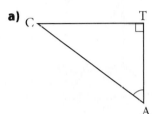

b)
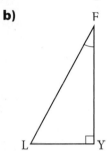

8. a) Trace le triangle XYZ. L'angle droit est en Y, m $\overline{XY}$ = 3 m, m $\overline{YZ}$ = 4 m et m $\overline{XZ}$ = 5 m.
   b) Écris le rapport entre la longueur du côté adjacent à l'angle X et la longueur de l'hypoténuse.

Littératie

9. a) Invente un exemple dans lequel on doit calculer le rapport entre la longueur du côté opposé à un angle indiqué et la longueur de l'hypoténuse.
   b) Construis un modèle de ton exemple.
   c) Échange ton exemple et ton modèle contre ceux d'une ou d'un camarade.

Raisonnement
Modélisation   Sélection des outils
Résolution de problèmes
Liens   Réflexion
Communication

10. a) Trace un rectangle de 3 cm sur 3 cm. Nomme les sommets A, B, C et D.
    b) Trace la diagonale AC.
    c) Pour chaque triangle rectangle formé, nomme le côté opposé à ∠A, le côté adjacent à ∠A, le côté opposé à ∠C et le côté adjacent à ∠C.
    d) Pour chaque triangle, écris le rapport des longueurs des côtés opposé et adjacent à ∠A ainsi que le rapport des longueurs des côtés opposé et adjacent à ∠C. Que remarques-tu ?
    e) Le résultat que tu as trouvé en d) sera-t-il toujours le même, peu importe la grandeur du rectangle ? Explique ta réponse.

11. Alain a fini la cage d'ascenseur qu'il a commencé à construire dans la section Prépare-toi de ce chapitre. Le plancher de la cage forme un carré dont les côtés mesurent 2,1 m et il est muni d'une pièce de renfort. Les parois de la cage mesurent 2,1 m sur 2,5 m et sont munies, elles aussi, de pièces de renfort placées en diagonale.

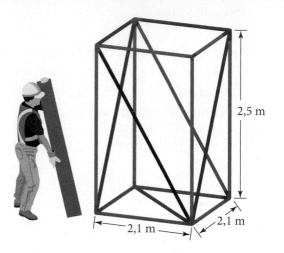

a) Pour la base, calcule le rapport entre la longueur de la pièce horizontale et la longueur de la pièce de renfort.

b) Pour le côté, calcule le rapport entre la longueur de la pièce verticale et la longueur de la pièce de renfort.

c) Pour le côté, calcule le rapport entre la longueur de la pièce horizontale et la longueur de la pièce de renfort.

Approfondis les concepts **C**

12. Trace un △ABC qui comporte un angle droit en B et dont chaque cathète mesure 17 unités de longueur.

a) Calcule la longueur du troisième côté. Arrondis ta réponse au dixième d'unité près.

b) Écris, pour l'angle A, le rapport entre la longueur du côté opposé et la longueur du côté adjacent.

13. Trace un △XYZ qui comporte un angle droit en Y et dont chaque cathète mesure 1 unité de longueur.

a) Calcule la longueur du troisième côté. Arrondis ta réponse au dixième d'unité près.

b) Calcule le rapport entre la longueur du côté opposé à l'angle X et la longueur de l'hypoténuse.

c) Calcule le rapport entre la longueur du côté opposé à l'angle Z et la longueur de l'hypoténuse.

2.3

Le sinus et le cosinus

trigonométrie
- Signifie « mesure du triangle ».
- Sert à calculer la longueur des côtés et la mesure des angles d'un triangle.

Les jours de bon vent, on voit souvent des gens faire voler des cerfs-volants. Peut-être même verras-tu un concours de cerfs-volants dans un parc ou sur une plage de ta localité. La hauteur qu'un cerf-volant peut atteindre dépend de la longueur de la corde et de l'angle entre la corde et le sol. La **trigonométrie** est l'étude des angles et des triangles. Dans cette section, et dans les trois suivantes, tu calculeras la longueur des côtés et la mesure des angles de triangles rectangles à l'aide de la trigonométrie.

Explore

Matériel
- calculatrice
- papier quadrillé
- rapporteur d'angles
- règle

Le sinus et le cosinus

Méthode 1 : utiliser un crayon et du papier

Travaille avec une ou un camarade de classe.

1. À l'aide d'une règle et d'un rapporteur d'angles, trace trois triangles rectangles semblables ABC, DEF et GHI. Nomme les sommets des triangles de façon à ce que les angles droits soient en B, E et H. Les angles en A, en D et en G sont des angles correspondants. Nomme x les angles en A, en D et en G. Nomme y les angles en C, en F et en J.

2. Mesure les longueurs des côtés et les angles de chaque triangle, puis note-les.

3. Reproduis ce tableau, puis remplis-le. Écris les rapports entre les longueurs des côtés sous la forme d'un nombre décimal arrondi à quatre décimales près.

Triangle	Rapport 1 Longueur du côté opposé à x Longueur de l'hypoténuse	Rapport 2 Longueur du côté adjacent à x Longueur de l'hypoténuse	Rapport 3 Longueur du côté opposé à y Longueur de l'hypoténuse	Rapport 4 Longueur du côté adjacent à y Longueur de l'hypoténuse
ABC				
DEF				
GHJ				

4. Le sinus est le rapport entre la longueur du côté opposé à un angle x et la longueur de l'hypoténuse. Les rapports 1 et 3 sont des sinus.

$$\sin x = \frac{\text{longueur du côté opposé à l'angle } x}{\text{longueur de l'hypoténuse}}$$

$$\sin y = \frac{\text{longueur du côté opposé à l'angle } y}{\text{longueur de l'hypoténuse}}$$

Compare $\sin x$ avec $\sin y$. Que remarques-tu ?

5. Le cosinus est le rapport entre la longueur du côté adjacent à un angle x et la longueur de l'hypoténuse. Les rapports 2 et 4 sont des cosinus.

$$\cos x = \frac{\text{longueur du côté adjacent à l'angle } x}{\text{longueur de l'hypoténuse}}$$

$$\cos y = \frac{\text{longueur du côté adjacent à l'angle } y}{\text{longueur de l'hypoténuse}}$$

Compare $\cos x$ avec $\cos y$. Que remarques-tu ?

6. Compare $\sin x$ avec $\cos y$. Que remarques-tu ? Explique ta réponse. Cela est-il également vrai pour $\sin y$ et $\cos x$? Explique ta réponse.

Méthode 2 : utiliser le *Cybergéomètre*®

Matériel

- ordinateur
- *Cybergéomètre*®

1. À l'aide de l'outil **Segment**, construis un segment de droite vertical en créant deux points directement l'un au-dessus de l'autre. À l'aide de l'outil **Texte**, nomme chaque extrémité A et B en cliquant dessus.

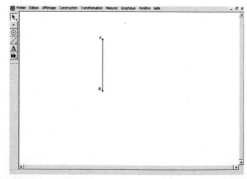

2. À l'aide de l'outil **Sélection**, sélectionne le segment AB et le point B. À l'aide de l'outil **Perpendiculaire**, dans le menu **Construction**, crée une droite perpendiculaire à $\overline{AB}$ qui passe par B.

3. La droite perpendiculaire demeure sélectionnée. Choisis **Point sur un objet** dans le menu **Construction**. À l'aide de l'outil **Texte**, nomme ce point C. Le point sera sélectionné. Si le point C n'est pas à droite du point B, appuie sur la touche fléchée droite et maintiens-la enfoncée jusqu'à ce qu'il soit à droite du point B. Si le point C est déjà à droite du point B, passe à l'étape suivante.

4. À l'aide de l'outil **Sélection**, sélectionne les points A et C. Dans le menu **Construction**, choisis **Segment**. Le segment de droite AC apparaîtra.

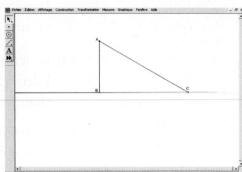

5. Clique n'importe où dans le fond blanc derrière le croquis pour désélectionner le segment AB. Clique sur la droite qui passe par $\overline{BC}$ afin de la désélectionner. Dans le menu **Affichage**, choisis **Cacher la droite perpendiculaire** pour faire disparaître la droite.

6. Sélectionne les points B et C. À l'aide de **Segment**, dans le menu **Construction**, construis le segment BC.

7. Dans le menu **Affichage**, choisis **Préférences**. Clique sur l'onglet **Unités** et règle la **Précision** des **Angles**, de la **Distance** et **Autres** (**Pente, Rapport**...) sur **cent millièmes**. Clique sur **OK**.

8. Désélectionne le segment BC en cliquant n'importe où dans le fond blanc derrière le croquis. Sélectionne le point A, puis le C, puis le B. Dans le menu **Mesures**, choisis **Angle**.

9. Désélectionne la mesure d'angle précédente. Sélectionne le point C, puis le A, puis le B. Dans le menu **Mesures**, choisis **Angle**.

10. Désélectionne la mesure précédente. Sélectionne le point A, puis le point B. Dans le menu **Mesures**, choisis **Distance**. Fais glisser la mesure jusqu'au côté AB du triangle.

11. Répète l'étape 10 pour déterminer la mesure des longueurs des segments BC et AC. Fais glisser chaque mesure jusqu'au côté correspondant du triangle. Désélectionne la dernière mesure de distance.

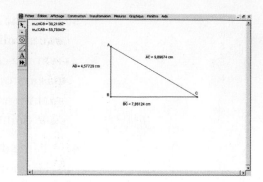

12. Sélectionne le point C, puis fais-le glisser à gauche et ensuite à droite. Cela change-t-il les angles qui ont été mesurés? Cela change-t-il les longueurs des côtés?

13. Transcris ce tableau, puis inscris-y les longueurs des côtés AB, BC et AC, ainsi que les mesures de ∠ACB et de ∠CAB du triangle 1 (première rangée seulement).

Triangle	m $\overline{AB}$	m $\overline{BC}$	m $\overline{AC}$	m ∠ACB	m ∠CAB	$\dfrac{m\overline{AB}}{m\overline{AC}}$	sin ∠ACB	$\dfrac{m\overline{BC}}{m\overline{AC}}$	cos ∠ACB
1									
2									
3									
4									

14. Dans le menu **Mesures**, choisis **Calcul**. Clique sur la mesure de distance de $\overline{AB}$, clique sur le bouton de division, puis clique sur la mesure de distance de $\overline{AC}$. Clique sur **OK**.

Le rapport $\dfrac{m\overline{AB}}{m\overline{AC}}$

sera affiché. Inscris la valeur du rapport dans le tableau. Fais glisser le rapport à gauche du croquis.

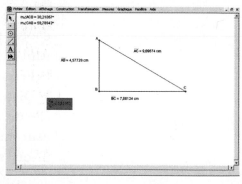

15. Dans le menu **Mesures**, choisis **Calcul**. Clique sur **Fonctions**, puis sur **sin**. Clique sur la mesure de ∠ACB. Clique sur **OK** pour calculer le **sinus** de ∠ACB. Inscris le sin ∠ACB dans le tableau.

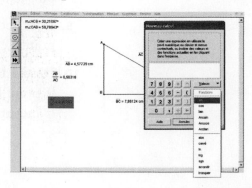

16. Pour calculer le rapport $\dfrac{m\overline{BC}}{m\overline{AC}}$, répète l'étape 14. Inscris sa valeur dans le tableau.

17. Dans le menu **Mesures**, choisis **Calcul**. Clique sur **Fonctions**, puis sur cos. Clique sur la mesure de ∠ACB. Clique sur **OK** pour calculer le **cosinus** de ∠ACB. Inscris le cos ∠ACB dans le tableau.

cosinus
- Dans un triangle rectangle, le rapport de la longueur du côté adjacent à un angle x à la longueur de l'hypoténuse.

- $\cos A = \dfrac{\text{longueur du côté adjacent à l'angle A}}{\text{longueur de l'hypoténuse}}$

18. Fais glisser les sommets A et C de façon à modifier la mesure de distance de chaque côté et la mesure de chaque angle. Dans la deuxième rangée du tableau, inscris la longueur des côtés, la mesure des angles, le rapport des longueurs des côtés, le sin ∠ACB et le cos ∠ACB.

19. Répète deux fois l'étape 18 afin de remplir les deux dernières rangées du tableau.

20. À l'aide des données du tableau, compare, pour chaque triangle, la valeur du rapport $\dfrac{m\overline{AB}}{m\overline{AC}}$ avec la valeur du sin ∠ACB. Compare la valeur du rapport $\dfrac{m\overline{BC}}{m\overline{AC}}$ avec la valeur du cos ∠ACB. Que remarques-tu dans chaque cas ?

21. Agrandis ton tableau vers la droite en y ajoutant deux autres colonnes intitulées cos ∠CAB et sin ∠CAB. À l'aide d'une calculatrice, calcule le cos ∠CAB et le sin ∠CAB pour les quatre triangles. Assure-toi de mettre ta calculatrice en mode **Degré**. Inscris les résultats dans le tableau.

cos ∠CAB	sin ∠CAB

22. Pour chaque rangée du tableau, compare la valeur de sin ∠ACB avec la valeur de cos ∠CAB. Que remarques-tu ? Pour chaque rangée du tableau, compare la valeur de sin ∠CAB avec la valeur de cos ∠ACB. Que remarques-tu ?

Exemple 1

Calculer la longueur d'un côté

Calcule la longueur du côté AB arrondie au dixième de centimètre près.

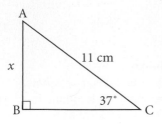

Solution

Dans ce diagramme, l'hypoténuse mesure 11 cm de longueur. $\overline{AB}$ est le côté opposé à $\angle ACB$. Utilise le sinus.

$$\sin 37° = \frac{x}{11}$$

$$11 \sin 37° = x$$

$$x \approx 6,619$$

À l'aide d'une calculatrice scientifique, calcule 11 × sin 37 =.

La longueur du côté AB est d'environ 6,6 cm.

Exemple 2

Faire voler un cerf-volant

La corde du cerf-volant d'Anissa a 35 m de longueur et elle forme un angle de 50° avec le sol. Soit x, la distance horizontale en mètres jusqu'au cerf-volant. Quelle est la distance horizontale entre Anissa et le cerf-volant ?

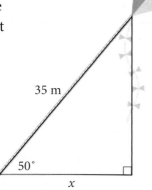

Solution

La longueur de l'hypoténuse est de 35 m. Le côté x est adjacent à l'angle de 50°. Calcule le cosinus.

$$\cos 50° = \frac{x}{35}$$

$$35 \cos 50° = x$$

$$x \approx 22,497$$

À l'aide d'une calculatrice scientifique, calcule 35 × cos 50 =.

Entre Anissa et le cerf-volant, il y a une distance horizontale d'environ 22,5 m.

Installer un escalier roulant

Vincent supervise l'installation d'un escalier roulant dans un nouvel édifice à bureaux. L'escalier roulant formera un angle de 30° avec le sol et il s'élèvera de 6 m à la verticale.

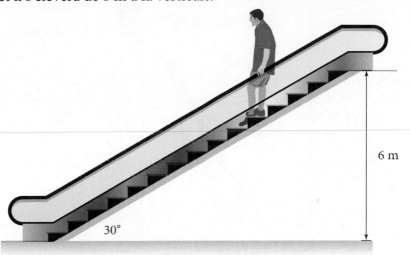

6 m

30°

a) Quelle est la longueur de l'escalier roulant ?

b) Suppose que l'escalier roulant avance à une vitesse de 30 m par minute. Combien de temps faudra-t-il pour passer d'un étage à l'autre ?

Solution

a) Le côté opposé à l'angle de 30° a une longueur de 6 m. La longueur de l'escalier roulant correspond à l'hypoténuse. Utilise le sinus.

$$\sin 30° = \frac{6}{x}$$

$$x \sin 30° = 6$$

$$x = \frac{6}{\sin 30°}$$

À l'aide d'une calculatrice scientifique, calcule 6 ÷ sin 30 =.

$$x = 12$$

L'escalier roulant mesure 12 m de longueur.

b) L'escalier roulant prendra $\frac{12}{30} \times 60 = 24$ s pour parvenir à l'étage supérieur.

Calculer la mesure d'un angle

Un orage a fait pencher un poteau électrique qui mesure 13,5 m. Le sommet du poteau est maintenant à 11,8 m au-dessus du sol. Calcule la mesure de l'angle formé par le poteau électrique et le sol. Arrondis ta réponse au degré près.

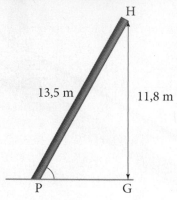

Solution

La longueur de l'hypoténuse est de 13,5 m. La longueur du côté opposé à ∠P est de 11,8 m. Utilise le sinus.

$$\sin P = \frac{11,8}{13,5}$$

$$\angle P \approx 60,9$$

À l'aide d'une calculatrice scientifique, appuie sur les touches 2ᵉ sin (11,8 ÷ 13,5) = ou (11,8 ÷ 13,5) 2ᵉ sin.

Le poteau électrique forme un angle de 61° avec le sol.

Concepts clés

- Le sinus et le cosinus sont des rapports entre la longueur des cathètes d'un triangle rectangle et la longueur de l'hypoténuse.

$$\sin A = \frac{\text{côté opposé}}{\text{hypoténuse}} \qquad \cos A = \frac{\text{côté adjacent}}{\text{hypoténuse}}$$

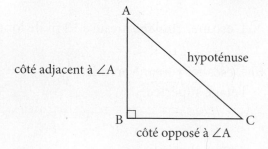

- Le sinus et le cosinus permettent de calculer la longueur des côtés et la mesure des angles d'un triangle rectangle.

Parle des concepts

D1. Explique pourquoi la valeur du sinus dépend de l'angle et non de la grandeur du triangle rectangle.

D2. La valeur du cosinus dépend-elle de la grandeur du triangle rectangle ? Pourquoi ?

D3. Explique comment utiliser le sinus pour calculer la longueur d'un côté d'un triangle rectangle.

D4. Explique comment utiliser le cosinus pour trouver la mesure d'un angle d'un triangle rectangle.

Exerce-toi A

Si tu as besoin d'aide pour répondre aux questions 1 et 2, reporte-toi à l'exemple 1.

1. À l'aide d'une calculatrice scientifique, calcule chaque valeur, puis arrondis ta réponse à quatre décimales près.

a) sin 42° **b)** sin 33° **c)** cos 19°

d) sin 88° **e)** cos 74° **f)** cos 38°

g) sin 45° **h)** cos 42°

2. À l'aide d'une calculatrice scientifique, calcule la mesure de chaque angle A. Arrondis tes réponses au degré près.

a) sin A = 0,609 2 **b)** cos A = 0,406 7 **c)** sin A = 0,142 5

d) sin A = 0,777 7 **e)** cos A = 0,3907 **f)** sin A = 0,286 1

g) cos A = 0,573 6 **h)** cos A = 0,719 3

Si tu as besoin d'aide pour répondre aux questions 3 et 4, reporte-toi aux exemples 1 et 2.

Math plus

Pour un spécialiste des sciences de la terre qui s'occupe de géologie côtière, de minéralogie et de cartographie géologique, il est nécessaire de comprendre les angles et de manipuler les expressions trigonométriques.

3. Détermine la valeur de x au dixième de centimètre près.

a)

x 33 cm   51°

b)
x 12 cm   42°

4. Détermine la longueur du côté AB du △ ABC. Arrondis ta réponse à une décimale près.

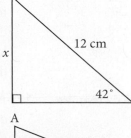
A   9 cm x 22°   B   C

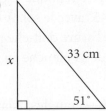

Si tu as besoin d'aide pour répondre à la question 5, reporte-toi à l'exemple 3.

5. Dans le $\triangle$XYZ, m $\angle$X = 90°, m $\angle$Z = 51° et m $\overline{XY}$ = 15 cm. Calcule la longueur de $\overline{YZ}$.

Si tu as besoin d'aide pour répondre à la question 6, reporte-toi à l'exemple 4

6. Calcule la mesure de l'angle K. Arrondis ta réponse au degré près.

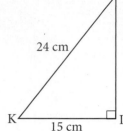

Applique les concepts **B**

Pour répondre aux questions 7 à 18, fais un diagramme.

7. Dans le $\triangle$DEF, $\angle$E est un angle droit et $\overline{DF}$ mesure 13,4 cm. Si $\angle$F mesure 33°, quelle est la longueur de $\overline{DE}$ arrondie au dixième de centimètre près?

8. Une échelle de 5 m de longueur, appuyée contre une grange, touche le mur du bâtiment à 4,2 m du sol. Calcule l'angle que l'échelle forme avec le sol au degré près.

9. Ron construit une rampe de planche à roulette pour son petit-fils Alexis. Il veut que la rampe s'élève à un angle de 12° et qu'elle atteigne 0,5 m à la verticale. Quelle doit être la longueur de la rampe au dixième près?

Raisonnement

Modélisation — Sélection des outils

Résolution de problèmes

Liens — Réflexion

Communication

10. Un gardien installe une échelle longue de 10 m contre le mur d'une école. L'échelle forme un angle de 70° avec le sol. Le gardien sera-t-il capable d'atteindre une fenêtre située à 7,5 m du sol? Explique ta réponse.

11. Hannah veut faire un abri en appentis contre un arbre. Elle débute avec une planche d'une longueur de 2,1 m. Elle veut que la planche forme un angle de 45° avec le sol. À quelle distance du pied de l'arbre doit-elle placer la partie inférieure de sa planche au dixième près?

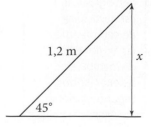

Problème du chapitre

12. À l'aide de triangles rectangles, Alain dessine l'ascenseur du centre de villégiature qui transportera les touristes en bas de l'escarpement. Il prévoit d'y faire un angle de 45° et une diagonale de 1,2 m. Combien mesurera la partie verticale x de l'ascenseur au centième près?

Littératie   **13.** Explique comment le sinus et le cosinus sont reliés entre eux.

14. Dans son petit avion, Hugo prépare son approche de l'aéroport de Sudbury. Il veut descendre à un angle de 22° par rapport à l'horizontale. Il amorce sa descente à une altitude de 3 000 m. Quelle va être la longueur de sa trajectoire de descente jusqu'à la piste au dixième près ?

Vérification des connaissances

15. Selon l'Association canadienne de normalisation, l'angle que fait une échelle avec le sol doit, par mesure de sécurité, se situer entre 70° et 80°.
   a) Considère une échelle d'une longueur de 6 m. Calcule la hauteur maximale et la hauteur minimale qu'elle atteindra sur un mur.
   b) Une échelle de 12 m appuyée contre un immeuble atteint une hauteur de 11,5 m. Selon les normes de l'Association canadienne de normalisation, la position de cette échelle est-elle sécuritaire ? Explique ta réponse.
   c) Compare tes réponses en a) et en b). Peux-tu résoudre la partie b) sans te servir de la trigonométrie, mais en utilisant ta réponse à la partie a) ? Explique ta réponse.

Approfondis les concepts

16. L'hypoténuse d'un triangle rectangle mesure 17,9 cm.
   a) Combien mesure le côté opposé à un angle de 27° ? Arrondis ta réponse au dixième près.
   b) Combien mesure le troisième angle de ce triangle ?
   c) Combien mesure le côté opposé à l angle trouvé en b) ? Arrondis ta réponse au dixième près.

17. a) Si les angles de la base d'un triangle isocèle mesurent chacun 50° et que la hauteur du triangle est de 3,2 cm, quelle est la longueur des côtés égaux ? Arrondis ta réponse au dixième près.
   b) Vérifie ta réponse en a) en construisant le triangle isocèle.

18. Construis un triangle isocèle dont les côtés égaux ont 6 cm et dont la base a 9 cm. Combien mesure chaque angle de la base au degré près ?

2.4 La tangente

La chute de Kakabeka sur la rivière Kaministiquia, près de Thunder Bay en Ontario, est souvent appelée le Niagara du Nord. Elle plonge d'une falaise impressionnante. Il serait très difficile de mesurer directement la hauteur de la chute. Dans la présente section, tu exploreras un autre rapport trigonométrique qui permet de déterminer des distances qui sont difficiles ou impossibles à mesurer directement.

Explore

Matériel

- calculatrice
- papier quadrillé
- rapporteur d'angles
- règle

La tangente

Méthode 1 : utiliser un crayon et du papier

Travaille avec une ou un camarade de classe.

1. À l'aide d'une règle et d'un rapporteur d'angles, construis un triangle MNP qui comporte un angle droit en N.

2. Mesure et note les longueurs des côtés et les mesures des angles du triangle.

3. La tangente est le rapport entre la longueur du côté opposé à un angle particulier et la longueur du côté adjacent à cet angle.

$$\tan A = \frac{\text{longueur du côté opposé à l'angle A}}{\text{longueur du côté adjacent à l'angle A}}$$

Calcule tan M. Arrondis ta réponse à quatre décimales près.

4. Construis les triangles STU et PQR semblables au triangle MNP, de telle façon que les angles en S et en P correspondent à l'angle en M. Mesure et note les longueurs des côtés et les mesures des angles de chaque triangle.

5. Calcule tan S et tan P. Arrondis tes réponses à quatre décimales près.

6. Que peut-on dire en comparant tan M, tan S et tan P ? Explique ta réponse.

Méthode 2 : utiliser le *Cybergéomètre*®

Matériel

- ordinateur
- *Cybergéomètre*®

1. À l'aide de l'outil **Segment**, construis un segment de droite vertical AB. Nomme les points A et B à l'aide de l'outil **Texte**.

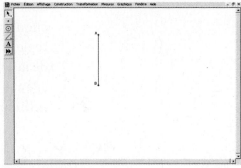

2. À l'aide de l'outil **Sélection**, sélectionne le segment AB et le point B. Dans le menu **Construction**, choisis **Perpendiculaire**. Une droite perpendiculaire à $\overline{AB}$ et qui passe par B apparaîtra.

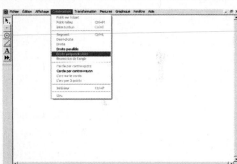

3. La droite perpendiculaire demeure sélectionnée. Dans le menu **Construction**, choisis **Point sur un objet**. Choisis l'outil **Texte**, puis nomme ce point C. Le point sera sélectionné. Si le point C n'est pas à droite du point B, appuie sur la touche fléchée droite et maintiens-la enfoncée jusqu'à ce qu'il soit à droite du point B. Si le point C est déjà à droite du point B, passe à l'étape suivante.

4. À l'aide de l'outil **Sélection**, sélectionne les points A et C. Dans le menu **Construction**, choisis **Segment**. Le segment de droite AC apparaîtra.

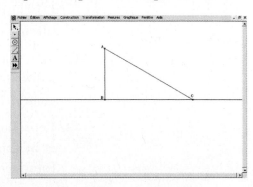

5. Désélectionne le segment AB en cliquant n'importe où dans le fond blanc derrière le croquis. Sélectionne la droite qui passe par $\overline{BC}$, puis cache la droite à l'aide de la commande **Cacher** dans le menu **Affichage**.

6. Sélectionne les points B et C. Construis le segment BC à l'aide de l'outil **Segment**, dans le menu **Construction**.

7. À partir de **Préférences**, dans le menu **Affichage**, clique sur l'onglet **Unités** et règle la **Précision** des **Angles**, de la **Distance** et **Autres** (**Pente**, **Rapport**…) sur **cent millièmes**. Clique sur **OK**.

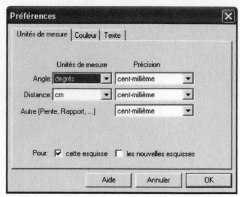

8. Désélectionne le segment BC. Sélectionne le point A, puis le C, puis le B. Dans le menu **Mesures**, choisis **Angle**.

9. Désélectionne la mesure d'angle précédente. Sélectionne le point C, puis le A, puis le B. Dans le menu **Mesures**, choisis **Angle**.

10. Désélectionne la mesure précédente. Sélectionne le point A, puis le point B. Dans le menu **Mesures**, choisis **Distance**. Fais glisser la mesure jusqu'au côté AB du triangle.

11. Répète l'étape 10 pour déterminer la mesure de distance des segments BC et AC. Fais glisser chaque mesure jusqu'au côté correspondant du triangle. Désélectionne la dernière mesure de distance.

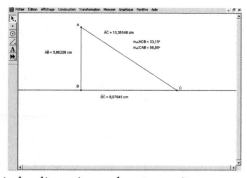

12. Sélectionne le point C, puis fais-le glisser à gauche et ensuite à droite. Cela change-t-il les angles qui ont été mesurés? Cela change-t-il la longueur des côtés?

13. Reproduis ce tableau, puis inscris-y les longueurs des côtés AB et BC, ainsi que la mesure de ∠ACB et de ∠CAB du triangle 1 (première rangée seulement).

Triangle	m $\overline{AB}$	m $\overline{BC}$	m ∠ACB	m ∠CAB	$\dfrac{m\,\overline{AB}}{m\,\overline{BC}}$	tan ∠ACB	$\dfrac{m\,\overline{BC}}{m\,\overline{AB}}$	tan ∠CAB
1								
2								
3								
4								

14. À partir de l'outil **Calcul**, dans le menu **Mesures**, clique sur la mesure de distance de $\overline{AB}$, clique sur le bouton de division, puis clique sur la mesure de distance de $\overline{BC}$. Clique sur **OK**. Le rapport $\dfrac{m\overline{AB}}{m\overline{BC}}$ sera affiché. Inscris la valeur du rapport dans le tableau. Fais glisser le rapport à gauche du croquis.

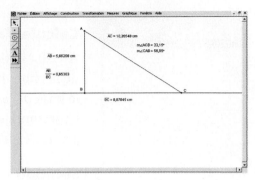

15. Dans le menu **Mesures**, choisis **Calcul**. Clique sur **Fonctions**, puis sur **tan**. Clique sur la mesure de ∠ACB. Clique sur **OK** pour calculer la **tangente** de ∠ACB. Inscris la tan ∠ACB dans le tableau.

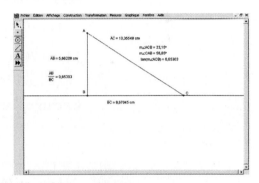

tangente

- Dans un triangle rectangle, le rapport de la longueur du côté opposé à un angle à la longueur du côté adjacent à cet angle.

- $\tan B = \dfrac{\text{longueur du côté opposé à l'angle B}}{\text{longueur du côté adjacent à l'angle B}}$

16. Pour calculer le rapport $\dfrac{m\overline{BC}}{m\overline{AB}}$, répète l'étape 14. Inscris sa valeur dans le tableau.

17. Répète l'étape 15 afin de calculer la tangente de ∠CAB. Désélectionne la mesure. Inscris la tan ∠CAB dans le tableau.

18. Fais glisser les sommets A et C de façon à modifier la mesure de distance de chaque côté et la mesure de chaque angle. Dans la deuxième rangée du tableau, inscris la longueur des côtés, la mesure des angles, le rapport des longueurs des côtés, la tan ∠ACB et la tan ∠CAB.

19. Répète deux fois l'étape 18 afin de remplir les deux dernières rangées du tableau.

20. À partir des données du tableau, compare, pour chaque triangle, la valeur du rapport $\dfrac{m\overline{AB}}{m\overline{BC}}$ avec la valeur de la tan ∠ACB. Compare la valeur du rapport $\dfrac{m\overline{BC}}{m\overline{AB}}$ avec la valeur de la tan ∠CAB. Que remarques-tu dans chaque cas ?

21. Y a-t-il des mesures pour ∠ACB et ∠CAB pour lesquels tan ∠ACB = tan ∠CAB ? Explore cette question en manipulant ton croquis. Explique le sens de tes résultats.

Calculer la hauteur d'une chute

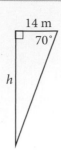

Anysha se tient à 14 m d'un côté du sommet de la chute Kakabeka. Sa ligne de visée vers la base de la chute forme un angle de 70° avec l'horizontale. Quelle est la hauteur h de la chute arrondie au mètre près ?

Solution

La longueur du côté adjacent à l'angle de 70° est de 14 m et h est la longueur du côté opposé à l'angle de 70°. Sers-toi de la tangente.

$$\tan 70° = \frac{h}{14}$$

$$14 \tan 70° = h$$

À l'aide d'une calculatrice scientifique, calcule $14 \times \tan 70 =$.

$$38,465 \approx h$$

La chute Kakabeka a une hauteur d'environ 38 m.

Calculer la distance horizontale d'une rampe d'accès

Elena construit une rampe d'accès menant à une plateforme de 90 cm de hauteur. L'angle de la rampe par rapport au sol ne doit pas mesurer plus de 6°. Calcule la distance horizontale minimale permise, d, entre le début de la rampe et la plateforme. Arrondis ta réponse au dixième de mètre près.

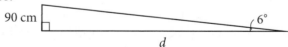

Solution

La longueur du côté opposé à l'angle de 6° est de 90 cm et d est la longueur du côté adjacent à l'angle de 6°. Sers-toi de la tangente.

$$\tan 6° = \frac{90}{d}$$

$$d \tan 6° = 90$$

À l'aide d'une calculatrice scientifique, calcule $90 \div \tan 6 =$.

$$d = \frac{90}{\tan 6°}$$

$$d \approx 856,292$$

La distance horizontale minimale entre le début de la rampe et la plateforme est d'environ 856 cm ou 8,6 m.

Exemple **3** **Calculer l'angle formé par un câble et le sol**

Un pylône électrique est soutenu par un câble attaché à une hauteur de 19 m. Ce câble est fixé au sol à 8,1 m de la base du pylône. Calcule la mesure de l'angle formé par le câble et le sol arrondie au degré près.

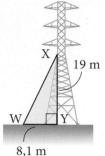

Solution

La hauteur de 19 m est opposée à ∠W et la longueur de 8,1 m est adjacente à ∠W. Sers-toi de la tangente.

$$\tan W = \frac{19}{8,1}$$

$$\angle W \approx 66,911$$

À l'aide d'une calculatrice scientifique, calcule 2ᵉ tan (19 ÷ 8,1) =.

Le câble forme un angle d'environ 67° avec le sol.

Concepts clés

- La tangente est la comparaison entre les longueurs des cathètes d'un triangle rectangle.

$$\tan A = \frac{\text{côté opposé}}{\text{côté adjacent}}$$

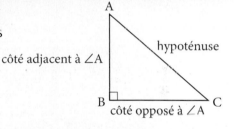

- La tangente peut être utilisée pour calculer la longueur des côtés et la mesure des angles des triangles rectangles.

Parle des concepts

D1. Explique pourquoi, dans n'importe quel triangle rectangle, la tangente dépend uniquement de la mesure de l'angle et non de la grandeur du triangle.

D2. Explique comment tu peux utiliser la tangente pour déterminer la longueur d'un côté d'un triangle rectangle.

Exerce-toi **A**

1. À l'aide d'une calculatrice scientifique, évalue chaque tangente. Arrondis chaque réponse à quatre décimales près.
   a) tan 28° **b)** tan 36°
   c) tan 45° **d)** tan 72°

2. Calcule la mesure de chaque angle A. Arrondis tes réponses au degré près.
   a) tan A = 0,344 3 **b)** tan A = 2,246 0
   c) tan A = 28,636 3 **d)** tan A = 1,539 9

Si tu as besoin d'aide pour répondre à la question 3, reporte-toi à l'exemple 1.

3. Calcule la hauteur de la tour au dixième de mètre près.

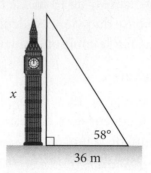

x

$58°$

36 m

Si tu as besoin d'aide pour répondre à la question 4, reporte-toi à l'exemple 2.

4. Calcule la distance entre le voilier et la base du phare. Arrondis ta réponse au mètre près.

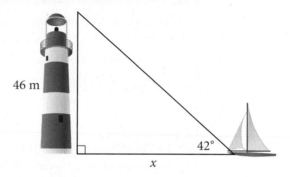

46 m

$42°$

x

Applique les concepts **B**

5. Dans un triangle rectangle, le côté adjacent à un angle de 44° mesure 45 cm. Trace ce triangle. Combien mesure le côté opposé à l'angle de 44° au centimètre près ?

6. Dans un triangle rectangle, le côté opposé à un angle de 34° mesure 12 cm. Trace ce triangle. Combien mesure le côté adjacent à l'angle de 34° au centimètre près ?

7. Pour améliorer la circulation dans une ville, on construit un pont au-dessus d'un ravin. Un surveillant se tient à 10,5 m d'un côté du site proposé pour le pont. De cet endroit, ses lignes de visée vers les deux extrémités du futur pont forment un angle de 47°. Calcule la longueur du pont au mètre près.

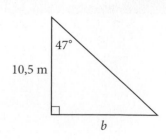

$47°$

10,5 m

b

8. Une mnémonique est un aide-mémoire. Ainsi, pour retenir les rapports trigonométriques, on utilise souvent la mnémonique SOH CAH TOA.

a) Explique la signification des lettres SOH CAH TOA.

b) Imagine ta propre mnémonique pour retenir les rapports trigonométriques, puis explique comment elle fonctionne.

9. La navigatrice d'un navire observe un phare situé sur une falaise. Elle localise le phare sur une carte et note que le sommet du phare se trouve à 23,9 m au-dessus du niveau de la mer. Sa ligne de visée à partir du niveau de la mer jusqu'au sommet du phare forme un angle de 0,6°.

Selon la carte, la zone au pied de la falaise est très dangereuse. Pour plus de sûreté, on conseille aux navires de rester à une distance d'au moins 2 km de la falaise. Ce navire est-il en sécurité? Comment le sais-tu?

10. Un charpentier fabrique des fermes de toit. Au centre de chaque ferme, la hauteur doit être de 32,2 cm. En considérant que l'angle à la base de la ferme mesure 17°, calcule l'ensemble de la base de la ferme. Cette réponse semble-t-elle vraisemblable? Explique ta réponse.

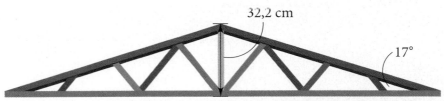

Si tu as besoin d'aide pour répondre à la question 11, reporte-toi à l'exemple 3.

11. Un avion volant à une altitude de 7,5 km amorce sa descente 200 km avant l'aéroport. À quel angle par rapport à l'horizontale l'avion descend-il?

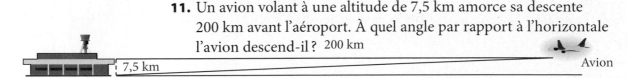

12. Une échelle appuyée contre un mur vertical forme un angle de 76° avec le sol. Le pied de l'échelle est à 1,8 m de la base du mur. À quelle hauteur sur le mur, au dixième près, le sommet de l'échelle se trouve-t-il?

13. Alain décide d'ajouter des pièces de renfort dans la cage d'ascenseur. Cette dernière mesure 1,2 m de largeur. Il décide de placer les pièces de renfort pour qu'elles arrivent à une hauteur de 0,75 m. À quel angle, par rapport à l'horizontale, Alain doit-il fixer les pièces?

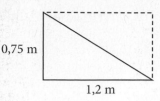

0,75 m

1,2 m

Vérification des connaissances

14. Les Cathedral Bluffs, situées à Toronto en Ontario, sont des falaises de grès érodées qui s'élèvent à 90 m au-dessus du lac Ontario. Natalie mesure 1,4 m. De l'endroit où elle se trouve au sommet de la falaise, sa ligne de visée jusqu'au bateau et la surface du lac forment un angle de 39°. Calcule la distance entre le bateau et la base de la falaise. Arrondis ta réponse au dixième de mètre près.

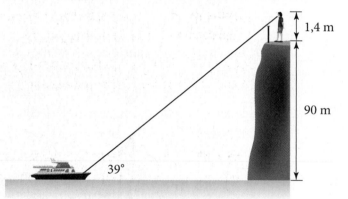

1,4 m

90 m

39°

Approfondis les concepts **C**

15. Un cône rentre tout juste dans une cannette qui a un diamètre de 7,6 cm et une hauteur de 10,4 cm. Calcule l'angle au sommet du cône.

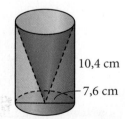

10,4 cm

7,6 cm

16. Une ferme de toit s'étend sur 10,8 m de largeur. Sa hauteur est de 2,4 m. Les côtés qui se rejoignent au sommet de la ferme sont d'égale longueur.

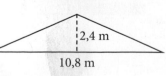

2,4 m

10,8 m

   a) Calcule l'angle formé par les deux côtés qui se rejoignent au sommet de la ferme.

   b) Calcule la longueur des côtés égaux au dixième près.

2.5 Résoudre des problèmes portant sur des triangles rectangles

Pour calculer des lignes de visée et mesurer des angles, l'arpenteur se sert d'un instrument nommé tachéomètre.

Un autre instrument sert à mesurer des angles : le clinomètre. À la rubrique Explore, tu fabriqueras un clinomètre et tu l'utiliseras pour calculer la hauteur d'un objet, par exemple un arbre ou ton école.

Explore

Matériel

- paille
- ruban à mesurer
- trombones
- rapporteur d'angles
- ruban adhésif
- fil mince

Math plus

Le clinomètre ressemble au quadrant que les marins utilisent. Comment le quadrant pouvait-il indiquer aux anciens marins la latitude à laquelle ils se trouvaient ?

Mesurer des angles à l'aide d'un clinomètre

Travaille avec une ou un camarade de classe.

1. Pour fabriquer ton clinomètre, suis les étapes suivantes :

   a) Attache le trombone à une extrémité du fil mince, puis attache l'autre extrémité au milieu d'une paille.

   b) À l'aide de ruban adhésif, fixe la paille le long de la base d'un rapporteur. Assure-toi que le fil est au centre.

paille   ruban adhésif

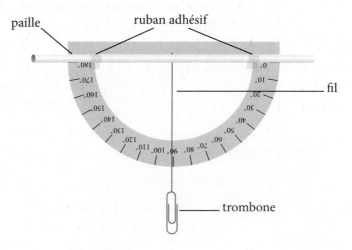

fil

trombone

2. Choisis un grand objet, un arbre par exemple. Pour calculer la hauteur de l'objet, suis les étapes suivantes :

   a) Mesure la distance horizontale entre toi et la base de l'objet, puis note-la.

   b) Tiens le clinomètre de façon à ce que la paille soit en haut et que le trombone pende vers le bas. Incline le clinomètre jusqu'à ce que tu voies le sommet de l'objet par le trou de la paille. Inscris la mesure de l'angle formé par le fil et la paille.

   c) L'angle formé par le fil et la paille ainsi que l'angle formé par la ligne de visée de l'objet et l'horizontale sont des angles complémentaires. Pour calculer l'angle d'élévation, soustrais l'angle trouvé en b) de 90°.

   d) À l'aide d'un rapport trigonométrique, calcule la hauteur de l'objet.

3. Compare tes résultats avec ceux d'une autre équipe qui a mesuré le même objet.

Pour parler d'angle, il faut un point de référence. Quelquefois, on utilise un **angle d'élévation** ; d'autres fois, un **angle de dépression**.

angle d'élévation
- L'angle formé par l'horizontale et la ligne de visée d'un objet situé plus haut.
- Également connu sous le nom d'« angle d'inclinaison ».

angle de dépression
- L'angle formé par l'horizontale et la ligne de visée d'un objet situé plus bas.

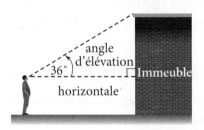

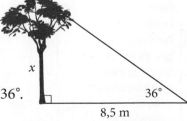

Exemple 1 — **Calculer la hauteur d'un arbre**

À partir d'un point situé à 8,5 m de la base d'un arbre, l'angle d'élévation jusqu'au sommet de l'arbre est de 36°. Calcule la hauteur, *x*, de l'arbre au dixième de mètre près.

Solution

Fais un schéma et ajoutes-y les données du problème. Le côté adjacent à l'angle de 36° mesure 8,5 m. La hauteur, *x*, de l'arbre est la longueur du côté opposé à l'angle de 36°. Sers-toi de la tangente.

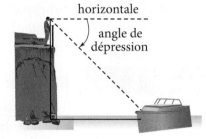

$$\tan 36° = \frac{x}{8,5}$$

$$8,5 \tan 36° = x$$

$$x \approx 6,175$$

L'arbre a une hauteur d'environ 6,2 m.

Calculer la hauteur de deux immeubles

Deux immeubles sont distants de 41,6 m l'un de l'autre. Du toit du plus petit immeuble, l'angle d'élévation jusqu'au sommet du plus grand immeuble est de 44°, tandis que l'angle de dépression jusqu'à la base du plus grand immeuble est de 29°. Calcule la hauteur des immeubles au dixième de mètre près.

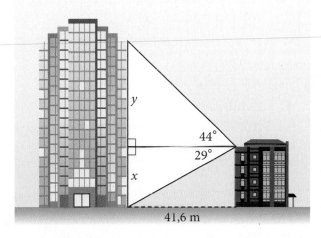

Solution

Calcule la hauteur du petit immeuble.

$$\tan 29° = \frac{x}{41,6}$$

$$41,6 \tan 29° = x$$

$$x \approx 23,059$$

Calcule la distance verticale entre les sommets des deux immeubles.

$$\tan 44° = \frac{y}{41,6}$$

$$41,6 \tan 44° = y$$

$$y \approx 40,172$$

La hauteur du grand immeuble est égale à la hauteur du petit immeuble plus la distance verticale entre le sommet du petit immeuble et le sommet du grand immeuble.

$$x + y = 23,059 + 40,172$$
$$= 63,231$$

Le petit immeuble a une hauteur d'environ 23,1 m et le grand, une hauteur d'environ 63,2 m.

Concepts clés

- Pour calculer des distances difficiles à mesurer, on utilise les rapports trigonométriques ainsi que les angles d'élévation et de dépression.
- Quand tu résous un problème de triangle rectangle, trace un schéma, nomme les sommets et les côtés, puis nomme l'angle qui t'intéresse ainsi que l'hypoténuse.

Parle des concepts

D1. Quelle différence y a-t-il entre un angle d'élévation et un angle de dépression ?

Exerce-toi **A**

1. Calcule la longueur de $\overline{BC}$. Arrondis ta réponse au dixième de mètre près.

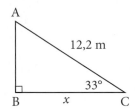

Si tu as besoin d'aide pour répondre aux questions 2 à 4, reporte-toi à l'exemple 1. Tu peux aussi, pour les questions 2 à 12, représenter les situations par un diagramme.

2.

À partir d'un point situé à 4,5 m de la base d'une éolienne, l'angle d'élévation jusqu'à son sommet est de 87°. Calcule la hauteur de l'éolienne. Arrondis ta réponse au dixième de mètre près.

3. À partir d'un point situé à 9,3 m de la base d'un panneau-réclame, l'angle d'élévation jusqu'à son sommet est de 28°. Calcule la hauteur du panneau-réclame au dixième de mètre près.

4. Une garde forestière est dans une tour d'observation, à 36 m au-dessus du sol. Elle aperçoit un feu à un angle de dépression de 3°. À quelle distance de la base de la tour, au dixième de mètre près, le feu est-il situé?

5. À partir du sommet d'une falaise haute de 38,5 m, l'angle de dépression jusqu'à un bateau est de 38°. À quelle distance de la base de la falaise le bateau se trouve-t-il au mètre près?

6. Une échelle de 4 m est appuyée contre le mur d'un garage, à une hauteur de 3,8 m. Calcule l'angle que l'échelle forme avec le sol. Arrondis ta réponse au degré près.

Raisonnement
Modélisation | **Sélection des outils**
Résolution de problèmes
Liens | **Réflexion**
Communication

7. Le sommet d'un phare, situé en haut d'une falaise, est à 41 m au-dessus du niveau de la mer. L'angle de dépression jusqu'à un petit voilier est de 22°. Décris comment tu peux calculer la distance entre le voilier et le bas de la falaise.

8. Debout à 17 m de la base d'une tour, Noëlla détermine que l'angle d'élévation jusqu'au sommet de la tour est de 33°. Quelle est la hauteur de la tour au mètre près?

9. Un mât de drapeau projette une ombre de 22 m de longueur quand les rayons du soleil forment un angle de 30° avec le sol. Quelle est la hauteur du mât au mètre près?

10. Régine construit un enclos dans sa cour pour les lapins de sa fille. Elle donne à l'enclos la forme d'un triangle rectangle. Deux des côtés de l'enclos mesurent 3 m chacun. Quelle est la longueur du troisième côté?

11. Deux immeubles sont distants de 15 m l'un de l'autre. Du toit du plus petit immeuble, l'angle d'élévation jusqu'au sommet du plus grand immeuble est de 48° et l'angle de dépression jusqu'à la base du plus grand immeuble est de 34°. Calcule la hauteur des deux immeubles. Arrondis ta réponse au dixième de mètre près.

12. La distance horizontale entre deux pylônes électriques est de 86 m. L'angle d'élévation jusqu'au sommet de chacun des pylônes est de 14° dans un cas et de 17° dans l'autre cas. Quelle différence de hauteur y a-t-il entre les deux pylônes? Arrondis ta réponse au dixième de mètre près.

13. Voici le dessin technique d'une pièce de fixation. À quel angle par rapport à l'horizontale doit-on faire la coupe pour former la partie pointue de la pièce au dixième près?

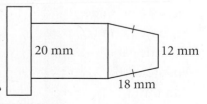

20 mm   12 mm

18 mm

Révision des termes clés

Recopie ces définitions, puis écris le mot ou l'expression qui correspond à chacune d'elles.

1. Une formule exprimant la relation entre la longueur de l'hypoténuse et les longueurs des deux cathètes d'un triangle rectangle.

2. Le rapport entre la longueur du côté opposé à un angle particulier et la longueur de l'hypoténuse.

3. Le rapport entre la longueur du côté adjacent à un angle particulier et la longueur de l'hypoténuse.

4. Le rapport entre la longueur du côté opposé à un angle donné d'un triangle rectangle et la longueur du côté adjacent au même angle.

   A. le sinus

   B. la tangente

   C. le théorème de Pythagore

   D. le cosinus

2.1 Le théorème de Pythagore,
pages 46 à 53

Pour chacune de ces questions, exprime ta réponse au degré près ou au dixième d'unité près.

5. Dans le cadre d'une formation de base, Alice doit atteindre le haut d'un mur en grimpant le long d'un filet incliné mesurant 36 m de longueur et ancré dans le sol à 30 m de la base du mur. Quelle est la hauteur du mur?

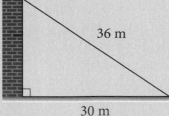

36 m

30 m

6. On coupe en diagonale une pièce de tissu rectangulaire, mesurant 150 cm de longueur sur 45 cm de largeur, de façon à former deux triangles congruents. Quelle est la longueur du plus long côté de l'un des triangles obtenus?

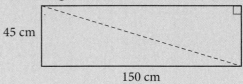

45 cm

150 cm

7. Charles aime faire du deltaplane. À son dernier vol, il a sauté d'une falaise de 156 m et il a atterri à 135 m du pied de la falaise. Quelle distance de vol a-t-il parcourue?

2.2 Les rapports et les proportions dans les triangles rectangles,
pages 54 à 62

8. Recopie le △VWX dans ton cahier.

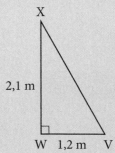

X

2,1 m

W 1,2 m V

a) Pour ∠V, calcule le rapport de la longueur du côté opposé à la longueur du côté adjacent.

b) Pour ∠X, calcule le rapport de la longueur du côté adjacent à la longueur du côté opposé.

c) Que remarques-tu au sujet de ces deux rapports?

2.3 Le sinus et le cosinus,
pages 63 à 73

9. Calcule la mesure de l'angle indiqué.

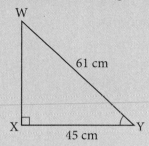

W

61 cm

X — 45 cm — Y

10. Une météorologue surveille une formation nuageuse. De la station météo jusqu'à la formation nuageuse, l'angle de la ligne de visée par rapport à l'horizontale est de 28° et la distance oblique est de 65 km. Calcule la distance horizontale, *d*, jusqu'à la formation nuageuse au dixième près.

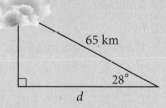

65 km

28°

d

11. Un pompier place une échelle de 11 m contre un immeuble. Si l'échelle forme un angle de 72° avec le sol, quelle hauteur l'échelle atteint-elle sur le mur de l'immeuble au dixième près ?

2.4 La tangente, pages 74 à 82

12. Calcule la longueur du côté EF au dixième près.

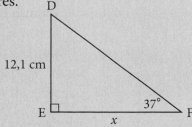

D

12,1 cm

E — *x* — 37° — F

13. Un avion qui s'élève à un angle constant par rapport au sol atteint une altitude de 4 km. À ce point, l'avion a parcouru une distance horizontale de 14 km. Quel est l'angle de montée de l'avion ?

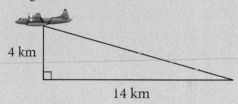

4 km

14 km

14. Un projecteur, orienté selon un angle de 50° à partir du sol, est à 15 m du panneau indicateur qu'il éclaire. À quelle hauteur le panneau est-il situé au dixième près ?

2.5 Résoudre des problèmes portant sur des triangles rectangles,
pages 83 à 87

15. À partir d'un point situé à 3,2 m de la base d'un arbre, l'angle d'élévation jusqu'au sommet de l'arbre est de 33°. Calcule la hauteur de l'arbre au dixième près.

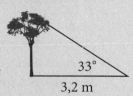

33°

3,2 m

16. De l'endroit où tu es, à 11,2 m du mur de l'école, l'angle d'élévation jusqu'au sommet de l'école est de 37°. Calcule la hauteur de l'école au dixième près.

17. À partir d'un point situé à 18 m de la base d'un édifice, Shanav détermine que l'angle d'élévation jusqu'au sommet de l'édifice mesure 48°, tandis que l'angle d'élévation jusqu'au sommet de l'antenne dressée sur l'édifice mesure 56°.

a) Calcule la hauteur de l'édifice au mètre près.

b) Calcule la hauteur de l'antenne au mètre près.

1. Écris l'énoncé du théorème de Pythagore, puis trace un triangle afin de le représenter.

2. a) Recopie le diagramme. Indique où sont l'hypoténuse et les côtés opposé et adjacent à l'angle A.

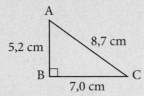

b) Calcule sin A. Arrondis ta réponse à quatre décimales près.

3. a) Recopie le diagramme. Indique où sont l'hypoténuse et les côtés opposé et adjacent à l'angle M.

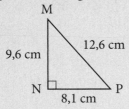

b) Calcule cos M. Arrondis ta réponse à quatre décimales près.

4. a) Recopie le diagramme. Indique où sont l'hypoténuse et les côtés opposés et adjacents à l'angle S.

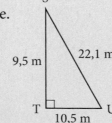

b) Calcule tan S. Arrondis ta réponse à quatre décimales près.

5. Calcule la longueur du côté inconnu. Arrondis ta réponse au dixième de centimètre près.

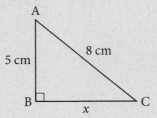

6. Calcule la longueur du côté inconnu. Arrondis ta réponse au dixième de centimètre près.

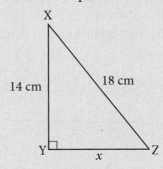

7. Dans un triangle rectangle, le côté opposé à un angle de 43° mesure 5 cm.

   a) Combien mesure l'hypoténuse au dixième de centimètre près ?

   b) Combien mesure le troisième côté au dixième de centimètre près ?

8. Dans un triangle rectangle, le côté adjacent à un angle de 55° mesure 7 cm.

   a) Combien mesure l'hypoténuse au dixième de centimètre près ?

   b) Combien mesure le troisième côté au dixième de centimètre près ?

Retour sur le problème du chapitre

Alain est enfin prêt à commencer la construction de l'ascenseur. Il doit calculer la quantité de matériaux dont il a besoin. Chaque côté de la cage d'ascenseur mesurera 2,1 m de largeur sur 2,5 m de hauteur. De plus, Alain prévoit renforcer chaque diagonale à l'aide d'une pièce de renfort.

a) Combien mesurera la pièce de renfort?

b) Quel angle la pièce de renfort formera-t-elle avec le sol?

c) Quel rapport trigonométrique as-tu utilisé pour calculer cet angle?

d) Pour vérifier si tu as la bonne réponse, utilise les deux autres rapports que tu as appris pour calculer l'angle formé par la pièce de renfort et le sol.

9. La tour de Pise mesure environ 55 m de hauteur. Avec le temps, elle s'est inclinée de 4,5 m hors de son axe vertical.

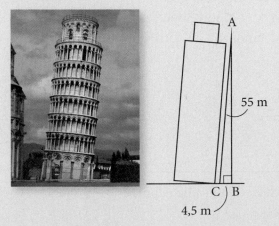

a) Calcule la mesure de l'angle formé par la tour et le sol. Arrondis ta réponse au degré près.

b) Calcule la hauteur verticale de la tour. Arrondis ta réponse au dixième de mètre près.

10. Les parois du canyon Miles, au Yukon, s'élèvent à environ 15 m au-dessus de la rivière Yukon. À partir d'un point situé au bord de la paroi du canyon, Lia détermine que l'angle de dépression jusqu'à un rocher mesure 46° et que l'angle de dépression jusqu'à un deuxième rocher mesure 51°. Les deux rochers sont dans le même plan horizontal. Quelle est la distance horizontale entre les deux rochers au dixième de mètre près?

Projet

Refaire un parc du voisinage

La Ville confie à une école le projet de réaménagement d'un parc du voisinage. Le parc est rectangulaire et mesure 30 m sur 40 m.

1. Une fontaine sera installée au centre du parc. L'eau coulera dans trois plateaux en étage formés de trois triangles isocèles semblables. Le diagramme montre la fontaine vue de dessus.

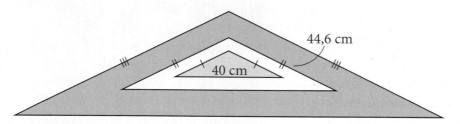

a) Le plus petit étage a une aire de 196 cm². Calcule la hauteur et la longueur des côtés égaux du plus petit triangle.

b) L'étage du milieu a une aire quatre fois plus grande que celle du plus petit étage. Calcule la longueur de la base de l'étage du milieu.

c) L'étage du bas a une aire quatre fois plus grande que celle de l'étage du milieu. Calcule les longueurs des côtés de l'étage du bas.

2. Pour qu'il soit accessible à tous, le parc sera doté de rampes d'accès ayant chacune un angle d'élévation de 4,5°. Le parc comporte deux entrées. À une entrée, le muret est haut de 16 cm tandis qu'à l'autre entrée, le muret est haut de 28 cm.

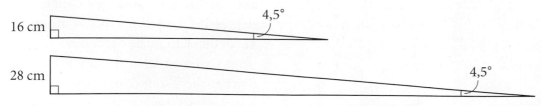

a) À quelle distance de chaque muret la rampe d'accès doit-elle débuter ?

b) Quelle est la longueur de chaque rampe d'accès ?

3. Au centre du parc, à l'endroit où la fontaine sera installée, il y a un arbre mort qu'il faut abattre. L'arbre est entouré d'une haie et de trois bancs. À 15 h, l'arbre projette une ombre longue de 4,3 m. Au même moment, un objet haut de 1,6 m projette une ombre longue de 1,2 m. La haie se trouve à 4,9 m de l'arbre. Peut-on couper l'arbre au ras du sol ou doit-on le débiter en morceaux pour éviter d'endommager la haie et les bancs ? Comment le sais-tu ?

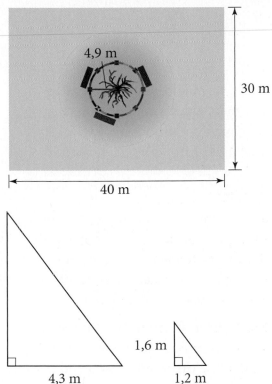

4,9 m

30 m

40 m

4,3 m

1,6 m

1,2 m

4. Fais un dessin à l'échelle ou un modèle en trois dimensions de ce parc. Ajoutes-y les détails supplémentaires qui te semblent nécessaires. Précise toutes les dimensions et tous les calculs que ta représentation nécessite.

Chapitre 1
Les systèmes de mesure et les triangles semblables

1. Une pièce mesure 6 m sur 3,6 m. Le nouveau plancher sera fait de carreaux de céramique de 23 cm sur 23 cm.
   a) Calcule l'aire de la pièce en mètres carrés.
   b) Calcule l'aire d'un carreau en centimètres carrés.
   c) À l'aide de tes réponses en a) et b), détermine le nombre de carreaux nécessaires pour recouvrir le plancher.
   d) Une boîte contient 24 carreaux de céramique. Combien de boîtes seront nécessaires pour recouvrir le plancher ?
   e) Chaque boîte de carreaux coûte 116 $. Combien coûtent les carreaux, avant taxes ?

2. Adam s'en va à la baie Georgienne à une vitesse de 80 km/h. Il voit un panneau indiquant « Wasaga Beach, 360 km ». À cette vitesse-là, combien de temps lui faudra-t-il pour se rendre à Wasaga Beach ?

3. Quel est le meilleur prix pour du bœuf haché : 2,29 $/lb ou 4,90 $/kg ?

4. Calcule les longueurs de côté et les mesures d'angle inconnues. S'il y a lieu, arrondis tes réponses à une décimale près.
   a) Considère que △ABC ~ △DEF.

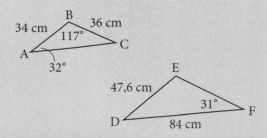

b) Considère que △GHI ~ △KJI.

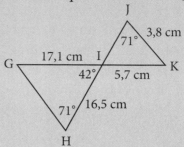

5. Quand il fait soleil, Albert, qui mesure 1,85 m, projette une ombre longue de 0,76 m. Au même moment, un mât situé à proximité projette une ombre longue de 14,2 m. Combien mesure le mât ? Arrondis ta réponse au dixième de mètre près.

6. Albert place un miroir à 7,2 m devant le mât de la question 5. À quelle distance du miroir doit-il se placer pour y voir le sommet du mât ? Arrondis ta réponse au dixième de mètre près.

7. Les parois d'une gorge sont distantes de 18,9 m. Sur la terrasse d'observation, Susan se trouve à 1,8 m du bord de la paroi et ses yeux sont à 2,4 m au-dessus du sol. Elle peut tout juste apercevoir le pied de l'autre paroi. Quelle est la profondeur de la gorge arrondie au mètre près ?

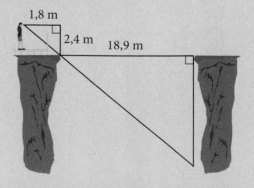

Chapitre 2
La trigonométrie du triangle rectangle

8. À l'aide du théorème de Pythagore, calcule la longueur du côté inconnu. Arrondis ta réponse au dixième de centimètre près.

a)   **b)**

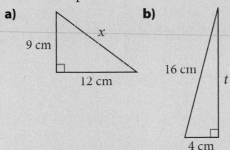

9. Une échelle coulissante de 3 m est placée de façon à ce qu'elle touche le mur à une hauteur de 2,2 m.

a) À quelle distance de la base du mur l'échelle se trouve-t-elle au mètre près?

b) Anthony allonge l'échelle à 4,8 m et l'appuie contre le mur en maintenant la base à la même place. Quelle hauteur l'échelle atteint-elle sur le mur au dixième près?

10. Écris les trois rapports trigonométriques relatifs aux angles indiqués.

a)

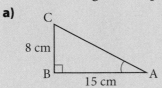

b)

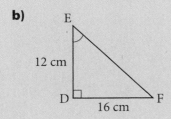

11. On construit une rampe d'accès pour rouler des barils sur une plateforme. La plateforme est à une hauteur de 1,8 m et la rampe doit former un angle de 30° avec l'horizontale. Quelle sera la longueur de la rampe d'accès au dixième près?

12. À partir d'un bateau ancré à 100 m d'une falaise, l'angle d'élévation jusqu'au sommet de la falaise est de 42°. Quelle est la hauteur de la falaise au dixième près?

13. Deux immeubles sont distants de 30 m l'un de l'autre. Du toit du plus petit immeuble, l'angle d'élévation jusqu'au sommet du deuxième immeuble est de 37°; l'angle de dépression jusqu'au bas du deuxième immeuble est de 47°. Calcule la hauteur du deuxième immeuble au dixième près.

14. Un câble d'acier relie deux plateformes de hauteurs différentes et séparées par une distance horizontale de 50 m. À partir de la plateforme la plus élevée, l'angle de dépression du câble est de 20°. Quelle est la longueur du câble au dixième près?

3 Les fonctions affines

De nombreuses situations peuvent être représentées graphiquement sous la forme de lignes droites; par exemple, la distance parcourue par un train à grande vitesse se déplaçant à vitesse constante, le coût total d'impression de photographies numériques ou la relation entre la longueur d'un côté et le périmètre d'un carré. Dans ce chapitre, tu utiliseras les nombreux concepts liés aux fonctions affines étudiées au cours des années précédentes.

Dans ce chapitre, tu vas :

- faire le lien entre le taux de variation d'une fonction affine et la pente d'une droite puis définir la pente sous la forme du rapport $m = \dfrac{\text{déplacement vertical}}{\text{déplacement horizontal}}$;
- déterminer, par l'exploration, que $y = mx + b$ est la forme courante de l'équation d'une droite et considérer les cas spéciaux où $x = a$, $y = b$;
- découvrir, par l'exploration et à l'aide de certaines technologies, l'interprétation géométrique de m et de b dans l'équation $y = mx + b$;
- déterminer, par l'exploration, les propriétés des pentes de droites et de segments à l'aide d'outils technologiques facilitant les recherches dans des cas appropriés;
- tracer des droites à la main à l'aide de diverses techniques;
- déterminer l'équation d'une droite à partir de sa représentation graphique, de sa pente et son ordonnée à l'origine, de sa pente et un point de la droite, ou de deux points de la droite.

Raisonnement
Modélisation | Sélection des outils
Résolution de problèmes
Liens | Réflexion
Communication

Termes clés

abscisse à l'origine	déplacement vertical	ordonnée à l'origine
coefficient	équation linéaire	pente
déplacement horizontal	fonction affine	taux de variation

Littératie

Crée un tableau « Mot et figure » dans lequel tu représenteras des fonctions affines à l'aide de mots et d'illustrations.

Mot et figure	Description
pente	

Dans l'exercice de son métier, un camionneur utilise des fonctions affines de nombreuses façons. Se préparer à gravir une colline, calculer ses revenus en fonction du nombre de kilomètres parcourus et utiliser l'échelle d'une carte pour calculer des distances ne sont que quelques exemples de l'utilisation possible de fonctions affines. Bien comprendre les fonctions affines constitue donc un atout précieux dans ce métier.

Prépare-toi

Les facteurs communs

1. Détermine le plus grand nombre naturel qui divise, sans laisser de reste, chacune de ces paires de nombres. Nous avons résolu la partie a) à titre d'exemple.

   a) 18, 21

   Les facteurs de 18 sont 1, 2, 3, 6, 9 et 18.
   Les facteurs de 21 sont 1, 3, 7 et 21.
   Le plus grand nombre naturel qui divise 18 et 21, sans laisser de reste, est 3.

   b) 5, 20
   c) 6, 9
   d) 8, 12
   e) 9, 12
   f) 5, 11
   g) 49, 84
   h) 24, 36

Les opérations avec des fractions et des nombres décimaux

2. Simplifie chacune de ces fractions jusqu'à la forme irréductible. Nous avons simplifié la première fraction à titre d'exemple.

   a) $\dfrac{16}{12}$

   $= \dfrac{16 \div 4}{12 \div 4}$

   $= \dfrac{4}{3}$

   b) $\dfrac{4}{10}$
   c) $\dfrac{2}{12}$

   d) $\dfrac{6}{24}$
   e) $\dfrac{15}{45}$
   f) $\dfrac{8}{15}$

3. Reproduis ce tableau puis remplis-le.

	Fraction	Décimal
a)	$\dfrac{1}{2}$	
b)	$\dfrac{3}{5}$	
c)	$\dfrac{3}{8}$	
d)		0,250
e)		0,050
f)		0,625

Les opérations avec des nombres entiers

4. Effectue ces soustractions. Nous avons résolu la première soustraction à titre d'exemple.

   a) $5 - (-8)$
   $= 5 + 8$
   $= 13$

   b) $4 - 6$
   c) $-2 - 2$

   d) $-5 - 7$
   e) $-2 - (-6)$
   f) $4 - (-9)$

5. Effectue chacune de ces opérations. Simplifie d'abord chaque numérateur et chaque dénominateur.

   a) $\dfrac{6-4}{3-7}$
   b) $\dfrac{2-5}{4-3}$
   c) $\dfrac{-4-8}{2-6}$
   d) $\dfrac{0-8}{-3-1}$
   e) $\dfrac{3-(-2)}{-12-(-2)}$
   f) $\dfrac{-7-(-4)}{6-(-5)}$

Problème du chapitre

Michel conduit un camion semi-remorque. Son métier l'amène à voyager dans l'est du Canada ainsi que dans une partie de l'est des États-Unis. Tout au long de ce chapitre, tu découvriras comment Michel utilise les mathématiques pour résoudre certains problèmes et pourquoi il est important de connaître les fonctions affines dans son métier.

Tracer des représentations graphiques dans un plan cartésien

6. Écris les coordonnées de chacun de ces points. Celles du point A sont données à titre d'exemple.

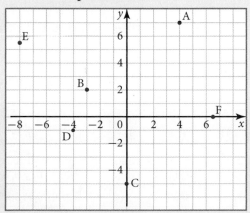

Les coordonnées du point A sont (4, 7).

Travailler avec des variables

7. Détermine la valeur de x dans ces équations. Nous avons résolu la première équation à titre d'exemple.

a) $-3x = 6$

$$\frac{-3x}{-3} = \frac{6}{-3}$$
$$x = -2$$

d) $\frac{1}{2}x = -7$

b) $4x - 16 = 0$

e) $-\frac{1}{4}x = -3,5$

c) $2,5x = -15$

f) $0,6x = 2,4$

8. Évalue chacune de ces expressions en considérant que $x = -3$.

a) $4x + 3$

d) $2 - 1,5x$

b) $-2x + 7$

e) $14x - 4$

c) $-6 - x$

f) $\frac{1}{2}x + \frac{3}{2}$

3.1 La pente comme taux de variation

Quand tu te déplaces à vitesse constante, quel est le lien entre la distance parcourue et la durée du trajet? Quand tu envoies des messages en format texte, quel est le lien entre le prix total et le nombre de messages envoyés? Ces situations peuvent être représentées à l'aide d'un tableau de valeurs, d'un graphique ou d'une équation. Dans cette section, tu établiras des liens entre chacune de ces représentations en résolvant des problèmes portant sur des taux de variation constants.

Explore

Matériel

- papier quadrillé
- calculatrice graphique
- règle

Messagerie texte

Une entreprise de communication sans fil facture à ses clients 15 ¢ par message textuel.

1. a) Reproduis ce tableau puis remplis-le afin de représenter 1 à 10 messages texte.

Nombre de messages envoyés	Prix total ($)	Taux de variation du prix total ($)
0	0	
1	0,15	0,15 − 0 = 0,15
2	0,30	0,30 − 0,15 = 0,15
3	0,45	0,45 − 0,30 = 0,15

b) Que remarques-tu quant aux valeurs du **taux de variation**? Selon toi, pourquoi en est-il ainsi?

taux de variation
- La variation d'une grandeur par rapport à la variation d'une autre.

2. Calcule le prix de l'envoi de chacun de ces lots de messages textuels.

a) 20
b) 30
c) 40
d) 50
e) 100
f) x

3. Dans chacun des cas suivants, suppose que tu as envoyé le nombre de messages texte indiqué. Prédis la variation du prix total si tu envoies un message supplémentaire. Justifie ta réponse.

a) 10   **b)** 49   **c)** 98

4. a) Sur du papier quadrillé, trace une représentation graphique afin de comparer le prix total avec le nombre de messages envoyés. Représente le prix total sur l'axe vertical, gradué selon des intervalles de 0,15 $, entre 0 $ et 1,50 $. Représente le nombre de messages envoyés sur l'axe horizontal avec des intervalles de 1, entre 0 et 10.

b) Décris la forme obtenue en plaçant les points sur le graphique. Pourquoi cette représentation a-t-elle cette forme ?

5. a) Saisis les données du tableau sur une calculatrice graphique.

- Appuie sur ⌊ STAT ⌋. Sélectionne 1 : **Edit**. Saisis les valeurs du nombre de messages envoyés dans LIST 1 (L1) puis saisis les valeurs du prix total dans LIST 2 (L2).
- Appuie sur ⌊ 2nd ⌋ [STAT PLOT]. Appuie sur ⌊ ENTER ⌋. Définis le tracé 1 comme le montre cette illustration.
- Appuie sur ⌊ ZOOM ⌋. Sélectionne **9 : ZoomStat**.

b) Compare cette représentation graphique avec celle que tu as tracée à la question 4.

c) Appuie sur ⌊ Y= ⌋ puis saisis 0,15X dans Y1. Appuie sur ⌊GRAPH⌋. Que remarques-tu ?

6. a) Trace une droite qui passe par les points du diagramme de la question 4.

b) Choisis deux points. Détermine le **déplacement vertical** et le **déplacement horizontal**. Calcule la **pente** de la droite.

c) Calcule la pente de la droite à l'aide de deux autres points de la droite. Compare ce résultat avec celui que tu as obtenu en b). Explique ta réponse.

d) À la question 5, tu as représenté graphiquement la droite $y = 0,15x$ sur les mêmes axes que ceux utilisés pour les données du tableau de valeurs. Explique la relation entre les pentes calculées pour les questions b) et c) et l'équation de la droite $y = 0,15x$ ainsi que la relation entre ces pentes et le taux de variation du prix total.

Dans la rubrique Explore, la variation du prix total est constante par rapport à la variation du nombre de messages. C'est un exemple de **fonction affine**.

---

déplacement vertical
- La distance verticale entre deux points d'une droite.

déplacement horizontal
- La distance horizontale entre deux points d'une droite.

pente
- Le degré d'inclinaison d'une droite.
- Elle permet de comparer la distance verticale avec la distance horizontale entre deux points.
- La pente d'une droite est égale au rapport $\dfrac{\text{déplacement vertical}}{\text{déplacement horizontal}}$.

fonction affine
- Une relation entre deux variables qui est représentée graphiquement par une droite non verticale.

Calculer la pente d'une droite donnée

Ce graphique représente le nombre de carrés dans chacun des diagrammes. Les points sont reliés pour indiquer la tendance.

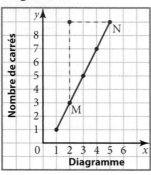

Diagramme

a) Détermine le déplacement vertical du point M au point N.

b) Détermine le déplacement horizontal du point M au point N.

c) Calcule la pente de la droite.

d) Quelle information sur la régularité la pente fournit-elle ? Explique ta réponse.

Solution

a)
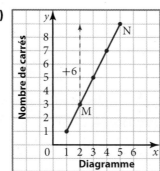

Le déplacement vertical est de 6 unités.

b)
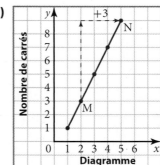

Le déplacement horizontal est de 3 unités.

c) pente $= \dfrac{\text{déplacement vertical}}{\text{déplacement horizontal}}$

$= \dfrac{6}{3}$

$= 2$

*La pente de cette droite est égale à +2. Cela signifie que chaque fois que la valeur de **x** augmente de 1, la valeur de **y** augmente de 2. Sur le graphique, la droite va de gauche à droite.*

La pente de la droite est 2.

d) La pente indique le taux de variation du nombre de carrés. Chaque partie de la suite a 2 carrés de plus que la partie précédente.

*Souviens-toi que la pente représente un taux de variation. Elle indique la rapidité de changement des valeurs de **y** par rapport à celles de **x**.*

Calculer des taux de variation

Pour la fonction affine donnée par $y = 3x + 1$, crée un tableau de valeurs, puis détermine le taux de variation des valeurs de y.

Solution

Choisis des valeurs pour x. Substitue-les dans l'équation, puis résous l'équation pour trouver les valeurs de y correspondantes.

x	y
0	1
1	4
2	7
3	10
4	13
5	16

Si $x = 1$

$$y = 3x + 1$$
$$= 3(1) + 1$$
$$= 4$$

Si $x = 2$

$$y = 3x + 1$$
$$= 3(2) + 1$$
$$= 7$$

Calcule la différence entre les valeurs consécutives de y afin de déterminer le taux de variation des valeurs de y chaque fois que la valeur de x augmente de 1. Ajoute une colonne au tableau de valeurs afin d'y noter le taux de variation.

x	y	Taux de variation
0	1	
1	4	$4 - 1 = 3$
2	7	$7 - 4 = 3$
3	10	$10 - 7 = 3$
4	13	$13 - 10 = 3$
5	16	$16 - 13 = 3$

Le taux de variation des valeurs de y est 3 chaque fois que la valeur de x augmente de 1.

Calculer la pente d'une équation donnée

Pour la droite $y = -2x + 4$, crée un tableau de valeurs et représente graphiquement la droite. Utilise ensuite la représentation graphique pour déterminer la pente de la droite.

Solution

Choisis des valeurs pour x, puis détermine les valeurs de y correspondantes.

x	y
−2	8
−1	6
0	4
1	2
2	0
3	−2

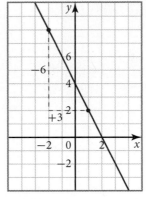

Le déplacement vertical est la distance verticale de (−2, 8) à (−2, 2), c'est-à-dire −6. Le déplacement horizontal est la distance horizontale de (−2, 2) à (1, 2), c'est-à-dire +3.

$$\text{pente} = \frac{\text{déplacement vertical}}{\text{déplacement horizontal}}$$

$$= \frac{-6}{3}$$

$$= -2$$

La pente de la droite $y = -2x + 4$ est égale à -2.

La pente de cette droite est égale à –2. Cela signifie que chaque fois que la valeur de x augmente de 1, la valeur de y diminue de 2. Sur le graphique, la droite descend de gauche à droite.

Exemple **4** **Calculer le taux de variation de gains**

Sam a gagné 8 $ l'heure en gardant les enfants des voisins.

a) Crée un tableau de valeurs afin de montrer les gains totaux de Sam pour 0 heure à 5 heures de gardiennage.

b) Détermine le taux de variation des gains totaux de Sam.

c) Représente graphiquement les gains de Sam.

d) Calcule la pente de la droite. Quel est le lien entre la pente et le taux de variation déterminé en b)? Explique ta réponse.

Solution

a)

Heures de travail	Gains totaux ($)
0	0
1	8
2	16
3	24
4	32
5	40

Sam a gagné 8 $ pour chaque heure de gardiennage. Il faut donc multiplier le nombre d'heures de travail par 8 pour trouver les gains.

b) Détermine le taux de variation des gains totaux de Sam chaque fois que le nombre d'heures de gardiennage augmente de 1. Ajoute une colonne au tableau de valeurs afin d'y noter le taux de variation.

Heures de travail	Gains totaux ($)	Taux de variation
0	0	
1	8	$8 - 0 = 8$
2	16	$16 - 8 = 8$
3	24	$24 - 16 = 8$
4	32	$32 - 24 = 8$
5	40	$40 - 32 = 8$

Le taux de variation est 8 $ l'heure. Il s'agit du taux horaire de Sam.

c) Représente graphiquement les données. Place les heures de travail le long de l'axe horizontal et les gains totaux le long de l'axe vertical. Relie les points par une ligne droite.

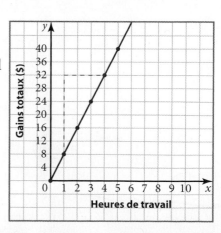

d) Utilise le graphique. Choisis deux points de la droite. En utilisant les points (1, 8) et (4, 32), le déplacement vertical est 24 et le déplacement horizontal est 3.

$$\text{pente} = \frac{\text{déplacement vertical}}{\text{déplacement horizontal}}$$

$$= \frac{24}{3}$$

$$= 8$$

La pente de la droite est égale à 8. Il s'agit du taux de variation, qui est la rémunération horaire de Sam.

Concepts clés

- Quand la variation d'une variable par rapport à la variation d'une autre variable est constante, le résultat est une fonction affine.
- Dans une fonction affine, le taux de variation est égal à la pente.

Parle des concepts

D1. Quand tu disposes de la représentation graphique d'une droite, comment peux-tu savoir, sans faire de calcul, si la pente de la droite est positive ou négative ?

D2. Comment peux-tu déterminer le taux de variation à partir d'un tableau de valeurs ?

D3. Quand on détermine la pente d'une droite à partir d'une représentation graphique, le choix des points est-il important ? Explique ta réponse.

Si tu as besoin d'aide pour répondre à la question 1, reporte-toi à l'exemple 1.

1. Dans chacun de ces graphiques, détermine le déplacement vertical et le déplacement horizontal entre les points indiqués, puis calcule la pente.

a)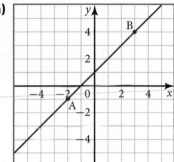

b)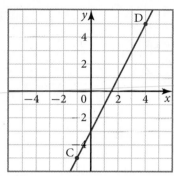

c)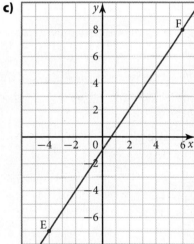

d)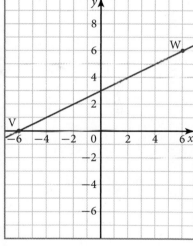

Si tu as besoin d'aide pour répondre à la question 2, reporte-toi à l'exemple 2.

2. Pour chacune de ces fonctions affines, crée un tableau de valeurs en considérant que $x = 0$, 1, 2, 3 et 4. Puis, détermine le taux de variation des valeurs de y.

a) $y = 2x + 5$

b) $y = x + 3$

c) $y = 4x - 2$

Si tu as besoin d'aide pour répondre aux questions 3, 4, 5 et 6, reporte-toi à l'exemple 3.

3. Représente graphiquement la relation présentée dans chacun de ces tableaux de valeurs.

a)

x	y
0	−3
1	−1
2	1
3	3
4	5

b)

x	y
0	7
1	4
2	1
3	−2
4	−5

c)

x	y
−4	1
−2	2
0	3
2	4
4	5

4. Pour les tableaux de valeurs en a) et en b) de la question 3, détermine le taux de variation des valeurs de y pour chaque augmentation de 1 des valeurs de x.

5. Stationner dans un garage du centre-ville coûte 2,50 $ l'heure après 18 h.

TARIFS DE STATIONNEMENT
Les tarifs incluent les taxes fédérales et provinciales.

30 minutes ou moins	3,75 $
1 heure ou moins	7,50 $
1 heure 30 minutes ou moins	15,00 $
2 heures ou moins	22,50 $
Plus de 2 heures	8,00 $ l'heure

TARIF DE NUIT
Après 18 h	2,50 $ l'heure

FINS DE SEMAINE et JOURS FÉRIÉS
De 6 h à 22 h	7,00 $ l'heure

a) Crée un tableau de valeurs montrant le prix de 1 heure à 5 heures de stationnement après 18 h durant la semaine.

b) Indique le taux de variation du prix pour chaque heure de stationnement après 18 h durant la semaine.

6. Pour chacune de ces fonctions affines, crée un tableau de valeurs et représente graphiquement la droite.

a) $y = x - 2$
b) $y = 2x - 3$
c) $y = 3x + 1$

7. Détermine le déplacement vertical et horizontal entre les extrémités des segments de droite puis calcule la pente de chaque segment.

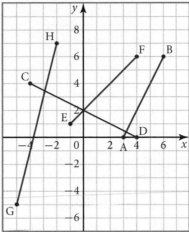

Si tu as besoin d'aide pour répondre aux questions 8 et 9, reporte-toi à l'exemple 4.

8. Albert a cueilli des pêches l'été dernier. Ses revenus potentiels sont présentés dans ce tableau de valeurs.

Nombre de paniers remplis	1	2	3	4	5	6
Gains ($)	1,50 $	3,00 $	4,50 $	6,00 $	7,50 $	9,00 $

a) Détermine le taux de variation des gains d'Albert pour chaque panier supplémentaire rempli.

b) Représente graphiquement les données du tableau.

c) Détermine la pente de la droite.

d) Quel est le lien entre la pente et ta réponse en a)?

Applique les concepts **B**

9. Chaque minute d'un morceau de musique de format MP3 prend environ 1,4 Mb d'espace de disque.

a) Crée un tableau de valeurs, puis détermine le taux de variation de l'espace de disque utilisé pour chaque minute de musique, jusqu'à concurrence de 10 minutes.

b) Représente graphiquement tes résultats en a).

c) Trace une droite passant par ces points. Détermine ensuite la pente de la droite.

10. Voici le profil d'une rampe. Détermine la distance verticale et la distance horizontale entre les extrémités de la rampe, puis calcules-en la pente.

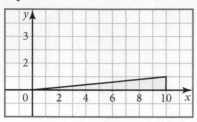

Problème du chapitre

11. Michel conduit un camion semi-remorque. Son métier l'amène à voyager dans l'est du Canada ainsi que dans une partie de l'est des États-Unis. Il gagne 0,45 $ par kilomètre parcouru.

a) Reproduis ce tableau de valeurs puis, remplis-le.

Distance parcourue (km)	0	100	200	300	400
Gains ($)					

b) Saisis les données du tableau sur calculatrice graphique.
- Appuie sur ⌈STAT⌉. Sélectionne **1 : Edit**. Saisis les distances dans LIST 1 (L1), puis saisis les gains dans LIST 2 (L2).
- Appuie sur ⌈2nd⌉ [STAT PLOT]. Définis le tracé 1 pour représenter un nuage de points.
- Appuie sur ⌈ZOOM⌉. Sélectionne **9 : Zoomstat**.

Littératie

c) Dans Y1, saisis l'équation d'une droite qui passerait, selon toi, par tous les points. Explique le lien entre l'équation de cette droite et les gains de Michel. Dans quelle unité chaque variable est-elle exprimée ?

12. Pour chacune de ces fonctions affines, crée un tableau de valeurs en considérant que $x = 0, 1, 2, 3$ et 4. Détermine ensuite le taux de variation des valeurs de y.

a) $y = \frac{1}{2}x - 3$

b) $y = -3x - 5$

c) $y = -0,5x$

13. Représente graphiquement chaque fonction affine de la question 12 sur un plan cartésien différent.

14. À l'aide de la méthode $\frac{\text{déplacement vertical}}{\text{déplacement horizontal}}$, détermine la pente de chaque droite de la question 12.

15. Les chalets à charpente en A sont construits de telle manière que les pentes abruptes du toit empêchent la neige de s'amonceler.

a) Détermine les pentes des deux pans du toit.

b) L'un des pans est-il plus abrupt que l'autre ?

c) Le signe des pentes est-il important ?

d) Si chaque unité de la représentation graphique représente 0,5 m, quelle est la hauteur du chalet ?

e) Quelle est la largeur du chalet ?

f) Calcule les pentes à l'aide des mesures données. Ces pentes sont-elles différentes de celles déterminées précédemment ? Explique ta réponse.

Approfondis les concepts

16. Maude a un compte bancaire qu'elle utilise rarement. Le dernier jour de chaque mois, la banque facture 4,50 $ de frais de service pour la gestion du compte. Le 1er janvier, Maude possède 67,00 $ dans ce compte. Elle ne fait aucun dépôt ni retrait dans ce compte pendant 6 mois.

a) Crée un tableau de valeurs afin de représenter la somme d'argent dans ce compte le 1er jour de chaque mois, et ce, du 1er janvier au 1er juillet.

b) Représente graphiquement les données du tableau de la partie a) pour en montrer la tendance.

c) Calcule la pente de la droite.

d) À l'aide d'une calculatrice graphique, crée un nuage de points avec les données de la partie a). Détermine l'équation de la droite la mieux ajustée pour ces données.

Étude technologique de la pente et de l'ordonnée à l'origine

Les taux de chutes de neige, les frais de location d'équipement et les gains potentiels sont souvent représentés à l'aide des propriétés des fonctions affines. Tu as eu l'occasion de représenter des fonctions affines en créant des tableaux de valeurs. Tu as également fait le lien entre la pente d'une droite et le taux de variation d'une fonction affine. Dans cette section, tu étudieras deux propriétés importantes des fonctions affines à l'aide d'une calculatrice graphique.

Explore A

Déterminer la pente à l'aide d'une calculatrice graphique

Matériel

- calculatrice graphique

1. Appuie sur WINDOW.

   Utilise les paramètres d'affichage standards.

   - Appuie sur 2nd [TBLSET] pour définir l'affichage du tableau de valeurs. Définis TblStart à 0 et △Tbl à 1 afin que le tableau de valeurs débute avec $x = 0$ et que les valeurs de x augmentent de 1.

   - Appuie sur MODE. Déplace le curseur jusqu'à la dernière ligne et jusqu'à **G-T**. Appuie sur ENTER. Le graphique et le tableau de valeurs apparaîtront sur le même écran.

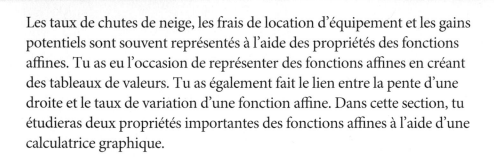

équation linéaire

- Équation représentative d'une fonction affine.

2. Appuie sur Y=. Entre l'**équation linéaire** $y = x$ dans Y1. Appuie sur GRAPH.

   a) Remarque la direction et l'inclinaison de la droite.

   b) Dans le tableau, que deviennent les valeurs de y quand les valeurs de x augmentent de 1 ?

   c) Quelle est la pente de la droite définie par $y = x$?

3. Appuie sur $\boxed{\text{Y=}}$ Saisis l'équation linéaire $y = 2x$ dans Y2. Appuie sur $\boxed{\text{GRAPH}}$.

  a) Remarque la direction et l'inclinaison de cette droite.

  b) Cette droite est-elle plus ou moins abrupte que la droite $y = x$?

  c) Que deviennent les valeurs de y quand les valeurs de x augmentent de 1? Appuie sur $\boxed{\text{2nd}}$ [TABLE] pour déplacer le curseur sur le tableau. À l'aide des touches fléchées gauche et droite, déplace-toi entre Y1 et Y2.

  d) Quelle est la pente de la droite définie par $y = 2x$?

4. Refais l'étape 3 avec $y = 3x$, $y = 4x$, $y = 10x$ et $y = \dfrac{1}{2}x$.

5. Refais l'étape 3 avec $y = -x$, $y = -2x$, $y = -3x$ et $y = -4x$.

6. Que peux-tu conclure à propos de la relation entre une équation du premier degré, la pente de la droite et le taux de variation des valeurs de y?

Explore **B**

Explorer l'ordonnée à l'origine avec une calculatrice graphique

1. Configure la calculatrice graphique comme à la rubrique Explore A.

Matériel

- calculatrice graphique

2. Appuie sur $\boxed{\text{Y=}}$ et saisis $y = x$ dans Y1. Appuie sur $\boxed{\text{GRAPH}}$.

  a) Remarque la direction et l'inclinaison de la droite.

  b) Dans le tableau, trouve la valeur de y quand $x = 0$. Localise ce point.

  c) Quelle est l'**ordonnée à l'origine** de la droite définie par $y = x$?

ordonnée à l'origine

- L'ordonnée du point où une droite ou une courbe coupe l'axe des y.
- La valeur de y quand $x = 0$.

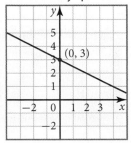

3. Appuie sur $\boxed{\text{Y=}}$ et saisis $y = x + 2$ dans Y2. Appuie sur $\boxed{\text{GRAPH}}$.

  a) Remarque la direction et l'inclinaison de la droite.

  b) Quelle est l'inclinaison de cette droite par rapport à celle de $y = x$?

  c) Dans le tableau, quelle est la valeur de y quand $x = 0$?

  d) Quelle est l'ordonnée à l'origine de la droite définie par $y = x + 2$?

4. Refais l'étape 3 avec $y = x + 3$, $y = x + 5$, $y = x - 2$ et $y = x - 7$.

5. Refais l'étape 3 avec $y = -x + 1$, $y = -x + 4$ et $y = -x - 5$.

6. Que peux-tu conclure à propos de la relation entre une équation linéaire et son ordonnée à l'origine?

Dans une équation linéaire de la forme $y = mx + b$, m représente la pente de la droite et b représente l'ordonnée à l'origine. Une droite qui a une pente positive monte de gauche à droite, et une droite qui a une pente négative descend de gauche à droite. Quel que soit le signe, plus la valeur de la pente est grande, plus la droite est abrupte.

Identifier la pente et l'ordonnée à l'origine d'une droite

Pour chacune de ces droites, identifie la pente et l'ordonnée à l'origine. Confirme tes résultats en représentant graphiquement la relation sur une calculatrice graphique.

a) $y = 4x$

b) $y = x + 9$

c) $y = x - 9$

d) $y = -3x + \dfrac{5}{2}$

Solution

a) La lettre m représente la pente de la droite, qui est de 4. L'équation $y = 4x$ est identique à $y = 4x + 0$. L'ordonnée à l'origine est 0. Dans le tableau, les valeurs de y sont 0, 4, 8, 12, etc.

Le taux de variation des valeurs de y est constant, soit $+4$. La pente de $y = 4x$ est donc de 4. La représentation graphique semble passer par l'origine $(0, 0)$. Le tableau de valeurs indique que quand $x = 0$, $y = 0$. L'ordonnée à l'origine est donc 0.

b) L'équation $y = x + 9$ est identique à $y = 1x + 9$. La pente est de 1 et l'ordonnée à l'origine est 9. Dans le tableau, les valeurs de y sont 9, 10, 11, 12, etc. Le taux de variation des valeurs de y est constant, soit $+1$. La pente de $y = x + 9$ est donc de 1. La représentation graphique semble passer par le point $(0, 9)$. Le tableau de valeurs indique que quand $x = 0$, $y = 9$. L'ordonnée à l'origine est donc 9.

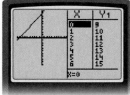

c) La pente est de 1 et l'ordonnée à l'origine est -9. Le taux de variation des valeurs de y est constant, soit $+1$, et $y = -9$ quand $x = 0$. La pente de $y = x - 9$ est donc de 1 et l'ordonnée à l'origine est -9.

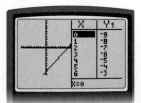

d) La pente est de -3 et l'ordonnée à l'origine est $\dfrac{5}{2}$. Le taux de variation des valeurs de y est constant, soit -3, et $y = 2,5$ quand $x = 0$, c'est-à-dire $\dfrac{5}{2}$. La pente de $y = -3x + \dfrac{5}{2}$ est donc de -3 et l'ordonnée à l'origine est $2\dfrac{1}{2}$.

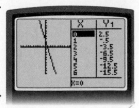

Identifier la pente et l'ordonnée à l'origine du graphique d'une fonction affine portant sur la conversion de température

Identifie la pente et l'ordonnée à l'origine du graphique de cette relation. À l'aide d'une calculatrice graphique, confirme tes résultats en représentant graphiquement la relation.

$$F = 1,8C + 32$$

> *La relation entre les températures en degrés Fahrenheit et en degrés Celsius est une fonction affine. L'équation peut s'écrire $y = 1,8x + 32$, où x est en degrés Celsius et y est en degrés Fahrenheit. 0 °C équivaut à 32 °F.*

Solution

La pente de la droite est de 1,8, et l'ordonnée à l'origine est 32.

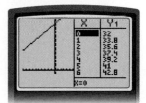

Le taux de variation des valeurs de y est constant, soit 1,8 quand $x = 0$ et $y = 32$. La pente de $F = 1,8C + 32$ est donc de 1,8 et l'ordonnée à l'origine est 32.

Déterminer l'équation de droites

Ce graphique représente le prix total d'une crème glacée recouverte d'un nombre différent de garnitures. En considérant que x représente le nombre de garnitures et que y représente le prix total en dollars, écris l'équation de la ligne de tendance en déterminant d'abord la pente et l'ordonnée à l'origine.

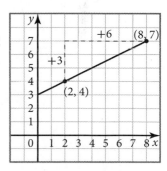

Solution

D'abord, calcule la pente, m, de la droite à l'aide des deux points indiqués. Dans ce cas, les points sont (2, 4) et (8, 7).

$$m = \frac{\text{déplacement vertical}}{\text{déplacement horizontal}}$$

$$= \frac{3}{6}$$

$$= 0,5$$

La pente représente le prix par garniture.
L'ordonnée à l'origine est 3. Il s'agit de la valeur initiale, qui est le prix d'une crème glacée sans garniture.

L'équation de la droite est $y = 0,5x + 3$.

Exerce-toi

Si tu as besoin d'aide pour répondre aux questions 1 à 3, reporte-toi à l'exemple 1.

1. Détermine la pente de chacune des droites définies par :

    a) $y = 3x + 6$
    b) $y = -\dfrac{1}{4}x + 5$
    c) $y = 0,25x - 0,10$
    d) $y = 7 + 2x$

2. Identifie l'ordonnée à l'origine de chacune des droites définies par :

    a) $y = x + 4$
    b) $y = -\dfrac{1}{2}x + \dfrac{3}{4}$
    c) $y = 3x$
    d) $y = 1,45 - 0,10x$

3. Pour chacune de ces relations :
    - représente graphiquement l'équation à l'aide d'une calculatrice graphique avec les paramètres d'affichage standards ;
    - copie le graphique dans ton cahier ;
    - calcule le taux de variation en te reportant à TABLE ;
    - détermine la valeur de y quand $x = 0$.

    a) $y = 2x - 3$
    b) $y = 1,5x + 3,5$
    c) $y = 6 + x$
    d) $y = -4 + \dfrac{1}{2}x$

Si tu as besoin d'aide pour répondre à la question 4, reporte-toi à l'exemple 2.

4. Écris l'équation de chacune de ces droites en fonction de la pente et de l'ordonnée à l'origine.

   a) pente : 3, ordonnée à l'origine : 7

   b) pente : 1, ordonnée à l'origine : −1

   c) pente : $\frac{3}{4}$, ordonnée à l'origine : $\frac{1}{2}$

   d) pente : −4, ordonnée à l'origine : 0

   e) pente : 0, ordonnée à l'origine : 4

5. À l'aide d'une calculatrice graphique, représente graphiquement chacune des équations de la question 4.

Applique les concepts **B**

6. Pour chacune de ces droites, écris l'équation en déterminant d'abord la pente et l'ordonnée à l'origine.

a)
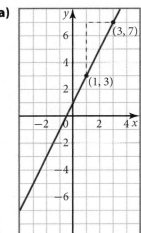

b)
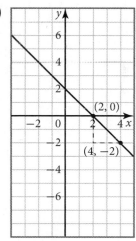

c)
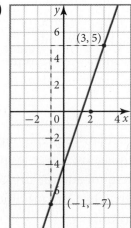

d)
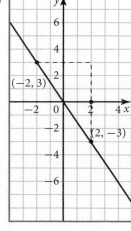

7. Ce graphique représente le compte d'épargne de Marina pour ses études.

a) Quelle est la pente de cette droite ?

b) Que représente la pente ?

c) Quelle est l'ordonnée à l'origine ?

d) Que représente ce nombre ?

e) Écris une équation qui représente le montant des économies de Marina en fonction du nombre de mois.

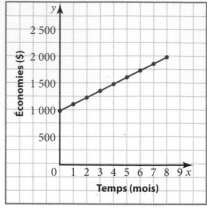

Problème du chapitre

8. Quand Michel parcourt de longues distances, sa vitesse moyenne est d'environ 90 km/h. Au cours de son trajet de retour de Thunder Bay, qui se trouve à 1 500 km de chez lui, Michel utilise l'équation $y = 1\,500 - 90x$ pour calculer la distance parcourue depuis son départ après x heures de conduite.

a) Quelle est l'ordonnée à l'origine de cette droite ? Que représente ce nombre ?

b) Quelle est la pente de la droite ? Que représente ce nombre ?

c) Saisis cette équation sur une calculatrice graphique, puis observe le tableau ainsi créé. À quelle distance de chez lui Michel se trouve-t-il après 6 heures de conduite ?

9. Le prix de location d'une automobile peut être représenté par l'équation $C = 19,99 + 0,27d$, où C est le prix total en dollars et d est la distance parcourue en kilomètres.

a) Donne la signification du nombre 19,99 dans le prix total de location de l'automobile.

Littératie b) Explique comment le graphique de cette relation changerait si les frais par kilomètre étaient de 29 ¢.

Approfondis les concepts **C**

10. À l'aide d'une calculatrice graphique, représente graphiquement l'équation de la question 9 avec les paramètres d'affichage standards.

a) Explique pourquoi aucune droite n'apparaît.

b) Quel paramètre doit être modifié pour que la droite soit visible ? Pourquoi ?

3.3 Les propriétés des pentes de droites

Une yourte est une tente installée sur une plateforme. Sur cette photographie, tu peux voir les deux pentes du toit de la yourte. Ces pentes sont liées entre elles, comme celles du toit d'une maison. Dans cette section, tu étudieras d'autres propriétés des pentes de droites.

Explore

Les propriétés d'une pente

Matériel

- ordinateur
- *Cybergéomètre*®

Méthode 1 : utiliser le *Cybergéomètre*®

1. Choisis l'**Outil rectiligne**. Trace un segment de droite horizontal AB. Choisis l'**Outil texte**. Clique sur l'extrémité gauche puis sur l'extrémité droite du segment de droite. Les extrémités devraient être automatiquement nommées.

2. Le segment AB devrait être sélectionné depuis l'étape précédente. S'il ne l'est pas, choisis l'**Outil flèche de sélection** et clique sur le segment. Sélectionne également le point B. Dans le menu **Construction**, choisis **Droite perpendiculaire**. Une droite perpendiculaire à $\overline{AB}$ au point B apparaîtra.

3. La droite perpendiculaire sera sélectionnée. Dans le menu **Construction**, choisis **Point sur la droite perpendiculaire**. Utilise l'**Outil texte** et nomme ce point C. Le point sera alors sélectionné. Si le point se trouve déjà au-dessus du point B, passe à l'étape suivante. Si le point ne se trouve pas au-dessus du point B, fais-le glisser jusqu'à ce qu'il se retrouve au-dessus du point B.

4. Choisis l'**Outil flèche de sélection**. Puisque le point C est déjà sélectionné, sélectionne maintenant le point A. Dans le menu **Construction**, choisis **Segment**. Le segment AC apparaîtra.

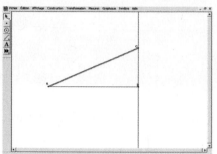

5. Clique n'importe où sur le fond blanc derrière l'esquisse pour désélectionner le segment AC. Clique sur la droite passant par $\overline{BC}$ pour la sélectionner. Dans le menu **Affichage**, choisis **Masquer la droite perpendiculaire** afin de cacher cette droite.

6. Sélectionne les points B et C. Dans le menu **Construction,** choisis **Segment.** Le segment BC apparaîtra.

7. Clique n'importe où dans le fond blanc derrière l'esquisse pour désélectionner ce qui était sélectionné. Sélectionne maintenant le point B puis le point C. Dans le menu **Mesures**, choisis **Distance**. Fais glisser la mesure près du côté BC du triangle.

8. Clique n'importe où dans le fond blanc derrière le croquis pour désélectionner le segment BC. Sélectionne le point A puis le point B. Dans le menu **Mesures**, choisis **Distance**. Fais glisser la mesure près du côté AB du triangle.

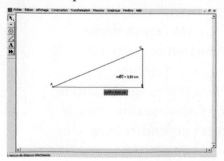

9. Calcule un rapport à l'aide du *Cybergéomètre®*. Clique n'importe où dans le fond blanc derrière l'esquisse pour désélectionner le segment AB. Dans le menu **Mesures**, choisis **Calcul**. Clique sur la mesure de la distance du côté BC, clique sur le bouton de division puis clique sur la distance de la mesure du côté AB. Clique sur **OK** pour calculer le rapport. Au besoin, fais glisser la mesure du rapport calculé à gauche du triangle.

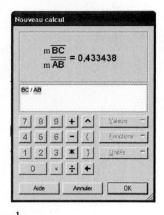

10. Désélectionne la mesure précédente. Sélectionne le segment AC. Dans le menu **Mesures**, choisis **Pente**. La pente de $\overline{AC}$ sera mesurée, et une grille sera insérée. La mesure de la pente s'affichera sous la mesure précédente.

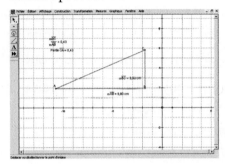

11. Quel est le lien entre la pente de $\overline{AC}$ et le rapport de $\overline{BC}$ sur $\overline{AB}$? Explique pourquoi cette relation existe.

12. Fais glisser le point C vers le haut. Décris ce que devient la pente de $\overline{CA}$ quand C est déplacé vers le haut. Explique pourquoi, quand C est déplacé vers le haut, la modification des longueurs de $\overline{AB}$ et de $\overline{BC}$ peut expliquer la modification de la pente de $\overline{CA}$.

13. Fais glisser le point C sous $\overline{AB}$. Que remarques-tu au sujet de la pente de $\overline{CA}$? Que remarques-tu au sujet de la valeur du rapport et de la valeur de la pente de $\overline{CA}$? Explique pourquoi, quand C est déplacé vers le bas, la modification des longueurs de $\overline{AB}$ et de $\overline{BC}$ peut expliquer la modification de la pente de $\overline{CA}$.

14. Que faudrait-il faire pour que la pente de $\overline{CA}$ soit égale à 0? Quelle est la longueur du segment de droite BC quand la pente de $\overline{CA}$ est égale à 0?

Méthode 2 : utiliser une calculatrice graphique

1. Appuie sur WINDOW.

   Utilise les paramètres d'affichage standards.

   - **Appuie sur** 2nd [TBLSET]. **Définis TblStart** à 0 et définis △**Tbl** à 1 afin que le tableau de valeurs commence avec $x = 0$ et que les valeurs de x augmentent de 1.

   - Appuie sur MODE, fais défiler les options jusqu'à la dernière ligne et choisis **G-T**. La représentation graphique et le tableau de valeurs apparaîtront sur un même écran.

2. Affiche le graphique de Y1 = $2x$. Remarque l'inclinaison de la droite.

   Affiche le diagramme de Y2 = $1x$ sur les mêmes axes puis remarque l'inclinaison de la droite.

   Affiche le graphique de Y3 = $\frac{1}{2}x$ sur les mêmes axes puis remarque l'inclinaison de la droite.

   Que devient la droite à mesure que le **coefficient** de x décroît ?

3. Écris une équation qui produirait une droite horizontale. Quel est le coefficient de x ?

   Nomme cette équation Y4 et affiche son graphique.

   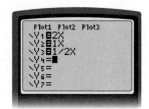

4. Écris une équation qui produirait une droite descendant de gauche à droite. Que peut-on dire à propos du coefficient de x ?

   Sers-toi de Y5, de Y6 et de Y7 pour afficher les droites qui seraient les images miroirs des droites représentées par Y1, Y2 et Y3.

   Qu'ont en commun les équations de toutes les droites ayant une pente positive ?

   Qu'ont en commun les équations de toutes les droites ayant une pente négative ?

5. **a)** Efface les équations que tu as écrites puis affiche le graphique de Y1 = $\frac{1}{2}x$.

   Remarque l'inclinaison et l'emplacement de la droite.
   Quelle est la pente de la droite ?
   Quelle est l'ordonnée à l'origine de la droite ?

coefficient
- Le nombre qui multiplie une variable.
- Dans $y = \frac{1}{2}x$, le coefficient de x est $\frac{1}{2}$.

Math plus

Pour changer le style de droite sur une calculatrice graphique, appuie sur Y=. À l'aide de la touche ◄, déplace le curseur vers le trait oblique devant la fonction Y1 sur laquelle tu travailles. Appuie sur ENTER pour faire défiler les styles de droites disponibles. Quand tu trouves le style souhaité, utilise la touche ► pour retourner à la fonction ou appuie sur GRAPH pour afficher le graphique de la fonction.

b) Affiche le graphique de $Y2 = \frac{1}{2}x + 3$. Compare cette droite avec celle de la partie a).

Affiche le graphique de $Y3 = \frac{1}{2}x + 7$. Décris la tendance dégagée.

Affiche le graphique de $Y4 = \frac{1}{2}x - 6$. Cette tendance se maintient-elle?

c) Considère les droites des parties a) et b).
Ces droites peuvent-elles se couper? Explique ta réponse.

d) Comment s'appellent des droites qui ne se coupent jamais?
Que remarques-tu au sujet des pentes de ces droites?

Exemple **1** **Les pentes positives et les pentes négatives**

Détermine la pente de chacun de ces objets.

a) **b)**

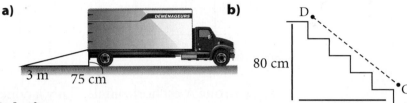

Solution

a) Le déplacement vertical sur la rampe, de la route jusqu'au point où elle entre dans le camion, est de 75 cm. Le déplacement horizontal, du point où la rampe touche la route au point où elle entre dans le camion, est de 3 m. La distance horizontale est de 300 cm.

$$m = \frac{\text{déplacement vertical}}{\text{déplacement horizontal}}$$

$$= \frac{75}{300}$$

$$= \frac{1}{4} \text{ ou } 0{,}25$$

La pente de la rampe est de $\frac{1}{4}$.

b) Le déplacement vertical du haut de l'escalier jusqu'en bas est de -80 cm. Le déplacement horizontal, de la gauche à la droite, est de 120 cm. La pente de l'escalier est égale à celle de $\overline{CD}$.

$$m = \frac{\text{déplacement vertical}}{\text{déplacement horizontal}}$$

$$= -\frac{80}{120}$$

La pente de l'escalier est $-\frac{2}{3}$. Un nombre négatif indique que l'escalier descend de la gauche vers la droite.

Puisque la distance verticale est mesurée de haut en bas, elle est négative. Le signe du déplacement indique la direction. Un nombre positif indique un déplacement vers le haut ou vers la droite. Un nombre négatif indique un déplacement vers le bas ou vers la gauche.

La pente des droites verticales et horizontales

Détermine la pente de chacune de ces droites à l'aide des points indiqués.

a)

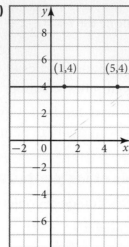

b)

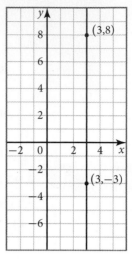

Solution

a) La droite A est horizontale. Il n'y a donc aucun déplacement vertical du point (1, 4) au point (5, 4). De ce fait,

$$m = \frac{\text{déplacement vertical}}{\text{déplacement horizontal}}$$

$$= \frac{0}{4}$$

$$= 0 .$$

La pente de la droite A est de 0.

Zéro divisé par n'importe quel nombre donne toujours zéro. De ce fait, la pente d'une droite horizontale est toujours nulle.

b) La droite B est verticale. Il n'y a donc aucun déplacement horizontal du point (3, 8) au point (3, −3). De ce fait,

$$m = \frac{\text{déplacement vertical}}{\text{déplacement horizontal}}$$

$$= \frac{11}{0} .$$

La division par zéro n'est pas définie. La pente de la droite B est donc non définie.

Toute droite verticale a donc une pente non définie.

Écris l'équation de la droite parallèle à chacune de ces droites.

a)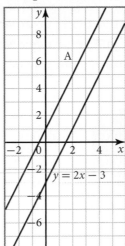

b)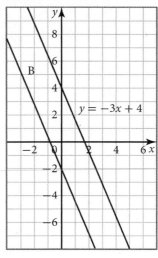

Solution

a) La droite A est parallèle à $y = 2x - 3$. Sa pente est donc de 2. La droite A coupe l'axe des y en $y = 1$. L'ordonnée à l'origine est donc 1. L'équation de la droite A est $y = 2x + 1$.

b) La droite B est parallèle à $y = -3x + 4$. Sa pente est donc de -3. La droite B coupe l'axe des y en $y = -2$. L'ordonnée à l'origine est donc -2. L'équation de la droite B est $y = -3x - 2$.

Concepts clés

- Une droite qui a une pente positive monte de gauche à droite ; une droite qui a une pente négative descend de gauche à droite.
- Toute droite horizontale a une pente nulle ; toute droite verticale a une pente non définie.
- Des droites parallèles ont la même pente.
- Si on ignore le signe du coefficient de x, plus le coefficient de x est grand, plus la droite est abrupte.

Parle des concepts

D1. Explique comment tu peux déterminer si une droite a une pente positive ou une pente négative en observant son graphique.

D2. Quel est le rapport entre le degré d'inclinaison d'une droite et le coefficient de x ?

D3. Quel est le rapport entre l'ordonnée à l'origine et le degré d'inclinaison d'une droite ?

Si tu as besoin d'aide pour répondre aux questions 1 à 5, reporte-toi aux exemples 1 et 2.

1. Quel côté du toit a une pente positive?

Quel côté du toit a une pente négative?

Quelles parties du garage ont une pente non définie?

2. Indique si la pente de chacune de ces de droites est positive, négative ou nulle.

a) $y = 2x + 5$

b) $y = -x + 3$

c) $y = 4 - 3x$

d) $y = 3$

e) $y = \frac{1}{4}x - 1$

f) $y = -0{,}5x + 0{,}5$

g) $y = -5$

h) $y = 12 + \frac{5}{2}x$

3. Pour chaque droite du graphique, détermine l'équation correspondante.

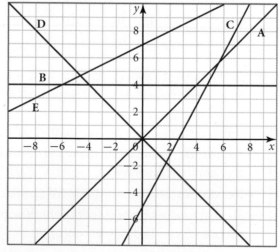

a) $y = 4$

b) $y = -x$

c) $y = x$

d) $y = \frac{1}{2}x + 7$

e) $y = 2x - 5$

4. Pour chacune de ces droites, écris l'équation d'une droite qui a une pente plus abrupte.

a) $y = 3x + 2$

b) $y = x$

c) $y = -2x + 1$

d) $y = \frac{1}{4}x + 10$

5. Pour chacune de ces droites, écris l'équation d'une droite qui a une pente moins abrupte.

a) $y = -x$ **b)** $y = -4,5 + 2,5x$

c) $y = 5\,000 + 8,5x$ **d)** $y = -3x - 8$

Si tu as besoin d'aide pour répondre aux questions 6 et 7, reporte-toi aux exemples 2 et 3.

6. Pour chacune de ces paires d'équations de droites, indique si les droites sont parallèles. Explique ton raisonnement. Confirme tes réponses à l'aide d'un outil de technologie graphique.

a) $y = 3x + 4$ $y = -3x + 4$

b) $y = x + 6$ $y = x + 7$

c) $y = -2x + 5$ $y = 3 - 2x$

d) $y = \dfrac{1}{2}x$ $y = 0,5x + 2,25$

e) $y = \dfrac{1}{4}x - 2$ $y = \dfrac{1}{4}x + 2$

f) $y = 4$ $y = 0$

g) $A = 5\,000 + 0,08x$ $A = 5\,000 + 0,8x$

h) $C = 100 + 90x$ $C = 100x$

7. Pour chacune de ces droites, écris l'équation d'une droite parallèle.

a) $y = -\dfrac{4}{3}x + 2$ **b)** $y = 6 + 0,9x$

c) $y = 7$ **d)** $y = 1 - x$

Applique les concepts Ⓑ

8. Détermine si les graphiques des relations que représentent ces paires de tableaux de valeurs sont des droites parallèles. Montre les étapes de ton travail.

a)

x	y
0	5
1	7
2	9
3	11
4	13

x	y
−2	8
−1	10
0	12
1	14
2	16

b)

x	y
2	4
3	1
4	−2
5	−5
6	−8

x	y
0	10
1	7
2	4
3	1
4	−2

c)

x	y
0	1
1	2
2	4
3	7
4	11

x	y
0	1
1	2
2	4
3	8
4	16

d)

x	y
0	−3
1	−1
2	1
3	3
4	5

x	y
−2	0
0	4
2	8
4	12
6	16

9.

a) Quelles paires de segments de droite sont parallèles ?

b) Calcule la pente de $\overline{AB}$.

c) Calcule la pente de $\overline{BC}$.

d) Sans faire de calculs, détermine la pente de $\overline{DE}$, de $\overline{GF}$ et de $\overline{HI}$.

e) Sans faire de calculs, détermine les pentes de $\overline{AE}$ et de $\overline{DC}$.

Problème du chapitre

10. Au cours d'un déplacement qui le conduit à Hamilton, Michel voit un panneau qui annonce une pente de 5 %. La pente d'une route est la mesure de l'inclinaison de la route.

a) Calcule la distance verticale pour cette section de l'autoroute en considérant que la distance horizontale est de 100 m.

b) Recopie ce tableau de valeurs, puis remplis-le.

c) Représente graphiquement les données du tableau de valeurs à l'aide d'un outil de technologie graphique.

d) Calcule le taux de variation afin de déterminer la pente de la droite qui passerait par ces points.

e) Détermine l'équation de la droite qui passe par ces points. Représente graphiquement cette droite.

Déplacement horizontal (m)	Déplacement vertical (m)
0	
1 000	
2 000	
3 000	
4 000	
5 000	

11. Dylan a emprunté 1 000 $ à ses parents afin d'obtenir son permis de conduire G1 et de suivre un cours de conduite. Elle a décidé de rembourser ses parents à un rythme de 50 $ par semaine.

a) Recopie ce tableau de valeurs en indiquant le montant que Dylan doit à ses parents chaque semaine, et ce, jusqu'à la huitième semaine.

x (semaines)	y (montant dû $)
1	
2	

b) Sur du papier quadrillé, représente graphiquement les données.

c) Quelle est l'ordonnée à l'origine de cette droite?

d) Quel est le taux de variation des valeurs de y?

Littératie e) Explique pourquoi la pente de la droite est négative.

f) Écris l'équation de cette droite sous la forme $y = mx + b$.

12. a) À l'aide d'une calculatrice graphique, crée un nuage de points avec les données de la question 11.

b) Saisis l'équation de la partie f) en tant que Y1 puis affiche le graphique de la droite. Si l'équation est correcte, la droite passera par tous les points du nuage de points. Si l'équation est incorrecte, vérifie le travail que tu as effectué à la question 11.

Approfondis les concepts   C

13. À l'aide d'une calculatrice graphique, affiche les graphiques de chacune de ces paires d'équations de droites. Appuie sur ZOOM et sélectionne **5 : ZSquare** pour cadrer l'écran. Réponds aux questions a) à c) pour chacune des paires de droites.

I) $y = 2x$ $y = -\dfrac{1}{2}x$ II) $y = 4x$ $y = -\dfrac{1}{4}x$

III) $y = \dfrac{3}{4}x$ $y = -\dfrac{4}{3}x$ IV) $y = \dfrac{2}{3}x - 4$ $y = -\dfrac{3}{2}x + 2$

a) À quel angle les droites des paires d'équations de droites semblent-elles se couper? Comment s'appellent des droites coupées à angle droit?

b) Détermine la pente de chaque droite. Compare ces pentes.

c) Quelle est la relation entre les pentes des droites de chacune des paires d'équations de droites?

14. Pour chacune de ces équations, écris l'équation d'une droite perpendiculaire. Vérifie ta réponse en représentant graphiquement chaque paire de droites.

a) $y = 3x - 1$ b) $y = -2x + 5$ c) $y = -0,4x$

15. Écris l'équation d'une droite perpendiculaire à $y = 4$.

3.4 Déterminer l'équation d'une droite

Les fonctions affines peuvent représenter de nombreuses situations différentes. On peut les utiliser pour faire des prévisions. Par exemple, si tu déposes régulièrement de l'argent dans ton compte épargne, tu peux écrire une équation et l'utiliser pour prédire la somme d'argent dont tu disposeras plus tard. Dans cette section, tu détermineras les équations de droites de diverses façons, en fonction des renseignements fournis.

Explore

Matériel

- calculatrice graphique
- papier quadrillé
- règle
- cure-dents

Construire des triangles

1. Forme un triangle à l'aide de 3 cure-dents.

2. a) Ajoute 2 autres cure-dents pour former un deuxième triangle.

b) Crée un tableau de valeurs, puis inscris-y le nombre de triangles et le nombre total de cure-dents nécessaires.

Nombre de triangles	Nombre total de cure-dents
1	3
2	

c) Prolonge cette suite en ajoutant des cure-dents jusqu'à ce que tu aies 5 triangles. Dans le tableau de valeurs, inscris chaque nombre de triangles ainsi que le nombre total de cure-dents.

3. En te reportant à ton tableau de valeurs, explique comment tu sais que la relation entre le nombre de triangles et le nombre total de cure-dents est une fonction affine.

Méthode 1: utiliser un crayon et du papier

1. Reporte les données de ton tableau de valeurs sur du papier quadrillé. Considère que x représente le nombre de triangles et que y représente le nombre total de cure-dents utilisés.

2. Quelle est la pente de cette droite?

3. Quelle est l'ordonnée à l'origine?

4. Écris l'équation de la droite qui représente cette relation.

5. Combien de cure-dents seraient nécessaires pour construire 5 500 triangles?

Méthode 2: utiliser une calculatrice graphique

1. Saisis les données du tableau dans L1 et dans L2. Applique les paramètres d'affichage indiqués ci-dessous.

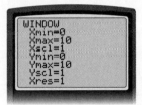

Crée un nuage de points avec les données de ton tableau de valeurs.

2. Appuie sur Y= . Saisis Y1=x puis appuie sur GRAPH .

3. Quelles modifications doivent être faites à l'équation pour que la droite passe par tous les points du nuage de points? Écris l'équation de la droite qui représente la relation entre le nombre de triangles et le nombre total de cure-dents utilisés.

4. Combien de cure-dents seraient nécessaires pour construire 5 500 triangles?

Déterminer l'équation d'une droite à partir d'une représentation graphique donnée

Écris l'équation de chacune de ces droites sous la forme $y = mx + b$.

a)

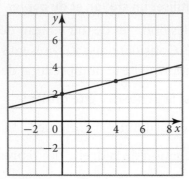

b)

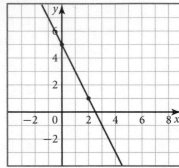

Solution

a) La droite coupe l'axe des y au point 2. L'ordonnée à l'origine, b, est donc 2.

Détermine la pente.
Entre les points choisis, le déplacement vertical est de $+1$ et le déplacement horizontal est de $+4$. Donc:

$$m = \frac{\text{déplacement vertical}}{\text{déplacement horizontal}}$$

$$= \frac{1}{4} \text{ ou } 0{,}25$$

Dans l'équation $y = mx + b$, remplace m par $\frac{1}{4}$ et b par 2.

L'équation de la droite est $y = \frac{1}{4}x + 2$.

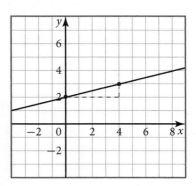

b) La droite coupe l'axe des y au point 5. L'ordonnée à l'origine, b, est donc 5.

Entre les points choisis, le déplacement vertical est de -4 et le déplacement horizontal est de $+2$. Donc:

$$m = \frac{\text{déplacement vertical}}{\text{déplacement horizontal}}$$

$$= \frac{-4}{+2}$$

$$= -2$$

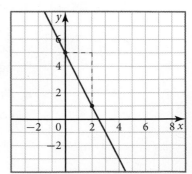

Dans l'équation $y = mx + b$, remplace m par -2 et b par 5.
L'équation de la droite est $y = -2x + 5$.

Déterminer l'équation d'une droite à l'aide de la pente et d'un point de la droite

Une droite qui a une pente de 2 passe par le point (4, 3). Détermine l'équation de cette droite.

Solution

Crée un tableau de valeurs, puis inscris-y le point donné.

x	y
0	
1	
2	
3	
4	3

*Rappelle-toi que l'ordonnée à l'origine est **b** dans l'équation de la droite sous la forme* $y = mx + b$*. L'ordonnée à l'origine est la valeur de **y** quand **x** = 0.*

Puisque la pente de la droite est de 2, quand la valeur de x augmente de 1, la valeur de y augmente de 2. Inversement, quand la valeur de x diminue de 1, la valeur de y diminue de 2. Travaille à rebours à partir du point (4, 3) pour déterminer la valeur de y quand $x = 0$.

x	y	Taux de variation
0	−5	
1	−3	$-3 - (-5) = 2$
2	−1	$-1 - (-3) = 2$
3	1	$1 - (-1) = 2$
4	3	$3 - 1 = 2$

Ainsi, quand $x = 0$, $y = -5$.

L'ordonnée à l'origine, b, est −5.
L'équation de la droite est donc $y = 2x - 5$.

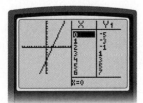

Vérifie ton travail à l'aide d'une calculatrice graphique. Affiche la représentation graphique de $y = 2x - 5$ *avec les paramètres d'affichage standards et le mode G-T.*

Déterminer l'équation d'une droite à l'aide de deux points de la droite

Dans la salle de sport de son quartier, Sierra remarque un tableau qui indique que la relation entre l'âge des personnes et leur rythme cardiaque à différents niveaux d'intensité d'exercice est une fonction affine. Sierra prend note de son rythme cardiaque en battements par minute (bpm), ainsi que de celui de sa mère, pour une même intensité d'exercice.

Âge	Rythme cardiaque (bpm)
20	138
45	123

Solution

Les deux points de la relation sont (20, 138) et (45, 123). Place ces points dans un plan cartésien, puis détermine la pente. D'après la représentation graphique, la distance verticale est de −15 et la distance horizontale est de 25.

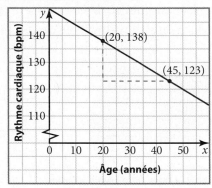

Math **plus**

Parfois, il n'est pas nécessaire d'indiquer toutes les valeurs sur l'axe horizontal ou l'axe vertical. Si des valeurs sont omises, une discontinuité d'échelle est indiquée.

$$m = \frac{\text{déplacement vertical}}{\text{déplacement horizontal}}$$

$$= \frac{138 - 123}{45 - 20}$$

$$= -\frac{15}{25}$$

$$= -0,6$$

Pour déterminer l'ordonnée à l'origine, remplace m par −0,6 dans l'équation $y = mx + b$ et insère les coordonnées d'un des points.

$$y = mx + b$$
$$y = -0,6x + b$$
$$138 = -0,6(20) + b$$
$$138 = -12 + b$$
$$150 = b$$

L'équation de la droite qui représente cette relation est $y = -0,6x + 150$, où y est le rythme cardiaque et x est l'âge de la personne.

N'importe lequel des points peut être inséré dans l'équation $y = -0,6x + b$. Tout point situé sur la droite donnera la même valeur de b.

Déterminer l'équation de chacune de ces droites.

a)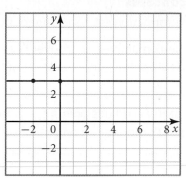

b)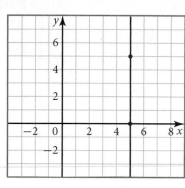

Solution

a) Souviens-toi que la pente d'une droite horizontale est nulle. L'ordonnée à l'origine de la droite en a) est 3. Autrement dit, $m = 0$ et $b = 3$. Reporte ces valeurs dans $y = mx + b$.

$$y = 0x + 3$$

$$y = 3$$

Tous les points de la droite ont la même ordonnée. Peu importe la valeur de x, la valeur de y ne change pas. Elle correspond toujours à l'ordonnée à l'origine, ce qui donne $y = b$.

b) Toute droite verticale a une pente non définie. De même, toute droite verticale n'a pas d'ordonnée à l'origine, puisqu'elle ne coupe jamais l'axe des y. On ne peut donc pas exprimer l'équation de la droite en b) sous la forme $y = mx + b$.

Tu remarqueras cependant que tous les points de la droite ont la même abscisse. Autrement dit, peu importe la valeur de y, la valeur de x ne change pas. Elle correspond toujours à l'**abscisse à l'origine**, a, ce qui donne x. L'équation de la droite verticale en b) est donc $x = 5$.

abscisse à l'origine

- L'abscisse du point où une droite ou une courbe coupe l'axe des x.
- La valeur de x quand $y = 0$.

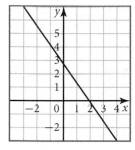

Concepts clés

- On peut déterminer l'équation d'une droite à partir de sa représentation graphique en trouvant sa pente et son ordonnée à l'origine.

- On peut déterminer l'équation d'une droite si on connaît un point de la droite et sa pente (son taux de variation).

- Si on connaît la pente d'une droite et les coordonnées d'un de ses points, on peut déterminer l'ordonnée à l'origine en utilisant une régularité ou en plaçant des valeurs connues dans l'équation $y = mx + b$, puis en résolvant l'équation en fonction de b.

- L'équation d'une droite horizontale (de pente nulle) est $y = b$.
  L'équation d'une droite verticale (de pente non définie) est $x = a$.

Parle des concepts

D1. Quelle information est nécessaire pour écrire l'équation d'une droite ?

D2. Décris deux manières de trouver l'équation de la droite qui a une pente de –3 et qui passe par le point (2, 1).

D3. Est-il possible de trouver l'équation d'une droite qui joint deux points si l'un des points est l'abscisse à l'origine et l'autre est l'ordonnée à l'origine ? Explique ta réponse.

Exerce-toi **A**

Si tu as besoin d'aide pour répondre aux questions 1 et 2, reporte-toi aux exemples 1 et 4.

1. Détermine la pente et la ou les coordonnées à l'origine. Écris ensuite l'équation de la droite.

a)
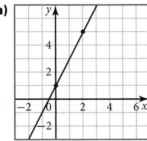

b)
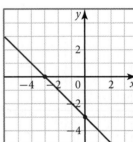

c)
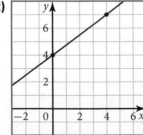

d)
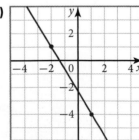

e)
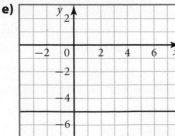

f)
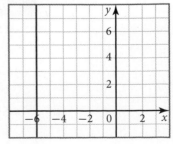

2. Écris l'équation de la droite qui correspond aux valeurs de la pente et de l'ordonnée à l'origine ci-dessous, puis représente graphiquement la droite.

   a) pente : 1, ordonnée à l'origine : -1

   b) pente : 3, ordonnée à l'origine : 8

   c) pente : $-\dfrac{2}{3}$, ordonnée à l'origine : 0

   d) pente : 0, ordonnée à l'origine : -2

Si tu as besoin d'aide pour répondre aux questions 3 à 5, reporte-toi aux exemples 2 et 4.

3. Pour chacune de ces relations linéaires, détermine la valeur de y quand $x = 0$.

a)

x	y
0	
1	
2	
3	2
4	3

b)

x	y
0	
1	
2	
3	5
4	3

c)

x	y
-4	6,5
-3	5,0
-2	
-1	
0	

d)

x	y
-4	-11
-3	-7
-2	
-1	
0	

4. Matih projette de changer le système stéréo de sa voiture et a besoin d'environ 400 $. Il dispose actuellement de 50 $ à la banque et prévoit économiser 40 $ par semaine.

   a) Détermine l'équation de la droite qui représenterait la somme, y, qui se trouve dans le compte bancaire de Matih après x semaines.

   b) Après combien de semaines Matih aura-t-il économisé suffisamment d'argent ?

5. Détermine l'équation de chaque droite définie par sa pente et les coordonnées d'un de ses points.

   a) $m = 2$, A$(4, 4)$ **b)** $m = 1$, B$(3, 7)$

   c) $m = -3$, C$(2, -1)$ **d)** $m = 0$, D$(-2, -5)$

   e) $m = -2$, E$(1, 1)$ **f)** $m = 3$, F$(-4, -5)$

   g) $m = 0{,}5$, G$(0, 5)$ **h)** $m = -\dfrac{3}{2}$, H$(-3, 0)$

   i) $m =$ non définie, I $(-4, -9)$

Si tu as besoin d'aide pour répondre aux questions 6 et 7, reporte-toi aux exemples 3 et 4.

6. Résous chacune de ces équations pour trouver b.

   a) $8 = 3(2) + b$ **b)** $8 = 3(-3) + b$

   c) $220 = 2{,}5(50) + b$ **d)** $0 = -3(-11) + b$

7. Détermine l'équation de la droite qui passe par les points indiqués.

a) C(2, 2) et D(3, 7) **b)** J(−1, 4) et K(5, 13)

c) L(0, 0) et M(100, −50) **d)** Q(−2, −3) et R(1, 6)

e) F(−2, 0) et G(−2, −2) **f)** Y(−25, 16) et Z(15, 0)

g) O(4, 4) et P(70, 4) **h)** U(−9, 0) et V(3, −8)

Applique les concepts **B**

Math **plus**

Un podomètre est un instrument qui mesure le nombre de pas que l'on fait. Tu dois l'attacher à ta ceinture près de la saillie de ta hanche, dans l'alignement de ta rotule. Le podomètre enregistre un pas chaque fois que ta hanche se déplace vers le haut et vers le bas. La plupart des gens font entre 6 000 et 8 000 pas par jour.

8. Aimée porte un podomètre quand elle marche. Aujourd'hui, elle a marché 6,3 km en une heure et demie. Si elle marche à vitesse constante, elle peut représenter sa marche par une fonction affine.

a) En considérant que le point (0, 0) représente le point de départ d'Aimée, indique un autre point de la droite.

b) Sur du papier quadrillé, représente graphiquement ces deux points et trace une droite pour les joindre.

c) Détermine la pente et l'ordonnée à l'origine de cette droite.

d) Écris une équation qui représente la marche d'Aimée.

e) À l'aide de cette équation, détermine la distance parcourue par Aimée en considérant qu'elle marche pendant 2 heures.

9. On établit le coût d'une visite d'entretien de chaudières à l'aide de cette représentation graphique.

a) Détermine l'équation de cette droite.

b) Quelle est l'abscisse à l'origine, *a*? Que signifie la valeur de l'abscisse à l'origine dans la situation décrite ici?

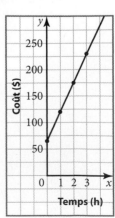

10. Michel attend depuis 3 heures et demie pour traverser la frontière des États-Unis. Il aime se détendre en résolvant des énigmes. Dans un livre de casse-tête, il lit l'indice suivant : quatre cure-dents sont placés de façon à former un carré.

a) Quel est le nombre minimal de cure-dents nécessaire pour construire un autre carré à côté du premier ? Combien de cure-dents sont nécessaires au total ?

b) Continue à ajouter le plus petit nombre possible de cure-dents afin de créer une suite de 5 carrés. Combien de cure-dents as-tu utilisés ?

c) Quelle est l'équation de la droite qui représente cette relation ?

11. Waneek passe une semaine dans une station de sports d'hiver. Le prix d'un forfait de planche à neige de 7 jours, incluant la location de l'équipement, est de 199 $. Sur le site Internet de la station, Waneek note qu'un forfait journalier sans location d'équipement coûte 25 $.

a) Calcule le prix de 7 forfaits journaliers sans la location de l'équipement.

b) Quel est le prix de la location de l'équipement demandé pour la semaine ?

c) Quelle équation représenterait le prix du forfait hebdomadaire incluant la location de l'équipement ?

12. La masse totale d'une boîte contenant 30 boulons est de 100 g, alors que la masse totale de la même boîte contenant 45 boulons est de 130 g.

a) Écris l'équation qui représente la relation entre la masse totale, y, et le nombre de boulons, x.

b) Détermine la masse d'un boulon et la masse de la boîte vide.

13. Certains vendeurs reçoivent un salaire hebdomadaire fixe et une commission, c'est-à-dire une rémunération variable sous la forme d'un pourcentage des ventes. Daniel vend des systèmes solaires de chauffage de piscine. Il gagne un salaire hebdomadaire de 500 $ plus une commission sur toutes ses ventes. Si les ventes de Daniel étaient de 10 000 $ pour une semaine, sa rémunération totale serait de 1 100 $. Écris l'équation qui représente la rémunération hebdomadaire de Daniel.

14. Ce graphique distance-temps représente une journée de Jasmine en période scolaire. Elle a quitté la maison à 7 h 30 (temps = 0) et s'est rendue en vélo à l'école, où elle est arrivée à 7 h 45. Après l'école, elle a découvert que sa roue avant était crevée et a dû rentrer à la maison en poussant son vélo.

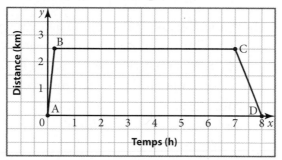

a) À quelle heure Jasmine est-elle arrivée chez elle ?

b) À quelle distance sa maison se trouve-t-elle de l'école ?

c) Écris les coordonnées des points A, B, C et D.

d) À l'aide des coordonnées des extrémités, détermine l'équation de chaque segment de droite.

e) Quelle a été la vitesse de Jasmine, en kilomètres/heure, au cours de son trajet pour se rendre à l'école ? Quelle a été sa vitesse lors du retour chez elle ?

3.5 Représenter graphiquement à la main des fonctions affines

Le fait de savoir représenter graphiquement des fonctions affines et de déterminer manuellement des pentes peut souvent t'aider à juger de la vraisemblance des réponses à des questions portant sur des données. Cela est utile, par exemple, dans la création de dessins à l'échelle pour des objets qui doivent être réparés, construits ou remodelés. Certains projets de rénovation, par exemple ceux qui concernent le toit d'une maison, exigent des dessins sur lesquels apparaissent des pentes.

Explore

Matériel
- papier quadrillé
- règle

Dessiner à l'échelle

La déclivité d'un toit est souvent appelée le degré d'inclinaison. Un degré d'inclinaison de 2-4 présente par exemple une hauteur de 2 m sur une portée de 4 m.

1. Sur du papier quadrillé, dessine le toit de cette maison en utilisant une échelle de 1 carré pour 1 mètre, de manière à ce que les extrémités du toit se trouvent sur l'axe des x et que le sommet du toit se trouve sur l'axe des y.

2. a) Calcule la pente du côté gauche du toit.
   b) Quelle est l'ordonnée à l'origine de ce segment?
   c) Quelle est l'équation de la droite qui représente le côté gauche du toit?

3. À l'aide de la méthode décrite à la partie 2, détermine l'équation du côté droit du toit.

Tracer une droite à l'aide de l'ordonnée à l'origine et de la pente

Pour chacune de ces équations, identifie la pente et l'ordonnée à l'origine, puis utilise-les pour en tracer la droite correspondante.

a) $y = 2x - 3$

b) $y = -3x + 5$

Solution

a) L'ordonnée à l'origine étant –3, reporte d'abord le point (0, –3). Dans l'équation $y = mx + b$, la pente de la droite est le coefficient de x, c'est-à-dire 2.

$$\text{pente} = \frac{\text{déplacement vertical}}{\text{déplacement horizontal}}$$

$$= \frac{2}{1}$$

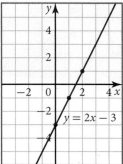

À partir de l'ordonnée à l'origine, on peut déterminer d'autres points de la droite en se déplaçant de 2 vers le haut et de 1 vers la droite. Reporte ainsi trois points sur le graphique. Ces trois points devraient tous être alignés.

Trace la droite, puis désigne-la par son équation.

b) L'ordonnée à l'origine étant 5, reporte d'abord le point (0, 5). La pente de la droite est –3.

$$\text{pente} = \frac{\text{déplacement vertical}}{\text{déplacement horizontal}}$$

$$= -\frac{3}{1}$$

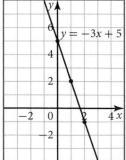

À partir de l'ordonnée à l'origine, on peut déterminer d'autres points de la droite en se déplaçant de 3 vers le bas et de 1 vers la droite. Reporte ainsi trois points sur le diagramme. Ces trois points devraient tous être alignés.

Trace la droite, puis désigne-la par son équation.

Tracer une droite quand la pente est une fraction

Trace la droite donnée par chacune de ces équations.

a) $y = \dfrac{3}{4}x - 1$ **b)** $y = -\dfrac{1}{2}x + 4\dfrac{1}{2}$

Solution

a) L'ordonnée à l'origine étant -1, reporte d'abord le point $(0, -1)$.

La pente de la droite est de $\dfrac{3}{4}$.

$$\text{pente} = \frac{\text{déplacement vertical}}{\text{déplacement horizontal}}$$

$$= \frac{3}{4}$$

À partir de l'ordonnée à l'origine, on peut déterminer d'autres points de la droite en se déplaçant de 3 vers le haut et de 4 vers la droite. Trace la droite, puis désigne-la par son équation.

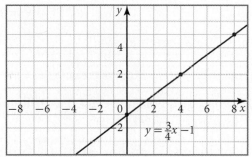

b) L'ordonnée à l'origine étant $4\dfrac{1}{2}$, reporte d'abord le point $(0, 4\dfrac{1}{2})$.

La pente de la droite est de $-\dfrac{1}{2}$.

$$\text{pente} = \frac{\text{déplacement vertical}}{\text{déplacement horizontal}}$$

$$= -\frac{1}{2}$$

À partir de l'ordonnée à l'origine, on peut déterminer d'autres points de la droite en se déplaçant de 1 vers le bas et de 2 vers la droite. Trace la droite, puis désigne-la par son équation.

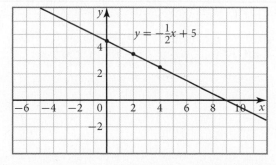

Tracer une droite à partir de ses coordonnées à l'origine

a) Détermine les coordonnées à l'origine de la droite définie par $7x + 2y = 28$.

b) Trace cette droite à partir de ses coordonnées à l'origine.

Solution

a)

Détermine l'abscisse à l'origine.

Pour ce faire, remplace y par 0 dans l'équation, puis isole x.

$7x + 2(0) = 28$

$7x = 28$

$x = \dfrac{28}{7}$

$x = 4$

L'abscisse à l'origine est 4.

Détermine l'ordonnée à l'origine.

Pour ce faire, remplace x par 0 dans l'équation, puis isole y.

$7(0) + 2y = 28$

$2y = 28$

$y = \dfrac{28}{7}$

$x = 14$

L'ordonnée à l'origine est 14.

b) L'abscisse à l'origine est 4. La droite passe donc par le point (4, 0).

L'ordonnée à l'origine est 14. La droite passe donc par le point (0, 14).

Reporte ces deux points dans un plan cartésien.

Trace la droite qui passe par ces deux points, puis désigne-la par son équation.

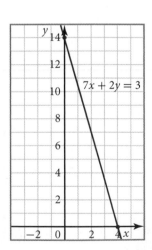

Représenter le prix d'une pizza

Une pizza de Grandiose Pizza coûte 12,00 $ plus 1,75 $ par garniture.
Représente graphiquement la fonction affine qui en décrit le prix.
Écris une équation qui représente la relation entre P, le prix en dollars,
et g, le nombre de garnitures.

Solution

Méthode 1 : utiliser un tableau de valeurs

Crée un tableau de valeurs pour 4 garnitures.

Nombre de garnitures	0	1	2	3	4
Prix ($)	12,00	13,75	15,15	17,25	19,00

Reporte les points sur un graphique, puis relie-les pour former une droite.

Le prix initial, sans garniture, est de 12,00 $. Le taux de variation est
de 1,75. L'équation est $P = 12 + 1,75g$.

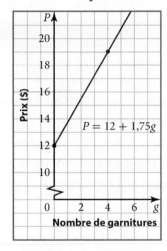

Méthode 2 : utiliser l'ordonnée à l'origine et la pente

Une pizza sans garniture coûte 12,00 $. La valeur initiale, ou l'ordonnée
à l'origine, est donc 12. Reporte le point (0, 12) dans le diagramme.

Chaque garniture coûte 1,75 $: le taux de variation est donc de 1,75.
La pente de la droite est de 1,75. À l'aide de la pente, détermine le
déplacement vertical et le déplacement horizontal.

$$1,75 = 1\frac{3}{4}$$
$$= \frac{7}{4}$$

La pente étant de $\frac{7}{4}$, le déplacement vertical est donc de 7 et le
déplacement horizontal, de 4.

À partir du point (0, 12), on peut déterminer d'autres points de la droite en se déplaçant de 7 vers le haut et de 4 vers la droite. Trace la droite puis nomme-la.

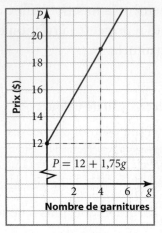

Concepts clés

- On peut tracer le graphique d'une fonction affine en reportant une série de points ou en reportant l'ordonnée à l'origine puis en déterminant d'autres points à l'aide de la pente.

- On peut représenter certaines situations par des fonctions affines. S'il existe un taux de variation constant entre deux variables, il s'agit de la pente. La valeur initiale est l'ordonnée à l'origine.

- On peut aussi tracer le graphique d'une fonction affine à partir de ses coordonnées à l'origine.

Parle des concepts

D1. Dans un problème d'application tel que l'exemple 3, on obtient l'équation $P = 12 + 1{,}75g$. Comment peux-tu savoir quel nombre représente l'ordonnée à l'origine et quel nombre représente la pente ?

D2. Une salle de quilles facture 5 $ pour la location des chaussures et 1 $ par partie. Quelle fonction affine, parmi les suivantes, représente cette situation ? Explique ton raisonnement.

a) $y = 5x$

b) $y = 5x + 1$

c) $y = x + 5$

Si tu as besoin d'aide pour répondre aux questions 1 et 2, reporte-toi à l'exemple 1.

1. Pour chacune de ces équations, détermine la pente et l'ordonnée à l'origine, puis trace la droite.

   a) $y = 3x - 4$ **b)** $y = x + 3$

   c) $y = -2x + 3$ **d)** $y = -x + 0,5$

   e) $y = 7$

2. À l'aide d'une calculatrice graphique avec les paramètres d'affichage standards, vérifie les graphiques que tu as tracés à la question 1.

Si tu as besoin d'aide pour répondre aux questions 3 et 4, reporte-toi à l'exemple 2.

3. Trace la droite qui correspond à ces équations.

   a) $y = \dfrac{1}{2}x + 2$ **b)** $y = \dfrac{2}{3}x - 4$

   c) $y = -\dfrac{3}{4}x + 1$ **d)** $y = -1,25x$

4. À l'aide d'une calculatrice graphique avec les paramètres d'affichage standards, vérifie les graphiques que tu as tracés à la question 3.

Si tu as besoin d'aide pour répondre à la question 5, reporte-toi à l'exemple 3.

5. Pour chacune de ces équations, détermine les coordonnées à l'origine et trace la droite correspondante.

   a) $6x + 4y = 12$ **b)** $-5x + 3y = 30$

   c) $x + 2y = -4$ **d)** $3x - 9y = 36$

Si tu as besoin d'aide pour répondre à la question 6, reporte-toi à l'exemple 3.

6. Chez Grandiose Pizza, une petite pizza coûte 3,50 $ plus 0,75 $ par garniture. Représente graphiquement la fonction affine qui correspond au prix d'une pizza ayant de 1 à 5 garnitures.

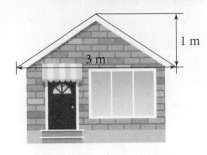

7. Reporte-toi à la rubrique Explore. Effectue le même exercice pour un toit de degré d'inclinaison 1-3.

8. Un avion qui vole à une altitude de 1 000 m commence à monter à un rythme de 10 m par seconde.

a) Représente graphiquement les 10 premières secondes de l'ascension de l'avion. L'axe horizontal représente le temps et l'axe vertical représente l'altitude.

b) Quelle est l'altitude de l'avion après 7 secondes ?

c) À quel moment l'avion sera-t-il à une altitude de 1 040 m ?

d) Écris l'équation de l'altitude de l'avion en fonction du temps.

Problème du chapitre

9. Puisque Michel passe beaucoup de temps sur la route, il a un téléphone multifonction doté d'un accès à Internet et d'un forfait qui lui permet d'appeler n'importe où en Amérique du Nord. Michel a payé le téléphone 575 $ et le forfait d'accès à Internet coûte 55 $ par mois.

a) Représente graphiquement le montant total que Michel a dépensé pour ce téléphone en un an.

b) Quelle est l'équation de la droite qui correspond à ce montant total ?

Littératie

10. La machine à affranchir d'une entreprise commence la semaine avec un solde de 40 $. Chaque fois qu'une enveloppe est timbrée, 0,55 $ est déduit du solde.

a) Reproduis ce tableau des valeurs, puis remplis-le. Représente ensuite graphiquement les données.

Enveloppes timbrées	Solde ($)
10	
20	
30	
40	
50	

b) La droite a-t-elle une pente positive ou négative ? Explique ta réponse.

c) Calcule la pente de la droite.

d) À partir du graphique, estime le solde de la machine une fois que 35 enveloppes ont été timbrées.

e) Écris l'équation qui représente le solde dans la machine à affranchir.

f) Combien d'enveloppes peuvent être timbrées avant de devoir augmenter le solde ? Explique ta réponse.

11. Heidi projette d'ajouter une terrasse en cèdre à sa maison. Elle demande un devis à l'entreprise Robin et à l'entreprise Terrasses parfaites. Robin facturerait 2 000 $ pour le matériel et 50 $ par heure de travail. Terrasses parfaites factureraient 1 800 $ pour le matériel et 80 $ par heure pour le travail. Robin estime que le travail prendrait 18 heures. Terrasses parfaites enverraient deux ouvriers chez Heidi et estiment que ceux-ci pourraient faire le travail en 9 heures. Quelle entreprise Heidi devrait-elle choisir pour faire installer sa terrasse ? Explique ta réponse à l'aide d'une méthode algébrique et d'une représentation graphique.

Approfondis les concepts **C**

12. Le coût de fourniture en eau pendant un tournoi de basketball est de 25 $ pour la location des glacières et de 0,65 $ par bouteille. L'école prévoit vendre l'eau 1,25 $ la bouteille.

a) Représente graphiquement la fonction affine qui correspond au coût que l'école devra débourser pour acheter 200 bouteilles d'eau.

b) Sur les mêmes axes, représente graphiquement la fonction affine qui correspond aux recettes de l'école pour la vente de 200 bouteilles d'eau.

c) Écris les équations qui représentent les deux droites.

d) Quelles sont les coordonnées du point où les droites se coupent ?

e) Quelle est la signification de ce point ?

Révision des termes clés

Définis, dans tes propres mots, chacun des termes clés de ce chapitre.

1. abscisse à l'origine ; coefficient ; déplacement horizontal ; déplacement vertical ; équation linéaire ; fonction affine ; ordonnée à l'origine ; pente ; taux de variation

Compare tes définitions avec celles qui ont été présentées au cours de ce chapitre.

3.1 La pente comme taux de variation, pages 100 à 111

2. a) Reproduis ce tableau de valeurs, puis remplis-le afin de déterminer le taux de variation.

x	y	Taux de variation
0	−2	
1	1	
2	4	
3	7	
4	10	
5	13	

b) Quelle est la relation entre le taux de variation et la pente ?

c) Quelle est la pente ?

d) Quelle est l'ordonnée à l'origine ?

e) Écris l'équation de la droite qui représente cette fonction affine.

3. Un parcomètre permet de se garer 15 minutes pour 0,25 $.

a) Crée un tableau de valeurs dont les valeurs augmentent par intervalles de 15 minutes afin d'établir le prix du stationnement pendant 2 heures.

b) À l'aide d'une calculatrice graphique, crée un nuage de points.

c) Explique pourquoi cette relation peut être représentée par une équation du premier degré.

4. À l'aide de l'expression $m = \dfrac{\text{déplacement vertical}}{\text{déplacement horizontal}}$ calcule la pente de chacun de ces segments de droite.

a)

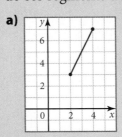

b)

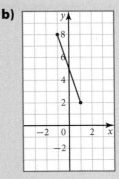

c)

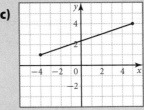

3.2 Étude technologique de la pente et de l'ordonnée à l'origine, pages 112 à 118

5. Utilise une calculatrice graphique. Appuie sur 2nd [TBLSET]. Configure TABLE de sorte qu'elle débute à 0 et augmente de 1 en 1. Utilise le mode **G-T** et les paramètres d'affichage standards. Représente graphiquement les équations que voici. Recopie dans ton cahier l'affichage de la calculatrice.

a) $y = 3x - 5$

b) $y = -x + 2$

c) $y = -0,25x + 7$

d) $y = \dfrac{3}{4}x - \dfrac{3}{2}$

3.3 Les propriétés des pentes de droite, pages 119 à 129

6. Reporte-toi à tes représentations graphiques de la question 5.

a) Quelles droites ont une pente positive?

b) Quelles droites ont une pente négative?

c) Quelle est l'ordonnée à l'origine de chaque droite?

d) Écris l'équation d'une droite parallèle à chacune des droites.

e) Écris l'équation d'une droite perpendiculaire à chacune des droites.

f) Ordonne les droites, de la plus abrupte à la moins abrupte.

7. Chacun de ces tableaux de valeurs représente une fonction affine. Indique si les droites des paires sont parallèles. Explique tes réponses.

a)

x	0	1	2	3	4
y	0	3	6	9	12

x	0	1	2	3	4
y	−12	−9	−6	−3	0

b)

x	0	1	2	3	4
y	10	7	4	1	−2

x	−1,0	−0,5	0,0	0,5	1,0
y	−10,0	−8,5	−7,0	−5,5	−4,0

3.4 Déterminer l'équation d'une droite, pages 130 à 140

8. Détermine l'équation de chacune des droites de la question 7.

9. Détermine l'équation des droites qui correspondent à ces données.

a) pente : 4, ordonnée à l'origine : −3

b) pente : −2,7, ordonnée à l'origine : 6,3

c) pente : 0, ordonnée à l'origine : 2,5

d) pente : 2,5, ordonnée à l'origine : 0

10. Détermine l'équation des droites qui correspondent à ces données.

a) pente : 0, passe par le point (3, 8)

b) pente : −3, passe par le point (2, 5)

c) pente : −2,5, passe par l'origine

d) pente : $\dfrac{3}{4}$, passe par le point (2, 2)

e) pente : −1,4, passe par le point (−7, 7,5)

11. Détermine l'équation des droites qui correspondent à ces données.

a) passe par les points (−3, 6) et (9, 0)

b) passe par les points (1, −1) et (5, 5)

c) passe par les points (500, 2) et (500, 10)

d) passe par les points (−4,5, 8) et (2,5, −6)

3.5 Représenter graphiquement à la main des fonctions affines, pages 141 à 149

12. Une obligation de 200 $ rapporte des intérêts simples à un taux de 3 % par an pendant 5 ans.

a) Combien d'intérêt l'obligation rapporte-t-elle chaque année? (Astuce : Intérêt annuel = montant investi multiplié par le taux d'intérêt exprimé sous la forme décimale.)

b) Crée un tableau des valeurs de l'obligation à la fin de chaque année.

c) Représente graphiquement les données du tableau de la partie b).

d) Écris l'équation qui représente la valeur de l'obligation.

13. Sur le même plan cartésien, représente graphiquement la paire de droites de la partie a) de la question 7.

1. Détermine la pente, m, et l'ordonnée à l'origine, b, pour chacune de ces droites.

   a) $y = 2x + 5$ b) $y = -\frac{1}{2}x + 3$

   c) $y = x - 7$ d) $y = -3x - 2,5$

   e) $y = 32 + 1,8x$ f) $y = 6$

2. À l'aide de l'expression $m = \dfrac{\text{déplacement vertical}}{\text{déplacement horizontal}}$ détermine la pente de chacun de ces segments de droite.

   a)

   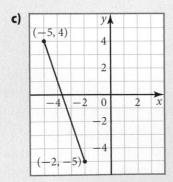

   b)

   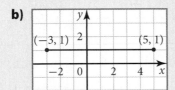

   c)

   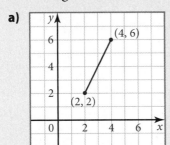

3. Détermine l'équation des droites qui correspondent à ces données.

   a) $m = 3$, $b = 1$

   b) pente : -2, ordonnée à l'origine : 4

   c) droite horizontale passant par le point $(0, -9)$

4. Sur du papier quadrillé, représente graphiquement ces fonctions affines.

   a) $y = 2x - 1$ b) $y = -3x + 5$

   c) $y = 3$ d) $x = -5$

5. Des cours de surf coûtent 40 $ la demi-heure pour un maximum de 2 heures. Des frais de location de 5 $ pour la planche sont facturés pour chaque cours, et ce, quelle que soit la durée du cours.

   a) Crée un tableau de valeurs afin de représenter le prix total en fonction de la durée du cours.

   b) À l'aide d'une calculatrice graphique, crée un nuage de points avec les données du tableau de la partie a).

   c) Écris une équation qui représente la relation entre P, le prix en dollars du cours de surf, et d, la durée du cours en heures. Saisis cette équation comme Y1, puis appuie sur GRAPH.

   d) Pendant ses vacances, Thomas a pris des cours d'une demi-heure le lundi et le mardi, un cours d'une heure le mercredi et des cours de 90 minutes le jeudi et le vendredi. Quel a été le prix total de ses cours de surf ?

6. Détermine l'équation de chacune des droites qui correspondent à ces données.

   a) $m = 2$, passe par le point $(-3, -5)$

   b) passe par les points $(-6, 3)$ et $(4, 1)$

   c) droite verticale passant par le point $(2, 5)$

7. Détermine l'équation des droites qui correspondent à ces données.

   a) $m = -\frac{3}{4}$, passe par le point $(8, 8)$

   b) passe par les points $(-4, 3)$ et $(6, 5)$

Retour sur le problème du chapitre

Michel a utilisé des fonctions affines pour calculer des gains, des frais, des distances et la pente d'une colline. Il souhaite maintenant utiliser ces fonctions pour interpréter une carte.

Michel empruntera un nouvel itinéraire aujourd'hui. Il vérifie la carte pour le planifier et déterminer où il s'arrêtera pour manger. L'échelle de la carte est 1 cm pour 5 km.

a) La relation entre la distance sur la carte et la distance réelle est-elle une fonction affine ? Explique ta réponse.

b) Écris une équation qui représente la relation entre la distance sur la carte et la distance réelle. Considère que x est la distance sur la carte et que y est la distance réelle.

c) Représente graphiquement la relation.

d) Interprète la signification de la pente et de l'ordonnée à l'origine dans cette situation.

---

8. Un vendeur gagne 200 $ par semaine plus 5 % de ses ventes totales jusqu'à 10 000 $. Considère que x représente les ventes totales en dollars et que y représente les revenus hebdomadaires.

a) Écris une équation qui représente cette relation.

b) Quelle est l'ordonnée à l'origine ?

c) Qu'est-ce que cette valeur représente ?

d) Quelle est la pente de cette relation ?

e) Que représente-t-elle dans ce scénario ?

f) À combien ses ventes doivent-elles s'élever pour garantir au vendeur un revenu d'au moins 550 $ par semaine ?

9. Au cours d'un trajet vers Barrie, l'un des pneus de l'automobile de Moh a été crevé par un clou. Quand il a quitté la maison, son pneu était gonflé à 240 kPa (kilopascals). Le clou a causé une fuite d'air à un rythme de 0,8 kPa par minute.

a) Écris une équation qui représente la relation entre P, la pression du pneu, et t, le temps en minutes depuis la crevaison.

b) À l'aide d'une calculatrice graphique, affiche la représentation graphique et le tableau de valeurs de la relation de la partie a). Ajuste les paramètres d'affichage pour afficher une représentation graphique des 2 heures suivant la crevaison. Copie, dans ton cahier, l'affichage de la calculatrice.

c) Quelle sera la pression du pneu 1 heure après la crevaison ?

d) Si l'air continue de s'échapper au même rythme, combien de temps faudra-t-il pour que le pneu soit totalement à plat, c'est-à-dire pour qu'il n'y ait plus d'air dans le pneu ?

4 Les équations du premier degré

Paul est météorologue. En utilisant des méthodes scientifiques, il peut observer, comprendre, expliquer et prévoir les conditions météorologiques et leurs effets sur le monde. Paul se sert souvent des équations du premier degré. Dans le chapitre 3, tu as utilisé des représentations graphiques des fonctions affines. Dans ce chapitre-ci, tu développeras des habiletés algébriques pour résoudre des équations du premier degré.

Dans ce chapitre, tu vas :

- résoudre des équations du premier degré à une variable, notamment des équations avec des cœfficients fractionnaires ;
- déterminer, à l'aide d'une formule, la valeur d'une variable dans une équation du premier degré ;
- exprimer l'équation d'une droite sous la forme $y = mx + b$ à partir de la forme $Ax + By + C = 0$.

Raisonnement
Modélisation | Sélection des outils
Résolution de problèmes
Liens | Réflexion
Communication

Termes clés

terme constant	forme générale (cartésienne)
formule	terme variable
opérations inverses et opposées	

Littératie

À l'aide d'un cercle de concepts, montre les étapes à suivre pour résoudre une équation.

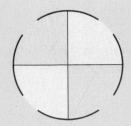

Un responsable d'études de marché étudie le marché visé par un produit. Il détermine les caractéristiques des gens les plus susceptibles d'acheter le produit. Ces données servent à concevoir des outils de marketing pour mieux atteindre la population visée. Pour analyser les données recueillies, on élabore et on utilise souvent des équations du premier degré.

Prépare-toi

Travailler avec des fractions

1. Pour chacune de ces paires de fractions, détermine le plus petit dénominateur commun. Nous avons résolu la partie a) à titre d'exemple.

a) $\dfrac{1}{4}, \dfrac{5}{6}$

> *Le plus petit dénominateur commun est le plus petit multiple commun aux dénominateurs. Dresse la liste des multiples de chaque dénominateur :*
>
> *4 : 4, 8, ⑫ 16, 20, 24, ...*
>
> *6 : 6, ⑫ 18, 24, 30, 36, ...*
>
> *Le plus petit nombre présent dans les deux listes est 12. C'est donc 12 qui est le plus petit dénominateur commun.*

b) $\dfrac{1}{5}, \dfrac{3}{10}$

c) $\dfrac{2}{3}, \dfrac{1}{2}$

d) $\dfrac{5}{6}, \dfrac{7}{18}$

e) $\dfrac{1}{10}, \dfrac{1}{6}$

f) $\dfrac{3}{4}, \dfrac{5}{8}, \dfrac{1}{16}$

g) $\dfrac{1}{3}, \dfrac{4}{5}, \dfrac{7}{12}$

h) $\dfrac{5}{6}, \dfrac{1}{2}, \dfrac{2}{9}$

Les opérations sur les nombres entiers

2. Simplifie chacune de ces expressions. Au besoin, utilise des tuiles unitaires. Nous avons simplifié la première expression à titre d'exemple.

a) $4 + (-3) - (-5) + (+3) - 6$

$$4 \boxed{+ (-3)} \boxed{- (-5)} + (+3) - 6$$
$$= 4 - 3 + 5 + 3 - 6$$
$$= 1 + 5 + 3 - 6$$
$$= 6 + 3 - 6$$
$$= 9 - 6$$
$$= 3$$

b) $1 - (-2) + (-2) - 4 + 2$

c) $-3 - (-1) + (-4) + 5 + 3 - 4$

d) $-3 + 5 + (-1) + 2 - 4 - 2$

e) $2(3 + 4) - 3(7 + 2) + (-2 + 5)$

f) $-4(1 - 4 + 5) - (4 + 3 - 1)$

Simplifier des expressions algébriques

3. Simplifie chacune de ces expressions algébriques. Nous avons simplifié la première expression à titre d'exemple.

a) $4 + 4r - z + 3r + 5z - 2$

$$= 4 - 2 + 4r + 3r - z + 5z$$
$$= 2 + 7r + 4z$$

b) $7y - 3 + 2y$

c) $2 + 3r - 5 + r$

d) $3x + 3y - 2x + 4$

e) $k - 5t - 6k + 2t$

f) $4t - (-2t) + (4 - 7t) + 7 - 7t + 11$

g) $3x - y + z - 2y + 3x - 7y - 7z + 2y$

h) $3q - 2p + 4 - 5 + 6p - 2q - (-3q)$

Problème du chapitre

Angela est chargée de trouver un endroit pour le banquet des athlètes de l'école. Elle en parle à des amis dans deux autres écoles qui ont tenu leur banquet dans la salle qu'Angela désire louer. L'école de Cory a versé 6 100 $ pour 160 invités et l'école d'Anne a versé 4 000 $ pour 100 invités. Angela ne sait pas encore combien d'élèves de son école assisteront au banquet des athlètes. À partir de l'information donnée par ses amis, comment peut-elle formuler une équation qui permettra de comparer le coût total avec le nombre d'invités? Dans ce chapitre, tu apprendras les notions nécessaires pour répondre à cette question.

4. Développe et simplifie ces expressions. Nous avons résolu la partie a) à titre d'exemple.

a) $3(x + 2)$

$$3(x + 2)$$
$$= 3(x) + 3(2)$$
$$= 3x + 6$$

b) $2(q + 3) + 11q$

c) $8(4 - p) - 3(p + 5)$

d) $5(k - 1) + 3(2k - 2)$

e) $-2(e - 7) - 4(-3e + 5)$

f) $4(3k + 7) - 2(2 - 4k)$

g) $2(x + 4) - 3(3x - 4)$

h) $3(5r - 3) - 4(2r - 5)$

Évaluer des expressions

5. Évalue chacune de ces expressions pour $x = 2$ et $y = -1$. Nous avons résolu la partie a) à titre d'exemple.

a) $4x + 3y$

$$= 4(2) + 3(-1)$$
$$= 8 - 3$$
$$= 5$$

b) $-7y$

c) $2x + 3y$

d) $2xy + 3yx - y$

e) $xy - xy + 2x - 2y + 3xy$

f) $\dfrac{3x + y}{5} + \dfrac{2x + y}{2}$

Représenter des équations à l'aide de tuiles algébriques

6. Représente chacune de ces équations à l'aide de tuiles algébriques. Nous avons résolu la partie a) à titre d'exemple.

a) $3x - 4 = 8$

▬▬▬☐☐☐☐ = ■■■■■■■■

b) $x - 1 = 5$

c) $12 = 4 + k$

d) $11 = 3r - 4$

e) $3z + 11 = 17$

f) $6 - 2a = -2$

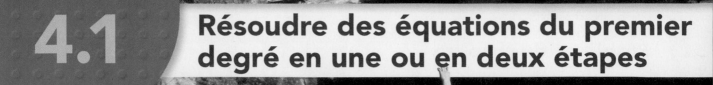

4.1 Résoudre des équations du premier degré en une ou en deux étapes

Le saut à l'élastique est populaire chez les amateurs de sensations fortes. La personne se jette dans le vide avec une corde élastique attachée à ses chevilles ou à un baudrier de poitrine. Comment doit-on déterminer la longueur de la corde à utiliser pour chaque personne qui désire sauter?

Explore

Le saut à l'élastique

Ali est responsable du saut à l'élastique. Il pèse chaque personne avant un saut. La relation entre la longueur maximale de l'élastique, y, et le poids de la personne qui saute, x, est une fonction affine. Le diagramme suivant représente cette relation.

Matériel
- calculatrice
- papier quadrillé
- règle

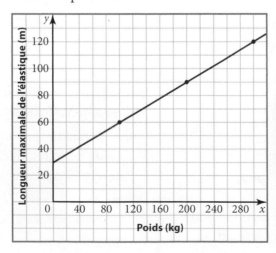

Travaille avec une ou un camarade de classe.

1. Écris l'équation de cette relation sous la forme $y = mx + b$.

   a) Dans ce cas-ci, que représente la valeur de b?

   b) Que représente la valeur de m?

- Équations qui lient deux variables de telle manière que les couples vérifiant l'équation forment une droite dans un graphique.

2. Suppose que tu vas sauter de la plateforme de saut à l'élastique d'Ali. Calcule la longueur maximale de l'élastique nécessaire pour ton saut.

3. La plateforme d'Ali est à 45 m au-dessus du sol.
   a) Écris l'équation qui te permettra de calculer le poids maximal permis pour une personne qui utilise l'élastique d'Ali.
   b) Résous l'équation, puis décris les étapes que tu as suivies pour la résoudre.
   c) Regarde ta réponse en b); crois-tu qu'Ali devrait permettre à une personne de ce poids de sauter? Explique ta réponse.

opérations opposées ou inverses

- Des opérations qui «s'annulent» mutuellement.
- L'addition et la soustraction sont des opérations opposées.
- La multiplication et la division sont des opérations inverses.

Résoudre une équation du premier degré, c'est déterminer la valeur de la variable qui fait que l'équation est vraie, c'est-à-dire la valeur de la variable qui rend le membre gauche de l'équation égal au membre droit. Quand tu résous une équation du premier degré, tu peux annuler chaque opération à l'aide de l'**opération opposée ou inverse**.

Quand on applique plus d'une opération mathématique à des **équations du premier degré**, l'ordre dans lequel on *annule* les opérations est important. Quand tu annules des opérations, fais-le en sens inverse de l'ordre normal des opérations.

Exemple **1** **Résoudre une équation du premier degré en deux étapes**

Considère l'équation $2x - 3 = 1$.
   a) Résous l'équation à l'aide de tuiles algébriques.
   b) À l'aide d'un algorithme, décris les étapes à suivre pour résoudre l'équation.
   c) Vérifie ta solution.

Solution

a) $2x - 3 = 1$

Pour isoler le terme variable, 2x, additionne 3 au membre gauche.
Pour que l'équation reste équilibrée, additionne 3 au membre droit.

$2x - 3 + 3 = 1 + 3$

Retire les paires nulles.

$2x = 4$

$x = 2$

Puisque chaque tuile de x correspond à 2 tuiles unitaires, la solution est $x = 2$.

b) Pour résoudre l'équation, annule la soustraction en additionnant 3 aux deux membres. Ensuite, annule la multiplication en divisant les deux membres par 2.

$$2x - 3 = 1$$

commence avec x → multiplie par 2 → soustrais 3 → le résultat est 1

$$2x - 3 + 3 = 1 + 3$$
$$2x = 4$$
$$\frac{2x}{2} = \frac{4}{2}$$

le résultat est 2 ← divise par 2 ← additionne 3 ← commence avec 1

$$x = 2$$

Math plus

Prends l'habitude de toujours vérifier ta solution.

c) Pour vérifier ta solution, reporte la valeur obtenue de la variable dans l'équation, puis vérifie si le membre gauche (MG) et le membre droit (MD) sont égaux.

$$\begin{aligned} MG &= 2x - 3 \quad MD = 1 \\ &= 2(2) - 3 \\ &= 4 - 3 \\ &= 1 \end{aligned}$$

Puisque MG = MD, la solution est juste.

Exemple **2** **Résoudre une équation du premier degré qui comporte une fraction**

Résous l'équation $\frac{3k}{4} = 9$, puis vérifie ta solution.

Math plus

Le mot « algèbre » vient du mot arabe *al-jabar*. L'algèbre appris en Europe de l'Ouest provient des travaux du mathématicien perse Mohammed ibn Musa al-Khowarizmi.

Solution

Méthode 1 : convertir la fraction en nombre décimal

$$\frac{3k}{4} = 9$$
$$0{,}75k = 9$$
$$\frac{0{,}75k}{0{,}75} = \frac{9}{0{,}75}$$
$$k = 12$$

Rappelle-toi : $\frac{3}{4}$ équivaut à 0,75.

L'équation peut maintenant être résolue en une seule étape.

Méthode 2 : utiliser un algorithme

$$\frac{3k}{4} = 9$$

commence avec k → multiplie par 3 → divise par 4 → le résultat est 9

$$4 \times \frac{3k}{4} = 4 \times 9$$
$$3k = 36$$
$$\frac{3k}{3} = \frac{36}{3}$$
$$k = 12$$

le résultat est 12 ← divise par 3 ← multiplie par 4 ← commence avec 9

Vérification : dans l'équation de départ, remplace k par 12.

$$MG = \frac{3k}{4} \qquad MD = 9$$

$$= \frac{3(12)}{4}$$

$$= 9$$

Puisque MG $=$ MD, la solution $k = 12$ est juste.

Le volume d'un gaz

Ce graphique représente la relation entre le volume d'un gaz en centimètres cubes, y, et la température en degrés Celsius, x.

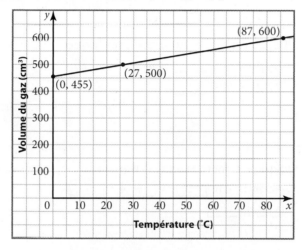

a) Écris l'équation de cette relation sous la forme $y = mx + b$. Que représentent les valeurs de m et de b ?

b) Calcule la température à laquelle le gaz a un volume de 725 cm^3.

Solution

a) Entre les points (27, 500) et (87, 600), le déplacement vertical est de 100 et le déplacement horizontal est de 60.

$$m = \frac{\text{déplacement vertical}}{\text{déplacement horizontal}}$$

$$= \frac{100}{60}$$

$$= \frac{5}{3}$$

L'ordonnée à l'origine est 455.

L'équation de la droite est $y = \frac{5}{3}x + 455$.

L'ordonnée à l'origine, 455, représente le volume du gaz quand la température est de 0 °C. La pente, $\frac{5}{3}$, représente la variation du volume pour chaque variation de 1 °C de la température.

b) Dans l'équation, remplace y par 725.

$$725 = \frac{5x}{3} + 455$$

$$725 - 455 = \frac{5x}{3} + 455 - 455$$

$$270 = \frac{5x}{3}$$

$$3(270) = 3\left(\frac{5x}{3}\right)$$

commence avec x → multiplie par 5 → divise par 3 → additionne 455 → le résultat est 725

$$810 = 5x$$

$$\frac{810}{5} = \frac{5x}{5}$$

le résultat est 162 ← divise par 5 ← multiplie par 3 ← soustrais 455 ← commence avec 725

$$162 = x$$

Tu peux aussi vérifier la solution à l'aide d'une calculatrice graphique.

- Appuie sur $\boxed{\text{Y=}}$, puis saisis 725 dans Y1.
- Appuie sur $\boxed{\blacktriangledown}$.

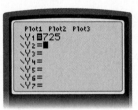

- Saisis le membre droit dans Y2.
- Appuie sur $\boxed{(}$ 5 $\boxed{\div}$ 3 $\boxed{)}$ $\boxed{\text{X,T,}\theta,n}$ $\boxed{+}$ 455.

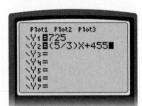

- Appuie sur $\boxed{\text{WINDOW}}$. Applique les paramètres d'affichage indiqués ci-contre.

WINDOW
Xmin=0
Xmax=200
Xscl=50
Ymin=-300
Ymax=1000
Yscl=100■
Xres=1

- Appuie sur $\boxed{\text{2nd}}$ $[\text{CALC}]$ 5 $\boxed{\text{ENTER}}$ $\boxed{\text{ENTER}}$ $\boxed{\text{ENTER}}$ pour déterminer le point d'intersection des deux droites.

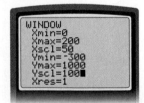

Les coordonnées du point d'intersection des deux droites sont $x = 162$ et $y = 725$. Cela signifie que, quand $x = 162$, les valeurs de y dans Y1 $= 725$ et Y2 $= \left(\frac{5}{3}\right)x + 455$ sont toutes deux 725. La solution $x = 162$ est donc juste.

Concepts clés

- On peut résoudre une équation de différentes façons : à l'aide d'un algorithme, à l'aide de tuiles algébriques ou à l'aide d'opérations opposées et inverses.

- Pour vérifier la solution d'une équation du premier degré, on reporte la valeur obtenue de la variable dans l'équation. Si le membre gauche et le membre droit de l'équation ont la même valeur, la réponse est juste.

- Quand on vérifie une solution à l'aide d'une calculatrice graphique, les membres gauche et droit de l'équation sont respectivement nommés Y1 et Y2. La solution est la valeur de x quand les valeurs de Y1 et Y2 sont égales.

Parle des concepts

D1. Explique les étapes à suivre pour résoudre chacune de ces équations.

    a) $3x - 5 = 7$ **b)** $5 - \dfrac{f}{4} = -15$

D2. Deux de ces équations ont pour solution $k = 5$? Lesquelles ? Comment le sais-tu ?

    a) $\dfrac{k}{5} = 6$ **b)** $k + 5 = 10$

    c) $5k = 25$ **d)** $k - 5 = 10$

Exerce-toi   A

Si tu as besoin d'aide pour répondre aux questions 1 à 6, reporte-toi à l'exemple 1.

1. Quelle opération – addition, soustraction, multiplication ou division – faut-il faire pour annuler l'opération dans chacune de ces équations ?

    a) $3x = 24$ **b)** $11 = r + 5$

    c) $k - 4 = 8$ **d)** $7u = 21$

    e) $\dfrac{s}{11} = 13$ **f)** $4 = y - 9$

2. Résous les équations de la question 1.

3. Résous chacune de ces équations.

    a) $12 = 3x$ **b)** $s + 5 = 11$

    c) $y - 3 = 14$ **d)** $\dfrac{x}{11} = 3$

    e) $x + 3 = 5$ **f)** $21 = 3t$

4. Résous chacune de ces équations.

    a) $x - 4 = -5$ **b)** $\dfrac{x}{6} = 3$

    c) $16 = -4x$ **d)** $4 = x - 1$

    e) $-6 = \dfrac{x}{5}$ **f)** $\dfrac{x}{-3} = -3$

5. Écris les étapes à suivre pour résoudre chacune de ces équations.

a) $9 = 7 - 2y$

b) $\dfrac{w}{5} - 5 = 5$

c) $\dfrac{a}{8} - 3 = 7$

d) $4k - 3 = 13$

6. Résous chacune de ces équations, puis vérifie ta solution.

a) $3 = 3x - 3$

b) $2x - 6 = 12$

c) $11 = 5x + 6$

d) $2w - 3 = 11$

Vérification des connaissances

7. Rémi décide d'aller faire de la planche à neige. Il portera un pantalon de neige, un manteau, un casque, des lunettes protectrices et des gants. Il enfilera les pièces de son équipement par étapes.

a) Représente ces étapes à l'aide d'un algorithme.

b) À la fin de la journée, Rémi retourne au pavillon et enlève son équipement. Y a-t-il un seul ordre, une seule façon d'enlever les pièces de son équipement? Explique ta réponse.

c) Explique pourquoi l'ordre des opérations qu'on doit suivre pour simplifier une expression peut aussi servir à créer un algorithme afin de résoudre une équation.

Si tu as besoin d'aide pour répondre à la question 8, reporte-toi à l'exemple 2.

8. Résous chacune de ces équations, puis vérifie ta solution.

a) $\dfrac{2r}{7} = -4$

b) $\dfrac{3x}{4} = 15$

c) $14 = \dfrac{7k}{5}$

d) $9 = -\dfrac{3y}{11}$

e) $\dfrac{5r}{9} = 10$

f) $\dfrac{4t}{3} = -8$

g) $-6 = -\dfrac{2g}{5}$

h) $\dfrac{2w}{9} = -10$

9. Résous chacune de ces équations, puis vérifie ta solution.

a) $\dfrac{y}{6} + 4 = 7$

b) $\dfrac{t}{12} - 1 = 1$

c) $\dfrac{x}{3} - 1 = -2$

d) $0,5r + 11 = 5$

e) $1,6 = 0,4k - 3,2$

f) $\dfrac{t}{3} - 6 = -1$

Raisonnement

Modélisation — Sélection des outils

Résolution de problèmes

Liens — Réflexion

Communication

Si tu as besoin d'aide pour répondre à la question 10, reporte-toi à l'exemple 3.

10. Ce graphique représente la relation entre le coût total, en dollars, pour expédier des cahiers d'exercices et le nombre de cahiers d'exercices.

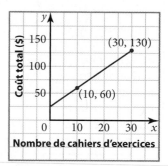

a) Écris l'équation de cette relation sous la forme $y = mx + b$.

b) Que représentent les valeurs de m et de b?

c) Jee-Yun a un budget de 200 $ pour expédier des cahiers d'exercices. Combien peut-elle en expédier?

Littératie

11. Écris l'ordre dans lequel tu enfiles ton équipement de hockey avant un entraînement, puis écris l'ordre dans lequel tu l'enlèves après l'entraînement. Ou encore, choisis un autre sport, puis écris l'ordre dans lequel tu enfiles et enlèves l'équipement nécessaire.

12. Pour traiter un enfant malade, le médecin doit parfois estimer l'aire de la surface du corps (ASC) pour déterminer la dose appropriée de médicament. Pour un enfant, on estime l'ASC en centimètres carrés à l'aide de la formule ASC = 1 321 + 0,343 3m, où m représente le poids de l'enfant en kilogrammes.

a) Détermine l'ASC d'un enfant dont le poids est de 12 kg.

b) Suppose qu'un enfant, pour recevoir un certain traitement, doit avoir une ASC plus grande que 1 333 cm². Quel devra être le poids minimum de cet enfant pour qu'il puisse recevoir ce traitement?

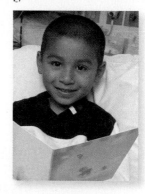

Problème de chapitre

13. La location d'une salle de banquet est facturée selon l'équation $C = 25n + 250$, où C représente le coût de location de la salle et n représente le nombre de personnes qui participent à l'événement. Si le coût pour louer cette salle lors d'un événement particulier s'élève à 3 375 $, combien de personnes étaient présentes à l'événement?

Raisonnement

Modélisation — Sélection des outils

Résolution de problèmes

Liens — Réflexion

Communication

14. Éloi sait que la formule du périmètre d'un rectangle est $P = 2L + 2l$. Il dispose de 180 m de clôture pour entourer un terrain de jeu rectangulaire et la largeur maximale est de 32 m. Quelle est la longueur minimale du terrain de jeu? Explique ta réponse.

15. Pour produire du sirop d'érable, il faut faire bouillir la sève des érables. On estime la relation entre la concentration de sucre dans la sève, y, et sa température d'ébullition (en degrés Fahrenheit) au-dessus de celle de l'eau, x, par la fonction affine $y = 7{,}4x + 20{,}5$.

Calcule combien de degrés Fahrenheit au-dessus de la température d'ébullition de l'eau seront nécessaires pour que la sève devienne du sirop d'érable.

16. Kwan est entraîneuse de baseball. Elle dispose de 450 $ pour acheter des uniformes pour l'équipe. Chaque uniforme coûte 30 $.

a) Écris une équation afin de représenter la relation entre le coût total en dollars, C, et le nombre d'uniformes, n.

b) L'équipe compte 16 joueurs. Y aura-t-il suffisamment d'uniformes ? Explique ta réponse.

17. La moyenne de deux nombres est 43. Si l'un des nombres est 38, quel est l'autre nombre ? Comment l'as-tu trouvé ?

Approfondis les concepts C

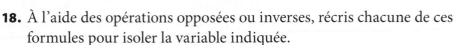

18. À l'aide des opérations opposées ou inverses, récris chacune de ces formules pour isoler la variable indiquée.

a) $P = 2(L + l)$, la variable L **b)** $P = \dfrac{E}{t}$, la variable E

c) $A = \dfrac{1}{2}(b \times h)$, la variable b **d)** $V = \pi r^2 h$, la variable h

19. Les équations ci-dessous représentent le coût total nécessaire pour louer des autobus auprès de trois compagnies d'autobus différentes. Dans chaque équation, C représente le coût total en dollars et n représente le nombre de passagers.

Compagnie X : $C = 35n + 500$
Compagnie Y : $C = 25n + 2000$
Compagnie Z : $C = 37{,}50n$

Théo dépense 10 150 $ pour louer les autobus qui transporteront 326 passagers à une réunion.

a) Quelle compagnie d'autobus Théo a-t-il choisie ?

b) Théo a-t-il choisi la meilleure compagnie s'il voulait dépenser le moins possible pour louer les autobus ? Explique ta réponse.

Ottawa Public Library
Alta Vista
613-580-2535

Checked Out Items 2018/08/28
16:34
XXXXXXXXXX5515

e	Due Date
Mathématiques pour le	2018/09/18
Fondements des	2018/09/18
French grammar for	2018/09/18

r more information about your
count visit
w.biblioottawalibrary.ca
w.facebook.com/OPLBPO
w.twitter.com/opl_bpo

d'expéditeurs
inconnus

from **unknown**
senders.

Visitez
priv.gc.ca/pourriel

Visit
priv.gc.ca/spa

Commissariat
à la protection de
la vie privée du Canada

Office of the
Privacy Commissioner
of Canada

Protéger votre vie privée

Protecting your privacy

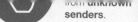

4.2 Résoudre des équations du premier degré en plusieurs étapes

Catherine est contrôleuse de la navigation aérienne. Elle s'assure que les avions qui volent dans l'espace aérien autour de l'aéroport sont à une distance sécuritaire les uns des autres. Omar est biologiste et il étudie la population des oiseaux dans une région. Comment les équations du premier degré peuvent-elles aider Catherine et Omar dans leur travail?

Explore

Mettre en ordre les opérations

Partie A : préparer le thé

Tu prépares du thé pour tes parents. La liste ci-dessous présente, dans le désordre, les étapes nécessaires à la préparation du thé. Récris ces étapes dans le bon ordre afin d'obtenir le résultat voulu.

Matériel

- tuiles algébriques
- papier carthographique
- logiciel de calcul formel (LCF)

- Laisse infuser le thé quatre minutes.
- Remplis la bouilloire d'eau froide.
- Mets deux sachets de thé dans la théière.
- Réchauffe la théière en la remplissant d'eau chaude.
- Vide l'eau chaude de la théière.
- Sers le thé.
- Branche la bouilloire.
- Retire les sachets de thé.
- Quand l'eau bout, verse l'eau bouillante sur les sachets de thé.

Partie B : ranger la perceuse

La liste ci-dessous présente des étapes dans le désordre. Récris ces étapes dans le bon ordre de façon à obtenir le résultat voulu.

Tu as participé à la construction d'une niche à chien et tu dois maintenant ranger la perceuse sans fil. Écris les étapes dans l'ordre inverse de l'ordre suivi pour sortir la perceuse de son étui.

- Remets le foret dans l'étui.
- Retire la pile de la perceuse sans fil.
- Retire le foret de la perceuse.
- Mets la pile dans le chargeur.
- Remets la perceuse dans l'étui.

Quelle partie de cette exploration as-tu trouvée la plus facile ? Pourquoi ?

Faire les étapes dans l'ordre inverse est beaucoup plus facile quand on comprend clairement l'ordre dans lequel elles ont été réalisées au départ.

Exemple **1** **Identifier les étapes à suivre pour résoudre une équation du premier degré en plusieurs étapes**

Considère l'équation du premier degré $\dfrac{2x + 10}{3} = 20$.

a) Écris l'équation en mots.

b) Écris, dans l'ordre, les étapes à suivre pour résoudre l'équation.

Solution

a) Multiplie x par 2.
Additionne 10 au produit.
Divise par 3.
Le résultat est 20.

b) Pour résoudre l'équation, effectue les opérations opposées dans l'ordre inverse :

Multiplie 20 par 3.	$20 \times 3 = 60$
Soustrais 10 du produit.	$60 - 10 = 50$
Divise par 2 afin de déterminer la valeur de x.	$\dfrac{50}{2} = 25$
La solution est $x = 25$.	

Exemple 2

Résoudre une équation du premier degré dont chaque membre comporte une variable

Résous l'équation $6x + 5 = 4x - 7$.

Solution

Modélise l'équation à l'aide de tuiles algébriques.

$$6x + 5 = 4x - 7$$

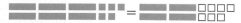

Réarrange l'équation de façon à ce que les termes qui contiennent une **variable** se trouvent dans un seul membre.

$$6x + 5 - 4x = 4x - 4x - 7$$

Simplifie chaque membre en enlevant les paires nulles.

$$2x + 5 = -7$$

Réarrange l'équation de façon à ce que les **constantes** se retrouvent dans l'autre membre.

$$2x + 5 - 5 = -7 - 5$$

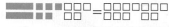

$$2x = -12$$

On peut disposer les tuiles algébriques de façon à ce que chaque tuile de x corresponde à 6 tuiles unitaires négatives.

Donc, $x = -6$.

> **variable**
> - Une lettre ou un symbole qui représente une valeur inconnue.
> - Dans l'équation $7x + 3 = -5$, la variable est x.
>
> **constante**
> - Un terme numérique qui ne peut changer, qui reste constant.
> - Il ne contient aucune variable.
> - Dans l'équation $7x + 3 = -5$, les constantes sont 3 et -5.

Exemple 3

Résoudre une équation du premier degré dont chaque membre comporte des parenthèses et une variable

Résous l'équation $3(x - 1) + 1 = 5(x - 2)$.

Solution

Modélise $3(x - 1) + 1 = 5(x - 2)$ à l'aide de tuiles algébriques.
Le membre gauche contient 3 groupes de $(x - 1)$, ou ▬▬□ , plus 1.
Le membre droit contient 5 groupes de $(x - 2)$, ou ▬▬□□.

$$3(x + 1) + 1 = 5(x - 2)$$

Effectue une multiplication pour éliminer les parenthèses.

$$3x - 3 + 1 = 5x - 10$$

Simplifie.

$$3x - 2 = 5x - 10$$

Déplace les variables vers le membre droit.

$$3x - 3x - 2 = 5x - 3x - 10$$

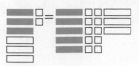

Simplifie l'équation en enlevant les paires nulles.

$$-2 = 2x - 10$$

Déplace les termes constants vers le membre gauche.

$$-2 + 10 = 2x - 10 + 10$$

$$8 = 2x$$

On peut disposer les tuiles algébriques de façon à ce que chaque tuile de x corresponde à 4 tuiles unitaires.

Donc, $x = 4$.

Exemple 4

Résoudre, en plusieurs étapes, une équation du premier degré qui comporte des fractions

Résous l'équation $\dfrac{x + 3}{8} + \dfrac{x + 1}{3} = 3$.

Solution

Méthode 1 : effectuer une multiplication pour éliminer la fraction

Détermine le plus petit multiple commun des dénominateurs.

8 : 8, 16, $\boxed{24,}$ 32, 40

3 : 3, 6, 9, 12, 15, 18, 21, $\boxed{24,}$ 27

Multiplie chaque terme de l'équation par 24.

$$24\left(\frac{x + 3}{8}\right) + 24\left(\frac{x + 1}{3}\right) = 24(3)$$

$$\overset{3}{24}\left(\frac{x + 3}{8}\right) + \overset{8}{24}\left(\frac{x + 1}{3}\right) = 24(3)$$

$$3(x + 3) + 8(x + 1) = 72 \qquad$$ *Effectue une multiplication pour éliminer les parenthèses.*

$$3x + 9 + 8x + 8 = 72$$

$$3x + 8x + 9 + 8 = 72 \qquad$$ *Regroupe les termes semblables.*

$$11x + 17 = 72$$

$$11x + 17 - 17 = 72 - 17 \qquad$$ *Soustrais 17 de chaque membre.*

$$11x = 55$$

$$\frac{11x}{11} = \frac{55}{11}$$

$$x = 5$$

Méthode 2 : utiliser un logiciel de calcul formel (LCF)

1. Appuie sur CATALOG pour accéder aux commandes de la calculatrice.

2. Appuie sur 4 ▼ ENTER pour coller « lcm(» dans la ligne des commandes.

3. Appuie sur 8 , 3) ENTER .

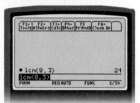

4. Appuie sur F2 3 pour **développer.**
(24 (x +
3) ÷ 8) ENTER .

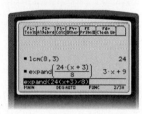

Remarque que 24 divisé par 8 donne 3 et que, selon la distributivité, $3(x + 3)$ est égal à $3x + 9$. Vérifie cette équivalence à l'aide d'un LCF.

5. Appuie sur F2 3 pour **développer.**
   - Appuie sur 3 (x +
   3)) ENTER .

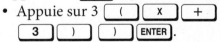

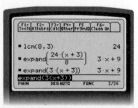

   - Appuie sur F2 3 pour **développer.**
   - Appuie sur 24, (x +
   1) ÷ 3)
   ENTER .

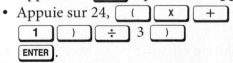

Remarque que 24 divisé par 3 donne 8 et que, selon la distributivité, $8(x + 1)$ est égal $8x + 8$. Vérifie cette équivalence à l'aide d'un LCF.

- Appuie sur ⌊F2⌋ 3 pour **développer.**
- Appuie sur 8 ⌊ (⌋ ⌊ x ⌋ ⌊ + ⌋ ⌊ 1 ⌋ ⌊) ⌋ ⌊) ⌋ ⌊ENTER⌋.

6. Appuie sur 3 ⌊ × ⌋ 24, ⌊ENTER⌋ pour pour multiplier le membre droit de l'équation par le PPDC.

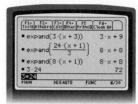

7. Combine les résultats des étapes 4, 5 et 6.
- Appuie sur 3 ⌊ x ⌋ ⌊ + ⌋ 9 ⌊ + ⌋ 8 ⌊ x ⌋ ⌊ + ⌋ 8 ⌊ = ⌋ 72 ⌊ENTER⌋.

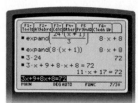

8. Appuie sur 11 ⌊ x ⌋ ⌊ + ⌋ 17 ⌊ − ⌋ 17 ⌊ = ⌋ 72 ⌊ − ⌋ 17 ⌊ENTER⌋.

9. Appuie sur 11 ⌊ x ⌋ ⌊ ÷ ⌋ 11, ⌊ = ⌋ 55 ⌊ ÷ ⌋ 11 ⌊ENTER⌋.

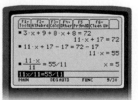

La solution est $x = 5$.

Note que les deux méthodes donnent la même solution à l'équation.

Concepts clés

- La résolution d'une équation du premier degré en plusieurs étapes peut se faire à l'aide d'opérations opposées ou inverses, de tuiles algébriques ou d'un LCF.
- Quand une équation du premier degré contient des fractions, il est utile de multiplier chaque terme par le plus petit multiple commun des dénominateurs.

Parle des concepts

D1. Décris les étapes que tu suivrais pour résoudre chacune de ces équations et pour obtenir la solution indiquée.

a) $5(x - 3) + 4 = 2(x + 3) + 1$
$$x = 6$$

b) $\dfrac{3m + 1}{5} = -4$
$$m = -7$$

D2. Quand les deux membres d'une équation du premier degré comportent des variables, comment décides-tu de les placer dans le membre gauche ou dans le membre droit? Explique ta réponse.

Exerce-toi A

Si tu as besoin d'aide pour répondre aux questions 1 et 2, reporte-toi à l'exemple 1.

1. Écris, dans l'ordre, les étapes à suivre pour résoudre chacune de ces équations.

a) $3(z + 5) = 12$

b) $\dfrac{3x - 5}{2} = 5$

c) $\dfrac{2(t - 4)}{3} = 8$

d) $12 = 3(k + 4)$

e) $\dfrac{3}{4}(d + 2) = -3$

f) $\dfrac{4}{5}a - 3 = 5$

2. Résous les équations de la question 1.

Si tu as besoin d'aide pour répondre à la question 3, reporte-toi à l'exemple 2.

3. Résous chacune de ces équations.

a) $3w - 2 = 2w + 3$

b) $5q + 6 = 4q - 9$

c) $6t - 7 = 2t + 5$

d) $-2x + 4 = 3x - 2$

e) $5c = 6c + 7$

f) $6 - 5k = 4 + 3k$

Si tu as besoin d'aide pour répondre à la question 4, reporte-toi à l'exemple 3.

4. Résous chacune de ces équations.

a) $3(x + 6) = 2(x - 1)$ **b)** $2y - 3(-1) = 6 - 4y$

c) $1 - (2 + w) = w + 5$ **d)** $3(2 - k) = 10 + k$

e) $3(j + 1) = 5(j - 3)$ **f)** $4(3g - 5) = -2(46 + 3g)$

Si tu as besoin d'aide pour répondre à la question 5, reporte-toi à l'exemple 4.

5. Résous chacune de ces équations.

a) $\dfrac{4a - 1}{3} = 5$ **b)** $0{,}4w + 0{,}6 = -3$

c) $\dfrac{2(k - 3)}{3} = 12$ **d)** $0{,}2v = 0{,}6v + 1{,}7$

e) $\dfrac{k}{4} - 2 = -\dfrac{4}{3}$ **f)** $\dfrac{2}{3}(x + 1) = -8$

g) $\dfrac{1}{3}(2h + 3) = 5$ **h)** $2{,}5(3j - 1) = -25$

i) $\dfrac{r + 5}{3} + 5 = -r$ **j)** $\dfrac{q - 2}{3} - \dfrac{q + 4}{4} = 5$

Applique les concepts **B**

6. Pour résoudre l'équation $2x + 2 = 3x - 3$, Minh suggère les étapes suivantes :

- Choisis n'importe quel nombre pour x.
- Dans les membres gauche et droit, remplace x par cette valeur, puis évalue.
- Compare les résultats.
- Si les membres gauche et droit ont la même valeur, le nombre choisi est la solution.
- Si les membres gauche et droit n'ont pas la même valeur, choisis un autre nombre et essaie de nouveau.

Recommanderais-tu cette méthode pour résoudre une équation du premier degré ? Pourquoi ?

Littératie

7. Pense à une chose que tu fais chaque jour, puis écris les étapes à suivre pour la « défaire ».

8. M. Singh a 300 $ dans un compte d'épargne qui offre 0,5 % de taux d'intérêt simple par année. Dans l'équation $M = 300 + (0{,}005 \times 300)n$, M représente le montant total en dollars que M. Singh a dans son compte et n représente le nombre d'années. À ce taux d'intérêt, combien de temps sera nécessaire pour que M. Singh ait 375 $ dans ce compte ?

9. Le vol 47 quitte l'aéroport international Pearson, à Toronto, en direction de Vancouver. Il vole à une vitesse moyenne de 500 km/h. Une heure plus tard, un avion cargo quitte le même aéroport et se dirige vers Vancouver à une vitesse moyenne de 750 km/h. Si t est la durée en heures du vol 47, résous l'équation $500t = 750(t - 1)$ pour savoir quand l'avion cargo rattrapera le vol 47.

10. David a un chalet au bord d'une rivière. Il décide d'aller visiter un ami dont le chalet est en amont. Il faut $\frac{3}{4}$ d'heure pour aller au chalet de son ami et $\frac{1}{2}$ heure pour en revenir. La vitesse du bateau en eau calme est de 20 km/h. La variable x représente la vitesse du courant en kilomètres-heure.

   a) Quand David voyage vers l'amont, la vitesse du courant ralentit la vitesse du bateau. Écris une expression qui représente la vitesse du bateau vers l'amont.

   b) Quand David rentre chez lui, il voyage avec le courant, ce qui accélère la vitesse totale du bateau. Écris une expression qui représente la vitesse du bateau durant le retour.

   c) Pour calculer la vitesse du courant, résous l'équation
   $\frac{3}{4}(20 - x) = \frac{1}{2}(20 + x)$.

11. Jack et Diane sont chauffeurs d'autobus sur le même parcours. Jack conduit un autobus ordinaire qui roule à une vitesse moyenne de 35 km/h. Diane conduit un autobus express qui voyage à une vitesse moyenne de 60 km/h. Pour compléter son parcours, Diane prend $\frac{3}{4}$ d'heure de moins que Jack. Pour calculer le temps que Jack prend pour compléter son parcours, résous l'équation $60(t - 0,75) = 35t$. Combien de temps Diane a-t-elle pris pour compléter son parcours ?

12. Un tuyau d'arrivée remplit un réservoir en 6 heures. Le réservoir se vide en 8 heures par le tuyau de sortie. Par négligence, on a oublié de fermer les deux tuyaux. Utilise l'équation $\frac{1}{6}x - \frac{1}{8}x = 1$ pour calculer le nombre d'heures nécessaire pour remplir le réservoir.

13. Omar étudie deux espèces d'oiseaux sur une île de 150 000 m². Un couple nicheur de l'espèce A a besoin de 75 m² de territoire, et un couple nicheur de l'espèce B a besoin de 100 m². Omar croit qu'il y a deux fois plus d'oiseaux de l'espèce A que de l'espèce B. La variable n représente le nombre de couples nicheurs de l'espèce A.

a) Écris une expression qui représente le nombre de couples nicheurs de l'espèce B.

b) Écris une équation à partir de l'information présentée dans la question. À l'aide de cette équation, calcule le nombre de couples nicheurs de chaque espèce que l'île peut accueillir.

Problème du chapitre **14.** Chacune de ces équations représente la relation entre le coût total en dollars, C, pour louer une salle de banquet et le nombre de personnes, n, qui participent à l'événement.

Salle X : $C = 35n + 500$
Salle Y : $C = 25n + 2\,000$
Salle Z : $C = 37,50n$

Résous chaque équation afin de calculer le nombre d'invités nécessaire pour que le coût total soit le même pour chacune des salles.

a) $35n + 500 = 25n + 2\,000$ pour la salle X et la salle Y

b) $25n + 2\,000 = 37,5n$ pour la salle Y et la salle Z

c) $35n + 500 = 37,5n$ pour la salle X et la salle Z

15. Pietro est pilote de course automobile. Il sait qu'on calcule la distance parcourue par un objet à l'aide de la formule $d = vt + \frac{1}{2}at^2$, où d représente la distance parcourue en mètres, v représente la vitesse initiale en mètres par seconde, t représente l'intervalle de temps de déplacement en secondes et a représente l'accélération en mètres par seconde carrée durant l'intervalle de temps.

a) Pietro parcourt 53 000 m en accélérant à 24 m/s^2 pendant 60 secondes à partir d'une vitesse initiale fixe. Quelle est la vitesse initiale de Pietro ?

b) Suppose que Pietro accélère pendant 120 secondes à partir de la même vitesse initiale. Quelle distance franchirait-il ?

c) Ta réponse en b) est-elle le double de ta réponse en a) ? Pourquoi ?

Math **plus**

La condition cardio-respiratoire est la capacité des systèmes circulatoire et respiratoire du corps à fournir de l'énergie durant une activité physique. Les activités telles que la marche, la natation ou le vélo améliorent la condition cardio-respiratoire.

16. L'indice de la condition cardiorespiratoire d'une personne se calcule en mesurant trois fois son pouls pendant un intervalle de 30 secondes durant un entraînement. L'indice est calculé à l'aide de la formule

$$I = \frac{50d}{a + b + c}$$

où I représente l'indice de la condition, d représente la durée de l'activité physique en secondes, et a, b et c représentent les trois mesures du pouls pendant 30 secondes. Si on a déterminé un indice de condition cardiorespiratoire de 73,5 durant une activité physique intense de 5 minutes avec sauts et que les deux premières mesures du pouls sont de 70 et de 60, quelle est la troisième mesure du pouls ?

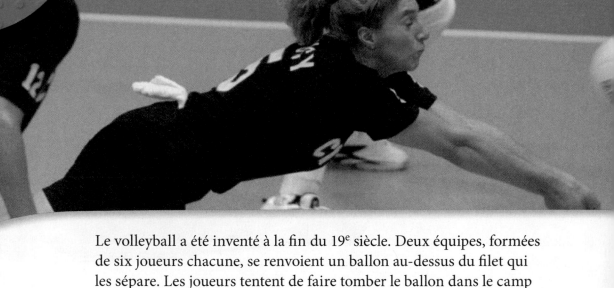

Modéliser à l'aide de formules

Le volleyball a été inventé à la fin du 19e siècle. Deux équipes, formées de six joueurs chacune, se renvoient un ballon au-dessus du filet qui les sépare. Les joueurs tentent de faire tomber le ballon dans le camp adverse. Au volleyball, l'attaque est un coup offensif et le coup fatal est un coup qui donne un point instantanément.

Explore

Résoudre des problèmes à l'aide de formules

Au volleyball, le pourcentage d'attaque, *Pct*, se calcule à l'aide de la **formule** $Pct = \dfrac{CF - E}{TA}$, où *CF* est le nombre de coups fatals, *E* est le nombre d'erreurs d'attaque et *TA* est le nombre total d'attaques.

Matériel

- logiciel de calcul formel (LCF)
- calculatrice graphique

formule

- Décrit une relation algébrique entre deux ou plusieurs variables.

1. Calcule le pourcentage d'attaque de chacune de ces joueuses.
   a) Christine a 7 coups fatals, 3 erreurs et 25 attaques.
   b) Jessica a 11 coups fatals, 2 erreurs et 22 attaques.

2. Jade a un pourcentage d'attaque de 0,571. Elle a 1 erreur en 7 attaques. Calcule le nombre de ses coups fatals. Décris les étapes que tu as suivies pour résoudre ce problème.

3. Merella a un pourcentage d'attaque de −0,333. Elle a 1 coup fatal et 2 erreurs. Calcule le nombre total de ses attaques. Quel calcul as-tu fait pour trouver la réponse ?

4. Reporte-toi à ta réponse à la question 3.
   a) Récris la formule afin d'isoler le nombre total d'attaques.
   b) **Réfléchis** En quoi les étapes que tu as suivies en a) sont-elles semblables aux étapes que tu as suivies à la question 3 ?

Réarranger des formules

Réarrange chaque formule pour isoler la variable indiquée.

a) $y = mx + b$, la variable x

b) $A = P(1 + rt)$, la variable t

c) $w = u + at^2$, la variable a

Solution

Pour chaque formule, suis les étapes que tu suivrais pour résoudre une équation.

a)
$$y = mx + b$$
$$y - b = mx + b - b$$
$$y - b = mx$$
$$\frac{y - b}{m} = \frac{mx}{m}$$
$$\frac{y - b}{m} = x$$

Soustrais b dans chaque membre de l'équation.

Divise les deux membres de l'équation par m afin d'isoler x.

b)
$$A = P(1 + rt)$$
$$A = P + Prt$$
$$A - P = P + Prt - P$$
$$A - P = Prt$$
$$\frac{A - P}{Pr} = \frac{Prt}{Pr}$$
$$\frac{A - P}{Pr} = t$$

Effectue une multiplication afin d'éliminer les parenthèses.

Soustrais P dans chaque membre de l'équation.

Divise les deux membres par Pr afin d'isoler t.

c)
$$w = u + at^2$$
$$w - u = u + at^2 - u$$
$$w = at^2$$
$$\frac{w - u}{t^2} = \frac{at^2}{t^2}$$
$$\frac{w - u}{t^2} = a$$

Soustrais u dans chaque membre de l'équation.

Divise les deux membres par t^2 afin d'isoler a.

La distance, la vitesse et le temps

La distance, *d*, que parcourt un objet qui se déplace à une vitesse constante dépend de la durée de son parcours, *t*, et de sa vitesse, *v*. La formule qui relie la distance, la vitesse et le temps est $d = vt$.

Selon la position des planètes Terre et Mars dans leurs orbites, la distance qui les sépare l'une de l'autre varie entre 56 000 000 km (minimum) et 402 000 000 km (maximum). Une sonde spatiale voyage à 26 000 km/h. La distance moyenne entre la Terre et Mars est de 150 000 000 km. En moyenne, combien de temps mettra la sonde pour se rendre de la Terre jusqu'à Mars?

Solution

Méthode 1 : substituer les valeurs, puis résoudre

Substitue 150 000 000 à *d* et 26 000 à *v*. Résous ensuite l'équation pour *t*.

$$d = vt$$
$$150\ 000\ 000 = 26\ 000t$$

Divise les deux membres par 26 000 afin d'isoler t.

$$\frac{150\ 000\ 000}{26\ 000} = \frac{26\ 000t}{26\ 000}$$

Puisqu'on connaît la valeur de d *et de* v, *isole* t.

$$5\ 769{,}23 \approx t$$

Il faudra environ 5 769 heures, soit à peu près 240 jours, pour que la sonde spatiale atteigne Mars.

Méthode 2 : réarranger d'abord la formule

$$d = vt$$
$$\frac{d}{v} = \frac{vt}{v}$$
$$\frac{d}{v} = t$$

Substitue 150 000 000 à *d* et 26 000 à *v*.

$$\frac{150\ 000\ 000}{26\ 000} = t$$
$$t \approx 5\ 769{,}23$$

La sonde spatiale atteindra Mars en environ 5 769 heures, soit à peu près 240 jours.

Certaines formules contiennent plusieurs variables. Quand tu résous une équation, assure-toi de substituer la bonne valeur à chaque variable.

L'intérêt simple

Cette formule représente la relation entre le montant de l'intérêt simple, I, en dollars, que rapporte un placement, le montant investi, C, en dollars (aussi nommé le capital), le taux d'intérêt, t, (exprimé sous forme décimale) et la durée, d, en années, du placement.

$I = Ctd$

Thierry dépose 500 $ dans un compte d'épargne qui offre un intérêt simple à un taux de 0,65 % par année. Combien de temps faudra-t-il pour que cette somme lui rapporte 130 $ en intérêt ?

Solution

Méthode 1 : substituer les valeurs, puis résoudre l'équation

$I = 130$, $C = 500$ et $t = 0,65$ % ou $0,006\,5$
Substitue les valeurs de l'équation.

$$130 = 500(0,006\,5)t$$
$$130 = 3,25d$$
$$\frac{130}{3,25} = \frac{3,25d}{3,25}$$
$$40 = d$$

Il faudra 40 ans pour que le compte de Thierry rapporte 130 $ en intérêts.

Méthode 2 : réarranger d'abord la formule

$I = Ctd$ *Puisque les valeurs de I, de C et de t sont connues, isole d.*
$$\frac{I}{Ct} = \frac{Ctd}{Ct}$$
$$\frac{I}{Ct} = d$$

Substitue 130 à I, 500 à C et $0,006\,5$ à t.

$$\frac{130}{500 \times 0,006\,5} = d$$
$$t = 40$$

Il faudra 40 ans pour que le compte de Thierry rapporte 130 $ en intérêts.

Les taxes sur un repas

Un restaurant offre un spectacle musical à sa clientèle. Sur la facture des repas et des boissons, on ajoute la TPS de 5 %, la TVP de 8 % et des frais de 12 % pour le service. Le restaurant ajoute aussi un prix d'entrée de 25 $. Si x représente le coût des repas et des boissons, le coût total en dollars, C, peut être calculé à l'aide de l'équation

$$C = x + 0,05x + 0,08x + 0,12x + 25$$

La facture de Rana s'élève à 310,75 $. Combien les repas et les boissons de Rana ont-ils coûté ?

Solution

Méthode 1 : utiliser un crayon et du papier

Regroupe les termes semblables afin de simplifier l'équation.

$$C = x + 0,05x + 0,08x + 0,12x + 25$$
$$C = 1,25x + 25$$

Substitue 310,75 à C dans l'équation.

$$310,75 = 1,25x + 25$$
$$310,75 - 25 = 1,25x + 25 - 25$$
$$285,75 = 1,25x$$
$$\frac{285,75}{1,25} = \frac{1,25x}{1,25}$$
$$228,6 = x$$

La facture de Rana pour les repas et les boissons est de 226,79 $.

Méthode 2 : utiliser un système logiciel de calcul formel (LCF)

1. Appuie sur [2nd] [F1] 1, [ENTER]
   pour supprimer les variables à un caractère.

2. Appuie sur [F1] pour supprimer l'écran de base et la ligne d'invite de commande.

3. Saisis 310,75 [=] [X] [+] ,05 [X] [+] ,08 [X] [+]. 12 [X] [+] 25, puis appuie sur [ENTER].

4. Saisis 310,75 [−] 25 [=] 1,25 [X] [+] 25 [−] 25, puis appuie sur [ENTER].

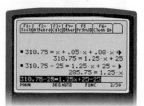

5. Saisis 285,75 [÷] 1,25 [=] 1,25 [X] [÷] 1,25, puis appuie sur [ENTER].

6. Appuie sur [2nd], 5 pour obtenir **Number**. Appuie ensuite sur la flèche droite et 3 pour coller « round(» sur la ligne d'invite de commande.

7. Saisis 228,6.
- Appuie sur [,] 2 [ )], [ENTER].

La facture de Rana pour les repas et les boissons est de 228,60 $.

Concepts clés

- On peut réarranger une formule en inversant l'ordre des opérations, de la même façon qu'on le fait pour résoudre une équation.
- Quand on connaît la valeur de certaines variables, on peut d'abord substituer les valeurs aux variables dans la formule, puis résoudre l'équation. On peut aussi au préalable réarranger la formule.
- Certains problèmes peuvent être résolus de plusieurs façons. Choisis la méthode qui te convient le mieux.

Parle des concepts

D1. Décris les étapes à suivre pour réarranger chacune de ces formules de façon à obtenir la forme écrite en dessous.

    a) $V = adt$ **b)** $E = mc^2$ **c)** $s = \dfrac{w - 10e}{t}$

        $a = \dfrac{V}{dt}$ $\dfrac{E}{c^2} = m$ $e = \dfrac{st - w}{-10}$

D2. Mina et Francesco résolvent le problème suivant :

Un avion franchit 990 km en 4,5 heures. À quelle vitesse vole-t-il ?

Mina commence par :   Francesco commence par :

  $d = vt$ $d = vt$

$990 = 4,5t$

                          $\dfrac{d}{t} = v$

                          $\dfrac{990}{4,5} = v$

Qui a raison ?

Explique ta réponse.

Exerce-toi   **A**

Si tu as besoin d'aide pour répondre à la question 1, reporte-toi à l'exemple 1.

1. Réarrange chacune de ces formules pour isoler la variable indiquée.

    a) $A = Ll$, la variable l **b)** $P = 2L + 2l$, la variable L

    c) $y = mx + b$, la variable b **d)** $C = 2\pi r$, la variable r

    e) $V = Llh$, la variable h **f)** $A = \dfrac{bh}{2}$, la variable h

Si tu as besoin d'aide pour répondre à la question 2, reporte-toi à l'exemple 2.

2. a) Une voiture a roulé à 45 km/h pendant 2,5 heures. Quelle distance a-t-elle parcourue ?

    b) Réarrange la formule $d = vt$ pour isoler v. À l'aide de cette formule, calcule la vitesse d'un camion parcourant 262,5 km en 3,5 heures.

    c) Réarrange la formule $d = vt$ pour isoler t. À l'aide de cette formule, calcule le temps nécessaire pour qu'un bateau parcoure 59,5 km à une vitesse de 34 km/h.

Raisonnement

Modélisation   Sélection des outils

Résolution de problèmes

Liens   Réflexion

Communication

Si tu as besoin d'aide pour répondre aux questions 3 à 5, reporte-toi à l'exemple 3.

3. On calcule l'intérêt simple sur un placement à l'aide de la formule $I = Ctd$, dans laquelle I est l'intérêt rapporté, C est le capital ou le montant investi, t est le taux d'intérêt exprimé en décimale et d est la durée du placement à la banque (en années). Calcule le montant de l'intérêt que rapporte un placement de 4 000 $ à 0,85 % d'intérêt pendant 4 ans.

4. À l'aide de la formule $I = Ctd$, calcule le montant qu'il faut investir, à 8 % par année pendant 10 ans, pour rapporter 2 000 $ en intérêts.

5. **a)** Réarrange la formule $I = Ctd$ pour isoler d.

   b) Réarrange la formule $I = Ctd$ pour isoler t.

   c) Réarrange la formule $I = Ctd$ pour isoler C.

   d) Reproduis ce tableau, puis remplis-le.

I	C	t	d
	2 200	0,150	6
240	800		3
625		0,250	4
3 300	2 000		11
450	1 800	0,050	
4 400		0,040	22
	600	0,025	30
522	725	0,080	

Si tu as besoin d'aide pour répondre à la question 6, reporte-toi à l'exemple 4.

6. Pour un forfait vacances tout compris dans un centre de villégiature, on facture des frais d'aéroport de 150 $ plus une taxe de 8 % et un pourboire de 10 %. Si les vacances coûtent 3 926 $ au total, combien coûtent les vacances avant la taxe et les autres frais?

Applique les concepts B

7. Normand et Antoine quittent le même endroit en même temps et roulent dans des directions opposées. Antoine roule à 10 km/h plus vite que Normand. Après 2 heures, ils sont à 200 km l'un de l'autre. À quelle vitesse chacun roule-t-il?

8. Louise et Maya ont des émetteurs-récepteurs portatifs qui ont une portée de 5 km. Elles quittent le parc à vélo en même temps. Louise roule vers l'est à 14 km/h et Maya roule vers l'ouest à 12 km/h. Après 30 minutes, pourront-elles se parler à l'aide de leurs émetteurs-récepteurs portatifs?

9. **a)** Décris une situation pour laquelle tu dois réarranger une formule avant d'y substituer les valeurs connues et ensuite la résoudre.

   b) Décris une situation pour laquelle tu dois substituer les valeurs connues des variables dans une formule, réarranger la formule et résoudre l'équation obtenue.

10. La formule $v = \dfrac{m - 10e}{t}$ représente la vitesse, en mots à la minute, à laquelle une personne effectue une saisie de mots. La vitesse de saisie, v, est reliée au nombre de mots saisis, m, au nombre d'erreurs, e, et au temps passé à les saisir en une minute, t. Alex saisit 525 mots en 5 minutes et fait 10 erreurs. Quelle est sa vitesse de saisie?

11. À l'aide de l'équation de la vitesse de saisie de la question 10, calcule le nombre d'erreurs commises par Mélanie. Tiens compte que sa vitesse de saisie est de 100 mots/min et qu'elle a saisi 800 mots en 7 minutes.

12. La formule $F = \dfrac{9}{5}C + 32$ relie la température mesurée en degrés Fahrenheit à la température mesurée en degrés Celsius. Le climatiseur de Gabrielle est brisé. Son thermostat, calibré en degrés Fahrenheit, indique qu'il fait 88 °F.

    a) Réarrange la formule de façon à isoler C.

    b) À l'aide de la formule obtenue en a), calcule la température qu'il fait chez Gabrielle en degrés Celsius.

    c) Pour une conversion approximative rapide des degrés Celsius en degrés Fahrenheit, on double les degrés Celsius et on additionne 30. On exprime cela par la formule $F = 2C + 30$. Réarrange cette formule afin d'isoler C.

    d) À l'aide de ta réponse en c), calcule la température approximative qu'il fait chez Gabrielle en degrés Celsius.

    e) À l'aide d'une calculatrice graphique, crée le graphique des équations des parties a) et c). À l'aide du graphique, explique pourquoi la formule raccourcie donne une bonne approximation de la température réelle.

13. La pression dans l'océan augmente d'environ 51 kPa à tous les 5 m de profondeur. Le submersible *Serafina* est conçu pour plonger à 3 000 m. Quelle pression le *Serafina* doit-il pouvoir supporter à cette profondeur?

14. a) La location d'une salle s'élève à 12 000 $ pour un banquet auquel assistent 250 personnes. Si ce prix comporte des coûts forfaitaires de 4 000 $ plus des frais par personne présente, à combien s'élèvent les frais par personne ?

b) La location d'une autre salle s'élève à 12 600 $ pour un banquet auquel assistent 300 personnes. Si ce prix ne comporte pas de coûts forfaitaires, à combien s'élèvent les frais par personne ?

c) Dans le cas d'un banquet auquel assistent 400 personnes, quelle salle représente le meilleur prix ? Explique ta réponse.

Vérification des connaissances

15. À chaque 1 000 m de plus en altitude, la température baisse de 6 °C. Au pied d'une montagne, il fait 10 °C.

a) Écris une équation qui représente la température en haut de la montagne.

b) Au premier camp des grimpeurs, il fait –10 °C à l'extérieur des tentes. À quelle altitude ce camp se trouve-t-il ?

c) Un avion survole la montagne à une altitude de 7,5 km. Quelle est la température à l'extérieur de l'avion ?

Approfondis les concepts C

16. L'une des mesures de performance des lanceurs au baseball est le nombre de buts sur balle et de coups sûrs par manche lancée. Cette statistique relie le nombre de coureurs qui se rendent à un coussin dans une manche, c, le nombre total de buts sur balle, b, le nombre total de coups sûrs, s, et le nombre total de manches lancées, m, selon la formule

$$c = \frac{b + s}{m}.$$

La valeur de c est calculée à deux décimales près. L'entraîneur d'une école secondaire doit choisir le lanceur qui participera à la partie finale. Reproduis ce tableau, puis remplis-le. Quel lanceur l'entraîneur devrait-il choisir ? Pourquoi ?

Lanceur	Total des buts sur balle (b)	Total des coups sûrs (s)	Total des manches lancées (m)	Stat. (c)
Raymond	34	53	82	
Jesse	16	22	31	
Tran	55	72	101	
Harvinder	41	66	96	
Igor	27	38	53	

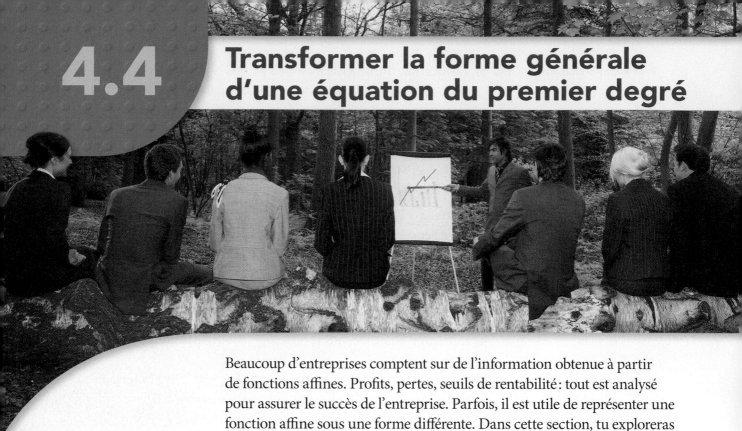

Transformer la forme générale d'une équation du premier degré

Beaucoup d'entreprises comptent sur de l'information obtenue à partir de fonctions affines. Profits, pertes, seuils de rentabilité : tout est analysé pour assurer le succès de l'entreprise. Parfois, il est utile de représenter une fonction affine sous une forme différente. Dans cette section, tu exploreras la relation entre différentes représentations d'équations du premier degré.

Explore

Matériel

- papier quadrillé

Déterminer la valeur initiale et le taux de variation

L'équation $13x - 2y + 24 = 0$ est écrite sous la **forme générale (cartésienne)**. Dans cette équation, y représente le coût total d'une excursion scolaire et x représente le nombre d'élèves qui y participent.

1. Utilise le graphique.

   a) Calcule la pente de la droite. Dans cette situation, que représente la pente ?

   b) Quelle est l'ordonnée à l'origine ? Que représente cette valeur ?

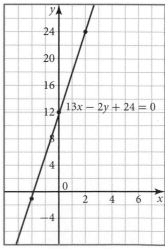

   c) Écris l'équation de la droite sous la forme $y = mx + b$.

2. Réarrange l'équation $13x - 2y + 24 = 0$ de façon à isoler y. Compare le résultat avec ta réponse en c).

3. **Réfléchis** Explique pourquoi il est parfois utile de réarranger une équation sous la forme pente-ordonnée à l'origine.

forme générale (cartésienne)

- Une équation du premier degré sous la forme $Ax + By + C = 0$.
- A, B et C sont des nombres réels.
- A et B ne peuvent pas tous les deux être nuls.

Récrire une équation du premier degré sous la forme pente-ordonnée à l'origine

Réarrange l'équation $3x + y - 5 = 0$ sous la forme pente-ordonnée à l'origine, puis détermine la pente et l'ordonnée à l'origine.

Solution

Pour écrire l'équation sous la forme pente-ordonnée à l'origine, réarrange l'équation de façon à isoler y.

$$3x + y - 5 = 0$$
$$3x + y - 5 + 5 = 5$$
$$3x + y = 5$$
$$3x + y - 3x = 5 - 3x$$
$$y = 5 - 3x \text{ ou } y = -3x + 5$$

La pente de cette droite est de -3 et l'ordonnée à l'origine est 5.

Réarranger une équation du premier degré impliquant des fractions

Récris l'équation $2x + 3y - 9 = 0$ sous la forme pente-ordonnée à l'origine, puis détermine la pente et l'ordonnée à l'origine.

Solution

$$2x + 3y - 9 = 0$$
$$2x + 3y - 9 - 2x = 0 - 2x$$
$$3y - 9 + 9 = -2x + 9$$
$$3y = -2x + 9 \qquad \textit{Divise chaque membre de l'équation par 3.}$$
$$\frac{3y}{3} = -\frac{2x}{3} + \frac{9}{3}$$
$$y = -\frac{2x}{3} + 3$$

La pente est de $-\frac{2}{3}$ et l'ordonnée à l'origine est 3.

Calculer le nombre de billets qu'il faut vendre

Pour une pièce de théâtre communautaire, le billet pour adulte coûte 2 $ et le billet pour enfant coûte 1 $. La recette totale (l'argent que le théâtre a reçu), R, est calculée à l'aide de la formule $2x + y = R$, où x représente le nombre de billets pour adulte vendus et y représente le nombre de billets pour enfant vendus.

La compagnie de théâtre espère une recette de 750 $ pour chacun de ses trois prochains spectacles. Elle a déjà respectivement vendu, pour ces spectacles, 200, 225 et 175 billets pour adulte.

a) Écris l'équation de la recette sous la forme pente-ordonnée à l'origine.

b) Combien de billets pour enfant faut-il vendre pour chaque spectacle afin d'atteindre la recette visée ?

c) Quel avantage y a-t-il à d'abord réarranger l'équation ?

Solution

a)
$$2x + y = R \qquad \textit{La recette totale visée est de 750 \$.}$$
$$2x + y = 750$$
$$2x + y - 2x = 750 - 2x$$
$$y = -2x + 750$$

b) Premier spectacle : remplace x par 200.

$$y = -2(200) + 750$$
$$= -400 + 750$$
$$= 350$$

Deuxième spectacle : remplace x par 225.

$$y = -2(225) + 750$$
$$= -450 + 750$$
$$= 300$$

Troisième spectacle : remplace x par 175.

$$y = -2(175) + 750$$
$$= -350 + 750$$
$$= 400$$

Pour atteindre la recette visée, il faut vendre 350 billets pour enfant pour le premier spectacle, 300 pour le deuxième spectacle et 400 pour le troisième spectacle.

c) Si on garde la forme $2x + y = 750$, il faut chaque fois réarranger l'équation pour trouver la réponse. Si on réarrange d'abord l'équation sous la forme pente-ordonnée à l'origine, on peut y substituer les valeurs et la résoudre directement.

Concepts clés

- Une équation du premier degré peut être représentée sous différentes formes.
- Pour récrire une équation du premier degré sous la forme pente-ordonnée à l'origine, il faut réarranger l'équation de façon à isoler *y*.

Parle des concepts

D1. Écris un exemple d'équation du premier degré sous la forme générale, puis écris un exemple d'une équation du premier degré sous la forme pente-ordonnée à l'origine.

D2. Marc dit que les équations $y = -\dfrac{1}{3}x + 5$ et $x + 3y - 15 = 0$ représentent la même fonction affine. A-t-il raison ? Explique ta réponse.

Exerce-toi A

1. Pour chacune de ces droites, trouve la pente et l'ordonnée à l'origine. Écris ensuite l'équation de la relation sous la forme pente-ordonnée à l'origine.

a)

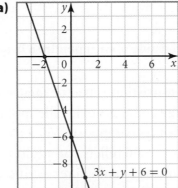

$3x + y + 6 = 0$

b)

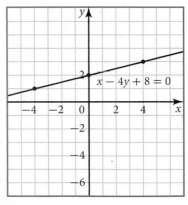

$x - 4y + 8 = 0$

c)

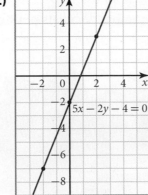

$5x - 2y - 4 = 0$

d)

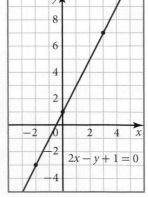

$2x - y + 1 = 0$

Si tu as besoin d'aide pour répondre à la question 2, reporte-toi à l'exemple 1.

2. Récris chacune de ces équations sous la forme pente-ordonnée à l'origine.
   a) $2x + y - 1 = 0$ b) $3x - y - 5 = 0$
   c) $2x + y - 4 = 0$ d) $5x + y + 8 = 0$
   e) $x - y + 1 = 0$ f) $2x - y - 3 = 0$

Si tu as besoin d'aide pour répondre à la question 3, reporte-toi à l'exemple 2.

3. Récris chacune de ces équations sous la forme pente-ordonnée à l'origine, puis indique la pente et l'ordonnée à l'origine.
   a) $2x - y + 4 = 0$ b) $3x + y - 2 = 0$
   c) $x - y + 4 = 0$ d) $3x + y + 11 = 0$
   e) $8x - y - 5 = 0$ f) $2x + y + 7 = 0$

4. Récris chacune de ces équations sous la forme pente-ordonnée à l'origine, puis indique la pente et l'ordonnée à l'origine.
   a) $5x - 5y - 15 = 0$ b) $2x - 3y + 12 = 0$
   c) $8x + 4y - 20 = 0$ d) $x - 2y + 10 = 0$
   e) $x - 5y + 15 = 0$ f) $3x - 4y + 12 = 0$
   g) $8x - 6y - 36 = 0$ h) $3x + 6y + 18 = 0$

Applique les concepts B

Math plus

Un train cinq étoiles pour touristes roulera bientôt sur la nouvelle ligne reliant le Tibet à Qinghai en Chine. Les wagons vitrés permettront de voir de tous les côtés. Les passagers pourront se doucher à bord et assister à des spectacles de danse et à du karaoké. Les vacances touristiques à bord de ce train coûteront plus de 1 000 $ par jour.

Si tu as besoin d'aide pour répondre à la question 5, reporte-toi à l'exemple 3.

5. Un train touristique effectue quatre sorties le samedi. Le billet pour adulte coûte 3 $ et le billet pour enfant coûte 1 $. Un samedi, la vente de billets rapporte 750 $ par sortie, avec respectivement 150, 95, 125 et 96 billets par adultes vendus.
   a) Écris une équation qui représente la recette totale pour ce samedi.
   b) Réarrange l'équation de façon à isoler la variable qui représente les billets pour enfant.
   c) Calcule le nombre de billets pour enfant vendus ce jour-là.

6. Décris les étapes à suivre pour récrire l'équation $3x + 2y - 3 = 0$ sous la forme pente-ordonnée à l'origine.

7. a) Crée un tableau de valeurs et représente graphiquement l'équation $2x + 3y = 0$.
   b) Détermine la pente et l'ordonnée à l'origine.
   c) Récris l'équation sous la forme pente-ordonnée à l'origine.
   d) Comparée à la forme générale $Ax + By + C = 0$, l'équation $2x + 3y = 0$ a un C qui est égal à 0. Interprète ce que cela signifie.

8. La droite d'équation $3x + 4y + C = 0$ passe par $(1, 2)$. Détermine la valeur de C.

9. La droite d'équation $Ax + 2y - 5 = 0$ passe par $(1, 0)$. Détermine la valeur de A.

10. La droite d'équation $y = 4x + b$ passe par $(8, -3)$. Détermine la valeur de b.

11. a) La location d'une salle de banquet s'élève à 6 675 $ pour un événement auquel assistent 175 invités. En considérant que le coût par personne est de 29 $, calcule le montant des coûts forfaitaires pour la location de la salle.
   b) La location de la même salle s'élève à 11 875 $ pour un autre événement auquel assistent 325 invités. Si le coût par personne est de 31 $, à combien s'élèvent les coûts forfaitaires pour cet événement ?
   c) Énumère des raisons pour lesquelles les prix de location d'une même salle de banquet pourraient comporter des coûts forfaitaires différents et des frais par personne différents ?

Approfondis les concepts **C**

12. a) Réarrange la forme générale d'une équation du premier degré $Ax + By + C = 0$ sous la forme pente-ordonnée à l'origine.
   b) En utilisant le résultat en a), indique la pente et l'ordonnée à l'origine.

13. Pour chacun de ces cas, décris le graphique de la droite représentée par la forme générale d'une équation du premier degré $Ax + By + C = 0$. Fournis aussi un exemple et une esquisse de ton exemple.
   a) $A \neq 0, B = 0, C = 0$ **b)** $A \neq 0, B \neq 0, C = 0$
   c) $A \neq 0, B = 0, C \neq 0$ **d)** $A \neq 0, B \neq 0, C \neq 0$

Révision des termes clés

1. Définis dans tes propres mots chacun des termes clés de ce chapitre.

a) constante

b) équations du premier degré

c) forme générale (cartésienne)

d) formule

e) opérations opposées ou opérations inverses

f) variable

Compare tes définitions avec celles qui ont été présentées au cours de ce chapitre.

4.1 Résoudre des équations du premier degré en une ou en deux étapes, pages 158 à 166

2. Pour chacune de ces équations du premier degré :

i) dresse la liste des étapes à suivre pour annuler les opérations ;

ii) résous l'équation.

a) $4x = 36$

b) $x + 5 = 9$

c) $\dfrac{x}{6} = 10$

d) $6 - x = 16$

3. Résous chacune de ces équations, puis vérifie ta solution.

a) $2x + 4 = 10$

b) $\dfrac{a}{5} + 6 = 10$

c) $-\dfrac{y}{4} - 6 = 2$

d) $\dfrac{w + 4}{6} = 3$

4. Nicolas prend le taxi de chez lui jusque chez son ami Yan, à 6 km de distance. Le chauffeur facture des frais de base de 10 \$ plus 0,25 \$/km. Le coût total peut être représenté à l'aide de l'équation $C = 0{,}25x + 10$, où x représente la distance parcourue en kilomètres et C, le coût total en dollars. Combien Nicolas a-t-il payé ce trajet ?

4.2 Résoudre des équations du premier degré en plusieurs étapes, pages 167 à 177

5. Résous chacune de ces équations du premier degré.

a) $-1{,}5x + 2 = -1$ **b)** $\dfrac{1}{3}(k + 4) = 7$

c) $\dfrac{2x - 4}{6} = 2$ **d)** $\dfrac{4a}{5} - 6 = 2$

e) $\dfrac{3x + 5}{10} = \dfrac{2x - 3}{7}$

6. Dans une laiterie, on mélange du lait contenant 3 % de matières grasses avec de la crème contenant 10 % de matières grasses afin d'obtenir 200 l de crème légère contenant 5 % de matières grasses. La variable x représente le nombre de litres de lait à 3 %. À l'aide de l'équation $0{,}03x + 0{,}1(200 - x) = 0{,}05(200)$, calcule les volumes de lait et de crème utilisés pour obtenir ce mélange.

4.3 Modéliser à l'aide de formules, pages 178 à 187

7. Décris les étapes qui ont permis de réarranger chacune de ces formules.

a) $P = 2l + 2L$

$$\frac{P - 2L}{2} = l$$

b) $C = 2\pi r$

$$\frac{C}{2\pi} = r$$

8. Réarrange chacune de ces formules pour isoler la variable indiquée.

a) $C = \pi d$, la variable d

b) $y = mx + b$, la variable m

c) $P = 2(l + L)$, la variable L

d) $S = \pi r^2 h$, la variable h

9. À l'aide de la formule de l'intérêt simple $I = Ctd$, calcule combien il faut de temps pour que 3 000 $ placés à 0,5 % rapportent 180 $.

10. Jennifer paie 45 $ pour une coupe de cheveux. Elle veut savoir combien coûte la coupe avant que la TPS de 5 %, la TVP de 8 % et le pourboire de 10 % soient ajoutés au prix. Dans l'équation $C = x + 0,05x + 0,08x + 0,1x$, C représente le coût total en dollars et x représente le prix de la coupe de cheveux en dollars. Calcule le prix de la coupe au cent près.

11. Ari quitte le centre communautaire à vélo et roule vers le nord. Au même moment, Lisa quitte le même centre en auto et roule vers le sud. Après 30 minutes, Ari et Lisa sont à 35 km de distance l'une de l'autre. Si x représente la vitesse d'Ari et $(2x + 10)$ représente la vitesse de Lisa, toutes deux en kilomètres-heure, calcule la vitesse à laquelle Ari et Lisa roulent.

4.4 Transformer la forme générale d'une équation du premier degré, pages 188 à 193

12. Réarrange chacune de ces équations sous la forme pente-ordonnée à l'origine, puis indique la pente et l'ordonnée à l'origine.

a) $3x + y - 7 = 0$

b) $5x - y - 4 = 0$

c) $3x - 3y + 9 = 0$

d) $\dfrac{x}{2} + 7y - 14 = 0$

e) $y - 6 = 0$

f) $\dfrac{x}{2} - \dfrac{4y}{3} + 8 = 0$

13. La droite d'équation $2x + y - C = 0$ passe par $(1, 5)$. Détermine la valeur de C.

14. La droite d'équation $3x + By + 6 = 0$ passe par $(2, 1)$. Détermine la valeur de B.

1. Résous chacune de ces équations, puis vérifie ta solution.

a) $x + 4 = 12$

b) $2x + 5 = 7$

c) $-7k = 28$

d) $8 - t = 10$

e) $3d - 1 = 8$

2. Résous chacune de ces équations.

a) $\dfrac{3t + 4}{2} = 5$

b) $1{,}25k + 0{,}75 = 0{,}5k$

c) $6(x - 2) = 3x$

d) $3(y + 1) = 2(y - 3)$

e) $\dfrac{x + 6}{3} = 2 + \dfrac{x - 2}{5}$

3. Masani teste 25 g de fertilisant. Elle prévoit utiliser 0,4 g de fertilisant pour chaque plante testée, puis en conserver 8 g pour des tests futurs. Pour calculer le nombre de tests que Masani fera sur des plantes, résous l'équation $0{,}4n + 8 = 25$.

4. Réarrange l'équation $A = P(1 + rt)$ de façon à isoler r.

5. Henri travaille dans un laboratoire. Il prévoit mélanger une solution acide à 35 % avec une solution à 80 % pour obtenir 70 ml d'une solution à 50 %. La variable x représente le nombre de millilitres de solution à 35 %. À l'aide de l'équation $0{,}35x + 0{,}8(70 - x) = 0{,}5(70)$, calcule le volume de chaque type de solution utilisé pour obtenir ce mélange.

6. Pour chacune de ces droites, trouve la pente et l'ordonnée à l'origine. Écris ensuite l'équation de la droite sous la forme pente-ordonnée à l'origine.

a)

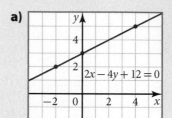

b)

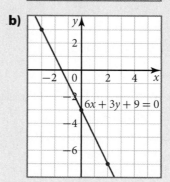

7. Réarrange chacune de ces équations sous la forme $y = mx + b$. Indique ensuite la pente et l'ordonnée à l'origine.

a) $2x + y - 3 = 0$

b) $6x - y - 1 = 0$

c) $2x + 3y - 12 = 0$

d) $4x - 5y + 10 = 0$

e) $3x + 2y - 8 = 0$

8. Réarrange chacune de ces formules pour isoler la variable indiquée.

a) $P = 2a + b$, la variable a

b) $M = C + Ctd$, la variable t

c) $A = \dfrac{(a + b)h}{2}$, la variable b

Retour sur le problème du chapitre

Dans le problème du chapitre, Angela recueille l'information suivante :

La location d'une salle coûte 6 100 $ à l'école de Cory pour 160 invités et 4 000 $ à l'école d'Anne pour 100 invités.

a) Trace les points (160, 6 100) et (100, 4 000) dans un plan cartésien, puis relie-les par un segment de droite.

b) Détermine la pente du segment.

c) Prolonge le segment afin de trouver l'ordonnée à l'origine.

d) Interprète la signification de la pente et de l'ordonnée à l'origine.

e) Quelles hypothèses dois-tu faire pour que cette relation décrive exactement les propriétés des frais de location de la salle ?

---

9. Quand un polygone est construit dans un géoplan, on calcule l'aire contenue en comptant le nombre de chevilles sur le périmètre du polygone et le nombre de chevilles à l'intérieur du polygone.

La formule de l'aire est $A = \frac{1}{2}(P - 2) + I$, où A représente l'aire, P représente le nombre de chevilles sur le périmètre, et I représente le nombre de chevilles à l'intérieur du polygone.

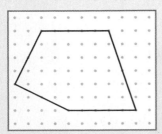

a) Calcule l'aire d'un polygone qui compte 22 chevilles à l'intérieur et 14 chevilles sur le périmètre.

b) Réarrange la formule afin de déterminer le nombre de chevilles à l'intérieur du polygone.

c) À l'aide de ta réponse en b), calcule le nombre de chevilles à l'intérieur d'un polygone qui a une aire de 32 et qui compte 30 chevilles sur son périmètre.

10. Le coût total d'une fête dans une salle de banquet comprend un montant de 20 $ par repas, plus 500 $ pour la location de la salle.

a) Écris l'équation du coût total de la fête.

b) Calcule le coût total pour 60 invités.

c) Suppose que le coût total s'élève à 2 160 $. Détermine le nombre d'invités.

5

Les systèmes d'équations du premier degré

Bon nombre de parcs d'attractions proposent deux types de billets d'entrée. On peut acheter des billets d'entrée tout compris pour une utilisation illimitée des manèges et des attractions ou des billets d'entrée moins chers, mais avec lesquels il faut alors payer pour chaque manège et attraction. Comment peut-on choisir la formule la plus intéressante ? Dans ce chapitre, tu utiliseras les systèmes d'équations du premier degré afin de résoudre des problèmes de ce type.

Dans ce chapitre tu vas :

- déterminer graphiquement le point d'intersection de deux droites ;
- utiliser les méthodes algébriques de résolution par substitution ou par élimination pour résoudre des systèmes de deux équations du premier degré à deux variables ;
- utiliser la méthode graphique ou algébrique appropriée pour résoudre des problèmes pratiques pouvant être modélisés par un système d'équations du premier degré à deux variables.

Termes clés

méthode de résolution par élimination
méthode de résolution par substitution
point d'intersection
système d'équations du premier degré

Littératie

Utilise un diagramme de Venn pour choisir la méthode appropriée afin de résoudre un système d'équations du premier degré. Comment dessinerais-tu le diagramme de Venn ?

Éloïse possède son propre salon de soins esthétiques. Elle doit fixer les prix de ses services de façon à ce que son entreprise soit profitable. Comment Éloïse pourrait-elle utiliser des systèmes d'équations du premier degré pour établir ses prix ?

Prépare-toi

Les expressions algébriques

1. Simplifie chacune de ces expressions en regroupant les termes semblables. Nous avons simplifié la première expression à titre d'exemple.

a) $2d + 5 - 4d - 9$
$= 2d - 4d + 5 - 9$
$= -2d - 4$

b) $3x + 4 + 2x - 1$

c) $11y - 5 + 2y + 8$

d) $7m - 3m + 5 + 11$

e) $3c + 5 - 2c - 10$

f) $5v + 3 - 4v + 7$

Réarranger et résoudre des équations

2. Réarrange chacune de ces équations pour isoler y. Nous avons réarrangé la première équation à titre d'exemple.

a) $-3x + 8y = 11$
$-3x + 8y + 3x = 3x + 11$
$8y = 3x + 11$
$\dfrac{8y}{8} = \dfrac{3x}{8} + \dfrac{11}{8}$
$y = \dfrac{3x}{8} + \dfrac{11}{8}$

b) $3x - y = 4$

c) $4x + y = 9$

d) $4x - 2y = 14$

e) $5x - 2y = 6$

f) $2x + 3y - 1 = 0$

g) $4x + 6y - 9 = 0$

3. Pour chacune de ces équations, détermine la valeur de y quand $x = 3$. Nous avons résolu la première équation à titre d'exemple.

a) $2x + y = 8$
$2(3) + y = 8$
$6 + y = 8$
$6 + y - 6 = 8 - 6$
$y = 2$

b) $y = 3x + 1$ **c)** $y = 4x - 3$

d) $y = 8x + 1$ **e)** $x - y = 9$

f) $3x - 2y = 8$ **g)** $12x + 5y = 17$

4. Pour chacune de ces équations, détermine la valeur de x quand $y = 4$.

a) $3y + 3x = 1$ **b)** $4y = 2x + 7$

c) $x - 2y = 9$ **d)** $y = 6x + 1$

e) $3x - 2y = 16$ **f)** $y = 3x + 1$

g) $2x - 2y = 9$ **h)** $y = 13x - 19$

Représenter graphiquement des fonctions affines

5. Trace le graphique de chacune de ces droites. Nous avons tracé le graphique de la première fonction affine à titre d'exemple.

a) $y = 2x - 1$

L'ordonnée à l'origine est −1 et la pente est de 2.

Trace sur le plan le point (0, −1), puis bouge de 2 unités vers le haut et de 1 unité vers la droite à deux reprises afin de déterminer deux autres points de la droite.

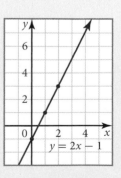

b) $y = 4x + 6$ **c)** $y = -x - 3$

d) $y = -3x + 2$ **e)** $y = -5x + 1$

f) $y = 4x + 7$ **g)** $y = -2x + 6$

Problème du chapitre

Paul est bénévole dans une organisation qui porte secours à des chiens. Il planifie une série d'activités afin de recueillir des fonds pour cette organisation. Dans ce chapitre, tu apprendras comment calculer le seuil de rentabilité de chaque activité ainsi que le prix d'entrée nécessaire pour que Paul couvre ses frais.

6. Représente graphiquement chacune de ces fonctions affines. Nous avons tracé le graphique de la première relation à titre d'exemple.

a) $2x + y = 4$

Récris l'équation sous la forme pente-ordonnée à l'origine.

$$2x + y - 2x = -2x + 4$$
$$y = -2x + 4$$

L'ordonnée à l'origine est 4 et la pente est de −2.

Reporte le point (0, 4) dans le plan cartésien, puis déplace-toi de 2 unités vers le bas et de 1 unité vers la droite à deux reprises afin de déterminer deux autres points de la droite.

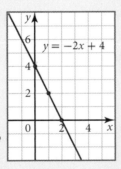

b) $4x - y = 8$

c) $-x + y = -3$

d) $-3x - y = 3$

e) $-5x + y - 10 = 0$

f) $-3x - y = 9$

g) $y = 4x + 6$

Traduire des énoncés en expressions algébriques

7. Écris une équation pour représenter chacune de ces situations. Nous avons résolu la première situation à titre d'exemple.

a) Le coût de livraison de prospectus est de 50 $, plus 0,10 $ par prospectus. Marc a dépensé 400 $ au total pour la livraison des prospectus.

La variable n représente le nombre de prospectus que Marc a livrés.

$$400 = 0,1n + 50$$

b) Ron gagne 8,50 $ l'heure. La semaine dernière, il a gagné 52 $.

c) La masse totale d'une cuve de stockage métallique est de 90 kg. La masse d'une cuve vide est de 18 kg et la masse volumique du liquide entreposé est de 2,3 kg/l.

d) Bohdan paie 300 $ pour louer un véhicule. Il paie un tarif fixe de 125 $ plus 0,35 $ par kilomètre parcouru.

e) Linnea gagne 270 $ par semaine pour 30 heures de travail. Pour chaque heure supplémentaire, elle gagne 12 $. La semaine dernière, elle a gagné 450 $.

5.1 Résoudre graphiquement des systèmes d'équations du premier degré

Charlotte prévoit s'inscrire dans un centre sportif. Elle doit choisir entre deux formules de paiement. Comment Charlotte peut-elle utiliser les équations du premier degré pour faciliter son choix ?

Explore

Comparer les prix de courses en taxi

L'entreprise Taxi Voyage facture 2,50 $ plus 0,20 $ du kilomètre.
L'entreprise Taxi Confort facture 0,50 $ du kilomètre.

Matériel

- calculatrice graphique

1. La variable x représente la distance parcourue en kilomètres et y représente le prix total d'une course. Écris une équation pour représenter le prix total facturé par chacune des deux compagnies de taxi.

2. Suppose que tu prévois faire un trajet de 12 km. Quelle compagnie de taxi devrais-tu choisir ? Pourquoi ?

3. Suppose que tu prévois faire un trajet de 35 km. Quelle compagnie de taxi devrais-tu choisir ? Pourquoi ?

4. Utilise une calculatrice graphique.

- Appuie sur WINDOW.
  Saisis les paramètres d'affichage ci-contre.

- Appuie sur Y=. Saisis l'équation de Taxi Voyage avec Y1 et celle de Taxi Confort avec Y2.

- Appuie sur 2nd [CALC] 5 ENTER ENTER ENTER. Note les coordonnées du point d'intersection. Que signifient ces coordonnées dans cette situation ?

5. Vérifie si le point d'intersection obtenu à la question 4 appartient à la droite qui représente le prix total d'une course avec Taxi Voyage et à la droite qui représente le prix total d'une course avec Taxi Confort. Comment as-tu fait?

6. Y a-t-il d'autres points qui se trouvent sur les deux droites? Comment le sais-tu?

7. Réfléchis Que représente le point d'intersection de deux droites?

Un **système d'équations du premier degré** est un ensemble d'au moins deux équations du premier degré étudiées en même temps. La solution graphique d'un système d'équations est le **point d'intersection** des droites représentant les deux équations.

Exemple 1

Résoudre graphiquement un système d'équations du premier degré

Résous ce système, puis vérifie ta solution.

$$y + 2x = -5 \quad \text{①} \qquad\qquad y = \frac{2}{3}x + 3 \quad \text{②}$$

Solution

Réarrange l'équation ① sous la forme pente-ordonnée à l'origine.

$$y + 2x = -5$$
$$y + 2x - 2x = -5 - 2x$$
$$y = -5 - 2x$$
$$y = -2x - 5$$

La pente est de -2 et l'ordonnée à l'origine est -5.

L'équation ② est de la forme pente-ordonnée à l'origine. La pente est de $\frac{2}{3}$ et l'ordonnée à l'origine est 3.

À l'aide de la pente et de l'ordonnée à l'origine, représente graphiquement chaque droite dans le même plan cartésien. Nomme chaque droite par son équation.

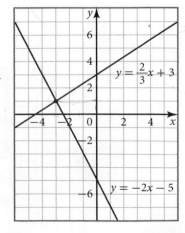

D'après le graphique, les coordonnées du point d'intersection sont $(-3, 1)$.
Vérifie ces coordonnées dans chacune des équations initiales.

Équation ①

$MG = y + 2x$ $MD = -5$
$\quad\ = 1 + 2(-3)$
$\quad\ = 1 - 6$
$\quad\ = -5$
$\quad\ = MD$

Équation ②

$MG = y$ $MD = \dfrac{2}{3}x + 3$
$\quad\ = 1$
$\qquad\qquad\qquad = \dfrac{2}{3}(-3) + 3$
$\qquad\qquad\qquad = -2 + 3$
$\qquad\qquad\qquad = 1$
$\qquad\qquad\qquad = MD$

La solution de ce système est $(-3, 1)$.

Exemple 2   **Choisir un centre sportif**

Le centre sportif KC facture un tarif fixe de 25 $ par mois, plus 5 $ par visite. Le centre sportif Zone facture un tarif fixe de 35 $ par mois, plus 3 $ par visite. Pour quel nombre de visites par mois le coût total est-il le même dans les deux centres ?

Solution

La variable x représente le nombre de visites par mois.
La variable y représente le coût mensuel total en dollars.

Centre sportif KC

$y = 5x + 25$

Le coût mensuel total est de 25 $ plus 5 $ par visite.

Centre sportif Zone

$y = 3x + 35$

Le coût mensuel total est de 35 $ plus 3 $ par visite.

À l'aide d'une calculatrice graphique, représente dans une même fenêtre le graphique des deux équations.

- Appuie sur [2nd] [CALC] 5 [ENTER] [ENTER] [ENTER].

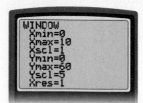

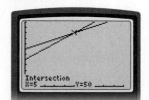

Le point d'intersection est (5, 50). Ceci veut dire que le coût total mensuel pour les deux centres sportifs est de 50 $ pour 5 visites.

Concepts clés

- La solution d'un système d'équations du premier degré est le point d'intersection de ses droites représentatives.
- Un système d'équations du premier degré peut être résolu graphiquement en traçant les droites représentatives puis en trouvant leur point d'intersection.
- Pour vérifier la solution d'un système du premier degré, remplace les coordonnées du point d'intersection dans les deux équations initiales.

Parle des concepts

D1. a) Explique, en tes propres mots, ce que signifie résoudre un système d'équations.

b) Compare ta réponse en a) avec celle d'une ou d'un camarade.

D2. Est-il possible qu'un système du premier degré n'ait pas de solution ? Explique ton raisonnement.

D3. Décris comment tu résoudrais ce système.
$y = 3x + 1$ et $y = -2x + 3$

Exerce-toi **A**

Si tu as besoin d'aide pour répondre aux questions 1 à 4, reporte-toi à l'exemple 1 ou à l'exemple 2.

1. Détermine le point d'intersection de chacun de ces systèmes d'équations. Vérifie tes réponses.

a) $y = 2x + 3$
$y = 4x - 1$

b) $y = -x - 7$
$y = 3x + 5$

c) $y = -x + 5$
$y = x + 1$

d) $y = x + 4$
$y = -x - 2$

2. Résous graphiquement chacun de ces systèmes.

a) $y = 2x$
$y = 4x + 1$

b) $y = \frac{1}{2}x - 2$
$y = \frac{3}{4}x + 4$

c) $y = 2x - 3$
$y = \frac{5}{2}x + 1$

d) $y = 4x - 5$
$y = \frac{9}{5}x - 10$

3. Résous graphiquement chacun de ces systèmes. Vérifie tes réponses.

a) $3x + y = 7$
$-x + 2y = 7$

b) $y = 7x + 3$
$x - y = 3$

c) $2x + 3y = 8$
$x - 2y = -3$

d) $5x - y = -4$
$2x - 3y = 1$

4. Pour chacun de ces systèmes, détermine graphiquement le point d'intersection. Vérifie tes réponses.

a) $-2x - y = -8$
$x + y = 9$

b) $x + 2y = -5$
$3x - y = -1$

c) $y = 2x + 1$
$2x + y = 1$

d) $x + y = 7$
$x - y = -1$

Applique les concepts B

Si tu as besoin d'aide pour répondre aux questions 5 à 7, reporte-toi à l'exemple 2.

5. L'adhésion au club de tennis Boisjoli comprend des frais d'inscription de 150 $ et des frais mensuels de 20 $. Au club de tennis La Couronne, les frais d'inscription sont de 100 $ et les frais mensuels de 30 $.

a) Écris une équation qui représente le coût total d'adhésion au club Boisjoli.

b) Écris une équation qui représente le coût total d'adhésion au club La Couronne.

c) Représente graphiquement les équations des parties a) et b).

d) Détermine le point d'intersection des deux droites. Que représente ce point ?

e) Si tu désirais adhérer à un de ces clubs pour un an, lequel choisirais-tu ? Pourquoi ?

6. Le magasin de jeux vidéos Actaris loue des consoles de jeux à 10 $ et des jeux vidéos à 3 $ chacun. Le magasin Pulsar loue des consoles de jeux à 7 $ et des jeux vidéos à 4 $. Suppose que y représente le prix total de location et x le nombre de jeux loués.

a) Écris l'équation qui représente le prix total d'une location au magasin Actaris.

b) Écris l'équation qui représente le prix total d'une location au magasin Pulsar.

c) Détermine le point d'intersection.

d) Que représente ce point d'intersection ?

7. Karine recherche une salle de banquet pour la soirée d'anniversaire de mariage de ses parents. La location de la salle Clair de lune comprend des frais fixes de 1 000 $, plus des frais de 75 $ par personne. La location de la salle Riverside comprend des frais fixes de 1 500 $, plus des frais de 50 $ par personne. Si C représente le coût total et n, le nombre de personnes :

a) Écris l'équation qui représente le coût total de location de la salle Clair de lune.

b) Écris l'équation qui représente le coût total de location de la salle Riverside.

c) Trouve le nombre de personnes pour lequel le prix serait le même pour les deux salles.

8. Résous graphiquement ce système.

$4x - y - 7 = 0$ ① $-2x - y - 1 = 0$ ②

9. Pendant l'hiver, Roger déneige les entrées de cour du voisinage avec son camion. Il facture 15 $ chaque fois qu'il déneige une entrée. L'entreprise de déneigement Després facture 150 $ pour la saison.

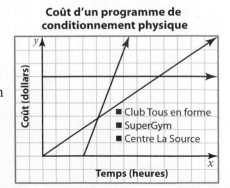

a) Écris l'équation qui représente le prix total de déneigement de ton entrée de cour par Roger pour la saison.

b) Écris l'équation qui représente le prix total de déneigement de ton entrée de cour par l'entreprise Després pour la saison.

Littératie

c) Explique comment tu choisirais ton déneigeur.

Vérification des connaissances

10. Ce graphique indique les coûts des programmes de conditionnement physique dans trois établissements différents. Décris ce que signifient les points d'intersection de ces droites. En te basant sur cette représentation graphique, quel conseil donnerais-tu aux clients potentiels ?

Coût d'un programme de conditionnement physique

- Club Tous en forme
- SuperGym
- Centre La Source

Coût (dollars)

Temps (heures)

11. Céline travaille dans une usine de vêtements. Elle reçoit 80 $ par jour, plus 10 $ pour chaque blouson confectionné. Chan travaille aussi dans cette usine. Il reçoit un salaire fixe de 110 $ par jour.
  a) Écris l'équation qui représente la somme totale que Céline gagne par jour.
  b) Écris l'équation qui représente la somme totale que Chan gagne par jour.
  c) Combien de blousons Céline doit-elle confectionner pour gagner autant que Chan par jour ? Montre les étapes de ton travail.

12. À l'aide d'une représentation graphique, détermine le point d'intersection de $3x - 2y = 14$ et de $4x + y = 15$.

Problème du chapitre

13. Paul loue une salle de cinéma pour une projection de *Cris et chuchotements* pour recueillir des fonds. Le prix est de 675 $, plus 2 $ par personne pour assurer le service au comptoir. La variable C représente le coût de l'événement. La variable n représente le nombre de billets vendus par les élèves.
  a) Écris l'équation qui représente le coût de l'événement.
  b) Écris l'équation qui représente la recette (le montant total provenant de la vente des billets) si Paul fixe le prix à 8,50 $ le billet.
  c) Combien de billets Paul doit-il vendre pour atteindre le seuil de rentabilité pour cet événement ?

Math plus

Le seuil de rentabilité est le point auquel le coût est égal aux recettes.

Approfondis les concepts   C

14. À l'aide d'une calculatrice graphique, représente dans la même fenêtre les graphiques de $y = 2x + 4$ et de $y = 2x - 5$.
  a) D'après les graphiques, ces droites se couperont-elles ?
  b) Quel est le résultat que tu obtiens quand tu utilises la fonction intersect pour trouver le point d'intersection ? Explique ta réponse.

15. a) Détermine la pente et l'ordonnée à l'origine pour chacune de ces équations. Que remarques-tu ?
  $y = 3x - 4$ ① $6x - 2y = 8$ ②
  b) Sur du papier quadrillé, représente le système d'équations de la partie a). Que remarques-tu au sujet de ces droites ?
  c) Combien de solutions ce système a-t-il ?
  Explique ta réponse.

16. Quand deux équations représentent la même droite, les droites sont dites confondues. Combien de points d'intersection un système de droites confondues possède-t-il ? Explique ta réponse.

17. Un système du premier degré peut-il avoir exactement deux solutions ? Explique ta réponse.

5.2 Résoudre des systèmes d'équations du premier degré par substitution

On peut utiliser des systèmes d'équations du premier degré pour déterminer le meilleur prix de vente de produits et de services.

Explore

Matériel

- calculatrice graphique
- papier quadrillé

méthode de résolution par substitution

- Une méthode algébrique permettant de résoudre un système d'équations du premier degré.
- Une variable est isolée dans une des équations, puis remplacée dans l'autre équation.

Un problème pour la classe

Chaque matin, en début de classe, Mme Édouard donne à ses élèves une énigme mathématique à résoudre. Voici l'énigme du jour :

La somme des âges de Delphine et de sa mère est 60. L'âge de la mère de Delphine est trois fois celui de Delphine. Quel est l'âge de Delphine ? Quel est l'âge de sa mère ?

Travaille avec une ou un camarade.

1. La variable x représente l'âge de Delphine et y, l'âge de sa mère en années.
   a) Écris une équation qui représente la somme de leurs âges.
   b) Écris une équation qui représente l'énoncé « L'âge de la mère de Delphine est trois fois celui de Delphine ».

2. En utilisant les équations de la question 1, écris une seule équation qui comporte la variable x.
   a) Remplace le y de la première équation par l'expression de y de la seconde équation. C'est la **méthode de résolution par substitution**.
   b) Résous l'équation qui en résulte. Explique la signification de la solution pour cette situation.

3. À partir du résultat de la question 2, détermine la valeur de y. Que représente cette valeur ?

4. Représente graphiquement, dans le même plan cartésien ou la même fenêtre, les équations de la question 1. Détermine le point d'intersection des deux droites. Quel est le lien entre les coordonnées de ce point d'intersection et les résultats que tu as obtenus aux questions 2 et 3 ? Explique ta réponse.

Exemple 1 | **Résoudre par substitution**

Résous ce système à l'aide de la méthode par substitution.

$$4x - 7y = 20 \quad ① \qquad\qquad x - 3y = 10 \quad ②$$

Solution

La solution d'un système du premier degré est le point d'intersection des droites représentant les deux équations. Au point d'intersection, la valeur de x et la valeur de y sont les mêmes dans les deux équations.

$$4x - 7y = 20 \qquad ①$$
$$x - 3y = 10 \qquad ②$$
$$4x - 7y = 20 \qquad ①$$
$$x = 3y + 10 \qquad ③$$

*Isole **x** dans l'équation ②.*

$$4(3y + 10) - 7y = 20$$
$$12y + 40 - 7y = 20$$
$$5y + 40 = 20$$
$$5y + 40 - 40 = 20 - 40$$
$$5y = -20$$
$$\frac{5y}{5} = \frac{-20}{5}$$
$$y = -4$$

*Dans l'équation ①, substitue
x = 3y + 10 de l'équation ③.*

$$x - 3y = 10$$
$$x - 3(-4) = 10$$
$$x + 12 = 10$$
$$x + 12 - 12 = 10 - 12$$
$$x = -2$$

*Dans l'équation ②, remplace
y par **−4** afin de déterminer
la valeur de **x**.*

Vérifie la solution $(-2, -4)$ dans l'équation ①.

$$MG = 4x - 7y \qquad\qquad MD = 20$$
$$= 4(-2) - 7(-4)$$
$$= -8 + 28$$
$$= 20$$
$$= MD$$

La solution du système est $(-2, -4)$.

L'offre et la demande

Rachelle est économiste. Elle évalue l'effet du changement du prix d'un produit sur l'offre et la demande. La relation entre le prix de vente d'un produit en dollars, y, et le nombre d'unités vendues, x, est représentée par les équations suivantes :

La demande : $y + 0{,}4x = 10$ L'offre : $y = 0{,}6x + 2$

Résous ce système d'équations de manière algébrique. Que représente la solution ?

Solution

La solution d'un système du premier degré est le point d'intersection des droites représentant les équations.

La demande : $y + 0{,}4x = 10$ ①
L'offre : $y = 0{,}6x + 2$ ②

$$(0{,}6x + 2) + 0{,}4x = 10$$
$$x + 2 = 10$$
$$x + 2 - 2 = 10 - 2$$
$$x = 8$$

Dans l'équation ①, substitue $y = 0{,}6x + 2$ de l'équation ②.

$$y = 0{,}6x + 2$$
$$y = 0{,}6(8) + 2$$
$$y = 4{,}8 + 2$$
$$y = 6{,}8$$

Dans l'équation ②, remplace $x = 8$ pour déterminer la valeur de y.

Vérifie la solution $(8, 6{,}8)$ dans l'équation ①.

$$\begin{aligned} \text{MG} &= y + 0{,}4x & \text{MD} &= 10 \\ &= 6{,}8 + 0{,}4(8) \\ &= 6{,}8 + 3{,}2 \\ &= 10 \\ &= \text{MD} \end{aligned}$$

La solution du système est $(8, 6{,}8)$.
Quand le prix du produit est 6,80 $, 8 unités sont vendues.

Déterminer le seuil de rentabilité

Mélanie vend des t-shirts pour recueillir des fonds pour la recherche contre le diabète. Le fournisseur facture 210 $ de frais de conception, plus 3 $ par t-shirt. Mélanie prévoit vendre les t-shirts 10 $ chacun. Combien de t-shirts Mélanie doit-elle vendre pour atteindre le seuil de rentabilité de ce projet ?

Solution

La variable C représente le coût total en dollars des t-shirts, R, le revenu total de la vente des t-shirts et n, le nombre de t-shirts. Écris un système d'équations à partir de ces renseignements.

$C = 3n + 210$ ①   *Le coût total des t-shirts est de 210 $,*
$R = 10n$ ②   *plus 3 $ par t-shirt.*

Mélanie atteindra le seuil de rentabilité, ou couvrira ses frais, quand le revenu total des ventes de t-shirts sera égal au coût total des t-shirts, donc quand $R = C$.

$$C = 3n + 210 \quad ①$$
$$C = 10n \qquad ②$$
$$10n = 3n + 210$$
$$10n - 3n = 3n + 210 - 3n$$
$$7n = 210$$
$$\frac{7n}{7} = \frac{210}{7}$$
$$n = 30$$

*Dans l'équation ①, substitue 10n de l'équation ② à **C**.*

*Dans l'équation ②, remplace **n** par 30 afin de déterminer la valeur de **R**.*

$R = 10n$

$R = 10(30)$

$R = 300$

Vérifie la solution (30, 300) dans l'équation ①.

MG = C	MD = $3n + 210$
= 300	= 3(30) + 210
	= 90 + 210
	= 300
	= MG

Mélanie doit vendre 30 t-shirts pour couvrir ses frais.

Concepts clés

- Un système d'équations du premier degré peut être résolu algébriquement à l'aide de la méthode par substitution.
- Pour résoudre un système d'équations du premier degré par substitution, on isole une variable dans une des équations, puis on substitue cette valeur dans l'autre équation.
- Le seuil de rentabilité est atteint quand le coût de production d'un article est égal au revenu provenant de sa vente.

Parle des concepts

D1. Explique pourquoi tu peux résoudre le système d'équations $y = 3x + 1$ et $x + y = 3$ en substituant $3x + 1$ à y dans la deuxième équation.

D2. Décris comment utiliser la méthode par substitution pour résoudre le système $2x + y = 8$ et $4x + 3y = 12$.

D3. Quelles sont les similarités entre résoudre un système du premier degré par substitution et le résoudre graphiquement? Quelles sont les différences?

Exerce-toi A

Si tu as besoin d'aide pour répondre aux questions 1 à 3, reporte-toi à l'exemple 1.

1. À l'aide de la méthode par substitution, résous chacun de ces systèmes.

a) $3x + 2y - 1 = 0$
$y = -x + 3$

b) $3x - y = 4$
$x + y = 8$

c) $x + 4y = 5$
$x + 2y = 7$

d) $2x + y = 3$
$4x - 3y = 1$

e) $2x + 3y = -1$
$x + y = 1$

f) $x - 3y = -2$
$2x + 5y = 7$

g) $6x + 5y = 7$
$x - y = 3$

h) $x - 3y = 5$
$7x + 2y = 12$

2. Résous chacun de ces systèmes.

a) $2x - y = 5$
$3x + y = -9$

b) $4x + 2y = 7$
$-x - y = 6$

c) $6x + 3y = 5$
$x - 2y = 0$

d) $8x - y = 10$
$3x - y = 9$

3. À l'aide de la méthode par substitution, résous chacun de ces systèmes.

a) $x + y = -2$
$x - y = 6$

b) $x - y = 9$
$x + y = 3$

c) $2x + y = 2$
$3x + 2y = 5$

d) $2x - 3y = 6$
$2x - y = 7$

4. Alexandre est deux fois plus vieux que Frédéric. La somme de leurs âges est 39.

a) Écris une équation qui représente les renseignements fournis dans la première phrase.

b) Écris une équation qui représente les renseignements fournis dans la deuxième phrase.

c) Avec la méthode de résolution par substitution, calcule l'âge de ces garçons.

Si tu as besoin d'aide pour répondre à la question 5, reporte-toi à l'exemple 2.

5. Pour fêter le départ à la retraite de Nina, sa famille décide de louer une salle. Louer la salle Royale coûte 500 $ plus 15 $ par invité. Louer la salle Princière coûte 410 $ de location plus 18 $ par invité.

a) Écris un système d'équations du premier degré représentant cette situation.

b) Combien d'invités doivent assister à la fête pour que le prix des deux salles soit le même ? Résous ce problème par substitution.

Si tu as besoin d'aide pour répondre à la question 6, reporte-toi à l'exemple 3.

6. Ophélie loue une salle de cinéma pour un concert. La location coûte 825 $ plus 2 $ par personne. Elle fixera le coût d'entrée à 7 $ par personne. La variable C représente le coût de l'événement et n, le nombre de participants.

a) Écris un système d'équations du premier degré représentant cette situation.

b) Combien de billets Ophélie doit-elle vendre pour atteindre son seuil de rentabilité ?

Littératie

7. Quand tu résous un système d'équations du premier degré par substitution, comment décides-tu quelle variable isoler en premier ?

8. Dimitri joue au hockey. Il récolte 1 point pour chaque aide. Cette saison, il a récolté 63 points. Il a eu 17 buts de moins que d'aides.

a) Écris un système d'équations du premier degré représentant ces renseignements.

b) Combien de buts Dimitri a-t-il marqués cette saison ? Combien d'aides a-t-il effectuées ?

9. Luc fabrique deux types de courtepointes. Le premier type coûte 25 $ de tissu et 40 $ l'heure de fabrication à la main ; le second, 50 $ de tissu et 22 $ l'heure de fabrication à la machine. Pour quel nombre d'heures le coût est-il le même ?

10. Résous par substitution le système $3x - y = 19$ et $4x + 3y = 12$.

11. Un groupe a donné un concert dans sa ville natale. Un public de 15 000 personnes y a assisté. Les billets coûtaient 8,50 $ pour les étudiants et 12,50 $ pour les adultes. Le concert a généré 162 500 $ de recette. Combien d'adultes ont assisté au concert ?

12. Vito souhaite louer un camion pour déménager. Le garage Athena facture 80 $ la journée, plus 0,22 $ du kilomètre. L'entreprise Bouge-Tout facture 100 $ la journée, plus 0,12 $ du kilomètre.
   a) Écris un système d'équations du premier degré afin de représenter ce problème.
   b) Résous ce système d'équations. Interprète la solution en fonction de la situation.
   c) Avec quelle entreprise Vito devrait-il faire affaire ? Pourquoi ?

13. Le club de karaté Minden organise un tournoi. Si tu gagnes un combat, tu reçois 5 points. Si le combat est nul, tu gagnes 2 points. Rebecca a participé à 15 combats et en a perdu 3. Son résultat a été de 42 points. Combien de combats Rebecca a-t-elle gagnés ?

Problème du chapitre

14. Paul vend des médaillons pour chiens pour recueillir des fonds pour son organisation de secours aux chiens. L'entreprise qui fabrique les médaillons facture un tarif fixe de 348 $, plus 2 $ par médaillon. Paul prévoit vendre les médaillons 5 $ chacun.
   a) Écris une équation afin de représenter le coût total des médaillons.
   b) Écris une équation afin de représenter les recettes.
   c) Combien de médaillons pour chiens Paul doit-il vendre pour atteindre son seuil de rentabilité ?

Approfondis les concepts C

15. Le point $(3, -5)$ est-il une solution du système $2x + 5y = 19$ et $6y - 8x = -54$? Explique ta réponse.

> **Math plus**
> N'oublie pas que des droites parallèles ont la même pente.

16. a) Essaie d'utiliser la méthode par substitution pour résoudre le système $y = 3x$ et $y = 3x - 7$. Que remarques-tu ?
   b) Représente ce système graphiquement. Que remarques-tu ?
   c) Explique pourquoi ce système n'a pas de solution.

17. a) Essaie d'utiliser la méthode par substitution pour résoudre le système $3y - 6x = 15$ et $y = 2x + 5$. Que remarques-tu ?
   b) Représente ce système graphiquement. Que remarques-tu ?
   c) Explique pourquoi ce système a plus d'une solution.

5.3 Résoudre des systèmes d'équations du premier degré par élimination

Jemma possède un café. Elle combine différents types de grains de café pour créer différents mélanges.

Explore **A** **Additionner ou soustraire des équations du premier degré**

Matériel

- papier quadrillé

Travaille en groupe de quatre élèves.

1. a) Chaque élève choisit un système d'équations différent.

Système A		Système B	
$x - y = 1$	①	$x - 3y = 6$	①
$2x + 5y = 16$	②	$3x + 4y = -21$	②

Système C		Système D	
$x - y = 2$	①	$x + y = 5$	①
$2x + 3y = 14$	②	$2x - 5y = 17$	②

b) Sur du papier quadrillé, représente graphiquement les équations du système. Identifie chaque équation. Quel est le point d'intersection ?

2. a) Additionne les équations de ton système. Nomme l'équation obtenue ③.

b) Représente graphiquement l'équation ③ dans le plan cartésien de la question 1. Que remarques-tu ?

3. a) Soustrais les équations de ton système. Nomme l'équation obtenue ④.

b) Représente graphiquement l'équation ④ dans le plan cartésien utilisé aux questions 1 et 2. Que remarques-tu ?

4. Compare tes résultats avec ceux des élèves des autres groupes qui ont travaillé sur le même système.

5. Compare tes résultats avec ceux des autres membres de ton groupe.

6. Réfléchis Tire une conclusion au sujet de l'équation qu'on obtient en additionnant ou en soustrayant les équations d'un système d'équations du premier degré.

Explore B **Multiplier une équation du premier degré par une constante**

Matériel

- papier quadrillé

Travaille en groupe de quatre élèves.

1. a) Chaque élève choisit une équation différente.

Équation A	Équation B
$y = 4x + 3$	$2x + y = 5$
Équation C	Équation D
$y = -x - 2$	$3x - y = 1$

b) Sur du papier quadrillé, représente graphiquement la droite et désigne-la par son équation.

2. a) Choisis un nombre entre -5 et 5. Multiplie chacun des termes de ton équation par le nombre choisi.

b) Représente graphiquement l'équation obtenue dans le même plan cartésien. Que remarques-tu ?

c) Choisis un autre nombre. Multiplie chacun des termes de ton équation initiale par le nombre choisi, puis représente graphiquement le résultat dans le même plan cartésien.

4. Compare tes résultats avec ceux des élèves des autres groupes qui ont travaillé sur la même droite.

5. Compare tes résultats avec ceux des autres membres de ton groupe.

6. Réfléchis Tire une conclusion au sujet de l'équation qu'on obtient en multipliant chaque terme de l'équation par une même constante.

méthode de résolution par élimination

- Une méthode algébrique permettant de résoudre un système d'équations du premier degré.
- Les équations sont additionnées ou soustraites afin d'éliminer une variable.

Quand deux équations du premier degré sont additionnées ou soustraites, l'équation obtenue passe par le même point d'intersection. Quand chaque terme d'une équation du premier degré est multiplié par une constante, l'équation obtenue donne la même droite. Dans cette section, tu appliqueras ces principes pour utiliser une autre méthode algébrique afin de résoudre des systèmes d'équations du premier degré : la **méthode de résolution par élimination**.

Résoudre par élimination

Utilise la méthode par élimination pour résoudre le système
$3x + y = 19$ et $4x - y = 2$.

Solution

Réarrange les équations de façon à ce que les termes semblables se
trouvent dans la même colonne.

$$
\begin{array}{ll}
3x + y = 19 & \text{①} \\
+\ 4x - y = 2 & \text{②} \\
\hline
7x \quad\quad = 21 & \text{③}
\end{array}
$$

Additionne les équations afin d'éliminer y.

Résous l'équation ③ pour déterminer x.

$$\frac{7x}{7} = \frac{21}{7}$$

$$x = 3$$

$$3x + y = 19$$

$$3(3) + y = 19$$

$$9 + y = 19$$

$$9 + y - 9 = 19 - 9$$

$$y = 10$$

*Remplace x par 3 dans l'équation ①
afin de trouver y.*

Vérifie la solution $(3, 10)$ dans l'équation ②.

$$
\begin{aligned}
\text{MG} &= 4x - y & \text{MD} &= 2 \\
&= 4(3) - (10) \\
&= 12 - 10 \\
&= 2 \\
&= \text{MD}
\end{aligned}
$$

La solution est $(3, 10)$.

Résoudre un système d'équations du premier degré

Résous le système d'équations du premier degré
$4x - 2y = 6$ et $x + y = 6$.

Solution

$$
\begin{array}{ll}
4x - 2y = 6 & \text{①} \\
x + y = 6 & \text{②}
\end{array}
$$

$$
\begin{array}{ll}
4x - 2y = 6 & \text{①} \\
+\ 2x + 2y = 12 & \text{③} \\
\hline
6x \quad\quad = 18
\end{array}
$$

*Multiplie chaque terme de l'équation ②
par 2. Nomme la nouvelle équation ③.*

Additionne ① + ③.

$$\frac{6x}{6} = \frac{18}{6}$$

$$x = 3$$

$$x + y = 6$$
$$3 + y = 6$$
$$3 + y - 3 = 6 - 3$$
$$y = 3$$

*Remplace **x** par 3 dans l'équation ② afin de déterminer la valeur de **y**.*

Vérifie la solution (3, 3) dans l'équation ①.

$$MG = 4x - 2y \qquad\qquad MD = 6$$
$$= 4(3) - 2(3)$$
$$= 12 - 6$$
$$= 6$$
$$= MD$$

La solution est (3, 3).

Exemple 3

Préparer un mélange de cafés

Jemma fait 120 kg d'un nouveau mélange de cafés qu'elle vendra 15 $ le kilo. Le mélange contient deux types de café : l'un qu'elle vend 18 $ le kilo et l'autre qu'elle vend 10 $ le kilo. Quelle quantité de chaque type de café Jemma doit-elle utiliser pour obtenir le nouveau mélange ?

Solution

La variable x représente la quantité, en kilogrammes, de café vendu à 18 $ le kilo et y, la quantité, en kilogrammes, de café vendu à 10 $ le kilo.

$$x + y = 120 \qquad ①$$
$$18x + 10y = 1800 \qquad ②$$
$$\underline{10x + 10y = 1200} \qquad ③$$
$$8x \qquad\quad = 600$$
$$\frac{8x}{8} = \frac{600}{8}$$
$$x = 75$$

Jemma préparera 120 kg du mélange.

Le mélange étant vendu 15 $/kg, 120 kg coûteront donc 1 800 $.

Multiplie chaque terme de l'équation ① par 10. Nomme cette nouvelle équation ③. Soustrais ② − ③.

$$x + y = 120$$
$$75 + y = 120$$
$$75 + y - 75 = 120 - 75$$
$$y = 45$$

*Remplace **x** par 75 dans l'équation ①. afin de trouver **y**.*

Vérifie la solution (75, 45) dans l'équation ②.

$$\begin{aligned} MG &= 18x - 10y \\ &= 18(75) - 10(45) \\ &= 1350 - 450 \\ &= 1800 \\ &= MD \end{aligned}$$
$$MD = 1800$$

Jemma devrait utiliser 75 kg du café qu'elle vend 18 $ le kilo et 45 kg du café qu'elle vend 10 $ le kilo pour obtenir ce mélange.

Concepts clés

- Un système d'équations du premier degré peut être résolu algébriquement à l'aide de la méthode par élimination.

- Pour résoudre un système du premier degré par élimination, les équations sont additionnées ou soustraites afin d'éliminer une variable.

- Quand chaque terme d'une équation est multiplié par une constante, l'équation obtenue donne graphiquement la même droite.

> ### Parle des concepts

D1. Considère le système $x + y = 5$ et $x - y = 7$.

    a) Pour éliminer les termes x, additionnerais-tu ou soustrairais-tu les deux équations ? Explique ta réponse.

    b) Pour éliminer les termes y, additionnerais-tu ou soustrairais-tu les deux équations ? Explique ta réponse.

    c) Obtiendrais-tu le même point d'intersection si tu additionnais ou soustrayais ces deux équations ? Explique ta réponse.

D2. Quelle est la principale différence entre la méthode de résolution par substitution et la méthode de résolution par élimination ?

Exerce-toi

Si tu as besoin d'aide pour répondre à la question 1, reporte-toi à l'exemple 1.

1. Résous chacun de ces systèmes à l'aide de la méthode par élimination.

    a) $x + y = 2$
       $3x - y = 2$

    b) $x - y = -1$
       $3x + y = -7$

    c) $2x + y = 8$
       $4x - y = 4$

    d) $2x - y = -6$
       $4x + y = -6$

    e) $2x + y = -5$
       $-2x + y = -1$

    f) $4x - y = -1$
       $-4x - 3y = -19$

Si tu as besoin d'aide pour répondre à la question 2, reporte-toi à l'exemple 2.

2. Résous chacun de ces systèmes à l'aide de la méthode par élimination. Vérifie tes réponses.

a) $2x + y = 7$
$x - y = -1$

b) $3x + 2y = -1$
$-3x + 4y = 7$

c) $x - y = 3$
$2x + y = 3$

d) $3x + 2y = 5$
$x - 2y = -1$

e) $2x + 5y = 3$
$2x - y = -3$

f) $2x - y = 3$
$4x - y = -1$

3. Résous chacun de ces systèmes.

a) $x + 2y = 2$
$3x + 5y = 4$

b) $3x + 5y = 12$
$2x - y = -5$

c) $2x - 3y = -12$
$6x + 5y = -8$

d) $4x - 7y = 19$
$3x - 2y = 11$

4. Résous chacun de ces systèmes.

a) $4x + 3y = 4$
$8x - y = 1$

b) $5x - 3y = 2$
$10x + 3y = 5$

c) $5x + 2y = 48$
$x + y = 15$

d) $2x + 3y = 8$
$x - 2y = -3$

Applique les concepts B

Math plus

Les mélanges d'épices sont constitués de divers types d'épices et d'herbes aromatiques. Bon nombre sont préparés à l'avance, puis conditionnés pour la vente, par exemple le poivre au citron, l'assaisonnement au chili, la poudre de curry, les cinq épices chinoises ou le sel à l'ail.

Si tu as besoin d'aide pour répondre à la question 5, reporte-toi à l'exemple 3.

5. Mathilde mélange de la cannelle avec de la muscade pour faire 25 g d'un mélange d'épices. La cannelle coûte 9 ¢ le gramme et la muscade coûte 12,5 ¢ le gramme. Le mélange d'épices coûte 9,7 ¢ le gramme. Quelle quantité de chaque épice Mathilde doit-elle utiliser ?

6. Les billets pour assister à une pièce de théâtre coûtent 5 $ pour un adulte et 3 $ pour un enfant. Un total de 800 billets sont vendus et la recette totale des ventes de billets est de 3 600 $.

a) Écris un système d'équations du premier degré représentant cette situation.

b) Combien de billets pour adultes ont été vendus ?

7. Quand un avion vole contre le vent, il se déplace à une vitesse moyenne de 540 km/h. Quand il vole dans le sens du vent, l'avion se déplace à une vitesse moyenne de 680 km/h. La variable vi représente la vitesse de l'avion et ve, la vitesse du vent.

a) Écris un système d'équations du premier degré afin de représenter cette situation.

Littératie

b) Décris comment tu calculerais la vitesse du vent.

8. Eleni a loué une voiture à deux occasions différentes. La première fois, elle a payé 180 $ pour 3 jours et 150 km. La fois suivante, elle a payé 180 $ pour 2 jours et 400 km.

a) Quel est le prix moyen par jour ?

b) Quel est le prix moyen par kilomètre ?

Problème du chapitre

9. La prochaine activité de collecte de fonds de Paul est un service de toilettage pour chien. Un toiletteur pour chien de la région facturera un prix fixe de 120 $, plus 8 $ par chien. Paul prévoit exiger 16 $ par chien à ses clients.

a) Écris un système d'équations du premier degré afin de représenter cette situation.

b) Quel est le nombre minimal de clients qui doivent se présenter pour que l'activité rapporte un bénéfice ?

Approfondis les concepts **C**

10. Le tuyau d'alimentation d'une cuve de stockage remplit la cuve en 9 heures. Le tuyau de vidange vide la cuve en 12 heures. Suppose que les deux tuyaux sont ouverts en même temps. Combien de temps faudra-t-il pour remplir la cuve ?

11. Sarah peut peindre une clôture en 5 heures. Jacques-Olivier peut peindre une clôture en 6 heures. Ils décident de travailler ensemble. En combien de temps Sarah et Jacques-Olivier auront-ils peint la clôture ?

12. Le radiateur de la voiture de Songi a une capacité de 25 l. Il est actuellement plein d'un mélange d'eau et d'antigel. Un cinquième du volume de la solution est de l'antigel. Le temps se refroidit et Songi veut changer le mélange pour que la solution soit constituée de trois cinquièmes d'antigel. Quel volume de la solution de son radiateur Songi doit-elle évacuer pour le remplacer par de l'antigel ?

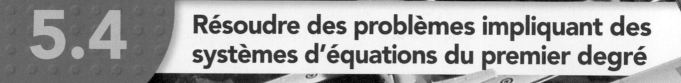

5.4 Résoudre des problèmes impliquant des systèmes d'équations du premier degré

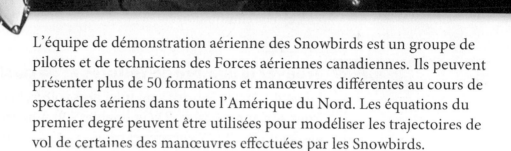

L'équipe de démonstration aérienne des Snowbirds est un groupe de pilotes et de techniciens des Forces aériennes canadiennes. Ils peuvent présenter plus de 50 formations et manœuvres différentes au cours de spectacles aériens dans toute l'Amérique du Nord. Les équations du premier degré peuvent être utilisées pour modéliser les trajectoires de vol de certaines des manœuvres effectuées par les Snowbirds.

Explore

Choisir une méthode pour résoudre un système du premier degré

Matériel

- papier quadrillé
- calculatrice graphique

1. Résous graphiquement le système $y = 3x + 1$ et $y = 4x - 3$.

2. Résous graphiquement le système $x + y = 101$ et $300x - y = 200$.

3. Compare les résultats que tu as obtenus aux questions 1 et 2.
   a) Pourquoi était-il difficile de résoudre graphiquement le système de la question 2 ?
   b) Quelle méthode aurait peut-être été plus facile à utiliser ? Pourquoi ?

4. a) Résous le système de la question 1 à l'aide de la méthode par substitution.
   b) Résous le système de la question 1 à l'aide de la méthode par élimination.
   c) Compare tes réponses aux questions 1, 4a) et 4b). Que remarques-tu ?
   d) Quelle méthode as-tu trouvée la plus facile à utiliser pour résoudre le système $y = 3x + 1$ et $y = 4x - 3$? Pourquoi ?

5. **a)** Résous le système d'équations de la question 2 à l'aide de la méthode par substitution.

   b) Résous le système d'équations de la question 2 à l'aide de la méthode par élimination.

   c) Compare tes réponses aux questions 2, 5a) et 5b). Que remarques-tu ?

   d) Quelle méthode as-tu trouvée la plus facile à utiliser pour résoudre le système $x + y = 101$ et $300x - y = 200$? Pourquoi ?

6. **Réfléchis** Pour résoudre un système d'équations du premier degré, quand choisirais-tu la méthode :

   a) graphique ?

   b) par substitution ?

   c) par élimination ?

Exemple **1** **Trouver le nombre de voitures et de camions**

Le petit frère de Fabrice a un total de 8 voitures et camions pour jouer. Pour son anniversaire, il veut doubler son nombre de voitures. Il aura alors un total de 11 voitures et camions. Combien de voitures le frère de Fabrice a-t-il actuellement ? Combien de camions a-t-il ?

Solution

La variable x représente le nombre de voitures que le frère de Fabrice possède et y, le nombre de ses camions.

$2x + y = 11$ ①
$x + y = 8$ ②

Les valeurs de x et de y qui satisfont ce système doivent être des nombres naturels. Il n'est pas possible d'avoir seulement une partie d'une voiture ou d'un camion.

Méthode 1 : résoudre par substitution

Réarrange l'une des équations afin d'isoler y.

$$2x + y = 11 \qquad ①$$
$$y = 8 - x \qquad ②$$

$$2x + (8 - x) = 11$$
$$2x + 8 - x = 11$$
$$x + 8 = 11$$
$$x + 8 - 8 = 11 - 8$$
$$x = 3$$

Dans l'équation ①, substitue y = 8 – x .

$$y = 8 - x$$
$$y = 8 - 3$$
$$y = 5$$

Dans l'équation ②, remplace x par 3 afin de déterminer la valeur de y.

Vérifie la solution $(3, 5)$ dans l'équation ①.

$$\begin{aligned} MG &= 2x + y \\ &= 2(3) + 5 \\ &= 6 + 5 \\ &= 11 \\ &= MD \end{aligned} \qquad MD = 11$$

La solution est $(3, 5)$. Le frère de Fabrice a présentement 3 voitures et 5 camions.

Méthode 2 : résoudre graphiquement à l'aide d'outils technologiques

Réarrange chaque équation afin d'isoler y.

$$2x + y = 11 \qquad\qquad x + y = 8$$
$$2x + y - 2x = 11 - 2x \qquad x + y - x = 8 - x$$
$$y = 11 - 2x \qquad\qquad y = 8 - x$$

- Sur une calculatrice graphique, appuie sur $\boxed{\text{Y=}}$. Saisis les équations Y1 $= 11 - 2x$ et Y2 $= 8 - x$.

- Utilise les paramètres d'affichage standards. Appuie sur $\boxed{\text{GRAPH}}$.

- Appuie sur $\boxed{\text{2nd}}$ $[\text{CALC}]$ 5 $\boxed{\text{ENTER}}$ $\boxed{\text{ENTER}}$ $\boxed{\text{ENTER}}$.

La solution est $(3, 5)$. Le frère de Fabrice a présentement 3 voitures et 5 camions.

Dans l'exemple 1, le problème peut être résolu graphiquement ou algébriquement à l'aide de la méthode par substitution ou par élimination. Choisis la méthode que tu trouves la plus facile à utiliser.

Exemple **2**

Investir

Marie investit 3 000 $ dans deux fonds. Un plan d'épargne-études rapporte des intérêts à un taux de 7 % par an et un certificat de placement garanti (CPG) rapporte des intérêts à un taux de 5 % par an. À la fin de l'année, elle a gagné 190 $ en intérêts. Détermine la somme que Marie a investie dans chacun des fonds.

Solution

La variable e représente le montant investi dans le plan d'épargne-études et g, le montant investi dans le CPG.

$$e + g = 3\,000 \qquad ①$$
$$0{,}07e + 0{,}05g = 190 \qquad ②$$

Marie investit un total de 3 000 $.
Exprime chaque pourcentage en décimale.

Ce système d'équations serait difficile à résoudre graphiquement. Résous-le par élimination.

$$0{,}07e - 0{,}05g = 190 \quad ②$$
$$\underline{0{,}05e + 0{,}05g = 150 \quad ③}$$
$$0{,}02e \qquad\qquad = 40$$

$$\frac{0{,}02e}{0{,}02} = \frac{40}{0{,}02}$$
$$e = 2\,000$$

Multiplie chaque terme de l'équation ① par 0,05 pour obtenir l'équation ③, puis effectue la soustraction ② − ③.

$$e + g = 3\,000$$
$$2\,000 + g = 3\,000$$
$$2\,000 + g - 2\,000 = 3\,000 - 2\,000$$
$$g = 1\,000$$

Dans l'équation ①, remplace e par 2 000 afin de déterminer la valeur de g.

Vérifie la solution (2 000, 1 000) dans l'équation ②.

$$\begin{aligned}
\text{MG} &= 0{,}07e + 0{,}05g & \text{MD} &= 190 \\
&= 0{,}07(2\,000) + 0{,}05(1\,000) \\
&= 140 + 50 \\
&= 190 \\
&= \text{MD}
\end{aligned}$$

Marie a investi 2 000 $ dans le plan d'épargne-études à 7 % et 1 000 $ dans le CPG à 5 %.

Concepts clés

- Un système d'équations du premier degré peut être résolu graphiquement ou à l'aide d'une méthode algébrique.
- Les différentes méthodes de résolution d'un système d'équations du premier degré devraient donner la même solution.

Parle des concepts

D1. Décris une situation dans laquelle tu résoudrais graphiquement un système du premier degré. Fournis un exemple.

D2. Donne un exemple de système d'équations du premier degré que tu résoudrais à l'aide de la méthode par substitution. Explique pourquoi tu résoudrais le système par substitution.

D3. Donne un exemple de système du premier degré que tu résoudrais à l'aide de la méthode par élimination. Explique pourquoi tu résoudrais le système par élimination.

Exerce-toi

Si tu as besoin d'aide pour répondre à la question 1, reporte-toi à l'exemple 1.

1. Le salaire annuel, S, de Julia en dollars peut être représenté par l'équation $S = 30\ 500 + 500n$, où n est le nombre d'années pendant lesquelles elle a travaillé dans l'entreprise. Aysha travaille dans une autre entreprise. Son salaire annuel peut être représenté par l'équation $S = 26\ 000 + 1\ 000n$, où n est le nombre d'années pendant lesquelles Aysha a travaillé dans cette entreprise. Après combien d'années ces deux femmes auront-elles le même salaire ? Quel sera ce salaire ?

Si tu as besoin d'aide pour répondre aux questions 2 et 3, reporte-toi à l'exemple 2.

2. Silvio investit 8 000 $ pour l'éducation de ses enfants. Il investit une partie de l'argent dans une obligation à haut risque qui rapporte 5 % d'intérêts par an et le reste dans une obligation à moindre risque qui rapporte 3,25 % par an. Après un an, il obtient 312,50 $ en intérêts. Détermine la somme que Silvio a investie dans chacune des obligations.

3. Étienne prévoit aller à l'université dans un an et doit épargner pour payer ses droits de scolarité. Il investit 3 050 $, qui constituent ses économies de l'été. Une partie est investie à 8 % d'intérêts par an et l'autre partie à 7,5 % par an. Après un an, Étienne a obtenu un total de 234 $ en intérêts. Pour chacun des taux, détermine la somme qu'Étienne a investie.

4. Pour s'inscrire au centre sportif Énergie Plus, Sonja doit payer des frais mensuels de 25 $ et des frais d'inscription de 200 $. Au centre sportif Beaulieu, les frais d'inscription qu'on lui demande sont seulement de 100 $, mais les frais mensuels s'élèvent à 35 $.

a) Après combien de mois le prix de ces centres sportifs est-il le même ?

b) Si Sonja prévoit faire du sport pendant 6 mois, à quel centre devrait-elle s'inscrire ? Pourquoi ?

c) Si Sonja prévoit faire du sport pendant plus d'un an, à quel centre devrait-elle s'inscrire ? Pourquoi ?

5. Résous le système $y = 2x - 1$ et $3x - y = 5$. Quelle méthode as-tu utilisée ? Pourquoi ?

6. Pour un tournoi de basketball, Marcus commande des t-shirts pour tous les participants. Les t-shirts de taille moyenne coûtent 4 $ chacun et les t-shirts de grande taille coûtent 5 $ chacun. Marcus commande un total de 70 t-shirts, ce qui lui coûte 320 $. Combien de t-shirts de taille moyenne a-t-il commandés ?

7. Des élèves décident de laver des voitures pour recueillir des fonds afin de financer un voyage scolaire sur la côte ouest. Ils demandent 7 $ par voiture et 10 $ par camionnette. S'ils lavent 52 voitures et camionnettes au total et gagnent 457 $, combien de voitures ont-ils lavées ? Combien de camionnettes ont-ils lavées ?

Vérification des connaissances

8. Sophie a parcouru 255 km de Kingston à Toronto en $2\frac{3}{4}$ heures. Elle a conduit une partie du trajet à 100 km/h et le reste à 60 km/h.

a) Suppose que l'équation horaire est $\frac{x}{100} + \frac{y}{60} = 2{,}75$. Que représentent les variables ?

b) Écris une équation qui représente la distance totale parcourue.

c) Résous le système d'équations afin de déterminer la distance que Sophie a parcourue à chaque vitesse.

9. Quelle méthode utiliserais-tu pour résoudre le système $3x - y = 8$ et $4x - y = -15$? Pourquoi?

10. Pour un concours, des élèves doivent résoudre le problème suivant: la longueur d'un rectangle mesure 6 cm de plus que sa largeur et son périmètre mesure 84 cm. Quelles sont ses dimensions?

a) Un élève répond que les dimensions du rectangle sont 39 cm par 45 cm. Cette réponse est-elle exacte? Comment le sais-tu?

b) Quelle est la réponse à ce problème?

Approfondis les concepts C

11. Les couples ordonnés $(1, 3)$ et $(-2, -9)$ sont tous deux des solutions au système $y = 4x - 1$ et $8x - 2y = 2$. Explique comment cela est possible.

Math plus

Le centre commercial de l'hôtel Kempinski à Dubaï, ouvert en 2006, couvre 48 000 m². L'hôtel se trouve à côté de la troisième plus importante station de ski intérieure du monde. Il offre l'occasion unique de faire du ski au milieu du désert.

12. Des élèves planifient une excursion de ski. Ils ont le choix entre deux formules. La première formule coûte 630 $ par élève; elle inclut 2 repas par jour et l'hébergement pour 9 jours. La deuxième formule coûte 720 $ par élève; elle inclut 3 repas par jour et l'hébergement pour 9 jours.

a) Quel est le prix d'un repas?
b) Quel est le prix de l'hébergement par jour?

13. Rodrigue parcourt 400 km en 5,5 heures. Pendant la première partie du trajet, sa vitesse moyenne est de 80 km/h. Pendant la seconde partie du trajet, sa vitesse moyenne est de 60 km/h.

a) La variable x représente la distance que Rodrigue parcourt à 80 km/h et y, la distance parcourue à 60 km/h. Écris un système d'équations qui représente cette situation.

b) Quelle distance Rodrigue parcourt-il à chaque vitesse?

Révision des termes clés

1. Explique, dans tes propres mots, la signification de chacun de ces termes.

   a) méthode de résolution par élimination

   b) méthode de résolution par substitution

   c) point d'intersection

   d) système d'équations du premier degré

5.1 Résoudre graphiquement des systèmes d'équations du premier degré, pages 202 à 208

2. Résous graphiquement chacun de ces systèmes.

   a) $y = 2x + 3$
      $y = x + 4$

   b) $2x - y = -13$
      $x - y = -10$

   c) $x + y = 7$
      $3x - y = 5$

   d) $2x - y = 2$
      $4x + y = 10$

3. Résous chacun de ces systèmes d'équations à l'aide d'une calculatrice graphique. Au besoin, arrondis les réponses à deux décimales près.

   a) $y = -3x + 4$
      $y = 4x + 13$

   b) $y = 5x - 6$
      $y = \dfrac{2}{5}x - \dfrac{3}{5}$

   c) $y = -4x + \dfrac{2}{3}$
      $y = 2x + \dfrac{8}{3}$

   d) $y = 6x - 13$
      $y = -\dfrac{3}{4}x - \dfrac{5}{2}$

5.2 Résoudre des systèmes d'équations du premier degré par substitution, pages 209 à 215

4. Résous par substitution chacun de ces systèmes.

   a) $y = 7x + 1$
      $2x + y = 10$

   b) $2x + y = 4$
      $4x - y = -1$

   c) $x - y = 7$
      $3x + y = 5$

   d) $x + y = 5$
      $x - y = -1$

5. Dans sa ferme, Jean-Maurice ensemence un total de 20 ha. Il plante du maïs et du canola. S'il plante trois fois plus de maïs que de canola, combien d'hectares de chaque type de plante a-t-il ensemencés ?

6. Une enseignante prévoit acheter des livres pour sa classe. Elle a 28 élèves et souhaite acheter un livre par élève. Le livre coûte 5 $ dans sa version de poche et 8 $ dans sa version cartonnée. L'enseignante peut dépenser 173 $. Combien de livres de chaque version peut-elle acheter ?

5.3 Résoudre des systèmes d'équations du premier degré par élimination, pages 216 à 222

7. Résous chacun de ces systèmes par élimination.

a) $x + 2y = 3$
$x - 4y = 0$

b) $3x + 2y = 18$
$x - 3y = -5$

c) $2x - 3y = -19$
$4x + 6y = 28$

d) $3x + y = 4$
$6x - y = -1$

8. Isabella a conduit sa moto à une vitesse constante. Il lui a fallu 2 heures pour parcourir 216 km avec le vent dans le dos. Le trajet de retour a nécessité 3 heures avcc le vent de face.

a) La variable vi représente la vitesse de la moto et ve, la vitesse du vent. Écris un système d'équations qui représente cette situation.

b) Détermine la vitesse de la moto et la vitesse du vent.

9. Le Conseil athlétique souhaite acheter un total de 45 ballons de volleyball et de basketball. Le Conseil peut dépenser 435 $. Chaque ballon de volleyball coûte 8 $ et chaque ballon de basketball coûte 11 $. Combien de ballons de chaque type peuvent être achetés ?

5.4 Résoudre des problèmes impliquant des systèmes d'équations du premier degré, pages 223 à 229

10. Résous chacun de ces systèmes. Quelle méthode as-tu utilisée chaque fois ? Pourquoi ?

a) $x + 3y = 7$
$2x + 4y = 11$

b) $2x - y = 27$
$x + y = 12$

c) $y = -x + 8$
$y = 6x + 1$

d) $y = 2x - 8$
$x - y = 4$

11. Anna doit investir 6 000 $. Elle investit une partie à 8 % par an et le reste à 6 % par an. Après un an, Anna a obtenu 440 $ en intérêts. Détermine la somme qu'elle a investie à chaque taux.

12. Christian achète un nouveau téléphone cellulaire. Il doit choisir entre deux forfaits. Le premier coûte 40 $ par mois avec un nombre d'appels illimité. Le deuxième coûte 10 $ par mois, plus 0,10 $ par minute. Quel forfait Christian devrait-il choisir ? Explique ton choix.

13. Caroline possède un récipient rempli de pièces de monnaie. Elle dit à sa sœur que le récipient contient en tout 45 pièces de 25 ¢ et de 10 ¢ et que la valeur totale des pièces est de 6,30 $. Détermine le nombre de chacun des types de pièces contenus dans le récipient.

1. Résous graphiquement ces systèmes d'équations.
   a) $y = 2x + 3$
   $y = x + 4$
   b) $y = 3x - 4$
   $y = \frac{1}{2}x + 1$
   c) $y = -5x + 2$
   $y = x + 8$

2. Résous ces systèmes par substitution.
   a) $2x - y = 3$
   $x - y = 4$
   b) $x = 4y - 3$
   $2x + y = 6$
   c) $x - 2y = 7$
   $2x = 3y + 13$

3. Résous ces systèmes par élimination.
   a) $2x - y = -13$
   $x - y = -10$
   b) $2x - y = -2$
   $x + 2y = 9$
   c) $4x - 3y = 11$
   $2x + 3y = -1$

4. Résous ce système d'équations. Quelle méthode as-tu utilisée? Pourquoi?
   $4x + 5y = 3$
   $2x - 3y = 7$

5. a) Explique comment tu résoudrais ce système d'équations.
   $y = 7x + 1$
   $2x + y = 10$
   b) Quelle est la solution?

6. Nathan et Vivek ont des emplois à temps partiel dans la même entreprise. Nathan est payé 10 $ par période de travail plus 4 $ pour chaque article fabriqué au cours de cette période. Vivek est payé 40 $ par période de travail plus 1 $ pour chaque article fabriqué au cours de cette période.
   a) Écris un système d'équations du premier degré qui représente cette situation.
   b) Combien d'articles chacun doit-il fabriquer en une période de travail pour qu'ils gagnent le même montant?
   c) Combien chacun gagnera-t-il pour cette période de travail?

7. Marcela prévoit faire fabriquer des chemises en vue de la remise des diplômes. L'entreprise A facture 40 $ de frais de conception plus 5 $ pour l'impression d'une chemise. L'entreprise B facture 100 $ de frais de conception plus 2 $ pour l'impression d'une chemise.
   a) Écris un système d'équations du premier degré qui représente cette situation.
   b) Détermine le nombre de chemises pour lequel le coût est le même pour les deux entreprises.
   c) Dans ces conditions, Marcela devrait-elle choisir l'entreprise A ou l'entreprise B? Explique ta réponse.

Retour sur le problème du chapitre

Pour terminer sa campagne de collecte de fonds, Paul a organisé une exposition canine. Le prix de location du parc était de 1 300 $ plus 2,50 $ par personne pour les rafraîchissements. Paul a fixé le prix des billets à 5 $ par élève et à 8 $ par adulte. Ses ventes totales de billets se sont élevées à 3 585 $ et le nombre de personnes présentes a été de 525.

a) Combien d'élèves ont assisté à l'événement ?

b) Combien d'adultes ont assisté à l'événement ?

c) Combien d'argent Paul a-t-il réussi à recueillir grâce à cet événement ?

8. L'entreprise Sport 2 000 facture des frais fixes de 5 $ plus 1 $ l'heure pour la location d'un équipement de planche à neige. Menuires Location facture des frais fixes de 7 $ plus 0,50 $ l'heure pour la location du même équipement.

a) Écris une équation du premier degré qui représente le coût total pour chaque entreprise.

b) Quel est le point d'intersection de ce système d'équations ? Que signifient les coordonnées du point d'intersection dans ce contexte ?

c) Décris une situation dans laquelle il coûterait moins cher de louer cet équipement chez Sport 2 000.

9. L'école a vendu 108 billets pour le concert printanier. Les billets coûtaient 2 $ par élève et 5 $ par adulte.

a) La recette pour ce concert a été de 351 $. Combien d'élèves ont assisté au concert ?

b) Si chacune des 108 personnes qui ont assisté au concert a payé en moyenne 3 $ pour des rafraîchissements, détermine les recettes totales de ce concert.

10. Barbara et sa fille Linda doivent choisir un nouveau forfait de téléphone cellulaire. Cellulaire Plus facture 10 $ par mois plus 0,35 $ par minute pour chaque minute utilisée dans le mois. Procom facture 20 $ par mois plus 0,15 $ par minute pour chaque minute utilisée dans le mois. Pour quel nombre de minutes les forfaits coûtent-ils le même montant ?

Collecte caritative

Le conseil des élèves de ton école souhaite recueillir des fonds pour une œuvre de bienfaisance de la région. Le comité de collecte de fonds dispose de deux options et doit déterminer laquelle permettra de recueillir le plus

Option A

Tombola 60/40

Des billets de tombola sont vendus 4 $ chacun. La personne dont le billet est tiré au hasard gagne 40 % du montant de la vente totale des billets. Les 60 % restants sont versés à l'œuvre caritative.

Option B

Guerre des groupes

Le comité loue la salle communautaire locale pour un concours entre des groupes de musique. La salle facture toujours le même prix de location. Deux autres écoles ont organisé une collecte de fonds similaire plus tôt dans l'année. Une école a vendu 100 billets et a recueilli 50 $ pour l'œuvre de bienfaisance. La deuxième école a vendu 300 billets et a recueilli 1 050 $ pour l'œuvre de bienfaisance. Chacune des écoles a vendu les billets au même prix.

1. Pour l'option A, *x* représente le nombre de billets de tombola vendus et *y*, le montant versé à l'œuvre de charité. Écris une équation algébrique qui représente le montant recueilli pour l'œuvre caritative selon l'option A.

2. **a)** Pour l'option B, *p* représente le prix d'un billet et *l*, les frais fixes de location de la salle communautaire. À l'aide des renseignements sur les collectes de fonds des deux autres écoles, détermine les frais fixes de location ainsi que le prix des billets.

   b) Utilise la réponse trouvée en a). Si *x* est le nombre de billets vendus pour le concours et *y* le montant versé à l'œuvre caritative, écris une équation algébrique qui représente le montant versé à l'œuvre caritative selon l'option B.

3. **a)** Écris un système d'équations du premier degré, puis résous-le afin de déterminer le nombre de billets qui doivent être vendus pour que les options A et B recueillent le même montant.

   b) Dans ces conditions, recommanderais-tu de choisir l'option A ou B?

4. **a)** Suppose que 200 billets sont vendus. Quelle option permettrait de recueillir le plus d'argent? Quelle est la différence?

   b) Sans faire de calculs, cette différence entre les montants recueillis à l'aide de chaque option augmentera-t-elle ou diminuera-t-elle si seulement 100 billets sont vendus? Explique ton raisonnement.

Chapitre 3 :
Les fonctions affines

1. Détermine la pente de chacun de ces segments de droite.

a)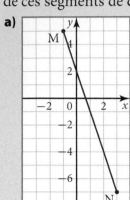

b)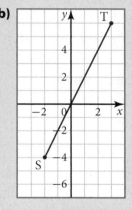

2. Un chauffeur de taxi facture des frais fixes de 2 $ plus 0,35 $ par kilomètre. Ce prix peut être représenté par l'équation $C = 0,35d + 2$, où C est le coût en dollars de la course et d est la distance en kilomètres.

  a) Crée un tableau de valeurs qui indique le prix de courses de 0 à 10 km.

  b) Représente graphiquement les prix établis en a).

  c) Détermine la pente de la droite. Que représente cette pente ?

3. a) Représente graphiquement la relation $y = -3x + 1$ à l'aide d'une calculatrice graphique avec les paramètres d'affichage standards. Reproduis le graphique dans ton cahier.

  b) Calcule le taux de variation à partir du tableau de valeurs.

  c) Détermine la valeur de y quand $x = 0$.

4. Écris une équation pour chacune de ces droites en fonction de la pente et de l'ordonnée à l'origine.

  a) pente : 2, ordonnée à l'origine : 4

  b) pente : $\dfrac{3}{2}$, ordonnée à l'origine : $-\dfrac{1}{4}$

  c) pente : -3, ordonnée à l'origine : 0

  d) pente : 0, ordonnée à l'origine : $\dfrac{1}{2}$

5. Détermine l'équation de chacune de ces droites.

  a) pente : -4, passe par le point $(-1, -6)$

  b) passe par les points $(3, 4)$ et $(1, -6)$

  c) droite verticale qui passe par le point $(1, -6)$

Chapitre 4 :
Les équations du premier degré

6. Résous chacune de ces équations.

  a) $3x - 8 = 7$

  b) $\dfrac{x}{3} + 2 = 6$

  c) $6 - 4x = 2x + 12$

  d) $2(x + 1) = 3x + 6$

  e) $\dfrac{2(t + 3)}{4} = t - 2$

  f) $\dfrac{x + 2}{3} = \dfrac{2x + 1}{4}$

7. Ji Hwan s'est inscrit au centre de bien-être de son quartier. Il a payé des frais d'inscription de 100 $ et paiera 5 $ par visite. Cette relation peut être représentée par l'équation $C = 100 + 5x$, où C est le coût total en dollars et x est le nombre de visites.

  a) Quel sera le coût total si Ji Hwan se rend 26 fois au centre ?

  b) Combien de fois peut-il utiliser le centre pour 400 $?

8. Réarrange chacune de ces formules pour isoler la variable indiquée.

a) $P = 2L + 2l$, la variable L

b) $A = \pi r^2$, la variable r (N.B. La racine carrée, $\sqrt{}$, est l'opération opposée à la mise au carré.)

c) $S = 2\pi rh$, la variable h

9. À l'aide de la formule d'intérêts simples $[I = Ctd]$, détermine le capital, C, qui a été investi pour obtenir 600 $ en intérêts, et ce, après 6 ans à 2 %.

10. Réarrange chacune de ces équations sous la forme pente-ordonnée à l'origine, puis détermine la pente et l'ordonnée à l'origine.

a) $2x + y - 6 = 0$

b) $3x - y + 4 = 0$

c) $4x - 3y - 6 = 0$

11. La droite d'équation $2x + By - 8 = 0$ passe par le point $(1, 3)$. Détermine la valeur de B.

Chapitre 5 : Les systèmes d'équations du premier degré

12. Résous graphiquement ces systèmes d'équations.

a) $y = 2x - 2$
$y = 3x - 3$

b) $2x + y = -4$
$-x - 2y = 5$

13. Résous par substitution chacun de ces systèmes d'équations. Vérifie tes solutions.

a) $y = 3x + 2$
$x + 2y = 11$

b) $3x + y = -9$
$x - 2y = 4$

14. Résous par élimination chacun de ces systèmes d'équations. Vérifie tes solutions.

a) $x + 3y = 2$
$3x + 2y = -1$

b) $2x - y = -3$
$6x + 4y = 12$

15. Angela cherche un endroit pour organiser le banquet du conseil athlétique de son école. La location de la salle Primo Banquet coûte 2 000 $ plus 50 $ par personne. La location de la salle Félicité Banquet coûte 1 500 $ plus 75 $ par personne.

a) Écris une équation qui représente le coût total de chaque salle de banquet.

b) Détermine le point d'intersection du système d'équations.

c) Que représente ce point d'intersection ?

16. Johanne a besoin de louer une salle de concerts. La location de la salle s'élève à 700 $ plus 3 $ par personne. Johanne prévoit vendre les billets 10 $ par personne. Si C représente le coût de l'événement, R le revenu et n le nombre de personnes qui assisteront au concert :

a) Écris un système du premier degré qui représente cette situation.

b) Combien de billets doit-elle vendre pour atteindre son seuil de rentabilité ?

c) Quel sera le coût total de l'événement ?

6

Les fonctions du second degré

La forme du nez des appareils importe beaucoup dans la conception des avions. C'est la vitesse à laquelle volera l'avion qui détermine la forme aérodynamique idéale du nez de l'appareil. L'avion commercial qui vole à des vitesses inférieures à la vitesse du son a un nez arrondi en forme de parabole.

Dans ce chapitre, tu vas:

- recueillir des données qui peuvent être modélisées par une fonction du second degré, tirées soit d'expériences faites avec l'équipement et la technologie appropriés, soit de sources secondaires;
- représenter graphiquement les données et tracer la courbe la mieux ajustée, s'il y a lieu, à l'aide ou non d'outils technologiques;
- découvrir, par l'exploration à l'aide d'outils technologiques, qu'une fonction du second degré de la forme $y = ax^2 + bx + c\ (a \neq 0)$ peut être représentée graphiquement par une parabole, et que, dans le tableau de valeurs, les deuxièmes différences sont constantes;
- établir les principales caractéristiques d'une parabole (l'équation de l'axe de symétrie, les coordonnées du sommet, l'ordonnée à l'origine, les abscisses à l'origine et la valeur maximale ou minimale) à partir d'un graphique donné ou généré à partir de son équation, puis décrire ces caractéristiques en utilisant un vocabulaire approprié.

Raisonnement

Modélisation   Sélection des outils

Résolution de problèmes

Liens   Réflexion

Communication

Termes clés

abscisses à l'origine	ordonnée à l'origine	valeur maximale
axe de symétrie	parabole	valeur minimale
deuxièmes différences	premières différences	
fonction du second degré	sommet	

Littératie

À l'aide d'un diagramme composé de cercles et de flèches, note tes connaissances antérieures sur le sujet et formule des questions sur les concepts présentés dans ce chapitre.

Bien des gens font carrière dans l'industrie aérospatiale. Leurs études, leurs connaissances, leurs compétences et leur expérience sont essentielles à la mise au point des produits sophistiqués utilisés dans cette industrie. De tels produits sont conçus puis fabriqués par des technologues en aérospatiale.

Prépare-toi

Évaluer des expressions

1. Évalue chacune de ces expressions pour la valeur de x indiquée. Nous avons évalué la première expression à titre d'exemple.

   a) $3x^2 + 2$ si $x = -1$
   $$= 3(-1)^2 + 2$$
   $$= 3(1) + 2$$
   $$= 3 + 2$$
   $$= 5$$

   b) $x^2 - 3$ si $x = 1$

   c) $-2x^2 + 3x - 1$ si $x = -2$

   d) $0,5x^2 + 0,25$ si $x = 5$

   e) $-0,02x^2 - 3,12$ si $x = 3$

Les fonctions affines

2. Pour chacune de ces fonctions, crée un tableau de valeurs de $x = -3$ à $x = 3$, puis trace le graphique de la fonction. Nous avons fait la partie a) à titre d'exemple.

   a) $y = 3x + 2$

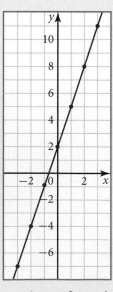

x	y
−3	−7
−2	−4
−1	−1
0	2
1	5
2	8
3	11

   b) $y = -x + 6$ c) $y = 2x - 1$
   d) $y = -2x + 3$ e) $y = 0,5x - 3$

3. À l'aide d'une calculatrice graphique, trace le graphique de chaque fonction de la question 2.

4. Pour chacune de ces fonctions, détermine l'abscisse à l'origine et l'ordonnée à l'origine.

   a)
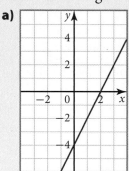

   b)
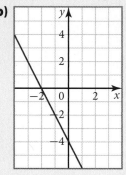

   c)
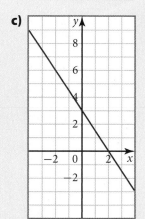

   d)
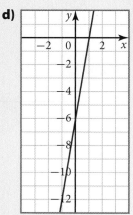

Problème du chapitre

Des archéologues ont découvert dans les gorges d'Olduvai, en Tanzanie, une mâchoire humaine fossilisée vieille de 1,8 million d'années (A). Une autre mâchoire fossilisée vieille de 2,5 millions d'années (B) a été trouvée sur le site archéologique de la vallée de Makapansgat, en Afrique du Sud. Ces découvertes offrent aux scientifiques une occasion unique d'en apprendre davantage sur l'évolution des premiers humains. Décris la forme de ces fossiles. Selon toi, quelle relation mathématique modéliserait le mieux la forme de ces mâchoires ?

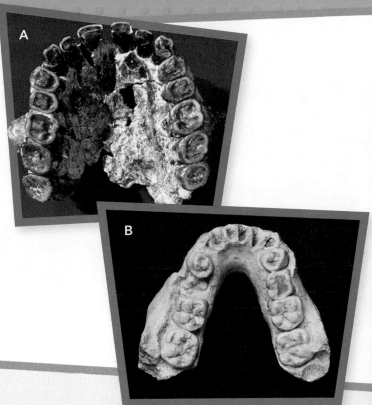

Les axes de symétrie

5. Combien d'axes de symétrie chacune de ces figures comporte-t-elle ? Copie chaque figure, puis trace ses axes de symétrie. Nous avons résolu la partie a) à titre d'exemple.

a)

L'hexagone a deux axes de symétrie.

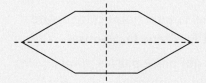

b)

c)

d)

6.1 Explorer les fonctions non affines

Iron Bridge, le premier pont d'acier trempé, a été construit en 1779 au-dessus du fleuve Severn, en Grande-Bretagne. La forme des arches ne peut être modélisée par une fonction affine. Dans cette section, tu vas explorer un des types de relations non affines.

Explore

Matériel

- papier quadrillé

fonction du second degré
- Une fonction dont le graphique est une parabole.
- Une fonction représentée par une équation sous la forme
  $y = ax^2 + bx + c$,
  où $a \neq 0$.

parabole
- Une courbe symétrique en forme de U.
- La représentation graphique d'une fonction du second degré.

L'aire d'un rectangle

1. Sur du papier quadrillé, trace divers rectangles d'un périmètre de 26 unités. Reproduis ce tableau, puis remplis-le pour les rectangles ayant des longueurs de 1 à 12 unités.

Longueur (unités)	Largeur (unités)	Aire (unités carrées)
1	12	12
2		

2. Sur du papier quadrillé, trace le graphique des données du tableau. Représente les longueurs sur l'axe horizontal et les aires sur l'axe vertical.

3. Trace la droite la mieux ajustée. À quel point cette droite correspond-elle aux données ? Explique ta réponse.

4. a) Trace une courbe continue qui passe par les points.
  b) Réfléchis Décris la forme du graphique.

5. À partir de ton graphique, estime l'aire d'un rectangle qui a une longueur de 2,5 unités.

La relation entre la longueur d'un rectangle qui a un périmètre fixe et l'aire de ce rectangle n'est pas affine. Cela est un exemple de **fonction du second degré**. Le graphique d'une fonction du second degré est une **parabole**.

Tracer la droite ou la courbe la mieux ajustée

Représente graphiquement les données de chaque tableau.
Trace la droite ou la courbe la mieux ajustée. Explique ton choix.

a)

x	y
0	1
1	3
2	5
3	7
4	9
5	11
6	13
7	15
8	17

b)

x	y
0	16
1	9
2	4
3	1
4	0
5	1
6	4
7	9
8	16

Solution

a)

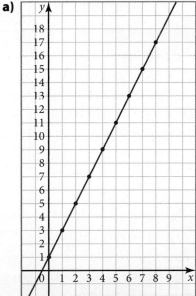

Les points étant alignés, j'ai donc tracé la droite la mieux ajustée.

b)

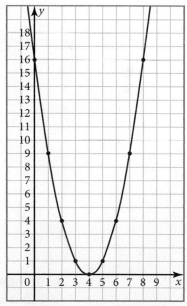

Les points n'étant pas alignés, j'ai donc tracé la courbe la mieux ajustée.

L'aire d'un triangle

La formule de l'aire d'un triangle est $A = \frac{1}{2}bh$, où b représente la longueur de la base et h représente la hauteur. Dans un triangle rectangle isocèle, la longueur de la base est égale à la hauteur.

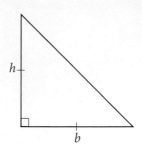

a) Calcule l'aire de six triangles rectangles isocèles dont la base est égale à un nombre entier de 1 à 6 cm. Note la longueur des bases et les aires dans un tableau.

b) Représente graphiquement les données. Trace une courbe continue qui passe par les points.

Solution

a)

Longueur de la base (cm)	Aire (cm²)
1	0,5
2	2,0
3	4,5
4	8,0
5	12,5
6	18,0

b)

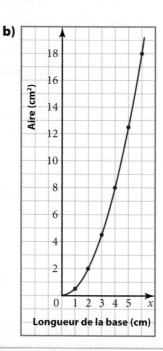

Concepts clés

- Une fonction du second degré est un type de fonction non affine.
- Le graphique d'une fonction du second degré se nomme une parabole.

Parle des concepts

D1. Décris en quoi le graphique d'une fonction du second degré diffère du graphique d'une fonction affine.

D2. Réfère-toi aux tableaux de valeurs de l'exemple 1. Compare les données des deux tableaux.

Si tu as besoin d'aide pour répondre à la question 1, reporte-toi à l'exemple 1.

1. Représente graphiquement chacun de ces ensembles de données. Trace la droite ou la courbe la mieux ajustée. Explique ton choix.

a)

x	y
3	12
4	7
5	4
6	3
7	4
8	7
9	12

b)

x	y
0	4
2	5
4	6
6	7
8	8
10	9
12	10

c)

x	y
1	0
2	7
3	12
4	15
5	16
6	15
7	12
8	7

d)

x	y
0	8,0
1	6,5
2	6,0
3	6,5
4	8,0
5	10,5
6	14,0
7	18,5

Si tu as besoin d'aide pour répondre aux questions 2 et 3, reporte-toi à l'exemple 2.

2. Voici les cinq premières figures d'une régularité.

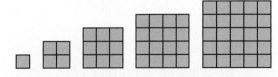

a) Reproduis ce tableau, puis remplis-le pour les cinq figures.

Longueur du côté (unités)	Aire (Unités carrées)
1	1
2	

b) Représente graphiquement les données pour comparer les longueurs des côtés avec les aires des carrés. Trace la courbe la mieux ajustée.

3. La formule de l'aire du cercle est $A = \pi r^2$, où r est le rayon du cercle.

a) Calcule l'aire de cinq cercles, dont les rayons mesurent respectivement 1 cm, 2 cm, 3 cm, 4 cm et 5 cm. Note la mesure des rayons et des aires dans un tableau.

b) Représente graphiquement les données du tableau. Relie les points par une courbe continue.

4. a) Dresse la liste de toutes les dimensions possibles (nombres naturels seulement) d'un rectangle qui a un périmètre de 18 cm. Calcule l'aire de chaque rectangle. Note les dimensions et les aires dans un tableau.

b) Représente graphiquement les données de longueur et d'aire. Représente la longueur sur l'axe horizontal et l'aire sur l'axe vertical.

c) À partir du graphique de la partie b), estime l'aire d'un rectangle dont la longueur mesure 4,5 cm.

5. Voici les quatre premières figures d'une régularité.

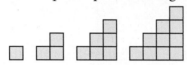

a) Reproduis ce tableau, puis remplis-le pour les huit premières figures de la régularité.

Base	Hauteur	Périmètre	Aire
1	1	4	1
2	2	8	3
3			6
			10

b) Trace un graphique pour comparer les bases et les périmètres des figures. Quel type de relation existe-t-il entre la base d'une figure et son périmètre? Pourquoi?

c) Trace un graphique pour comparer les bases et les aires des figures. Quel type de relation existe-t-il entre la base d'une figure et son aire? Pourquoi?

d) Détermine le périmètre et l'aire de la figure dont la base mesure 15 unités.

6. Voici les quatre premières figures d'une régularité.

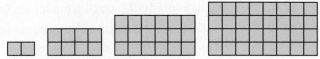

a) Reproduis ce tableau, puis remplis-le pour les huit premières figures de la régularité.

Largeur	Longueur	Aire
1	2	2
2	4	8
3	6	

b) Quel type de relation existe-t-il entre la largeur et la longueur de ces figures ? Pourquoi ?

c) Quel type de relation existe-t-il entre la largeur et l'aire de ces figures ? Pourquoi ?

d) Détermine la largeur et l'aire de la figure dont la longueur mesure 16 unités.

e) Vito prévoit couvrir, avec des dalles de patio carrées, une aire qui a la même forme que celle de cette régularité. Si le périmètre comporte 60 unités, quelle est l'aire de la figure ?

7. Lucien a un secret qu'il révèle à deux amis. Chaque ami le raconte à deux autres amis et ainsi de suite. Suppose qu'il y a 257 élèves dans l'école.

Nombre d'élèves	Nombre de conversations

a) Trace un graphique afin de modéliser la situation de Lucien pour les quatre premières étapes seulement.

b) Reproduis le tableau, puis remplis-le.

c) Représente graphiquement les données.

d) La relation est-elle une fonction affine, une fonction du second degré ou ni l'une ni l'autre ? Comment le sais-tu ?

8. Éléonor a 50 m de bordure pour entourer un jardin. À l'aide de papier quadrillé, trace tous les rectangles possibles d'un périmètre de 50 unités. Modifie chaque fois la longueur et la largeur de 1 m. Note tes résultats dans un tableau.

a) Crée un tableau de valeurs pour représenter l'aire. La largeur augmente de 1 m à 10 m, 1 m à la fois, tandis que la longueur diminue de 1 m à la fois.

b) Sur du papier quadrillé, trace un graphique pour comparer les largeurs et les aires.

c) Trace la courbe la mieux ajustée.

d) À partir du graphique, détermine la longueur et la largeur qu'Éléonor doit choisir pour que l'aire du jardin soit la plus grande possible.

Approfondis les concepts **C**

9. Compare des pendules de longueurs différentes. Le poids à l'extrémité est le même pour tous les pendules. Les données représentent le temps que met le pendule pour faire une oscillation complète.

a) Trace les données sur du papier quadrillé.

b) Trace la droite ou la courbe la mieux ajustée.

c) S'agit-il d'une fonction affine ou d'une fonction du second degré ?

d) À partir du graphique, prédis le temps que met un pendule de 90 cm pour faire une oscillation complète.

e) À partir du graphique, prédis le temps que met un pendule de 50 cm pour faire une oscillation complète.

f) Que peux-tu conclure au sujet de la longueur du pendule et du temps qu'il met pour faire une oscillation complète ?

g) Prédis ce qui changerait dans les données si on plaçait un poids plus lourd à l'extrémité de chaque pendule.

Longueur (cm)	Temps (s)
5	0,46
10	0,64
20	0,90
40	1,27
60	1,55
80	1,80
100	2,00
120	2,20

6.2

Modéliser les fonctions du second degré

Utilisé depuis des millénaires, le cadran solaire donne l'heure. La partie du cadran qui crée l'ombre se nomme le style. Chaque jour, à mesure que le soleil se déplace dans le ciel, l'ombre projetée par l'extrémité du style suit un chemin d'ouest en est. À certains moments de l'année, on peut modéliser ce chemin par une fonction du second degré.

Explore **A**

Recueillir des données à l'aide d'outils technologiques

Matériel

- sonde CBR®
- calculatrice graphique

Math **plus**

Les fonctions du second degré sont également appelées fonctions quadratiques. Le mot « quadratique » vient du latin *quadrare* qui veut dire « rendre carré ».

Ouvre le programme du CBR dans CBL/CBR APP.

- Appuie sur 3.

Règle les paramètres de l'échantillon, puis démarre ce dernier.

- Appuie sur $\boxed{\text{ENTER}}$ $\boxed{\blacktriangledown}$ $\boxed{1}$ $\boxed{\blacktriangledown}$ $\boxed{\blacktriangledown}$ $\boxed{\text{ENTER}}$ $\boxed{\blacktriangle}$ $\boxed{\blacktriangle}$ $\boxed{\blacktriangle}$ $\boxed{\blacktriangle}$ $\boxed{\text{ENTER}}$.

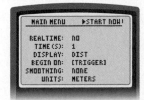

- Détache le cordon de la sonde CB^R. Plie les genoux et écarte les pieds à la largeur de tes épaules. Tiens la sonde devant toi, avec les deux mains, de façon à ce que la face circulaire et le bouton de détente soient tournés vers le sol. Presse sur la détente de la sonde et fais un saut. Rattache le cordon à la sonde CB^R. Pour transférer les données dans la calculatrice, appuie sur ENTER.

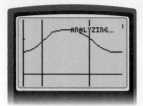

- Pour sélectionner la région du graphique, appuie sur ENTER 4 1. À l'aide des touches fléchées, déplace le curseur jusqu'à un point où la parabole commence. Appuie sur ENTER.

- À l'aide des touches fléchées, déplace le curseur le plus loin possible à droite, puis appuie sur ENTER. La fenêtre se redimensionne de façon automatique pour s'adapter au domaine sélectionné.

- Pour sortir de CBL/CBR APP, appuie sur ENTER 7.

- Pour tracer la parabole la mieux ajustée :
  - Appuie sur STAT ▶ 5 VARS ▶ 1 1 ENTER.
  - Appuie sur GRAPH pour tracer le graphique de la fonction.

Le dernier écran affiche tes données de temps et de distance.

1. Quelle est la hauteur maximale de ton saut ? Comment le sais-tu ?

2. Quelle hauteur maximale la sonde CB^R a-t-elle atteinte ? Comment le sais-tu ?

3. Réfléchis Reporte-toi à l'équation qui représente la portion de ton saut qui est une parabole. Décris les caractéristiques de l'équation. En quoi cette équation diffère-t-elle d'une équation du premier degré ?

On représente la fonction du second degré par une équation de la forme $y = ax^2 + bx + c$. Le coefficient du terme au carré ne peut pas être 0. Voici trois exemples de fonctions du second degré :

$$y = x^2 \qquad\qquad y = 5x^2 - 4 \qquad\qquad y = 2x^2 + 3x + 1$$

Explore B L'empreinte dentaire humaine

Matériel

- calculatrice graphique

1. Reproduis ce tableau, puis remplis-le.

Largeur (mm)	Profondeur (mm)
0	
5	
10	
15	
20	
25	
30	
35	
40	
45	
50	
55	

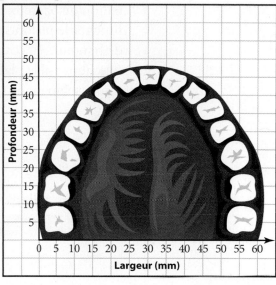

2. Sur une calculatrice graphique, appuie sur [STAT] 1 [ENTER].
Saisis les données de largeur dans L1 et les données de profondeur dans L2.

- Appuie sur [WINDOW].
  Utilise les paramètres d'affichage ci-contre.

- Appuie sur [2nd] [STAT PLOT] [ENTER].
  Utilise les paramètres d'affichage ci-contre.
- Appuie sur [GRAPH].

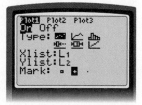

3. Appuie sur [STAT] [▶] 5 [2nd] [L1] [,] [2nd] [L2] [,] [VARS] [▶] 1 1 [ENTER].
Enregistre l'équation de la courbe la mieux ajustée.

- Appuie sur [GRAPH].
- Appuie sur [Y=]. Enregistre l'équation dans Y1.

4. Réfléchis Quel genre de fonction correspond le mieux aux données?

La trajectoire d'un ballon de basketball

Ce graphique représente la trajectoire d'un ballon de basketball. Le ballon ne doit pas toucher le plafond du gymnase situé à 5,5 m de hauteur. Au cours de ce lancer, le ballon touchera-t-il le plafond ? Montre ton travail à ton enseignant ou ton enseignante.

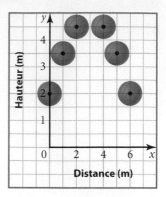

Solution

Les points ci-dessous sont tirés du graphique.

Distance (m)	Hauteur (m)
0	2,0
1	3,5
2	4,5
4	4,5
5	3,5
6	2,0

Saisis les données de distance dans L1 et les données de hauteur dans L2. Trace un nuage de points à partir de ces données.

- Appuie sur [STAT] [▶] 5 [2nd] [L1] [,] [2nd] [L2] [,] [VARS] [▶] 1 1 [ENTER].

- Appuie sur [GRAPH].

- Appuie sur [2nd] [CALC] 4.

  À l'aide des touches fléchées, déplace le curseur à gauche du point le plus élevé du graphique. Appuie sur [ENTER].

  À l'aide des touches fléchées, déplace le curseur à droite du point le plus élevé du graphique.

- Appuie sur [ENTER] [ENTER].

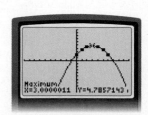

La hauteur maximale atteinte par le ballon est juste sous les 4,8 m. Le ballon ne touchera donc pas le plafond.

Concepts clés

- On peut représenter une fonction du second degré par une équation de la forme $y = ax^2 + bx + c$, où $a \neq 0$.
- À l'aide d'une calculatrice graphique, on peut déterminer l'équation de la parabole la mieux ajustée.

Parle des concepts

D1. Décris comment l'équation d'une fonction du second degré diffère de l'équation d'une fonction affine.

Exerce-toi

1. Pour chacune de ces relations, détermine s'il s'agit d'une fonction du second degré ou d'une fonction affine. Comment le sais-tu ?

a) $y = x^2 + 1$ **b)** $y = 2x + 1$ **c)** $y = 3x^2$

d) $y = x^2 - 7x + 4$ **e)** $y = 6x$ **f)** $y = \frac{1}{2}x^2$

Si tu as besoin d'aide pour répondre à la question 2, reporte-toi à l'exemple 1.

2. À l'aide d'une calculatrice graphique, trace le graphique de chacun de ces ensembles de données. Décris le type de fonction qui représente le mieux les données.

a)

x	y
−4	57
−3	34
−2	17
−1	6
0	1
1	2
2	9
3	22
4	41

b)

x	y
−3	−18
−2	−13
−1	−8
0	−3
1	2
2	7
3	12

c)

x	y
0,0	0,250
0,5	1,875
1,0	3,250
1,5	4,375
2,0	5,250
2,5	5,875
3,0	6,250
3,5	6,375

Utilise une calculatrice graphique pour répondre aux questions 3 à 9.

3. Ce tableau indique la température d'une piscine extérieure, enregistrée toutes les heures à partir de 10 h. Trace les points des données et la courbe la mieux ajustée.

Temps écoulé (h)	Température (°C)
1	20,0
2	23,5
3	25,0
4	25,0
5	23,5
6	20,0

4. Ce tableau indique la hauteur et la distance horizontale d'une balle de golf qui vient d'être frappée.

Distance horizontale (m)	Hauteur (m)
0	0,0
20	7,2
40	12,8
60	16,8
80	19,2
100	20,0
120	19,2
140	16,8
160	12,8

a) Trace un nuage de points à partir des données.

b) Détermine l'équation de la courbe la mieux ajustée.

c) Décris la relation entre la distance horizontale parcourue par la balle de golf et la hauteur qu'elle atteint.

5. Geoffroy et Raymond mesurent le temps que met un ballon pour rouler en bas d'une rampe. Ils répètent l'expérience plusieurs fois en modifiant chaque fois la hauteur de la rampe. Leurs résultats sont indiqués dans ce tableau.

Hauteur au-dessus du sol (cm)	Temps (s)
2	3,00
3	2,20
4	1,90
5	1,60
6	1,40
7	1,20
8	1,10
9	1,00
10	0,88
11	0,83

a) Trace un nuage de points à partir des données.

b) Détermine l'équation de la droite ou de la courbe la mieux ajustée.

6. Pour leur projet de sciences, Thalia et Lucas observent la croissance d'une culture bactérienne pendant douze jours et notent les données suivantes.

a) Trace un nuage de points à partir des données.

b) Détermine l'équation de la courbe la mieux ajustée.

c) De quel type de graphique s'agit-il?

d) De quel type de relation s'agit-il?

Jour	Nombre de bactéries (milliers)
1	25
2	100
3	200
4	400
5	600
6	900
7	1 200
8	1 600
9	2 000
10	2 500
11	3 000
12	3 600

7. Ces données ont été enregistrées par l'échosondeur d'un bateau de pêche qui passait au-dessus d'une formation sous-marine.

Temps (s)	Profondeur (m)
0	100,124
0,5	153,345
1,0	202,457
1,5	237,763
2,0	265,675
2,5	306,670
3,0	275,560
3,5	244,342
4,0	206,450
4,5	154,670

a) À l'aide d'une calculatrice graphique, trace les points, puis trace la droite ou la courbe la mieux ajustée.

b) Quelle est la forme de la formation sous-marine au-dessus de laquelle passent les pêcheurs ?

c) Le graphique donne-t-il une image exacte de la formation sous-marine ? Pourquoi ?

d) Que dois-tu faire pour interpréter correctement les données ?

8. Juliette a mesuré la distance nécessaire pour qu'une auto s'arrête, et ce, en fonction de diverses vitesses initiales.

Vitesse (km/h)	Distance de réaction (m)	Distance de freinage (m)	Distance totale d'arrêt (m)
50	18	40	58
60	22	72	94
70	26	98	124
80	29	128	157
90	33	162	195
100	37	200	237

a) Trace un graphique pour comparer la vitesse initiale à la distance de réaction.

b) Trace un deuxième graphique pour comparer la vitesse initiale à la distance de freinage.

c) Trace un troisième graphique pour comparer la vitesse initiale à la distance totale d'arrêt.

d) Quel type de relation chaque graphique modélise-t-il le mieux ? Pourquoi ?

e) Décris comment la police peut estimer la vitesse à laquelle une auto roulait à partir de telles données et à partir de la longueur de la marque de freinage.

9. Cette photo représente une mâchoire inférieure trouvée par un randonneur. Examine-la afin de déterminer les données qu'elle contient.

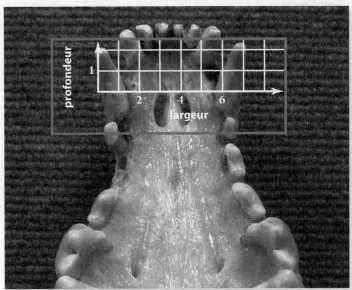

a) Travaille avec une ou un camarade. À l'aide de la grille, repère les points des données sur la photo, puis crée un tableau de valeurs.

b) Saisis les données sur une calculatrice graphique. Détermine l'équation qui représente le mieux la relation.

Littératie **10.** Une *parabole* est une histoire inventée pour refléter une leçon de vie, le plus souvent à l'aide d'une comparaison ou d'une allégorie. Explique pourquoi le terme mathématique parabole et le terme littéraire *parabole* portent le même nom.

Approfondis les concepts **C**

11. Sers-toi de papier quadrillé. Pour chacune de ces fonctions, crée un tableau de valeurs et trace le graphique de la fonction.
a) $y = -2x^2 + 3x + 5$ pour des valeurs de x allant de -2 à 3
b) $y = x^2 + 2x - 1$ pour des valeurs de x allant de -3 à 1
c) $y = -x^2 - 5x - 1$ pour des valeurs de x allant de -5 à 0

6.3 Les caractéristiques principales des fonctions du second degré

Des astronautes simulent la microgravité, auparavant appelée apesanteur, en pilotant un avion suivant une courbe parabolique. L'avion grimpe, il se redresse et, au moment où la chute commence, les astronautes font l'expérience de la microgravité. L'avion se redresse de nouveau et recommence à grimper vers une autre séance de microgravité. Chaque cycle dure environ une minute.

Explore A La forme des fonctions du second degré

1. a) Appuie sur WINDOW.

Utilise les paramètres d'affichage ci-contre.

```
WINDOW
 Xmin=-6
 Xmax=6
 Xscl=1
 Ymin=-2
 Ymax=20
 Yscl=2█
 Xres=1
```

Matériel

■ calculatrice graphique

b) Appuie sur Y=. Dans Y1, appuie sur X,T,θ,n et x^2.
Appuie sur GRAPH.

- Appuie sur Y=. Laisse l'équation dans Y1.
  Dans Y2, appuie sur 2, X,T,θ,n et x^2.
- Appuie sur GRAPH.
- Appuie sur Y=. Laisse les équations dans Y1 et Y2.
  Dans Y3, appuie sur 4, X,T,θ,n et x^2. Appuie sur GRAPH.
- Appuie sur Y=. Laisse les équations précédentes.
  Dans Y4, appuie sur 7, X,T,θ,n et x^2.
- Appuie sur GRAPH.

c) Compare chaque parabole avec celle qui la précède.

d) Fais l'esquisse des quatre paraboles dans un même plan cartésien. Nomme chaque parabole par son équation.

2. a) Appuie sur WINDOW.

Utilise les paramètres d'affichage ci-contre.

```
WINDOW
 Xmin=-6
 Xmax=6
 Xscl=1
 Ymin=-2
 Ymax=20
 Yscl=2
 Xres=1
```

b) Appuie sur Y=. Enlève toutes les équations de la question 1. Dans Y1, appuie sur X,T,θ,n et x^2. Appuie sur GRAPH.

- Appuie sur Y=. Laisse l'équation dans Y1.
  Dans Y2, appuie sur (1 ÷ 2), X,T,θ,n et x^2.
  Appuie sur GRAPH.
- Appuie sur Y=. Laisse les équations dans Y1 et Y2.
  Dans Y3, appuie sur (1 ÷ 4), X,T,θ,n et x^2.
  Appuie sur GRAPH.
- Appuie sur Y=. Laisse les équations précédentes.
  Dans Y4, appuie sur (1 ÷ 5), X,T,θ,n et x^2.
  Appuie sur GRAPH.

c) Compare chaque parabole avec celle qui la précède.

d) Dans ton cahier, fais l'esquisse des quatre paraboles dans un même plan cartésien. Nomme chaque parabole par son équation.

3. a) Appuie sur WINDOW.

Utilise les paramètres d'affichage ci-contre.

```
WINDOW
 Xmin=-10
 Xmax=10
 Xscl=1
 Ymin=-20
 Ymax=2
 Yscl=2■
 Xres=1
```

b) Appuie sur Y=. Enlève toutes les équations de la question 2. Dans Y1, appuie sur X,T,θ,n et x^2. Appuie sur GRAPH.

- Appuie sur Y=. Laisse l'équation dans Y1.
  Dans Y2, appuie sur 2, X,T,θ,n et x^2. Appuie sur GRAPH.
- Appuie sur Y=. Laisse les équations dans Y1 et Y2.
  Dans Y3, appuie sur 4, X,T,θ,n et x^2. Appuie sur GRAPH.
- Appuie sur Y=. Laisse les équations précédentes.
  Dans Y4, appuie sur (1 ÷ 2), X,T,θ,n et x^2.
  Appuie sur GRAPH.
- Appuie sur Y=. Laisse les équations précédentes. Dans Y5, appuie sur (1 ÷ 3), X,T,θ,n et x^2. Appuie sur GRAPH.

c) Compare ces paraboles avec celles dont tu as fait le graphique aux questions 1 et 2.

4. Réfléchis Étant donné une équation de la forme $y = ax^2$, décris l'effet qu'un changement de la valeur de a produit sur le graphique.

Les caractéristiques de la parabole

Matériel

- papier quadrillé

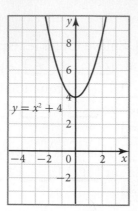
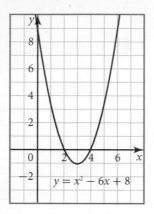
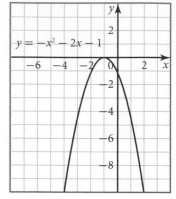

sommet

- Le point où la parabole change de direction en devenant ascendante plutôt que descendante ou vice-versa.

valeur maximale / valeur minimale

- La plus grande ou la plus petite valeur de y dans le graphique.
- La valeur de y au sommet.

axe de symétrie

- La droite verticale qui passe par le sommet.
- L'équation de l'axe de symétrie est $x = p$, où p est l'abscisse du sommet.

abscisses à l'origine

- La ou les valeurs de x là où la parabole coupe l'axe des x, c'est-à-dire la ou les valeurs de x quand $y = 0$.

ordonnée à l'origine

- La valeur de y là où la parabole coupe l'axe des y, c'est-à-dire la valeur de y quand $x = 0$.

Réponds aux questions suivantes pour chacun des graphiques.

1. Reproduis le graphique sur du papier quadrillé. La parabole s'ouvre-t-elle vers le haut ou vers le bas ? Qu'est-ce que cela t'indique au sujet du signe du coefficient de x^2 ?

2. Quelles sont les coordonnées du point où la parabole change de direction ? Ce point est le **sommet** de la parabole.

3. Si la parabole s'ouvre vers le haut, quelle est la plus petite valeur de y ? Il s'agit de la **valeur minimale**. Si la parabole s'ouvre vers le bas, quelle est la plus grande valeur de y ? Il s'agit de la **valeur maximale**.

4. Trace la droite de symétrie. On la nomme l'**axe de symétrie**. Quelle est la valeur de x de chaque point de l'axe de symétrie ? Compare cette valeur avec la valeur de x au sommet.

5. Quelles sont les abscisses des points où la parabole coupe l'axe des x ? Il s'agit des **abscisses à l'origine**. Quelle est l'ordonnée du point où la parabole coupe l'axe des y ? Il s'agit de l'**ordonnée à l'origine**.

6. **Réfléchis** Décris comment déterminer le sommet, la valeur maximale ou minimale, l'axe de symétrie et les abscisses à l'origine d'une parabole.

L'axe de symétrie d'une fonction du second degré est la droite verticale qui passe par le sommet. Chaque point de l'axe de symétrie a la même abscisse, de sorte que l'équation de l'axe de symétrie est $x = p$, où p représente la valeur de x du sommet.

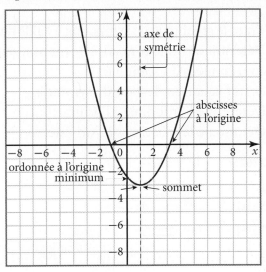

Exemple **1**

Les principales caractéristiques d'une fonction du second degré à partir d'un graphique

Identifie les éléments suivants de cette fonction du second degré.

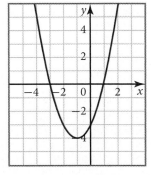

a) les coordonnées du sommet
b) l'équation de l'axe de symétrie
c) l'ordonnée à l'origine
d) la valeur maximale ou minimale
e) les abscisses à l'origine

Math plus

Chaque point d'une droite verticale a la même abscisse. Ainsi, l'équation de la droite verticale est $x = p$, où p représente la valeur de x de chacun des points de la droite.

Solution

a) Le sommet de cette parabole correspond au point $(-1, -4)$.
b) L'axe de symétrie est la droite verticale qui passe par le sommet. L'équation de l'axe de symétrie est $x = -1$.
c) L'ordonnée à l'origine est -3.
d) La valeur minimale est -4, c'est-à-dire l'ordonnée du sommet.
e) Il y a deux abscisses à l'origine, soit -3 et 1.

Les principales caractéristiques d'une fonction du second degré à partir d'une équation

Une fonction du second degré est exprimée par l'équation $y = 2x^2 - 4x + 6$.

a) Trace le graphique de la fonction à l'aide d'une calculatrice graphique.

b) Détermine la valeur maximale ou minimale ainsi que les coordonnées du sommet.

c) Écris l'équation de l'axe de symétrie.

d) Détermine l'ordonnée à l'origine.

e) Détermine les abscisses à l'origine.

Solution

a) Appuie sur $\boxed{\text{Y=}}$.
Saisis Y1 = $2x^2 - 4x + 6$.

- Appuie sur $\boxed{\text{WINDOW}}$.
Utilise les paramètres d'affichage ci-contre.

- Appuie sur $\boxed{\text{GRAPH}}$.

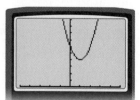

b) Appuie sur $\boxed{\text{2nd}}$ [CALC] 3.
À l'aide des touches fléchées, déplace le curseur à gauche du point minimal, puis appuie sur $\boxed{\text{ENTER}}$.
À l'aide des touches fléchées, déplace le curseur à droite du point minimal, puis appuie sur $\boxed{\text{ENTER}}$ $\boxed{\text{ENTER}}$.

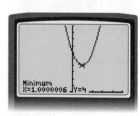

La valeur minimale est 4. Les coordonnées du sommet sont (1, 4).

c) L'équation de l'axe de symétrie est $x = 1$.

d) Appuie sur $\boxed{\text{2nd}}$ [CALC] 1.
Saisis 0, puis appuie sur $\boxed{\text{ENTER}}$.
L'ordonnée à l'origine est 6.

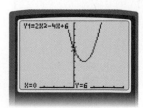

e) Le sommet est au-dessus de l'axe des x et le graphique s'ouvre vers le haut. Il n'y a donc pas d'abscisse à l'origine.

Les principales caractéristiques d'une fonction du second degré dans un design

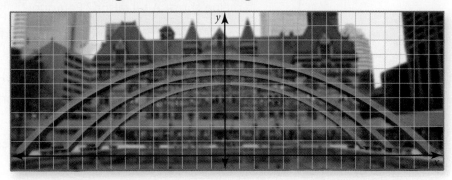

Au square Nathan Phillips, un point de repère à Toronto, on a intégré quelques paraboles en béton dans la conception de la fontaine-patinoire située au centre. Sur cette photographie, les arches sont recouvertes d'une grille.

a) Détermine la valeur maximale de la première arche. Suppose que, dans la photographie, chaque carré de la grille représente 1 m. Quelle est la hauteur de l'arche en son point le plus haut ?

b) Quelles sont les abscisses à l'origine ? Calcule la largeur horizontale de l'ouverture à la base de l'arche.

Solution

a) Sur la photographie, la valeur maximale est de 7. En son point le plus haut, l'arche mesure donc 7 m.

b) Les abscisses à l'origine sont −14 et 14. La distance horizontale entre les deux est de 28. La base de l'arche mesure donc 28 m à l'horizontale.

Concepts clés

- Si le coefficient du terme au carré est positif, la parabole s'ouvre vers le haut et a une valeur minimale. Si le coefficient du terme au carré est négatif, la parabole s'ouvre vers le bas et a une valeur maximale.

- Le sommet d'une parabole est le point où la parabole change de direction en devenant ascendante plutôt que descendante ou vice-versa.

- La valeur minimale ou maximale est l'ordonnée du sommet.

- L'axe de symétrie est la droite verticale qui passe par le sommet.

- Les abscisses à l'origine sont les valeurs de x des points où la parabole coupe l'axe des x. Une parabole peut n'avoir aucune ou avoir une ou deux abscisses à l'origine.

Parle des concepts

D1. Amir affirme que le sommet et la valeur maximale ou minimale sont la même chose. A-t-il raison? Pourquoi?

D2. Comment sais-tu si une fonction du second degré a une valeur maximale ou minimale?

D3. Une élève dit qu'une parabole a une seule ordonnée à l'origine, mais qu'elle peut avoir deux abscisses à l'origine. Cette élève a-t-elle raison? Pourquoi?

Exerce-toi **A**

Si tu as besoin d'aide pour répondre à la question 1, reporte-toi à l'exemple 1.

1. Pour chacun de ces graphiques, détermine:
   a) les coordonnées du sommet
   b) l'équation de l'axe de symétrie
   c) l'ordonnée à l'origine
   d) la valeur maximale ou minimale
   e) les abscisses à l'origine

A

B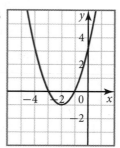

C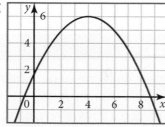

D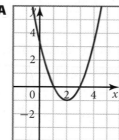

E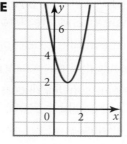

F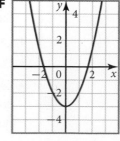

Si tu as besoin d'aide pour répondre aux questions 2 et 3, reporte-toi à l'exemple 2.

2. Les grandes soucoupes servent à recevoir les signaux de radiodiffusion transmis par les satellites en orbite.

Cette soucoupe reflète les signaux au moyen d'une courbe parabolique dont la forme est modélisée par la fonction du second degré $y = \frac{1}{2}x^2 + 2x + 3$.

a) Trace le graphique de la fonction à l'aide d'une calculatrice graphique.

b) Détermine les coordonnées du sommet.

c) Écris l'équation de l'axe de symétrie.

d) Détermine l'ordonnée à l'origine.

e) Détermine la valeur maximale ou minimale.

f) Détermine les abscisses à l'origine.

3. Un four solaire artisanal permet de cuire des aliments grâce à une parabole qui réfléchit par son sommet les rayons du soleil.
Sa forme est modélisée par l'équation $y = -2x^2 - 4x - 3$.

a) Trace le graphique de la fonction à l'aide d'une calculatrice graphique.

b) Détermine les coordonnées du sommet.

c) Écris l'équation de l'axe de symétrie.

d) Détermine l'ordonnée à l'origine.

e) Détermine la valeur maximale ou minimale.

f) Détermine les abscisses à l'origine.

Si tu as besoin d'aide pour répondre à la question 4, reporte-toi à l'exemple 3.

4. L'architecte Antonio Gaudi a souvent utilisé des paraboles. Par exemple, il s'en est servi pour la conception de l'entrée du palais Guell en Espagne. Ce graphique modélise la forme d'une entrée similaire.

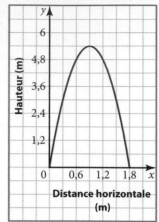

a) Quelles sont les coordonnées du sommet ?

b) Qu'est-ce que le sommet t'indique au sujet de la hauteur de l'entrée ?

c) Quelle est l'ordonnée à l'origine ?

d) Quelles sont les abscisses à l'origine ?

e) Qu'est-ce que ces abscisses à l'origine t'indiquent au sujet de la base de l'entrée ?

f) Qu'est-ce qui peut pousser un architecte à utiliser une parabole dans la conception d'un édifice ?

Littératie

5. Trouve des photos d'arches dans le domaine de l'architecture. Pour déterminer si les arches peuvent être modélisées par une fonction du second degré, recouvre-les d'une grille. Qu'est-ce qui te permet de le savoir ?

Problème du chapitre

6. Cette photo montre une mâchoire inférieure découverte en 1964 et dont l'âge est estimé à 1,5 million d'années. Suppose que 1 carré de la grille représente 2 cm.

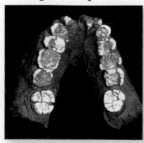
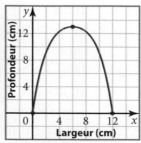

a) Détermine les coordonnées approximatives du sommet.

b) Détermine l'équation de l'axe de symétrie.

c) Détermine la valeur maximale (profondeur) de la mâchoire.

d) Détermine les abscisses à l'origine.

e) Calcule la largeur de la mâchoire.

Vérification des connaissances

7. Un pont de roche naturel se forme par érosion au-dessus d'un cours d'eau. L'eau érode la surface de la roche, faisant un trou pour y passer. Avec le temps, le trou s'élargit graduellement. Le plus grand pont de roche naturel, le Rainbow Bridge, situé en Utah, a une forme à peu près parabolique.

On peut en modéliser la courbe par l'équation $h = -0,015\,9l^2 + 290$, où h représente la hauteur et l représente la largeur, toutes les deux en mètres.

a) Trace le graphique de l'équation à l'aide d'une calculatrice graphique.

b) Détermine les coordonnées du sommet.

c) Qu'est-ce que le sommet t'indique au sujet du pont?

d) Quelle est la distance entre les extrémités du Rainbow Bridge?

Approfondis les concepts

Math ⟩ plus

Certains sports, dont le football, utilisent encore des mesures du système impérial. 1 verge équivaut à 0,9 mètre. De plus, 1 verge équivaut approximativement à 36 pouces, soit à trois pieds.

8. Au cours d'un botté de placement dans un match de football, la hauteur (h) du ballon, en pieds, est obtenue par la formule $h = -0,02d^2 + 0,9d$, où d représente la distance horizontale, en verges, parcourue par le ballon.

a) À l'aide de l'équation, trace le graphique de la trajectoire du ballon.

b) Quelle distance sépare le botteur du ballon quand le ballon touche le sol?

c) Trace le graphique de la relation sur du papier quadrillé en utilisant une échelle appropriée.

d) Le botté se dirige entre les poteaux de but. Si les poteaux sont à 13,2 pi de hauteur et à 10 vg de distance du botteur, ce botté de placement sera-t-il réussi? Pourquoi?

Les taux de variation dans les fonctions du second degré

Dans une fonction affine, le taux de variation de y par rapport à x est constant. Dans cette section, tu utiliseras les taux de variation, appelés aussi **premières différences**, pour reconnaître les fonctions du second degré.

Explore

premières différences
- Les différences entre les valeurs de y qui correspondent à deux valeurs consécutives de x.
- Le taux de variation des valeurs de y par rapport aux valeurs de x.

Matériel
- calculatrice graphique
- papier quadrillé

Les premières et les deuxièmes différences dans les fonctions du second degré

Un planchiste effectue deux descentes.

Partie A : la descente d'une rampe

Lors de sa première descente, le planchiste descend la rampe jusqu'en bas de la pente.

Pour cette descente, le graphique de la hauteur en fonction de la distance horizontale à partir du point de départ est une droite.

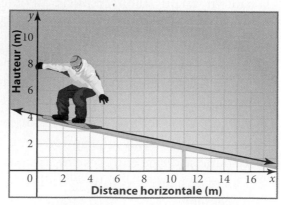

1. Reproduis ce tableau et remplis-le. Quelle régularité remarques-tu dans les premières différences ?

Distance horizontale (m)	Hauteur (m)	Premières différences
1	4,0	
2	3,8	$3,8 - 4,0 = -0,2$
3	3,6	
4	3,4	
5	3,2	
6	3,0	

2. Que signifient les premières différences pour le mouvement du planchiste ?

Partie B : la descente en courbe

Lors de sa deuxième descente, le planchiste descend un côté d'une courbe parabolique et remonte l'autre. Pour cette descente, le graphique de la hauteur en fonction de la distance horizontale à partir du point de départ est une parabole.

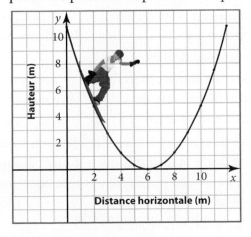

3. Reproduis ce tableau. Calcule les taux de variation ou premières différences. Que remarques-tu au sujet des premières différences ? En quoi ton observation diffère-t-elle de ta réponse à la question 1 ?

Distance horizontale (m)	Hauteur (m)	Premières différences	Deuxièmes différences
0	10,8		
1	7,5	$7,5 - 10,8 = -3,3$	
2	4,8	$4,8 - 7,5 = -2,7$	$-2,7 - (-3,3) = 0,6$
3	2,7		
4	1,2		
5	0,3		
6	0		
7	0,3		
8	1,2		
9	2,7		
10	4,8		
11	7,5		
12	10,8		

4. Les taux de variation, ou premières différences, indiquent la rapidité avec laquelle la hauteur change relativement à la distance horizontale. Quand les premières différences ne sont pas constantes, il est utile de calculer les **deuxièmes différences**. Celles-ci se calculent en soustrayant deux premières différences consécutives.

a) Calcule les deuxièmes différences.

b) Quelle régularité observes-tu dans les deuxièmes différences ? Qu'est-ce que cela signifie dans cette situation ?

5. Réfléchis Tire les conclusions de tes observations sur les deux descentes en planche à neige. Peux-tu prévoir la forme du graphique à partir du tableau de valeurs, sans tracer le graphique ? Explique ta réponse.

deuxièmes différences
- La différence entre deux premières différences consécutives.
- Dans une fonction du second degré, les deuxièmes différences sont constantes.

Quand les premières différences sont constantes, la relation est affine et le graphique est une droite. On représente une fonction affine par une équation de la forme $y = mx + b$.

Quand les deuxièmes différences sont constantes, la relation est du second degré et le graphique est une parabole. On représente une fonction du second degré par une équation de la forme $y = ax^2 + bx + c$, où $a \neq 0$.

Les fonctions du second degré en architecture

Les stades de tennis sont conçus pour offrir une visibilité maximale des matchs. La section transversale de ces stades a la forme d'une courbe parabolique. Les rangées de sièges du bas s'élèvent en une douce courbe et les rangées du haut sont plus abruptes. Ainsi, tout le monde voit bien le court. Bertrand prend une photo de l'intérieur du stade, puis lui superpose une grille. Ensuite, il crée ce tableau de valeurs.

Distance horizontale (m)	Hauteur (m)
−8	3,0
−6	1,8
−4	1,0
−2	0,5
0	0
2	0,5
4	1,0
6	1,8

a) Est-ce que ces données sont mieux modélisées par une fonction affine ou par une fonction du second degré ? Comment le sais-tu ?

b) À l'aide d'une calculatrice graphique, détermine l'équation de la droite ou de la courbe la mieux ajustée.

Solution

a) À l'aide des premières différences et des deuxièmes différences, détermine si c'est une fonction affine ou une fonction du second degré qui modélise le mieux les données.

Distance horizontale (m)	Hauteur (m)	Premières différences	Deuxièmes différences
−8	3,0		
−6	1,8	1,8 − 3,0 = −1,2	
−4	1,0	1,0 − 1,8 = −0,8	−0,8 − (−1,2) = 0,4
−2	0,6	0,6 − 1,0 = −0,4	−0,4 − (−0,8) = 0,4
0	0,6	0,6 − 0,6 = 0	0 − (−0,4) = 0,4
2	1,0	1,0 − 0,6 = 0,4	0,4 − 0 = 0,4
4	1,8	1,8 − 1,0 = 0,8	0,8 − 0,4 = 0,4
6	3,0	3,0 − 1,8 = 1,2	1,2 − 0,8 = 0,4
8	4,6	4,6 − 3,0 = 1,6	1,6 − 1,2 = 0,4

Dans le tableau, les premières différences ne sont pas constantes, mais les deuxièmes différences le sont. Une fonction du second degré modélise donc mieux les données.

b) Appuie sur STAT ENTER. Saisis les distances dans la liste L1 et les hauteurs dans la liste L2.

- Appuie sur 2nd [STAT PLOT] 1. Utilise les paramètres d'affichage ci-contre.

- Appuie sur $\boxed{\text{STAT}}$ $\boxed{\blacktriangleright}$ 5 $\boxed{\text{2nd}}$ [L1] $\boxed{,}$ $\boxed{\text{2nd}}$ [L2] $\boxed{,}$ $\boxed{\text{VARS}}$ $\boxed{\blacktriangleright}$ 1 1 $\boxed{\text{ENTER}}$.

- Appuie sur $\boxed{\text{GRAPH}}$ pour afficher les données et la courbe la mieux ajustée.

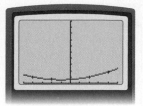

- Appuie sur $\boxed{\text{Y=}}$ pour afficher l'équation.

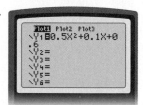

L'équation de la courbe la mieux ajustée est $y = 0{,}05x^2 + 0{,}1x + 0{,}6$.

Concepts clés

- On peut représenter une fonction du second degré par une équation de la forme $y = ax^2 + bx + c$, où $a \neq 0$.
- Le graphique d'une fonction du second degré a la forme d'une parabole.
- Dans une fonction du second degré, les deuxièmes différences sont constantes.

Parle des concepts

D1. Explique comment tu peux, sans en faire le graphique, déterminer si les données d'un tableau de valeurs représentent une fonction du second degré.

D2. En son centre, le bord du toit du centre Rogers de Toronto forme une parabole. Regarde cette photo, puis explique comment déterminer l'équation de la fonction du second degré qui modélise la forme du toit.

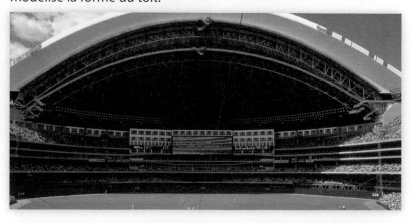

Si tu as besoin d'aide pour répondre aux questions 1 et 2, reporte-toi à la rubrique Explore.

1. Crée un tableau de valeurs pour chacune de ces relations. À partir de chaque tableau, confirme qu'il s'agit d'une fonction du second degré.

a) $y = x^2 - 6x + 8$ pour les valeurs de x allant de 0 à 6

b) $y = x^2 + 7x + 12$ pour les valeurs de x allant de -7 à 0

c) $y = x^2 - 3x + 10$ pour les valeurs de x allant de -2 à 5

d) $y = x^2 + 3x - 18$ pour les valeurs de x allant de -6 à 3

2. Pour chacun de ces tableaux, détermine si on est en présence d'une fonction affine, d'une fonction du second degré ou de ni l'une ni l'autre. Justifie ta réponse.

a)

x	y
1	1
2	2
3	3
4	4
5	3
6	2
7	1

b)

x	y
1	5,916
2	5,657
3	5,196
4	4,472
5	3,317
6	0

c)

p	q
0	3,25
1	2,75
2	2,25
3	1,75
4	1,25
5	0,75
6	0,25

Si tu as besoin d'aide pour répondre à la question 3, reporte-toi à l'exemple.

3. Un radeau en mousse reste plusieurs mois dans l'eau. Pendant l'été, la mousse absorbe de l'eau. À l'automne, le radeau est retiré et placé sur la rive et l'eau s'en retire. On peut représenter la quantité d'eau contenue dans la mousse par l'équation $y = -0{,}04x^2 + x$, où x est le nombre de mois et y est la quantité d'eau en litres contenue dans la mousse.

a) Saisis l'équation sur une calculatrice graphique, puis crée un tableau de valeurs.

b) Trace le graphique de la relation.

c) Calcule les premières différences. Sont-elles constantes? Pourquoi?

d) Calcule les deuxièmes différences. Sont-elles constantes? Explique ta réponse.

e) Suppose que l'eau a une masse volumique de 1 kg par litre et que le bois et la mousse de plastique ont une masse de 75 kg. Quelle est la masse du radeau quand on le met à l'eau au début de mai? Quelle est sa masse quand on le sort de l'eau à la fin d'octobre?

4. Ce graphique représente une fonction du second degré.

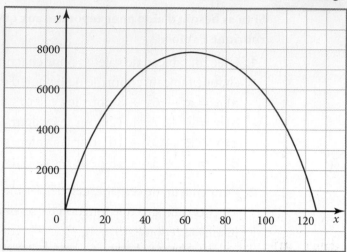

a) Crée un tableau de valeurs à partir des données du graphique.

b) À l'aide d'une calculatrice graphique, détermine l'équation de cette fonction du second degré.

Littératie

5. Explique comment, à l'aide des premières différences et des deuxièmes différences, tu peux déterminer s'il s'agit d'une fonction du second degré.

Vérification des connaissances

6. Sur du papier quadrillé, trace une parabole en suivant les étapes suivantes :

a) Place l'axe de symétrie en $x = 3$.

b) Place le sommet à $(3, 3)$ et les abscisses à l'origine à $(0, 0)$ et $(6, 0)$.

c) Esquisse la parabole.

d) Place ton crayon au sommet. Trace deux droites en diagonale (à environ 45° de chaque côté de l'axe de symétrie) à partir du sommet de la parabole.

e) Quand ton crayon rencontre la courbe, change de direction et trace une droite verticale jusqu'au bas du graphique (parallèle à l'axe des y).

f) Trace une flèche à la fin de la droite. Il s'agit là du tracé suivi par les ondes radio quand une antenne parabolique les reçoit ou les émet.

7. Dans un polygone à 4 côtés, on peut tracer deux diagonales. Copie ces figures dans ton cahier.

a)

b)

c)

d)

a) Trace les diagonales. Reproduis ce tableau, puis remplis-le.

b) À partir de la régularité entre le nombre de diagonales et le nombre de côtés, ajoute les données pour les figures à huit côtés et à neuf côtés.

c) À l'aide d'une calculatrice graphique, détermine l'équation de la relation.

d) À l'aide de l'équation, calcule le nombre de diagonales contenues dans une figure à 20 côtés.

Nombre de côtés	Nombre de diagonales
4	2
5	5
6	
7	

8. Place ta main à plat sur une feuille de papier quadrillé, les doigts serrés et le pouce près de la main.

Avec ton crayon, trace un point au bout de chacun de tes doigts. Enlève ta main et relie les points en traçant une courbe continue.

a) Trace un système d'axes de façon à ce que l'origine coïncide avec le bout de ton petit doigt. Estime les coordonnées de chaque point. Saisis les données dans les listes d'une calculatrice graphique. Détermine l'équation de la parabole la mieux ajustée. Appuie sur [2nd] [TABLE]. Enregistre cinq rangées du tableau de valeurs. Calcule les deuxièmes différences.

b) Déplace les axes de façon à ce que l'origine coïncide avec le bout d'un autre doigt. Estime les coordonnées de chaque point. Saisis les données, puis détermine l'équation de la parabole la mieux ajustée. Appuie sur [2nd] [TABLE]. Enregistre cinq rangées du tableau de valeurs. Calcule les deuxièmes différences.

c) Compare les équations et les deuxièmes différences des parties a) et b).

Révision des termes clés

abscisses à l'origine	ordonnée à l'origine
axe de symétrie	parabole
deuxièmes différences	premières différences
fonction du second degré	sommet
	valeur maximale
	valeur minimale

1. Recopie chaque énoncé, puis complète-le à l'aide du terme clé qui convient.

a) Le graphique d'une fonction du second degré est une _____.

b) Une parabole qui s'ouvre vers le haut a une valeur _____.

c) Le _____ d'une parabole est le point où la parabole change de direction en devenant ascendante plutôt que descendante ou vice-versa.

d) L'_____ passe par le sommet de la parabole.

6.1 Explorer les fonctions non affines, pages 242 à 248

2. Les figures de cette régularité représentent les quatre premiers nombres d'une suite de triangles.

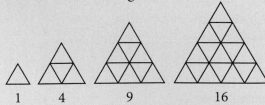

1   4   9   16

a) Reproduis ce tableau de valeurs, puis remplis-le pour les huit premiers nombres de la suite de triangles.

Figure	Nombre de triangles
1	1
2	

b) Représente graphiquement les données. Trace la droite ou la courbe la mieux ajustée.

6.2 Modéliser les fonctions du second degré, pages 249 à 257

3. Ce tableau représente la température en degrés Fahrenheit mesurée toutes les heures dans une serre.

Temps écoulé (h)	Température (°F)
0	57
1	66
2	75
3	88
4	98
5	101
6	100
7	98
8	90
9	84
10	77
11	72
12	65

a) Représente graphiquement les données.

b) Détermine l'équation de la courbe la mieux ajustée.

6.3 Les caractéristiques principales des fonctions du second degré, pages 258 à 267

4. À l'aide d'une calculatrice graphique, trace le graphique de la fonction du second degré $y = 2x^2 + 4x - 1$. Esquisse le graphique dans ton cahier.

a) Détermine les coordonnées du sommet.

b) Écris l'équation de l'axe de symétrie.

c) Détermine l'ordonnée à l'origine.

d) Détermine la valeur maximale ou minimale.

e) Détermine les abscisses à l'origine.

5. Un archer tire une flèche vers une cible placée à 20 m. Les données suivantes représentent la hauteur de la flèche, au-dessus du sol, à différents moments après le tir.

Temps (s)	Hauteur (m)
0,5	1,527
1,0	2,578
1,5	3,242
2,0	3,519
2,5	3,401
3,0	2,915
3,5	2,033

a) Trace les données sur du papier quadrillé en représentant le temps sur l'axe des x et la hauteur sur l'axe des y.

b) Trace la droite ou la courbe la mieux ajustée.

c) Quelle est la forme du graphique?

d) Si la flèche atteint la cible en 3,5 secondes, quelle distance a-t-elle parcourue en 2 secondes? Quelle distance a-t-elle parcourue en 3 secondes? Explique tes réponses.

6. La coupe transversale d'un gros arbre révèle des anneaux concentriques autour du centre. Chaque anneau représente une année de croissance. Dans un arbre particulier, le rayon a augmenté d'environ 0,5 cm à chaque nouvel anneau.

a) Trace un graphique pour comparer l'âge de l'arbre au nombre d'anneaux.

b) Nomme le type de relation qui existe entre l'âge et le nombre d'anneaux.

c) Selon toi, ce graphique montrant l'âge d'un arbre en fonction du nombre d'anneaux représente-t-il une fonction affine, une fonction du second degré ou ni l'une ni l'autre? Pourquoi?

d) Si le rayon a augmenté de 0,5 cm par année, de combien la circonférence a-t-elle augmenté chaque année? (Rappelle-toi que la formule de la circonférence est $C = 2\pi r$.)

e) Peux-tu déterminer l'âge d'un arbre en mesurant la circonférence de son tronc? Explique ta réponse.

6.4 Les taux de variation dans les fonctions du second degré,
pages 268 à 275

7. La forme du toit d'une salle de cinéma est représentée par l'équation $h = -0,08d^2 + 3,15$, où h est la hauteur, en mètres, du toit jusqu'au bas des murs et où d est la largeur, en mètres, du centre du toit jusqu'aux murs.

a) Crée un tableau de valeurs pour des valeurs de x allant de -5 à 5.

b) Calcule les premières et les deuxièmes différences.

c) Détermine la forme du toit à partir des deuxièmes différences.

d) Vérifie ta conclusion en traçant le graphique de l'équation à l'aide d'une calculatrice graphique.

Test modèle du chapitre 6

1. Trace le graphique de chacun de ces ensembles de données. Trace ensuite la droite ou la courbe la mieux ajustée.

Quel ensemble de données peut être représenté par une fonction du second degré ? Justifie ta réponse.

a)

x	y
−3	6
−2	1
−1	−2
0	−3
1	−2
2	1
3	6

b)

x	y
−3	−6
−2	−5
−1	−4
0	−3
1	−2
2	−1
3	0

c)

x	y
−3	−2
−2	6
−1	9
0	3
1	8
2	11
3	13

2. Parmi ces relations, lesquelles semblent être du second degré ? Explique ta réponse.

a)
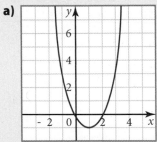

b)
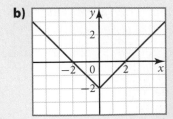

c)
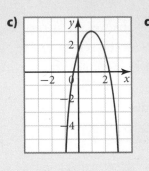

d)
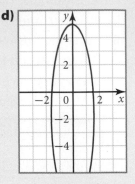

3. Ce tableau montre le temps que met une balle pour rouler au bas d'une rampe inclinée selon des angles différents. La longueur de la rampe est constante.

Angle (°)	Temps (s)
15	2,60
20	1,50
25	1,20
30	0,95
35	0,80
40	0,60

a) À l'aide d'une calculatrice graphique, trace un nuage de points à partir des données.

b) Détermine l'équation de la droite ou de la courbe la mieux ajustée.

c) Qu'est-ce qui modélise le mieux la relation entre l'angle et la vitesse : la fonction affine ou la fonction du second degré ? Pourquoi ?

4. Un quart-arrière passe le ballon. L'équation $h = -0,01d^2 + 0,4d + 10$ représente la trajectoire du ballon ; h est la hauteur du ballon, en mètres ; et d est la distance horizontale, en mètres, parcourue par le ballon.

Retour sur le problème du chapitre

L'archéologue doit déterminer la relation mathématique qui correspond le mieux à la forme de ces mâchoires. Recueille les données, détermine le type de relation et décris quelques-unes de ses caractéristiques principales en te basant sur cette relation.

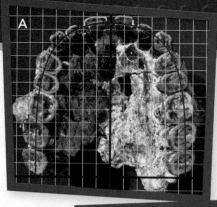

a) Crée un tableau de valeurs pour chacune des mâchoires.

b) Calcule les premières et les deuxièmes différences.

c) Quel type de relation modélise le mieux la forme de chaque mâchoire? Pourquoi?

d) Détermine le sommet de chaque mâchoire.

e) Écris l'équation de l'axe de symétrie de chaque mâchoire.

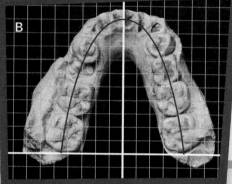

a) À l'aide d'une calculatrice graphique, trace le graphique de la trajectoire du ballon.

b) Crée un tableau de valeurs, puis calcule les deuxièmes différences.

5. Ce graphique représente une fonction du second degré.

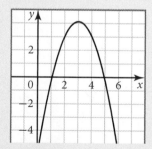

a) Détermine les coordonnées du sommet.

b) Détermine l'équation de l'axe de symétrie.

c) Détermine l'ordonnée à l'origine.

d) La parabole a-t-elle un maximum ou un minimum? Quelle est sa valeur?

e) Détermine les abscisses à l'origine.

6. Voici une photo du pont du port de Sydney, en Australie. La grille qui recouvre la photo t'aidera à recueillir les données pour l'arche supérieure. Chaque carré de la grille représente 15 m.

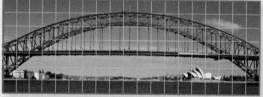

a) Examine la photo. Crée un tableau de valeurs pour comparer la distance horizontale avec la hauteur à partir de la route.

b) À partir du tableau de valeurs, calcule les premières et les deuxièmes différences.

c) Sur une calculatrice graphique, saisis les distances horizontales dans la liste L1 et les hauteurs dans la liste L2. Détermine et note l'équation de la courbe la mieux ajustée.

d) Trace le graphique de la relation.

7 Les expressions algébriques du second degré

Science Nord, à Sudbury, en Ontario, est un musée interactif consacré aux sciences. Le complexe consiste en deux édifices en forme de flocon de neige reliés par un tunnel en pierre. Les visiteurs peuvent y découvrir de nombreuses expositions fascinantes sur l'environnement, l'espace, le corps humain, la robotique, les trajectoires de projectiles et bien d'autres sujets encore. Certains de ces sujets peuvent être représentés par des expressions algébriques du second degré. Dans ce chapitre, tu feras l'acquisition des compétences qui te permettront de travailler avec des expressions du second degré.

Dans ce chapitre, tu vas:

- développer et simplifier des expressions polynominales du second degré à une variable résultant du produit de deux binômes ou du carré d'un binôme, à l'aide de divers outils et stratégies;
- factoriser des binômes et des trinômes du second degré à une variable en déterminant un facteur commun à l'aide de divers outils;
- factoriser des trinômes de la forme $x^2 + bx + c$, où $a = 1$ à *l'aide de divers outils*;
- factoriser des différences de carrés de la forme $x^2 - a^2$.

Raisonnement

Modélisation | Sélection des outils

Résolution de problèmes

Liens | Réflexion

Communication

Termes clés

différence de carrés	factoriser
expression du second degré (quadratique)	trinôme carré parfait

Littératie

À l'aide d'un réseau, fais le lien entre des concepts mathématiques. Dans des grands cercles, écris les idées principales; dans des petits cercles, écris les exemples et les détails. Relie les idées en traçant des lignes entre les cercles.

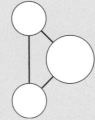

La décoration intérieure est à la fois un art et une science. Les décoratrices et les décorateurs planifient les espaces, aident à choisir les couleurs et conçoivent un éclairage efficace. Ils font des budgets détaillés ainsi que des plans sur ordinateur pour des modifications proposées à des maisons, des édifices publics, des édifices commerciaux et des hôpitaux. Les décoratrices et les décorateurs tiennent compte des préoccupations environnementales, des exigences particulières des utilisateurs et de l'évolution des technologies.

Prépare-toi

Les polynômes

1. Identifie le coefficient numérique dans chacun de ces termes. La partie a) a été faite à titre d'exemple.

a) $-5x$
-5

b) $6x^2$

c) $2x$

d) $-7x^2$

2. Détermine si chacune de ces expressions est un monôme, un binôme, un trinôme ou un polynôme ayant plus de trois termes. La partie a) a été faite à titre d'exemple.

a) $2x^2 + 3x$

Cette expression comporte deux termes. C'est donc un binôme.

b) $-15x$

c) $x^2 + 4x - 6$

d) $-7x + 1 + (x^2 - 4x - 38)$

Les expressions algébriques

3. Effectue la multiplication ou la division. La partie a) a été faite à titre d'exemple.

a) $2(-3p)$
$-6p$

b) $-4(-5q)$

c) $(6r)(3r)$

d) $-14x \div 7$

e) $\dfrac{-24x^2}{-4x}$

f) $\dfrac{18x^2}{-9x^2}$

4. Simplifie chacune de ces expressions. La partie a) a été faite à titre d'exemple.

a) $2x + 6 - 4x + 8$
$= 2x - 4x + 6 + 8$
$= -2x + 14$

b) $x^2 + 5x + 3x + 15$

c) $3x^2 - 12x + 5x^2 + 15x$

d) $3x + 5 - (x^2 - 6x - 10)$

5. Développe chacune de ces expressions. La partie a) a été faite à titre d'exemple.

a) $2(x - 3)$

$2(x - 3)$
$= 2x - 2(3)$
$= 2x - 6$

b) $-4(x^2 + 3x - 5)$

c) $5x(2x + 3)$

d) $-3(x^2 - 2x - 1)$

6. Évalue chacune des expressions de la question 5 pour $x = -2$. La partie a) a été faite à titre d'exemple.

$2(x - 3)$
$= 2(-2 - 3)$
$= 2(-5)$
$= -10$

7. Calcule l'aire de chacun de ces rectangles. La partie a) a été faite à titre d'exemple.

a)

$A = Ll$
$= 17(2x)$
$= 34x$

L'aire du rectangle est 34x unités carrées.

(rectangle : 2x par 17)

b) (rectangle : 8 par 3x)

c) (rectangle : x + 7 par 2)

Les opérations numériques

8. Élève au carré chacun de ces termes. La partie a) a été faite à titre d'exemple.

a) -4

$(-4)^2$
$= (-4) \times (-4)$
$= 16$

b) $7x$

c) $-3x$

d) $9x$

Problème du chapitre

La cour de Joanie comporte un jardin carré mesurant 7 m sur 7 m. Un cabanon occupe l'un des angles du jardin et a une base de 3 m sur 3 m. Joanie prévoit changer la disposition de son jardin sans modifier l'aire totale cultivée.

a) À l'aide du plan du nouveau jardin de Joanie, calcule toutes les dimensions de la nouvelle aire cultivée en te servant des renseignements fournis.

b) Joanie souhaite clôturer son nouveau jardin afin que les chevreuils ne puissent pas y accéder. Elle utilisera le côté du cabanon (3 m) afin de réduire la longueur de clôture nécessaire. Le coût de l'installation de la clôture est de 8,95 $/m. Calcule le prix de la clôture à l'aide de la formule donnant le périmètre.

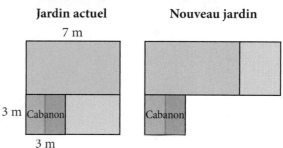

Jardin actuel — 7 m — 3 m — Cabanon — 3 m

Nouveau jardin — Cabanon

9. Évalue chacune de ces expressions. La partie a) a été faite à titre d'exemple.

a) $7^2 - 5^2$
$= 49 - 25$
$= 24$

b) $(-2)^2 - (-1)^2$

c) $9^2 - 4^2$

d) $8^2 - (-3)^2$

Les mesures

10. Marilou conçoit une nouvelle page Web. Elle doit calculer l'aire de la zone ombrée. Le petit carré est réservé pour une publicité. Le grand carré mesure 20 cm de côté et le petit carré mesure 9 cm de côté. Détermine l'aire de la partie ombrée.

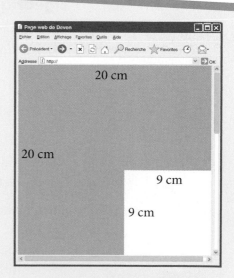

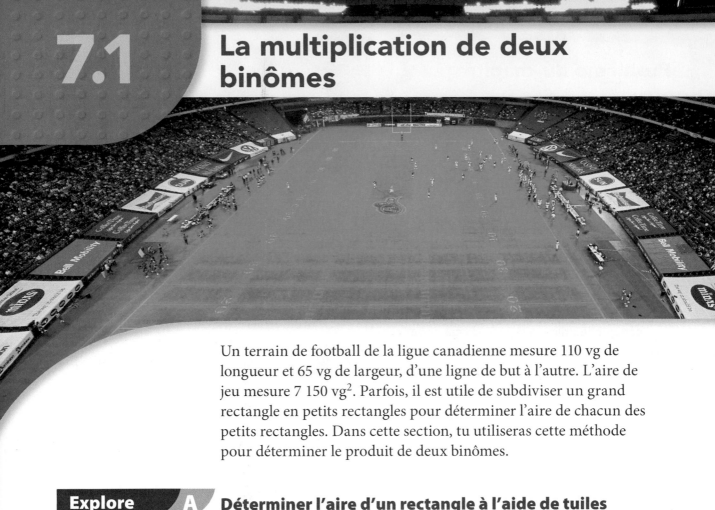

7.1

La multiplication de deux binômes

Un terrain de football de la ligue canadienne mesure 110 vg de longueur et 65 vg de largeur, d'une ligne de but à l'autre. L'aire de jeu mesure 7 150 vg². Parfois, il est utile de subdiviser un grand rectangle en petits rectangles pour déterminer l'aire de chacun des petits rectangles. Dans cette section, tu utiliseras cette méthode pour déterminer le produit de deux binômes.

Explore   A   Déterminer l'aire d'un rectangle à l'aide de tuiles algébriques

Matériel

- tuiles algébriques

Travaille avec une ou un camarade.

1. Quelle est la longueur de ce rectangle? Quelle est sa largeur?

2. À l'aide de la formule de l'aire, écris l'expression de l'aire du rectangle.

3. Dessine un repère comme celui-ci. Dans le cadre, construis un rectangle de dimensions $x + 3$ sur $x + 2$ à l'aide de tuiles algébriques. Représente la longueur sur la ligne horizontale et la largeur sur la ligne verticale.

expression du second degré (quadratique)

- Une expression algébrique de la forme $ax^2 + bx + c$, où $a \neq 0$.

4. À l'aide de tuiles algébriques, détermine l'aire du rectangle sous la forme d'une **expression du second degré (quadratique)**.

Explore **B** Déterminer l'aire d'un rectangle à l'aide d'un modèle d'aire

Math plus

Un nombre à deux chiffres peut être représenté par un binôme; le nombre 38, par exemple, est égal à (30 + 8). Comme ces parenthèses contiennent deux termes, il s'agit d'une représentation binomiale du nombre 38.

Travaille avec une ou un camarade.

1. Un lot de terrains destinés à la construction d'une maison mesure 26 m sur 35 m. Détermine l'aire de chacun des plus petits rectangles. Additionne les aires pour déterminer l'aire du terrain entier.

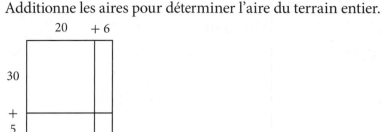

2. Les plans d'un nouveau terrain de camping incluent une zone où l'électricité est disponible. Ce diagramme indique les dimensions de cette zone. En utilisant la même procédure que celle de la question 1, écris une expression afin de représenter l'aire de la zone.

Explore **C** Multiplier des binômes à l'aide d'un outil technologique

Matériel

- logiciel de calcul formel (LCF)

Travaille avec une ou un camarade.

1. À l'aide d'un logiciel de calcul formel, détermine le produit et simplifie chacune de ces expressions. Utilise la fonction de développement du programme utilisé.
   - **a)** $(x + 3)(x + 4)$
   - **b)** $(y + 8)(y + 7)$
   - **c)** $(a - 2)(a + 7)$
   - **d)** $(-b - 3)(b - 6)$

2. Reporte-toi à tes réponses de la question 1.
   - **a)** Compare les produits. Quelles sont les ressemblances entre ces produits? Quelles sont les différences?
   - **b)** Quel est le lien entre le coefficient du terme en x de chaque produit et les termes constants des binômes du produit initial?
   - **c)** Quel est le lien entre le terme constant de chaque produit et les termes constants des binômes du produit initial?

3. **Réfléchis** Compare les méthodes utilisées pour multiplier les binômes dans chacune des rubriques Explore. En quoi ces méthodes se ressemblent-elles? En quoi sont-elles différentes?

Déterminer le produit de deux binômes

Détermine le produit de $(2x + 3)(x + 1)$.

Solution

Méthode 1 : utiliser des tuiles algébriques

Dessine un repère pour la multiplication. Modélise chaque binôme à l'aide de tuiles algébriques.

Remplis le rectangle de tuiles algébriques.

Le rectangle contient 2 tuiles x^2, 5 tuiles x et 3 tuiles unitaires.
Donc, $(2x + 3)(x + 1) = 2x^2 + 5x + 3$.

Méthode 2 : utiliser un modèle d'aire

Dessine un modèle d'aire afin de déterminer le produit. Trace un rectangle de longueur $2x + 3$ et de largeur $x + 1$. Divise le rectangle en petits rectangles. Détermine les aires des petits rectangles, puis additionne-les.

	$2x$	$+ 3$
x	$2x^2$	$3x$
$+ 1$	$2x$	3

Tu as étudié pour la première fois des modèles d'aire quand tu as appris les multiplications. Il s'agit du même concept.

$$(2x + 3)(x + 1)$$
$$= 2x^2 + 2x + 3x + 3$$
$$= 2x^2 + 5x + 3$$

Math **plus**

Dans cette section, un grand carreau vert

représente x^2, un rectangle vert

représente x et un petit carreau vert ■ représente $+1$.

Méthode 3 : utiliser une suite de multiplications

Le produit peut être calculé en multipliant les paires dans l'ordre indiqué par les flèches.

$$(2x + 3)(x + 1) = 2x^2 + 2x + 3x + 3$$
$$= 2x^2 + 5x + 3$$

Multiplie les premiers termes, puis les termes extérieurs, puis les termes intérieurs, puis les derniers termes.

Méthode 4 : utiliser la distributivité de la multiplication par rapport à l'addition

$$(2x + 3)(x + 1) = (2x + 3)(x) + (2x + 3)(1)$$

2x + 3 multiplie x et +1.

$$= (2x + 3)(x) + (2x + 3)(1)$$
$$= 2x^2 + 3x + 2x + 3$$
$$= 2x^2 + 5x + 3$$

Méthode 5 : utiliser un logiciel de calcul formel

- Appuie sur [F2] 3. Saisis $(2x + 3)(x + 1)$.
- Appuie sur [ENTER] .

Donc, $(2x + 3)(x + 1) = 2x^2 + 5x + 3$.

Exemple **2**

Multiplier deux binômes

Développe et simplifie l'expression $(x - 4)(2x + 1)$.

Solution

$$(x - 4)(2x + 1) = 2x^2 + x - 8x - 4$$
$$= 2x^2 - 7x - 4$$

Souviens-toi que le produit d'un nombre négatif et d'un nombre positif est un nombre négatif et que le produit de deux nombres négatifs est un nombre positif.

Élever un binôme au carré

Développe et simplifie cette expression.

$(3x + 2)^2$

Solution

Méthode 1 : utiliser des tuiles algébriques

$(3x + 2)^2 = (3x + 2)(3x + 2)$

Dessine un repère de multiplication. Modélise chaque binôme à l'aide de tuiles algébriques.

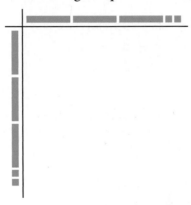

Remplis le rectangle de tuiles algébriques.

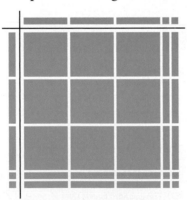

Que remarques-tu sur la forme prise par les tuiles quand tu remplis le cadre ?

Le rectangle contient 9 tuiles x^2, 12 tuiles x et 4 tuiles unitaires.

$$(3x + 2)^2 = (3x + 2)(3x + 2)$$
$$= 9x^2 + 12x + 4$$

Méthode 2 : utiliser une suite de multiplications

$$(3x + 2)^2 = (3x + 2)(3x + 2)$$
$$= 9x^2 + 6x + 6x + 4$$
$$= 9x^2 + 12x + 4$$

Méthode 3 : utiliser la distributivité de la multiplication par rapport à l'addition

$$(3x + 2)^2 = (3x + 2)(3x + 2)$$
$$= 3x(3x + 2) + 2(3x + 2)$$
$$= 9x^2 + 6x + 6x + 4$$
$$= 9x^2 + 12x + 4$$

Même si les deux binômes sont identiques, l'un doit toujours être distribué sur l'autre.

trinôme carré parfait
- Le résultat de la mise au carré d'un binôme.

Le carré d'un binôme donne un **trinôme carré parfait**, dont le premier terme et le dernier terme sont des carrés parfaits et dont le terme du milieu est égal au double du produit des deux termes du binôme. En effet, $(a + b)^2 = a^2 + 2ab + b^2$ et $(a - b)^2 = a^2 - 2ab + b^2$.

Exemple 4 | **Calculer l'aire d'un rectangle**

Une surface skiable rectangulaire mesure $x + 1$ de largeur et $x + 3$ de longueur. Ces deux mesures sont exprimées en kilomètres.

$x + 3$

$x + 1$

a) Détermine l'expression du second degré qui représente la surface skiable.

b) Vérifie ta réponse à l'aide de tuiles algébriques.

c) Calcule l'aire réelle pour $x = 2$ km.

Solution

a) Aire = longueur × largeur

$$A = (x + 3)(x + 1)$$
$$= x^2 + 3x + x + 3$$
$$= x^2 + 4x + 3$$

b) $(x + 1)(x + 3)$

Donc, $(x + 1)(x + 3) = x^2 + 4x + 3$.

c) Dans l'une ou l'autre des expressions ci-dessus, substitue 2 à x, puis évalue l'expression.

$$
\begin{aligned}
A &= x^2 + 4x + 3 \\
&= (2)^2 + 4(2) + 3 \\
&= 4 + 8 + 3 \\
&= 15
\end{aligned}
\qquad \text{ou} \qquad
\begin{aligned}
A &= (x + 1)(x + 3) \\
&= (2 + 1)(2 + 3) \\
&= 3 \times 5 \\
&= 15
\end{aligned}
$$

L'aire réelle est de 15 km^2.

Math plus

Quand on travaille avec des expressions algébriques, les instructions *multiplie, détermine le produit* et *développe* signifient toutes qu'on doit multiplier chaque terme de la première expression par chaque terme de la deuxième expression, puis simplifier.

Concepts clés

- Le produit de deux binômes, comprenant chacun un terme variable et un terme constant, est une expression du second degré de la forme $ax^2 + bx + c$, où $a = 1$.
- Le carré d'un binôme est un trinôme carré parfait.
- Le produit de deux binômes peut être déterminé en multipliant chaque terme d'un binôme par chaque terme de l'autre binôme à l'aide de diverses méthodes.

Parle des concepts

D1. Quand on multiplie deux binômes, quel est le lien entre le terme constant du trinôme obtenu et les termes constants des binômes ? Quel est le lien entre le coefficient de x du trinôme et les termes constants des binômes ?

D2. Quelle méthode préfères-tu utiliser pour multiplier des binômes ? Explique pourquoi à une ou à un camarade.

D3. Décris la méthode que tu utiliserais pour développer l'expression $(x + 7)(x + 4)$.

Exerce-toi

Si tu as besoin d'aide pour répondre à la question 1, reporte-toi à l'exemple 1.

1. Détermine le produit de chacune de ces multiplications.

a) $(x + 3)(x + 2)$ **b)** $(x + 5)(x + 4)$

c) $(x + 8)(x + 1)$ **d)** $(x + 3)(x + 8)$

e) $(x + 9)(x + 3)$ **f)** $(x + 5)(x + 6)$

Si tu as besoin d'aide pour répondre à la question 2, reporte-toi à l'exemple 2.

2. Développe puis simplifie ces expressions.

a) $(2x + 1)(3x + 7)$ **b)** $(3x - 4)(3x + 5)$

c) $(5x + 3)(x - 2)$ **d)** $(2x - 3)(3x - 2)$

Si tu as besoin d'aide pour répondre aux questions 3 et 4, reporte-toi à l'exemple 3.

3. Développe puis simplifie ces expressions.

a) $(x + 5)^2$ **b)** $(x + 7)^2$

c) $(x + 3)^2$ **d)** $(x + 6)^2$

e) $(x + 8)^2$ **f)** $(x + 4)^2$

4. Développe puis simplifie ces expressions.

a) $(2x + 1)^2$ **b)** $(4x - 1)^2$

c) $(3x + 2)^2$ **d)** $(5x - 2)^2$

Si tu as besoin d'aide pour répondre à la question 5, reporte-toi à l'exemple 4.

5. Un pont à deux voies a une largeur de $x + 3$ et une longueur de $4x + 5$.

a) Esquisse un rectangle ayant ces dimensions.

b) Détermine l'expression du second degré qui représente l'aire du pont.

6. Détermine chaque produit.

a) $(x + 5)(x + 2)$

b) $(x + 5)(x - 2)$

c) $(x - 5)(x + 2)$

d) $(x - 5)(x - 2)$

7. Reporte-toi à tes réponses de la question 6.

a) Les produits ont-ils donné la même expression du second degré?

b) Quelle différence as-tu remarquée entre les expressions obtenues?

Applique les concepts

Si tu as besoin d'aide pour répondre à la question 8, reporte-toi à l'exemple 4.

8. Le ponton du chalet représenté dans ce schéma est carré. Détermine l'expression du second degré représentant l'aire du ponton.

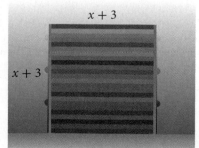

9. Détermine une expression du second degré qui représente l'aire de ce terrain.

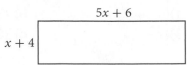

$5x + 6$

$x + 4$

10. Les propriétaires d'un club de tennis souhaitent ajouter plusieurs nouveaux courts et des bancs pour les joueurs.

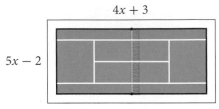

$4x + 3$

$5x - 2$

a) Détermine une expression du second degré qui représente l'aire totale d'un court.

b) Les propriétaires souhaitent clôturer le court. Détermine l'expression du périmètre du court afin de trouver la longueur de clôture nécessaire.

11. Un constructeur développe un site pour créer de nouveaux lots. Yannick souhaite acheter le lot 18.

a) Détermine une expression qui représente l'aire du lot 18.

b) Si $x = 10{,}5$ m, quelle est l'aire réelle du lot 18 ?

Raisonnement
Modélisation | Sélection des outil
Résolution de problèmes
Liens | Réflexion
Communication

c) Selon un règlement municipal, les maisons ne peuvent occuper que 40 % de leur lot. Quelle est l'aire maximale que peut occuper la maison de Yannick ? Vérifie auprès du Service des arrêtés municipaux si cette règle des 40 % s'applique à ta région.

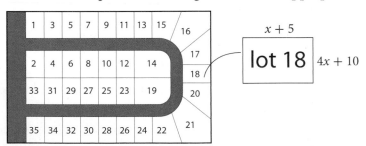

$x + 5$

lot 18 $4x + 10$

12. Un parc réservé aux planches à roulettes mesure $x + 3$ unités par $2x - 6$ unités.

a) Détermine une expression du second degré afin de représenter l'aire du parc.

b) Si $x = 11$ m, quelle est l'aire réelle du parc en mètres carrés ?

c) Si le coût de remplacement du revêtement est de 4,99 $/m2, quel est le coût pour tout le parc ?

13. Explique à une ou à un camarade comment multiplier deux binômes. Essaie d'établir une règle générale. Note ton explication dans ton cahier.

14. Joanie décide de réduire la taille de son cabanon et de l'entourer d'un trottoir.

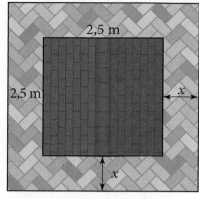

a) Détermine une expression du second degré représentant l'aire totale couverte par le cabanon et le trottoir qui l'entoure.

b) Suppose que le trottoir mesure 0,75 m de largeur. Quelle est l'aire totale couverte par le cabanon et le trottoir ?

Approfondis les concepts **C**

15. Développe puis simplifie l'expression $(x + 3)(x + 7) - (x + 5)^2$.

16. Une élève en photographie souhaite placer une photo sur un carton de montage avant de l'encadrer. Elle devra calculer l'aire de la photo ainsi que l'aire du carton.

a) Détermine une expression qui représente :
  i) l'aire de la photo ;
  ii) l'aire totale du carton ;
  iii) l'aire visible du carton une fois la photo fixée dessus.

b) Calcule ces trois aires pour $x = 15$ cm. Les recommandations en matière de décoration sont que la photo ne devrait pas recouvrir plus de 75 % du carton. Ces recommandations sont-elles respectées pour cette photographie ?

7.2 Les facteurs communs et la factorisation

factoriser

- Exprimer un nombre sous la forme du produit d'au moins deux nombres.
- Exprimer une expression algébrique sous la forme du produit d'au moins deux expressions algébriques.

La surface de but d'un terrain de soccer réglementaire mesure 108 m². Les dimensions de cette surface rectangulaire peuvent être déterminées avec les paires de facteurs de 108. **Factoriser** est l'inverse de développer.

$$5(x + 7) \xrightarrow{\text{développer}} \xleftarrow{\text{factoriser}} 5x + 35$$

De la même manière que l'addition est l'opposé de la soustraction et que la multiplication est l'inverse de la division, la factorisation est l'opposé du développement.

L'expression $5(x + 7)$ est la forme factorisée.
L'expression $5x + 35$ est la forme développée.

Le plus grand facteur commun (PGFC) est 5.
Parfois, le PGFC contient une variable.

$$2x^2 + 6x = 2x(x + 3)$$

Dans ce cas, le plus grand facteur commun est $2x$.

Explore A Déterminer le plus grand facteur commun à l'aide des tuiles algébriques

Matériel

- tuiles algébriques

Travaille avec une ou un camarade.

1. À l'aide des tuiles algébriques, représente un rectangle dont l'aire mesure $4x + 8$.

   a) Combien de rectangles différents peux-tu créer ? Trace-les tous.

   b) Note les dimensions de chaque rectangle.

   c) Lequel de ces rectangles a un côté qui représente le plus grand facteur commun de l'aire du rectangle ?

2. Utilise ta réponse de la question 1. Écris l'expression $4x + 8$ sous la forme factorisée.

3. Répète la question 1 pour un rectangle dont l'aire mesure $3x^2 + 9x$.

4. Utilise ta réponse à la question 3. Écris l'expression $3x^2 + 9x$ sous la forme factorisée.

5. Réfléchis Explique comment tu peux utiliser des rectangles afin de factoriser une expression.

Explore **B**

Déterminer le plus grand facteur commun à l'aide d'un logiciel de calcul formel

Matériel

- logiciel de calcul formel (LCF)

Travaille en groupe.

1. À l'aide d'un logiciel de calcul formel, factorise chacun de ces trinômes. Utilise la fonction de factorisation.
   a) $3x^2 + 6x + 9$
   b) $5x^2 + 10x + 15$
   c) $7x^2 + 14x + 21$
   d) $9x^2 + 18x + 27$

2. Réfléchis Reporte-toi à tes réponses de la question 1.
   a) Quel facteur apparaît dans tes quatre expressions?
   b) Le plus grand facteur commun contient-il une variable?
   c) Quel type d'expression est l'autre facteur?
   d) Décris la régularité de ces quatre expressions.

Exemple **1**

Trouver le plus grand facteur commun

Trouve le plus grand facteur commun (PGFC) de chacun de ces ensembles de termes.
   a) $6x$, 24
   b) $10x^2$, $15x$
   c) $6x^3$, $-12x^2$, $18x$

Solution

a) $\text{PGFC} = 6$ *Le PGFC de 6x et de 24 est 6.*

b) $\text{PGFC} = 5x$ *Ici, le PGFC contient une variable.*

c) $\text{PGFC} = 6x$ *Les trois termes ont 6 et x comme facteurs communs.*

Factoriser des binômes en déterminant le plus grand facteur commun

Détermine le plus grand facteur commun. Écris ensuite le binôme sous la forme factorisée. Vérifie ta réponse en développant l'expression obtenue.

a) Factorise entièrement $10x - 15$.

b) Factorise entièrement $20x - 12x^2$.

c) Factorise entièrement $-3x^2 - 12x$.

Factoriser entièrement consiste à déterminer le PGFC et à écrire le binôme sous la forme factorisée.

Solution

a) $10x - 15$

$$10x - 15 = 5\left(\frac{10x}{5} - \frac{15}{5}\right)$$

$$= 5(2x - 3)$$

$5(2x - 3)$ est la forme factorisée de $10x - 15$.

Le PGFC de 10 et de 15 est 5. Divise chaque terme par 5 pour connaître l'autre facteur.

L'autre facteur est un binôme.

Vérifie : $5(2x - 3)$
$$= 10x - 15$$
$5(2x - 3)$

La forme développée est $10x - 15$.

b) $20x - 12x^2 = 4x(5 - 3x)$

Vérifie : $4x(5 - 3x)$
$$= 20x - 12x^2$$
$4x(5 - 3x)$

Le PGFC est 4x.
Par quoi doit-on multiplier 4x pour obtenir 20x ?
Par quoi doit-on multiplier 4x pour obtenir 12x² ?

c) $-3x^2 - 12x = -3x(x + 4)$

Le signe négatif apparaît dans chacun des termes de l'expression algébrique. Dans ce cas, le PGFC doit être −3x.

Vérifie : $-3x(x + 4)$
$$= -3x^2 - 12x$$
$-3x(x - 4)$

Factoriser un trinôme en déterminant le plus grand facteur commun

Factorise entièrement $3x^2 - 9x + 12$.

Solution

$$3x^2 - 9x + 12$$
$$= 3(x^2 - 3x + 4)$$

Le PGFC de 3, de 9 et de 12 est 3. Divise chaque terme par 3 pour obtenir la forme factorisée.

Trouver les dimensions d'un rectangle

Le texte de la pochette d'un disque compact occupe une surface représentée par le binôme $12x + 3x^2$.

a) Détermine les expressions des dimensions du texte de la pochette en factorisant son aire.

b) Détermine les dimensions réelles pour $x = 6$ cm.

c) Détermine une expression algébrique du périmètre.

d) Détermine le périmètre à l'aide des dimensions réelles obtenues en b).

e) Vérifie ta réponse en remplaçant x par 6 cm dans l'expression trouvée en c). Ta réponse correspond-elle à celle obtenue en d)?

Solution

a) $A = 12x + 3x^2$
$\quad = 3x(4 + x)$

Une fois l'expression factorisée, le PGFC représente la mesure de l'un des côtés du rectangle, dans ce cas $3x$. L'autre côté est $4 + x$.

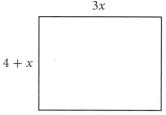

b) Remplace x par 6.

Longueur :	$3x$	Largeur :	$4 + x$
	$= 3(6)$		$= 4 + 6$
	$= 18$		$= 10$

Les dimensions réelles du rectangle sont de 18 cm sur 10 cm.

c) Le périmètre est 2 fois la longueur plus 2 fois la largeur. Insère les expressions de la longueur et de la largeur.
$P = 2L + 2l$
$\quad = 2(3x) + 2(4 + x)$
$\quad = 6x + 8 + 2x$
$\quad = 8 + 8x$

d) Selon la partie b), $L = 18$, $l = 10$.
$P = 2L + 2l$
$\quad = 2(18) + 2(10)$
$\quad = 36 + 20$
$\quad = 56$
Le périmètre est de 56 cm.

e) Remplace x par 6 dans l'expression du périmètre déterminée en c).

$$P = 8 + 8x$$
$$= 8 + 8(6)$$
$$= 8 + 48$$
$$= 56$$

Le périmètre est de 56 cm.

La réponse est la même que celle obtenue à la partie d).

Concepts clés

- Certains polynômes peuvent être factorisés en déterminant le PGFC (plus grand facteur commun).
- Le PGFC d'un polynôme peut être une constante, une variable ou un terme composé d'un coefficient numérique et d'une variable.
- Si l'aire d'un rectangle est donnée sous forme polynomiale, il faut factoriser le polynôme pour déterminer les longueurs possibles des côtés du rectangle.

Parle des concepts

D1. Décris les étapes que tu suivrais pour déterminer le plus grand facteur commun de trois nombres. Que ferais-tu en premier ?

D2. Explique le lien entre la factorisation et le développement.

D3. Décris comment tu peux déterminer la longueur et la largeur d'un rectangle si tu connais le polynôme qui représente l'aire de ce rectangle.

Exerce-toi

Si tu as besoin d'aide pour répondre à la question 1, reporte-toi à l'exemple 1.

1. Détermine le plus grand facteur commun de chacun de ces groupes de termes.

a) 8, 18
b) $10x$, 25
c) $4x^2$, $12x$
d) $4x^2$, $8x^2$, $12x$

Si tu as besoin d'aide pour répondre à la question 2, reporte-toi à l'exemple 2.

2. Détermine le plus grand facteur commun de chacune de ces expressions, puis écris le binôme sous la forme factorisée.

a) $3x + 15$
b) $4x^2 + 8x$
c) $5x^2 - 10x$
d) $-7x^2 - 21x$

Si tu as besoin d'aide pour répondre à la question 3, reporte-toi à l'exemple 3.

3. Factorise chacun de ces polynômes.

a) $3x^2 - 12x + 18$ **b)** $-10x^2 + 20x - 30$

c) $-9x^2 - 3x + 9$ **d)** $4x^2 - 6x + 8$

4. Factorise entièrement chacun de ces polynômes.

a) $6x^2 + 12x$ **b)** $9x^2 + 18x$

c) $4x^2 + 24x$ **d)** $15x^2 + 30x$

5. Reporte-toi à tes réponses à la question 4.

a) Les plus grands facteurs communs contiennent-ils tous une variable ?

b) Quel type d'expression est l'autre facteur ?

6. Factorise entièrement chacun de ces polynômes. Vérifie tes réponses en les développant.

a) $8x - 24$ **b)** $x^2 + 5x$

c) $x^2 - 10x$ **d)** $4x^2 + 16x + 24$

Si tu as besoin d'aide pour répondre à la question 7, reporte-toi à l'exemple 4.

7. Une piscine possède l'aire indiquée dans la figure ci-contre.

a) Factorise entièrement l'expression qui représente l'aire de la piscine afin de déterminer sa longueur et sa largeur.

b) Détermine les mesures réelles de ses côtés pour $x = 2$ m.

c) Détermine le périmètre de la piscine.

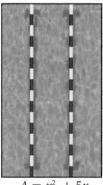

$A = x^2 + 5x$

Applique les concepts **B**

Si tu as besoin d'aide pour répondre à la question 8, reporte-toi à l'exemple 4.

8. Détermine les dimensions de chacun de ces rectangles.

a)

$A = 21x^2 + 3x$

b)

$A = 2x^2 + 18x$

Math plus

La FIFA (Fédération internationale de football Association) a été fondée à Paris le 21 mai 1904. Il s'agit d'un organisme international regroupant des associations nationales de soccer. Ces associations doivent faire partie de la FIFA pour participer à la Coupe du monde de soccer.

9. La surface d'un terrain de soccer peut être représentée par le binôme $100x^2 + 4\,000$, où x est mesuré en mètres. Le règlement de la FIFA stipule qu'un terrain de soccer normal est plus long que large. Généralement, la longueur d'un terrain de soccer est de 100 m.

a) Factorise le polynôme qui représente l'aire afin d'écrire une expression qui représente la largeur d'un terrain de soccer.

b) Dans cette expression, substitue les valeurs 0, 1, 2, 3, 4, 5, 6, 7 et 8 à x afin de déterminer les largeurs possibles du terrain.

c) Quelle ou quelles valeurs de x donneraient des dimensions conformes au règlement de la FIFA ?

d) Quelle ou quelles valeurs de x ne donneraient pas des dimensions conformes au règlement de la FIFA ?

Vérification des connaissances

10. Une plaque d'étain mesure 20 cm sur 30 cm. Un carré de x centimètres de côté a été découpé dans chaque coin, puis les côtés ont été pliés pour former un plateau.

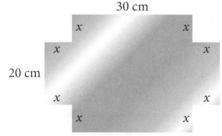

a) À l'aide de chacune de ces méthodes, détermine une expression de l'aire de la plaque d'étain utilisée pour fabriquer ce plateau.
Méthode 1 : Calcule l'aire initiale de la plaque d'étain et soustrais-en les aires des quatre carrés qui ont été découpés.
Méthode 2 : Détermine la somme des aires de la base et des quatre bords du plateau.

b) Montre que les deux méthodes donnent la même mesure d'aire.

c) Détermine l'aire de la plaque d'étain utilisée pour fabriquer le plateau pour $x = 3$ cm.

11. Deux pelouses voisines, dont les aires sont représentées par les binômes $2x^2 + 7x$ et $2x^2 + 9x$, sont combinées dans le cadre d'un gros contrat de tonte de gazon. La forme des pelouses combinées est un rectangle.

  a) Détermine une expression qui représente l'aire combinée des pelouses.

  b) Factorise l'expression de la partie a) afin de déterminer les dimensions des pelouses combinées.

  c) Quelles sont les dimensions réelles des pelouses combinées si $x = 13$ m?

12. Écris deux trinômes dont le PGFC est 5.

13. Écris deux binômes dont le PGFC est $6x$.

14. Lesquels de ces binômes sont entièrement factorisés? Factorise entièrement ceux qui ne le sont pas.

  a) $14x^2 - 28x = 14(x^2 - 2x)$ **b)** $5x^2 + 30x = 5x(x + 6)$

  c) $7x^2 - 56 = 7(x^2 - 8)$ **d)** $3x^2 + 39x = 3(x^2 + 13x)$

Littératie

15. L'addition et la soustraction sont des opérations opposées. Le développement et la factorisation sont aussi des opérations opposées. Quelles autres opérations opposées ou inverses connais-tu? Compare tes réponses avec celles de quelques camarades.

Problème du chapitre

16. Suppose que l'aire du jardin initial de Joanie est représentée par l'expression $7x^2 + 42x$. Factorise cette expression afin de déterminer les dimensions du jardin. Calcule ensuite les mesures réelles pour $x = 1$ m.

Approfondis les concepts **C**

17. Factorise entièrement ces expressions.

  a) $8xy - 4y$ **b)** $2x^3 - 4x^2$

  c) $-9x^3 - 15x^2 - 21x$ **d)** $5x^2y - 10xy + 15xy^2$

18. Ce diagramme représente l'aire de la face d'un boîtier de DVD. Le périmètre réel est de 66 cm. Détermine les dimensions du boîtier en centimètres.

$$A = x^2 + 5x$$

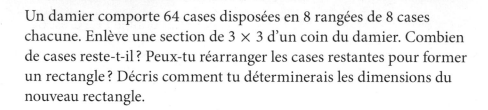

7.3 La factorisation d'une différence de carrés

Un damier comporte 64 cases disposées en 8 rangées de 8 cases chacune. Enlève une section de 3 × 3 d'un coin du damier. Combien de cases reste-t-il? Peux-tu réarranger les cases restantes pour former un rectangle? Décris comment tu déterminerais les dimensions du nouveau rectangle.

Explore A — Calculer la différence entre les aires de deux carrés

Matériel
- papier quadrillé
- règle
- ciseaux

Travaille avec une ou un camarade.

1. Dessine un carré de 5 cm × 5 cm sur du papier quadrillé.

2. Dessine un carré de 3 cm × 3 cm dans le coin inférieur droit du grand carré.

3. Découpe le carré de 3 cm × 3 cm, puis calcule l'aire restante.

4. Découpe et réarrange l'aire restante afin de former un rectangle.

5. Quelles sont les dimensions de ce rectangle?

6. **Réfléchis** Comment as-tu trouvé ces dimensions? Décris le lien entre les dimensions du rectangle et les dimensions du grand et du petit carré.

7. Récris les dimensions du rectangle en te servant des dimensions du grand et du petit carré.

8. Reproduis ce tableau.

Aire du grand carré	Aire du petit carré	Différence entre les aires des deux carrés	Dimensions et aire du rectangle
5^2	3^2	$5^2 - 3^2 = 16$	$(5 + 3) \times (5 - 3)$ $= 8 \times 2$ $= 16$

9. Répète les étapes précédentes pour chacune de ces paires de carrés. Note tes résultats dans le tableau.

a) $9 \times 9, 4 \times 4$ **b)** $10 \times 10, 5 \times 5$ **c)** $12 \times 12, 6 \times 6$

10. Si le côté du grand carré est a et le côté du petit carré est b, généralise la régularité afin de déterminer deux binômes représentant les dimensions du rectangle.

Explore   **B**   **Trouver une régularité**

Marc envoie des enveloppes à l'étranger. Les dimensions des enveloppes sont indiquées ci-dessous. Un des binômes représente la largeur de l'enveloppe et l'autre représente la longueur.

1. Développe chaque paire de binômes.

a) $(x + 1)(x - 1)$ **b)** $(x + 2)(x - 2)$ **c)** $(x + 3)(x - 3)$
d) $(x + 4)(x - 4)$ **e)** $(x + 5)(x - 5)$

2. Reporte-toi à tes réponses de la question 1. Combien y a-t-il de termes dans chaque produit ? Comment nomme-t-on ce type de polynômes ?

3. Si les binômes représentent une longueur et une largeur, que représentent les réponses de la question 1 ?

4. a) Réfléchis Remarques-tu une régularité entre les premiers termes des binômes et le premier terme de la réponse ? Explique ta réponse.

b) Réfléchis Remarques-tu une régularité entre les deuxièmes termes des binômes et le deuxième terme de la réponse ? Quelle règle peux-tu déduire de cette régularité ? Explique ta réponse.

différence de carrés
- Un binôme dans lequel un terme au carré est soustrait d'un autre terme au carré.
- Les facteurs d'une différence de carrés sont des binômes formés de la somme et de la différence des deux termes.

Le produit de deux binômes qui ont des termes identiques, mais des opérations opposées d'addition et de soustraction, se nomme une **différence de carrés**.

Déterminer la racine carrée d'un nombre

Écris la racine carrée positive de ces termes.

a) 9

b) 25

c) x^2

d) $4x^2$

Solution

a) $\sqrt{9} = 3$

b) $\sqrt{25} = 5$

Pense à un nombre qui, lorsque multiplié par lui-même, est égal au nombre dont tu dois trouver la racine carrée. Par exemple, quand tu multiplies 3 par 3, tu obtiens 9. 3 est donc la racine carrée positive de 9.

c) $\sqrt{x^2} = x$

d) $\sqrt{4x^2} = 2x$

Exprimer un nombre sous la forme d'une puissance

Écris chacun de ces nombres sous la forme d'une puissance de sa racine carrée positive.

a) 16

b) 9

Solution

a) $16 = 4^2$

b) $9 = 3^2$

Détermine la racine carrée positive du nombre, puis exprime-la sous la forme d'une puissance d'exposant 2.

Reconnaître une différence de carrés

Lesquelles de ces expressions sont des différences de carrés? Comment le sais-tu?

a) $x^2 - 25$

b) $x^2 + 16$

c) $1 - 49x^2$

d) $4x^2 + 10$

Rappelle-toi que la différence de carrés est un binôme. Le premier terme est un carré, le deuxième terme est un carré et l'opération entre les deux est une soustraction.

Solution

a) Oui, x^2 est le carré de x, 25 est le carré de 5 et l'opération entre les deux termes est une soustraction. Ce binôme est une différence de carrés.

b) Non, l'opération entre les deux termes au carré est une addition. Le produit d'un nombre positif et d'un nombre négatif ne peut pas donner un terme positif. $x^2 + 16$ ne peut donc pas être factorisé comme une différence de carrés.

c) Oui, 1 est le carré du nombre 1, $49x^2$ est le carré du terme $7x$ et l'opération entre ces deux termes est une soustraction.

d) Non, l'opération entre les deux termes au carré est une addition. Le produit d'un nombre positif et d'un nombre négatif ne donne pas un nombre positif. $4x^2 + 10$ ne peut donc pas être factorisé comme une différence de carrés.

Exemple **4** **Factoriser une différence de carrés**

Factorise ces différences de carrés. Vérifie tes réponses en les développant.

a) $x^2 - 36$ **b)** $9 - x^2$

Solution

a) $x^2 - 36$
$= x^2 - 6^2$
$= (x + 6)(x - 6)$

b) $9 - x^2$
$= 3^2 - x^2$
$= (3 + x)(3 - x)$

Vérifie :

a) $(x + 6)(x - 6)$
$= x^2 - 6x + 6x - 36$
$= x^2 - 36$

b) $(3 + x)(3 - x)$
$= 9 - 3x + 3x - x^2$
$= 9 - x^2$

Remarque que la somme des termes en x est nulle, du fait de leurs signes opposés.

Exemple **5** **Déterminer la différence entre des aires de carrés**

a) Factorise le binôme $x^2 - 2^2$.

b) Représente la situation à l'aide d'un diagramme.

Solution

a) $x^2 - (2)^2 = (x + 2)(x - 2)$

b)

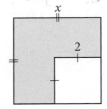

Concepts clés

- Une différence de carrés est un binôme constitué de deux termes au carré séparés par un signe de soustraction.
- Les facteurs d'une différence de carrés sont deux binômes. Un de ces binômes contient la somme des racines carrées des termes de la différence de carrés tandis que l'autre binôme contient la différence de ces deux mêmes racines carrées.

Parle des concepts

D1. Écris trois exemples d' un terme constant au carré. Écris deux exemples d'un terme variable au carré. Comment peux-tu reconnaître si un terme constant ou un terme variable est un carré ?

D2. Quelle opération entre les deux termes t'attends-tu à trouver dans une différence de carrés ? D'autres opérations sont-elles possibles ? Compare tes réponses avec celles de quelques camarades.

Exerce-toi

Si tu as besoin d'aide pour répondre à la question 1, reporte-toi à l'exemple 1.

1. Détermine la racine carrée positive de chacun de ces nombres.
  a) 49 **b)** 81 **c)** 100

Si tu as besoin d'aide pour répondre à la question 2, reporte-toi à l'exemple 2.

2. Écris chaque nombre sous forme d'une puissance de sa racine carrée positive.
  a) 25 **b)** 36 **c)** 16

Si tu as besoin d'aide pour répondre à la question 3, reporte-toi à l'exemple 3.

3. Quelles expressions parmi les suivantes sont des différences de carrés ? Explique tes réponses.
  a) $x^2 - 9$ **b)** $49 + x^2$ **c)** $100 - 36x^2$

Si tu as besoin d'aide pour répondre à la question 4, reporte-toi à l'exemple 4.

4. Factorise chacune de ces différences de carrés. Vérifie tes réponses.
  a) $x^2 - 81$ **b)** $x^2 - 121$ **c)** $x^2 - 144$
  d) $400 - x^2$ **e)** $25 - x^2$ **f)** $49 - x^2$
  g) $100 - x^2$ **h)** $225 - x^2$ **i)** $16x^2 - 121$

Si tu as besoin d'aide pour répondre à la question 5, reporte-toi à l'exemple 5.

5. L'aire d'un carré est de x^2, en centimètres carrés. Dans l'un de ses coins, un plus petit carré de 6 cm de côté est découpé.

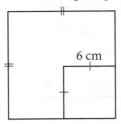

a) Écris le binôme qui représente la différence entre les aires des deux carrés.

b) Factorise le binôme afin de déterminer les expressions des dimensions d'un rectangle dont l'aire serait égale à l'aire restante du grand carré.

c) Détermine les dimensions réelles de ce rectangle pour $x = 10$ cm.

Applique les concepts B

6. L'aire d'une saisie d'écran est indiquée ci-après.

a) Détermine les binômes qui représentent les dimensions de la page.

b) Calcule l'aire du rectangle si $x = 25$ cm.

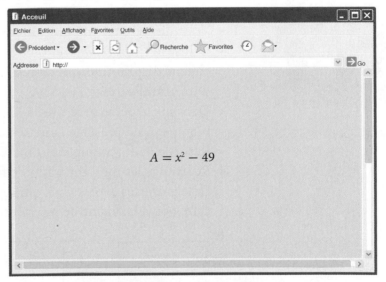

$$A = x^2 - 49$$

7. L'aire du dessus d'une table à dessiner est représentée par l'expression $4 - x^2$.

a) Si la longueur est représentée par $2 + x$, détermine l'expression qui représente sa largeur.

b) Détermine les dimensions réelles pour $x = 1,2$ m.

c) Calcule l'aire de la table.

$2 + x$

$A = 4 - x^2$

Littératie

8. L'expression $x^2 - y^2$ est-elle une différence de carrés? Explique ta réponse.

9. Les élèves de dernière année travaillent à la conception d'un prospectus afin de collecter des fonds pour leur voyage en Europe. Ils souhaitent concevoir un beau prospectus qui serait agréable visuellement et pour lequel la réserve de papier dont ils disposent serait utilisée d'une manière optimale.

- Travaille avec une ou un camarade.
- Utilise le *Cybergéomètre*® ou du papier de bricolage. Copie chaque diagramme, qui représente un petit carré, à l'intérieur d'un grand carré.
- Découpe le petit carré situé à l'intérieur du grand carré. Écris le binôme qui représente l'aire restante.
- Retire le petit rectangle restant le long des pointillés.
- Réarrange les morceaux afin de former un plus grand rectangle. Détermine les expressions qui représentent les dimensions de cette nouvelle forme de prospectus.

a)
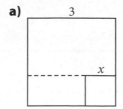
3
x

b)
5
$2x$
5

c)
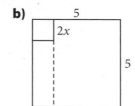
9
$4x$
9

10. Explique pourquoi $x^2 + 1$ n'est pas une différence de carrés, et pourquoi $x^2 - 1$ en est une.

11. Alexa décide de factoriser $x^2 + 25$ afin de déterminer la longueur et la largeur d'un prospectus. Elle trouve qu'il mesure $(x + 5)$ de longueur et $(x + 5)$ de largeur. Explique l'erreur d'Alexa.

12. Factorise $2x^2 - 18$. S'agit-il d'une différence de carrés ? Pourquoi ? Est-il possible de factoriser ce binôme ? Explique ta réponse.

13. Factorise entièrement ces expressions.
   a) $8x^2 - 18$
   b) $48x^2 - 27$
   c) $5x^2 - 45y^2$

14. Un terrain de jeu a la forme d'un carré. Les structures de jeux occupent une surface carrée à l'intérieur du terrain de jeu. Le périmètre de la surface de jeux mesure 32 m. Si la différence entre l'aire du terrain de jeu entier et la surface occupée par les structures de jeux est 336 m^2, quelles sont les dimensions du terrain de jeu entier ?

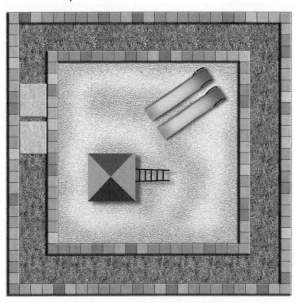

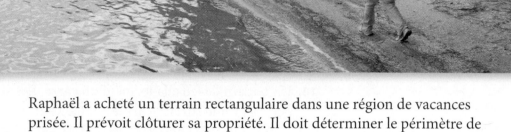

La factorisation de trinômes de la forme $ax^2 + bx + c$, où $a = 1$

Raphaël a acheté un terrain rectangulaire dans une région de vacances prisée. Il prévoit clôturer sa propriété. Il doit déterminer le périmètre de la propriété pour connaître la longueur de clôture nécessaire.

Explore A

Matériel

- tuiles algébriques

Déterminer les dimensions d'un rectangle

L'aire de la propriété de Raphaël peut être représentée par le trinôme $x^2 + 7x + 10$.

Travaille avec un ou une camarade.

1. Trace un repère comme celui-ci.

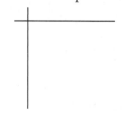

2. À l'intérieur du repère, crée un rectangle dont l'aire mesure $x^2 + 7x + 10$. Combien de rectangles différents peux-tu créer?

3. Quelles tuiles algébriques représentent la longueur du rectangle? Lesquelles représentent sa largeur? Écris les expressions qui représentent les dimensions du rectangle.

4. Exprime les facteurs et l'aire sous forme d'une équation.

5. Développe les facteurs afin de vérifier ta réponse.

6. Réfléchis Combien d'expressions différentes représentant les dimensions du rectangle peux-tu écrire? Quel est le lien entre ces expressions et le nombre de rectangles que tu peux construire? Explique ta réponse.

Déterminer les dimensions d'un rectangle à partir d'une aire représentée par un trinôme de la forme $ax^2 + bx + c$, où $a = 1$

Matériel

■ tuiles algébriques

Travaille avec une ou un camarade.

1. Représente chacun de ces trinômes à l'aide de tuiles algébriques. Arrange les tuiles afin de former un rectangle.

   a) $x^2 + 8x + 12$
   b) $x^2 + 9x + 14$
   c) $x^2 + 7x + 10$
   d) $x^2 + 6x + 8$

2. Factorise chaque trinôme de la question 1 afin de déterminer les dimensions du rectangle. Écris les expressions de la longueur et de la largeur pour chaque rectangle.

3. Vérifie les dimensions de chaque rectangle en multipliant leur longueur par leur largeur.

4. Quel est le facteur binomial commun à chacune des formes factorisées ? Explique la régularité obtenue.

5. **Réfléchis** Pour chaque trinôme, compare le coefficient de x et le terme constant avec les termes constants de ses facteurs binomiaux. Comment sont-ils reliés ?

Exemple **1**

Trouver deux nombres entiers en connaissant leur somme et leur produit

Trouve une paire de nombres entiers ayant la somme et le produit suivants.

a) Produit : 10   Somme : 7   **b)** Produit : -18 Somme : -7

Solution

a) Le produit étant positif, les deux nombres entiers ont donc le même signe. Cela signifie qu'ils sont tous deux positifs ou tous deux négatifs. La somme étant positive, les deux nombres entiers sont donc positifs.

Écris une paire de nombres dont le produit est 10. Vérifie chaque paire afin de déterminer si sa somme est 7.

Facteurs de 10	Somme des facteurs
1 ; 10	11
2 ; 5	7

Les nombres entiers 2 et 5 ont un produit de 10 et une somme de 7.

b) Le produit étant négatif, l'un des nombres entiers est donc positif et l'autre négatif.

Facteurs de -18	Somme des facteurs
-1 ; 18	17
-2 ; 9	7
2 ; -9	-7

Les nombres entiers 2 et -9 ont un produit de -18 et une somme de -7.

Exemple 2

Factoriser des trinômes

Factorise chaque trinôme. Vérifie tes réponses en développant tes résultats.

a) $x^2 - 10x + 16$ **b)** $x^2 + 9x - 22$

Solution

a) Le terme constant, 16, est positif et le coefficient de x, -10, est négatif. Détermine deux nombres négatifs dont le produit est 16 et dont la somme est -10.

$$x^2 - 10x + 16$$
$$= (x - 8)(x - 2)$$

$-8 \times (-2) = 16$
$-8 + (-2) = -10$

Vérifie : $(x - 8)(x - 2)$
$$= x^2 - 2x - 8x + 16$$
$$= x^2 - 10x + 16$$

b) Le terme constant, -22, est négatif et le coefficient de x, 9, est positif. Détermine deux nombres de signes opposés dont le produit est -22 et dont la somme est 9.

$$x^2 + 9x - 22$$
$$= (x + 11)(x - 2)$$

$11 \times (-2) = -22$
$11 + (-2) = 9$

Vérifie : $(x + 11)(x - 2)$
$$= x^2 - 2x + 11x - 22$$
$$= x^2 + 9x - 22$$

Exemple 3

Déterminer les dimensions d'un rectangle

L'aire d'un rectangle est représentée par le trinôme $x^2 + 4x - 21$.

a) Factorise le trinôme afin de déterminer les expressions des dimensions du rectangle.

b) Calcule les dimensions réelles pour $x = 50$ cm.

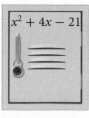

Solution

a) Le terme constant, -21, est négatif. Détermine deux nombres entiers de signes opposés dont le produit est -21 et dont la somme est 4.

$$x^2 + 4x - 21 \qquad +7 \times (-3) = -21$$
$$= (x + 7)(x - 3) \qquad +7 + (-3) = 4$$

Les dimensions du rectangle sont $(x + 7)$ sur $(x - 3)$.

b) Remplace x par 50.

$$x + 7 \qquad\qquad x - 3$$
$$= 50 + 7 \qquad\qquad = 50 - 3$$
$$= 57 \qquad\qquad\quad = 47$$

Si $x = 50$ cm, les dimensions réelles sont de 57 cm sur 47 cm.

Concepts clés

- Pour déterminer les facteurs d'un trinôme de la forme $ax^2 + bx + c$, où $a = 1$, cherche la paire de nombres dont la somme est b et dont le produit est c.
- La factorisation est l'inverse du développement.

Parle des concepts

D1. Quels sont les deux nombres entiers dont la multiplication donne -16 et dont la somme donne 6? Explique ta réponse.

D2. L'expression $(x + 9)(x + 4)$ est-elle la forme factorisée de $x^2 - 13x + 36$? Explique ta réponse.

Exerce-toi **A**

1. Détermine une paire de nombres entiers ayant la somme et le produit suivants.

a) Produit : 20   Somme : 9

b) Produit : 18   Somme : 11

c) Produit : 12   Somme : -7

d) Produit : -14 Somme : -5

Si tu as besoin d'aide pour répondre à la question 2, reporte-toi à l'exemple 2.

2. Factorise chacun de ces trinômes. Vérifie tes réponses en développant tes résultats.

a) $x^2 + 12x + 36$ **b)** $x^2 - 12x + 27$

c) $x^2 + 7x - 30$ **d)** $x^2 - 16x - 36$

Si tu as besoin d'aide pour répondre aux questions 3 à 6, reporte-toi à l'exemple 3.

3. Pour chacun de ces rectangles, détermine les binômes qui représentent la longueur et la largeur.

a)
$$A = x^2 + 4x + 4$$

b)
$$A = x^2 - 4x - 5$$

c)
$$A = x^2 + 9x - 22$$

d)
$$A = x^2 - 9x + 20$$

4. Détermine les binômes qui représentent les dimensions du rectangle dont l'aire mesure $x^2 + 2x + 1$.

5. Pour chacune de ces aires, construis un rectangle à l'aide de tuiles algébriques.
- **a)** $A = x^2 + 12x + 20$
- **b)** $A = x^2 + 5x + 6$
- **c)** $A = x^2 + 9x + 14$

6. a) Factorise chaque trinôme de la question 5. Écris les binômes qui représentent les dimensions de chacun de ces rectangles.
- **b)** Écris l'aire sous la forme factorisée.

7. L'aire d'un rectangle est $x^2 + 8x + 15$.
- **a)** Factorise le trinôme.
- **b)** Calcule les dimensions réelles en considérant que $x = 4$ cm.

$$A = x^2 + 8x + 15$$

Applique les concepts B

8. Détermine les binômes qui représentent la longueur et la largeur de deux allées rectangulaires dont les aires sont représentées par ces trinômes.
- **a)** $x^2 - 3x - 10$
- **b)** $x^2 - 5x + 6$

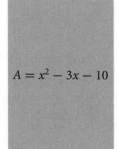

$$A = x^2 - 3x - 10$$

$$A = x^2 - 5x + 6$$

9. Leanne dit que les facteurs du trinôme $x^2 - 10x - 24$ sont $(x - 6)(x - 4)$. A-t-elle raison ? Explique ta réponse et corrige sa réponse si nécessaire.

....
Vérification des connaissances

10. L'aire d'une piscine olympique est représentée par le trinôme $A = x^2 + 9x + 8$.

   a) Détermine les expressions qui représentent les dimensions de la piscine.

   b) Suppose que la longueur de la piscine est de 33 m. Détermine l'aire de la piscine.

11. Si les deux termes constants des facteurs binomiaux d'un trinôme sont -7 et 4, écris le trinôme sous la forme $ax^2 + bx + c$, où $a = 1$.

12. En considérant que le trinôme $x^2 + 5x + c$ peut être factorisé, trouve autant de valeurs positives et négatives possibles pour c.

13. En considérant que le trinôme $x^2 + bx - 13$ peut être factorisé, trouve les valeurs possibles de b.

Littératie

14. À l'aide des tuiles algébriques, explique pourquoi $x^2 + 3x + 2$ peut être factorisé, alors que $x^2 + 2x + 3$ ne peut pas l'être. Note les étapes de ton travail.

Problème du chapitre

15. L'aire du jardin actuel de Joanie est représentée par le trinôme $x^2 + 12x + 36$.

   a) Factorise ce trinôme afin de déterminer la longueur et la largeur de son jardin actuel.

   b) Quelle est la forme du jardin de Joanie ? Comment le sais-tu ?

   c) Calcule les dimensions réelles en supposant que $x = 1$ m.

Approfondis les concepts C

16. Factorise entièrement ces expressions.

   a) $3x^2 + 21x + 30$ **b)** $4x^2 - 12x - 72$
   c) $-x^2 + 4x - 3$ **d)** $2x^2 + 4x + 2$

17. Le périmètre d'un rectangle est de 32 cm. Son aire est indiquée dans cette figure. Détermine les dimensions réelles de ce rectangle.

Révision des termes clés

Recopie ces termes dans ton cahier. Fais correspondre chaque terme à sa définition.

1. a) trinôme carré parfait

i) Un binôme dans lequel un terme au carré est soustrait d'un autre terme au carré.

b) factoriser

ii) Un trinôme qui peut s'écrire sous la forme $ax^2 + bx + c$, où $a = 1$.

c) différence de carrés

iii) Élément que l'on retrouve dans le produit après la factorisation.

d) expression du second degré (quadratique)

iv) Le résultat de la mise au carré d'un binôme.

7.1 La multiplication de deux binômes, pages 284 à 293

2. Développe ces expressions, puis simplifie les produits.

a) $(x + 8)(x - 9)$ **b)** $(2x + 3)(x - 5)$

c) $(3x - 1)(2x - 3)$ **d)** $(x + 6)(x - 6)$

3. Développe chacun de ces carrés.

a) $(x + 5)^2$ **b)** $(x - 7)^2$

c) $(2x + 3)^2$ **d)** $(3x - 2)^2$

4. Enrico multiplie deux binômes comme suit : $(2x - 3)(x + 7) = 2x^2 - 11x + 21$. A-t-il raison ? Sinon, corrige son erreur.

5. Voici les dimensions d'une affiche rectangulaire.

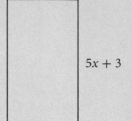

a) Détermine une expression qui représente son aire.

b) Calcule son aire réelle en considérant que $x = 20$ cm.

c) Le texte occupe environ 880 cm² sur l'affiche. Cette mise en page respectera-t-elle les directives de design qui stipulent qu'un texte ne doit pas occuper plus de 40 % de l'aire totale d'une affiche ?

6. Ce diagramme montre les dimensions d'un petit rectangle situé à l'intérieur d'un grand rectangle. Détermine l'expression qui représente la différence entre leurs aires.

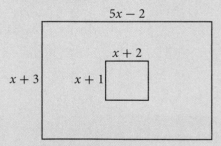

7.2 Les facteurs communs et la factorisation, pages 294 à 301

7. Détermine le plus grand facteur commun des termes de chacune de ces expressions. Factorise ensuite chaque expression.

a) $5x - 25$

b) $8x^2 + 20x$

c) $27 + 15x - 6x^2$

8. Factorise entièrement ces expressions.

a) $4x - 20$ **b)** $6x^2 + 15x$

c) $7x^2 - 14x - 21$

9. L'aire d'un court de squash est indiquée dans ce diagramme.

a) Détermine les dimensions du court.

b) Détermine une expression qui représente le périmètre du court de squash.

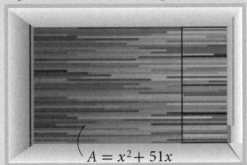

$A = x^2 + 51x$

10. Factorise entièrement ces expressions.

a) $14x^2 - 12x$

b) $-10y^2 + 15y^3$

c) $30x^3 - 24x^2 + 12x$

7.3 La factorisation d'une différence de carrés, pages 302 à 309

11. Lesquelles de ces expressions sont des différences de carrés ? Exprime-les sous la forme d'un produit de deux binômes.

a) $x^2 - 16$ **b)** $2x^2 + 9$

c) $49 - 9x^2$ **d)** $4 - 25x^2$

12. Factorise ces expressions, puis vérifie tes réponses en les développant.

a) $x^2 - 25$ **b)** $81x^2 - 100$

c) $64 - 121x^2$ **d)** $x^2 - 36$

13. a) Détermine une expression qui représente la différence entre les aires de ces deux carrés.

b) Factorise cette expression.

$3x$

4

14. Montre que la différence entre les deux aires indiquées dans ce diagramme peut être exprimée sous la forme factorisée $5(2x + 7)$.

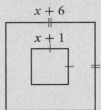

$x + 6$

$x + 1$

7.4 La factorisation de trinômes de la forme $ax^2 + bx + c$ où $a = 1$, pages 310 à 315

15. Pour chacun de ces trinômes, écris la paire de nombres entiers dont la somme est égale à b et dont le produit est égal à c.

a) $x^2 + 7x + 10$

b) $x^2 - 6x + 9$

c) $x^2 + 8x - 9$

d) $x^2 - 13x + 36$

16. Trouve les expressions qui représentent les dimensions de chacun de ces rectangles.

a)

$A = x^2 + 6x - 27$

b)

$A = x^2 + 10x + 25$

1. Développe puis simplifie ces expressions.

  a) $(x + 3)(x + 9)$

  b) $(2x - 1)(x + 5)$

  c) $(x + 6)^2$

  d) $(x - 7)(x + 7)$

2. Détermine l'aire de chacun de ces rectangles.

  a)

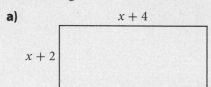

  $x + 4$

  $x + 2$

  b)

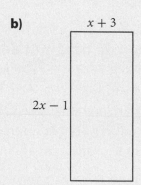

  $x + 3$

  $2x - 1$

3. Détermine le plus grand facteur commun, puis factorise entièrement l'expression.

  a) $16x^2 - 24x$

  b) $15x^2 + 20x$

  c) $-14x^2 - 6x$

  d) $-4 - 36x - 12x^2$

4. Factorise ces expressions.

  a) $x^2 + 10x + 21$

  b) $x^2 - 3x - 4$

  c) $x^2 - 10x + 25$

  d) $x^2 - 100$

5. Détermine le périmètre réel de ce grand écran de télévision en considérant que $x = 100$ cm.

$A = x^2 + 13x - 30$

6. Explique pourquoi $x^2 + 14x + 49$ se nomme un trinôme carré parfait.

7. Ce diagramme représente deux carrés. Le grand carré est une dalle de béton sur laquelle se trouve un cabanon, représentée par le petit carré.

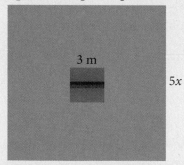

3 m

$5x$

  a) Écris le binôme qui représente la différence entre les deux aires.

  b) Suppose que l'aire restante est réarrangée pour former un rectangle de même aire. Détermine les dimensions du rectangle.

  c) Calcule les dimensions réelles du rectangle de la partie b) en considérant que $x = 1$ m.

Retour sur le problème du chapitre

Joanie prévoit changer la disposition de sa cour sans modifier l'aire totale cultivée. Sa cour mesure 7 m sur 7 m. La base du cabanon occupant un coin de la cour mesure 3 m sur 3 m.

a) Détermine l'aire de la cour, cabanon inclus.

b) Soustrais l'aire du cabanon de l'aire totale pour déterminer les dimensions du jardin actuel.

c) Joanie prévoit ajouter une nouvelle couche de terre arable de 10 cm d'épaisseur sur toute la surface de son jardin. Quel est le volume de sol arable dont elle aura besoin pour couvrir la surface actuelle de son jardin ?

d) Aura-t-elle besoin du même volume de sol arable pour le nouveau jardin ? Explique ta réponse.

e) Joanie aurait-elle pu arranger autrement la surface du nouveau jardin ? Explique ta réponse à l'aide d'un diagramme à l'échelle.

---

8. Considère l'expression $9a^2 - 18a$.

  a) Factorise l'expression de toutes les manières possibles.

  b) Laquelle de ces formes factorisées représente la forme entièrement factorisée ? Explique ta réponse.

9. Ce diagramme représente une piscine entourée d'une terrasse en bois. Les dimensions sont données sous forme de binômes.

  a) Détermine l'expression qui représente l'aire de la terrasse en bois.

  b) Calcule l'aire réelle de la terrasse en considérant que $x = 1{,}2$ m.

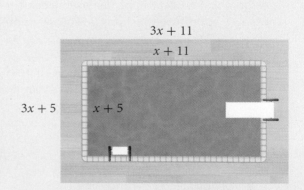

$3x + 11$

$x + 11$

$3x + 5$ $x + 5$

8

Représenter les fonctions du second degré

Dans ce chapitre, tu résoudras une variété de problèmes faisant appel aux fonctions du second degré et qui touchent notamment le sport, le génie, les affaires, le mouvement, les trajectoires et les projectiles. Tu les résoudras en interprétant des graphiques et des fonctions du second degré.

Dans ce chapitre, tu vas :

- comparer, par l'exploration à l'aide de certaines technologies, les représentations graphiques de deux formes de fonctions du second degré, soit la forme $y = ax^2 + bx + c$ et la forme factorisée $y = (x - r)(x - s)$, et décrire les liens entre chaque représentation algébrique et le graphique ;
- résoudre des problèmes de fonctions du second degré en interprétant un graphique donné ou un graphique généré par informatique à partir de son équation ;
- résoudre des problèmes en interprétant les principales caractéristiques des graphiques obtenus par la collecte des données expérimentales et faisant appel aux fonctions du second degré.

Raisonnement

Modélisation | Sélection des outils

Résolution de problèmes

Liens | Réflexion

Communication

Termes clés

zéros

Littératie

Dans des graphiques comme ceux-ci, note les propriétés des fonctions du second degré, puis cite des exemples et des comparaisons.

Fonctions du second degré

La technicienne ou le technicien en génie civil participe à la planification et à la réalisation de projets de construction de bâtiments. Pour dessiner un immeuble, une autoroute ou une autre structure, il lui arrive d'utiliser la conception assistée par ordinateur, la CAO. Certains techniciens deviennent inspecteurs en bâtiment, dessinateurs ou représentants commerciaux pour des entreprises de construction.

Prépare-toi

Les relations

1. Trace le graphique de chacune de ces relations.

a)

x	y
−2	7
−1	10
0	13
1	16
2	19
3	22

b)

x	y
−2	−2
−1	−5
0	−6
1	−5
2	−2
3	3

c)

x	y
−2	−8
−1	−7
0	−6
1	−5
2	−4
3	−3

d)

x	y
−2	9
−1	3
0	1
1	3
2	9
3	19

2. Les relations de la question 1 sont-elles affines, du second degré ou ni l'un ni l'autre ? Comment le sais-tu ?

Les systèmes du premier degré

3. Résous ces systèmes du premier degré. Nous avons résolu la première partie à titre d'exemple.

a)

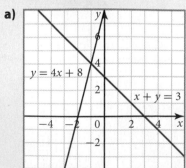

La solution est le point d'intersection (−1, 4).

b)

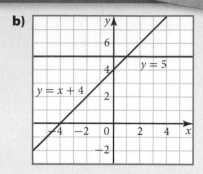

Les principales caractéristiques des fonctions du second degré

4. Pour chacune de ces paraboles, détermine les coordonnées du sommet, l'équation de l'axe de symétrie, les abscisses à l'origine et l'ordonnée à l'origine. Nous avons effectué la première partie à titre d'exemple.

a)

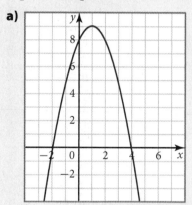

Les coordonnées du sommet sont (1, 9).

L'équation de l'axe de symétrie est
$x = 1$.

Les abscisses à l'origine sont −2 et 4 et l'ordonnée à l'origine est 8.

b)

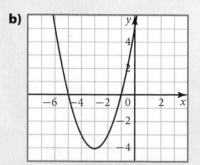

Problème du chapitre

À sa dernière réunion, le Comité municipal des parcs et loisirs a approuvé un projet de construction d'un planchodrome dans un parc de quartier. L'endroit sera entouré d'une clôture à mailles en losange de 2 m de hauteur. La Ville prévoit un budget pour 80 000 m de clôture. Le planchodrome, de forme rectangulaire, sera équipé de deux rampes pour planches à roulettes. L'une aura la forme d'une parabole qui s'ouvre vers le haut et l'autre aura la forme d'une parabole qui s'ouvre vers le bas. Comment peux-tu déterminer les dimensions du planchodrome de façon qu'il ait la plus grande aire possible ?

c)

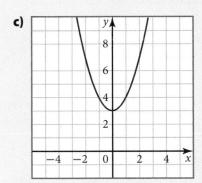

d)

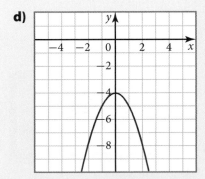

Les opérations algébriques

5. Dans chacune de ces équations, substitue la valeur indiquée à la variable, puis résous l'équation. Nous avons résolu la première équation, à titre d'exemple.

a) Calcule la valeur de x en supposant que $y = -2$.
$$y = -3x + 7$$
$$-2 = -3x + 7$$
$$-9 = -3x$$
$$x = 3$$

b) Calcule la valeur de y en supposant que $x = -1$.
$$y = x^2 - 3x + 6$$

c) Calcule la valeur de x en supposant que $y = 2$.
$$y = x^2 - 7$$

6. Développe et simplifie chacune de ces expressions.

a) $-4x(x - 2)$ **b)** $(x + 5)(x + 3)$

c) $(x - 3)(x + 1)$

7. Factorise chacun de ces polynômes.

a) $-5x^2 + 10$ **b)** $3x^2 - 15x$

c) $x^2 + 7x - 18$

Les maisons Kubuswoning, ou maisons cubes, dessinées par l'architecte Piet Blom en 1984, ont été construites sur la rue Overblaak à Rotterdam, aux Pays-Bas. Ces maisons sont bâties au-dessus d'une passerelle qui surplombe une importante autoroute. Dans la zone de passage, sous les maisons cubes, il y a des bureaux, des boutiques, une école et un terrain de jeu.

Explore

Matériel

- calculatrice graphique

L'aire d'un cube

1. Reproduis ce tableau, puis remplis-le pour des cubes dont le côté mesure de 1 à 6 cm.

Longueur du côté (cm)	Aire totale (cm²)
1	6
2	

2. **a)** Utilise une calculatrice graphique.
   - Appuie sur [STAT] [ENTER]. Saisis la longueur du côté dans la liste L1 et l'aire totale dans la liste L2.
   - Appuie sur [2nd] [STAT PLOT] [ENTER]. Utilise les paramètres d'affichage ci-contre.

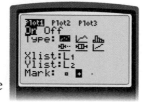

   b) Les données semblent-elles former une parabole? Explique ta réponse.

   c) Appuie sur [STAT] [▶] 5:QuadReg [2nd] [L1] [,] [2nd] [L2] [,] [VARS] [▶] 1 1 [ENTER].

3. À partir de l'équation de la question 2, calcule l'aire totale d'un cube dont le côté a une longueur de :

   a) 10 cm   **b)** 22 cm   **c)** 8 cm

4. Réfléchis Explique pourquoi la relation entre l'aire totale et la longueur du côté d'un cube est du second degré.

Exemple **1** **Interpréter le graphique d'une fonction du second degré**

Ce graphique modélise la trajectoire d'une balle lancée en l'air. Les valeurs de y représentent la hauteur de la balle, en mètres, et les valeurs de x représentent la distance horizontale parcourue par la balle, en mètres.

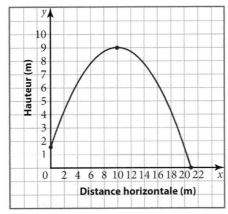

a) Quelle hauteur maximale la balle a-t-elle atteinte ?

b) Quelle distance horizontale la balle a-t-elle parcourue pour atteindre cette hauteur maximale ?

c) Quelle distance horizontale la balle a-t-elle parcourue avant de toucher le sol ?

Solution

a) Sur le graphique, le sommet est en (10, 9). La balle a atteint une hauteur maximale de 9 m.

b) La balle a atteint sa hauteur maximale après avoir parcouru une distance horizontale de 10 m.

c) Quand la balle touche le sol, sa hauteur est de zéro. L'abscisse à l'origine est (21, 0). La balle touche donc le sol à 21 m du point où elle a été lancée.

Calculer la hauteur d'un montant de support

On peut modéliser le support en arc d'un pont par la fonction du second degré $y = -0,024x^2 + 2,4x$, où y représente la hauteur, en mètres, et x représente la distance horizontale, en mètres. On doit installer un montant de support vertical à 12 m de la base de l'arche. Quelle longueur aura ce montant?

Solution

Méthode 1 : utiliser l'équation

Le montant de support doit être installé à 12 m de la base de l'arche. Cette distance est horizontale. Substitue 12 à x dans l'équation, puis détermine y.

$$y = -0,024x^2 + 2,4x$$
$$= -0,024(12)^2 + 2,4(12)$$
$$= -0,024(144) + 28,8$$
$$= -3,456 + 28,8$$
$$= 25,3$$

Le montant de support aura environ 25,3 m de longueur.

Méthode 2 : utiliser le graphique

Utilise une calculatrice graphique.

• Appuie sur WINDOW. Utilise les paramètres d'affichage suivants.

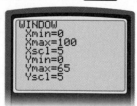

• Appuie sur Y=. Saisis Y1 $= -0,024x^2 + 2,4x$.

Appuie sur GRAPH.

• Appuie sur 2nd [CALC] 1. Saisis 12 pour x et appuie sur ENTER.

Le montant de support aura environ 25,3 m de longueur.

Concepts clés

- On peut représenter une fonction du second degré à l'aide d'un graphique ou d'une équation de la forme $y = ax^2 + bx + c$, où $a \neq 0$.
- On peut utiliser l'équation ou le graphique d'une fonction du second degré pour résoudre un problème.

Parle des concepts

D1. Quels avantages y a-t-il à résoudre un problème faisant appel aux fonctions du second degré à l'aide d'un graphique ? Quels désavantages y a-t-il ?

D2. Décris une situation dans laquelle tu résoudrais un problème à l'aide de l'équation plutôt qu'à l'aide du graphique d'une fonction du second degré.

Exerce-toi **A**

Si tu as besoin d'aide pour répondre aux questions 1 et 2, reporte-toi à l'exemple 1.

1. Une fontaine en cascade forme un jet d'eau que l'on peut modéliser par la fonction du second degré représentée dans ce graphique.

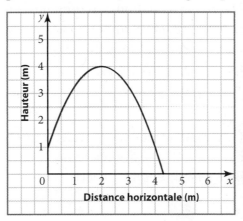

a) À l'aide du graphique, détermine la hauteur maximale atteinte par le jet d'eau.

b) À quelle distance de la fontaine le jet d'eau atteint-il sa hauteur maximale ?

c) Quelle distance horizontale, à partir du centre de la fontaine, l'eau parcourt-elle ?

d) Suppose que ce jet d'eau ne laisse tomber aucune goutte d'eau durant son trajet. À quelle distance minimale du centre de la fontaine une personne qui mesure 1,8 m peut-elle se tenir debout, sous le jet, sans être mouillée ?

e) Quelle est la hauteur de la base sur laquelle repose la fontaine ?

2. Ce graphique modélise la trajectoire d'une balle lancée en l'air. La hauteur est en mètres et le temps est en secondes.

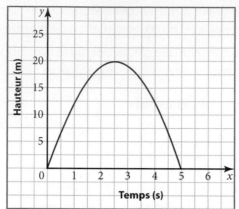

a) Quelle hauteur maximale la balle atteint-elle ?

b) À quel instant la balle atteint-elle cette hauteur maximale ?

c) Pendant combien de temps la balle a-t-elle été en l'air ?

Si tu as besoin d'aide pour répondre à la question 3, reporte-toi à l'exemple 2.

3. La fonction du second degré $h = -5t^2 + 180$ modélise la trajectoire d'une balle qu'on laisse tomber d'une certaine hauteur. Dans cette équation, h représente la hauteur de la balle en mètres et t représente le temps en secondes.

a) Trace le graphique de la relation.

b) De quelle hauteur a-t-on laissé tomber la balle ?

c) Détermine la hauteur de la balle après 3,5 secondes.

Applique les concepts **B**

4. Ce tableau représente le trajet d'une balle de golf que l'on vient de frapper du tee en direction du vert.

Distance horizontale (m)	Hauteur de la balle de golf (m)
0	0
30	22,5
50	29,2
80	26,7
90	22,5
100	16,7

a) Trace le graphique de la relation à l'aide d'une calculatrice graphique.

b) Détermine l'équation de la courbe la mieux ajustée.

c) Calcule la distance horizontale parcourue par la balle sur ce coup.

d) Si le vert se trouve à environ 120 m de distance, la balle a-t-elle atterri sur le vert ?

5. On recueille les données pour une balle qu'on a laissée tomber sur le sol à partir d'une plateforme.

Temps (s)	Hauteur au-dessus du sol (m)
0	10,0
0,5	9,7
1,0	8,9
1,5	7,5
2,0	5,6
2,5	3,0
3,0	0

   a) Trace les données à l'aide d'une calculatrice graphique.

   b) Détermine l'équation qui modélise cette situation. Que représentent les variables ?

   c) Combien de temps faut-il à la balle pour toucher le sol ?

   d) À quelle hauteur se trouve la plateforme ?

6. Ce tableau représente les aires de cercles de différents rayons.

Rayon du cercle (cm)	Aire du cercle (cm^2)
0	0
1	3,14
2	12,56
3	28,26
4	50,24
5	78,50

   a) Trace le graphique de la relation à l'aide d'une calculatrice graphique.

   b) Les points semblent-ils former une parabole ? Explique ta réponse.

   c) Détermine l'équation du second degré qui correspond aux données.

   d) Calcule l'aire d'un cercle qui a un rayon de 10 cm.

Littératie

7. Le pont Capilano à Vancouver, en Colombie-Britannique, est suspendu à de gros câbles ancrés des deux côtés d'une gorge. Ce tableau représente la hauteur du pont au-dessus du fleuve à diverses distances horizontales d'une extrémité du pont.

Hauteur du pont au-dessus du fleuve (m)	Distance horizontale (m)
72,94	0
71,50	20
70,54	40
70,06	60
70,06	80
70,54	100
71,50	120
72,94	140

   a) Trace le graphique des données à l'aide d'une calculatrice graphique.

   b) Les données semblent-elles former une parabole ? Explique ta réponse.

   c) Le pont baisse en son milieu. À quelle distance horizontale de l'extrémité se trouve l'endroit du pont situé à 70 m au-dessus de l'eau ? Comment as-tu trouvé ta réponse ?

8. Ce tableau représente la hauteur et la distance horizontale d'un ballon de football qui vient d'être botté.

Distance horizontale (v)	Hauteur du ballon (pi)
0	0
10	42
20	68
30	68
40	42
50	0

a) Trace les données à l'aide d'une calculatrice graphique.

b) Détermine l'équation du second degré qui modélise cette situation.

c) À quelle distance horizontale le ballon atteint-il sa hauteur maximale?

9. Une promotrice de concerts sait qu'elle peut vendre les billets d'un concert 40 $ chacun et qu'elle peut s'attendre à une assistance de 8 000 personnes. Elle fait un sondage et découvre que si elle hausse de 1 $ le prix du billet, l'assistance au concert baissera de 150 personnes.

a) Reproduis ce tableau, puis remplis-le.

Prix du billet ($)	Assistance	Recette (1 000 $)
40	8 000	320
41		
42		
43		
44		
45		
46		
47		
48		
49		
50		
51		
52		

b) À l'aide d'une calculatrice graphique, trace le graphique des recettes en fonction du prix du billet.

c) Estime le prix du billet qui générerait le revenu maximal.

10. On lance une fusée éclairante dans les airs. Ce tableau indique la hauteur de la fusée à divers moments après le lancement. La fusée s'allume quand elle atteint sa hauteur maximale.

Temps (s)	Hauteur de la fusée (m)
0	0
0,50	82,5
0,75	118,1
1,00	150,0
1,40	193,2
1,80	226,8
2,00	240,0

a) Après combien de temps suite au lancement la fusée s'allumera-t-elle?

b) À quelle hauteur le fera-t-elle?

Problème du chapitre

11. La Ville prévoit entourer d'une bordure un jardin rectangulaire près du planchodrome. Le budget permet 28 m de bordure pour ce jardin. Quelles dimensions donnent la plus grande aire qu'on peut entourer avec les 28 m de bordure?

a) Reproduis ce tableau, puis remplis-le.

Largeur (m)	Longueur (m)	Aire du jardin (m²)
1	13	
2	12	
3	11	
4	10	
5	9	
6	8	
7	7	
8	6	
9	5	
10	4	
11	3	
12	2	
13	1	

b) Trace le graphique représentant ces données.

c) Quelles dimensions donnent la plus grande aire?

12. Ce tableau représente la hauteur au-dessus de l'eau d'une personne qui plonge d'une falaise.

Temps (s)	Hauteur (m)
0	70
0,5	68
1,0	63
1,5	56
2,0	46
2,5	34
3,0	20
3,5	2

a) Écris l'équation du second degré qui modélise la trajectoire du plongeur.

b) De quelle hauteur le plongeur a-t-il plongé ?

c) À quel instant le plongeur touche-t-il l'eau ?

Approfondis les concepts **C**

13. On peut modéliser la coupe transversale d'une soucoupe par la fonction du second degré $p = -0{,}001\ 6l(l - 300)$, où l représente la distance horizontale d'un bord à l'autre de la soucoupe, en centimètres, et p représente la profondeur de la soucoupe, en centimètres.

a) Reproduis ce tableau, puis remplis-le.

l (cm)	*p* (cm)
0	
25	
50	
75	
100	
125	
150	

b) À l'aide d'une calculatrice graphique, trace le nuage de points représentant les données. Écris l'équation du second degré qui correspond le mieux aux données.

c) Compare ta réponse en b) avec l'équation donnée dans la question. Montre que les équations sont les mêmes.

8.2 Représenter les fonctions du second degré de diverses manières

Don est paysagiste. Il travaille à la Ville, où il conçoit, réalise et entretient les jardins, les parcs et les espaces verts.

Comparer des graphiques de fonctions du second degré

Utilise une calculatrice graphique avec les paramètres d'affichage standards.

Matériel

- calculatrice graphique

1. a) Trace le graphique de la relation $y = x^2 + x - 6$ dans Y1.

   b) Factorise le trinôme du membre droit de l'équation.

   c) Appuie sur ⌨Y= ⌨▼ pour déplacer le curseur à côté de Y2.

   - Appuie sur ⌨◄ ⌨◄ ⌨ENTER pour mettre la ligne en caractères gras.
   - Appuie sur ⌨► ⌨►. Saisis l'expression factorisée de la partie b) dans Y2. Trace le graphique des relations de Y1 et Y2 sur le même écran.

   d) Compare les graphiques des relations. Explique ta réponse.

   e) Appuie sur ⌨2nd [CALC] 3:minimum ou 4:maximum. Vérifie si l'équation en Y1 est affichée dans le coin supérieur gauche de l'écran. Sinon, appuie sur ⌨▲ pour alterner entre Y1 et Y2.

   - Appuie sur ⌨◄ pour déplacer le curseur à gauche du maximum ou du minimum.
   - Appuie sur ⌨ENTER.
   - Appuie sur ⌨► pour déplacer le curseur à droite du maximum ou du minimum.
   - Appuie sur ⌨ENTER ⌨ENTER. Enregistre le maximum ou le minimum.

   f) Calcule et note le maximum ou le minimum de l'équation en Y2. Compare cette valeur avec le maximum ou le minimum de l'équation en Y1. Explique ta réponse.

- Les abscisses à l'origine d'une fonction du second degré.
- La ou les valeurs de x quand $y = 0$.

g) Les abscisses à l'origine d'une fonction du second degré sont les **zéros** de la fonction.

- Appuie sur [2nd] [CALC] 2:zero. Vérifie si l'équation en Y1 est affichée dans le coin supérieur gauche de l'écran. Sinon, appuie sur [▲] pour alterner entre Y1 et Y2.
- Appuie sur [◄] pour déplacer le curseur à gauche de la première abscisse à l'origine.
- Appuie sur [ENTER].
- Appuie sur [►] pour déplacer le curseur à droite de la première abscisse à l'origine.
- Appuie sur [ENTER] [ENTER]. Note le zéro. Répète ces étapes pour la deuxième abscisse à l'origine.

h) Calcule et note les zéros de l'équation en Y2. Compare ces valeurs avec les zéros de l'équation en Y1. Explique ta réponse.

i) Compare chaque représentation algébrique de la fonction du second degré avec son graphique. Que remarques-tu?

2. Répète la question 1 pour chacune de ces relations.

   a) $y = x^2 + 5x + 4$ **b)** $y = x^2 - 8x + 15$

   c) $y = -x^2 + 4x$ **d)** $y = x^2 - 12x + 36$

   e) $y = -x^2 + 2x + 8$ **f)** $y = 3x^2 + 9x + 6$

3. a) Trace le graphique de la relation $y = (x + 2)(x - 1)$ en Y1.

   b) Développe et simplifie l'expression du membre droit de l'équation.

   c) Saisis l'expression développée en b) dans Y2. Mets la ligne en caractères gras. Trace le graphique des relations en Y1 et en Y2 sur le même écran.

   d) Compare les graphiques des relations.

   e) Calcule et note le maximum ou le minimum des équations en Y1 et en Y2. Compare ces valeurs.

   f) Calcule et note les zéros des équations en Y1 et en Y2. Compare ces valeurs. Explique ta réponse.

   g) Compare chaque représentation algébrique de la fonction du second degré avec son graphique. Que remarques-tu?

4. Répète la question 3 pour chacune de ces relations.

   a) $y = (x + 3)(x + 1)$ **b)** $y = -(x - 7)(x - 3)$

   c) $y = x(x + 3)$ **d)** $y = (x + 1)(x - 5)$

   e) $y = -(x + 4)^2$ **f)** $y = -2(x + 2)(x - 2)$

5. Réfléchis Compare le graphique d'une fonction du second degré de la forme $y = ax^2 + bx + c$, où $a = 1$ avec le graphique de la même relation dans sa forme factorisée $y = (x - r)(x - s)$?

6. Pour une fonction du second degré de la forme $y = ax^2 + bx + c$, explique ce que c représente dans le graphique de la relation.

7. Pour la forme factorisée de la fonction du second degré $y = (x - r)(x - s)$, explique ce que r et s représentent dans le graphique de la relation.

Exemple 1 — Analyser une fonction du second degré

Considère la fonction du second degré $y = x^2 + 2x - 15$
  a) Cette relation a-t-elle une valeur maximale ou minimale?
  b) Quelle est l'ordonnée à l'origine?
  c) Quels sont les zéros de la relation?

Solution

Méthode 1 : utiliser l'algèbre

a) La parabole s'ouvre vers le haut puisque la valeur de a, c'est-à-dire le coefficient numérique de x^2, est positive. La parabole a donc une valeur minimale.

b) L'ordonnée à l'origine est la valeur de y quand $x = 0$.
$$y = x^2 + 2x - 15$$
$$= 0^2 + 2(0) - 15$$
$$= -15$$
L'ordonnée à l'origine est -15.

c) Factorise l'expression du membre droit de l'équation.

$y = x^2 + 2x - 15$ *Écris deux nombres dont le produit est −15 et dont la somme est 2. Ces nombres sont 5 et −3.*

$= (x + 5)(x - 3)$ *Les zéros sont les abscisses à l'origine. Quand le produit de deux nombres est 0, au moins l'un de ces deux nombres est 0. Suppose que chaque facteur est égal à zéro, puis résous l'équation.*

Soit $x + 5 = 0$ ou $x - 3 = 0$
$$x = 0 - 5 \qquad\qquad x = 0 + 3$$
$$= -5 \qquad\qquad\qquad = 3$$
Les zéros sont -5 et 3.

Méthode 2 : utiliser une calculatrice graphique

a) La parabole s'ouvre vers le haut puisque la valeur de a, c'est-à-dire le coefficient numérique de x^2, est positive. La parabole a donc une valeur minimale.

b) Trace le graphique de la relation $Y1 = x^2 + 2x - 15$.
  - Appuie sur [2nd] [CALC] 1:value.
  - Appuie sur 0 [ENTER].

L'ordonnée à l'origine est -15.

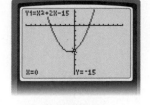

c) Appuie sur [2nd] [CALC] 2:zero.
À l'aide de la touche fléchée gauche, déplace le curseur à gauche du premier point où la parabole croise l'axe des x. Appuie sur [ENTER]. À l'aide de la touche fléchée droite, déplace le curseur à droite du premier point où la parabole croise l'axe des x.
  - Appuie sur [ENTER] [ENTER].

Répète ces étapes pour déterminer l'autre zéro. Les zéros sont -5 et 3.

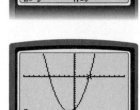

Exemple **2** **Interpréter une fonction du second degré**

La courbe formée par un pont de cordage peut être modélisée par la relation $y = x^2 - 11x + 10$, où x est la distance horizontale en mètres et y est la hauteur en mètres.

a) Écris la relation sous la forme factorisée.

b) Quels sont les zéros de la relation ?

c) Quelle distance horizontale y a-t-il d'un bout à l'autre du pont ?

Solution

a) $y = x^2 - 11x + 10$ *La somme des nombres -1 et -10*
   $y = (x - 1)(x - 10)$ *est -11 et leur produit est 10.*

b) Les zéros sont les valeurs de x quand $y = 0$.
   $0 = (x - 1)(x - 10)$
   Soit $x - 1 = 0$ ou $x - 10 = 0$
                     $x = 1$ $x = 10$
   Les zéros sont 1 et 10.

c) La distance horizontale d'un bout à l'autre du pont est $10 - 1$, soit 9 m.

Concepts clés

- On exprime une fonction du second degré sous la forme $y = ax^2 + bx + c$ ou sous la forme $y = (x - r)(x - s)$ lorsque $a = 1$.
- Dans une fonction du second degré de la forme $y = (x - r)(x - s)$, les abscisses à l'origine sont r et s.
- Dans une fonction du second degré de la forme $y = ax^2 + bx + c$, l'ordonnée à l'origine est c.
- Les zéros d'une fonction du second degré sont les abscisses à l'origine.

Parle des concepts

D1. Décris comment tu pourrais déterminer les zéros de la fonction du second degré $y = x^2 - 5x + 6$ sans tracer le graphique de la relation.

D2. Comment pourrais-tu déterminer l'ordonnée à l'origine de la relation $y = (x + 5)(4 - x)$ sans en tracer le graphique ? Explique ta réponse.

D3. Le sommet d'une fonction du second degré est en $(2, -5)$. Cette relation a-t-elle une valeur maximale ou minimale ? Explique ta réponse.

Exerce-toi A

Si tu as besoin d'aide pour répondre aux questions 1 et 2, reporte-toi à l'exemple 1.

1. Calcule les zéros de chacune de ces fonctions du second degré sans en tracer le graphique.
   a) $y = x^2 + 5x + 6$
   b) $y = x^2 + 7x - 18$
   c) $y = x^2 - 10x + 24$

2. Considère la fonction du second degré $y = x^2 + 3x - 4$.
   a) Cette relation a-t-elle une valeur maximale ou minimale ?
   b) Quelle est l'ordonnée à l'origine ?
   c) Quels sont les zéros de la relation ?

3. Calcule la valeur maximale ou minimale de chacune de ces fonctions du second degré.
   a) $y = x^2 + 8x + 15$
   b) $y = -x^2 - 2x$
   c) $y = -3x^2 - 21x - 18$

4. Laquelle de ces trois équations la parabole représente-t-elle ?
   a) $y = (x + 2)(x - 3)$
   b) $y = (x - 2)(x + 3)$
   c) $y = x^2 + x - 6$

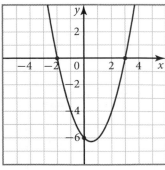

5. Calcule l'aire maximale, en mètres carrés, d'un rectangle dont l'aire est représentée par la relation $A = x(15 - x)$.

$15 - x$

x

Applique les concepts **B**

Si tu as besoin d'aide pour répondre à la question 6, reporte-toi à l'exemple 2.

6. La courbe formée par un câble d'un pont suspendu est modélisée par l'équation $y = x^2 - 10x + 16$.

a) Écris l'équation sous la forme factorisée.

b) Quels sont les zéros de la relation ?

c) Toutes les mesures sont en mètres. Quelle distance horizontale sépare les extrémités du câble ?

7. Le coût minimal de la maintenance d'une grue dépend du nombre d'heures d'usage. Ce coût est donné par la relation $C = 6t^2 - 36t + 154$, où C est le coût de maintenance en dollars et où t représente le nombre d'heures d'usage de la grue.

a) Quel est le coût minimal de la maintenance de cette grue ?

b) Calcule le nombre d'heures pendant lesquelles la grue est utilisée à ce coût minimal de maintenance.

c) Calcule le coût d'entretien la grue quand elle n'est pas utilisée.

Math **plus**

Le profit est le total des revenus moins le coût total.

8. Une compagnie de circuits imprimés tire des profits représentés par la relation $P = -3x^2 + 42x - 135$, où P est le profit en dizaines de milliers de dollars et x est le nombre de circuits imprimés, en milliers, fabriqués par jour.

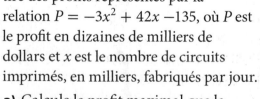
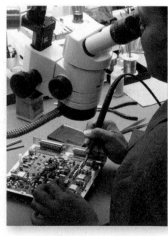

a) Calcule le profit maximal que la compagnie peut réaliser chaque jour.

b) Combien de circuits imprimés la compagnie doit-elle fabriquer chaque jour pour réaliser ce profit maximal ?

Littératie **9.** Explique comment une compagnie dont les profits sont modélisés par une fonction du second degré peut, à l'aide d'une parabole, déterminer le niveau de production qui donne le profit maximal.

Problème du chapitre

10. On prévoit construire une rampe pour planches à roulettes dans le parc. Sa forme peut être modélisée par la fonction du second degré $p = 0{,}08L^2 - 0{,}8L$, où p représente la profondeur en mètres et L représente la distance horizontale en mètres.

a) À l'aide d'une calculatrice graphique, trace le graphique de la relation $p = 0{,}08L^2 - 0{,}8L$.

b) Calcule la profondeur maximale de cette rampe.

c) Quelle est la distance horizontale entre le bord de la rampe et son point le plus profond?

d) Quelle est la distance horizontale d'un bord à l'autre de la rampe?

11. La trajectoire d'un ballon est représentée par la relation $h = -0{,}05x^2 + 1{,}5x$, où h représente la hauteur du ballon en mètres et x, la distance horizontale parcourue par le ballon en mètres. Quelle distance le ballon parcourt-il à l'horizontale avant de toucher le sol?

Approfondis les concepts Ⓒ

12. Sans tracer de graphique, détermine les zéros et la valeur maximale ou minimale de la fonction du second degré $y = -2x^2 + 12x - 10$.

13. Haley calcule la valeur minimale de la fonction du second degré $y = (x + 4)(x - 8)$ de la façon suivante:

> Les zéros de cette relation sont — 4 et 8.
>
> L'abscisse à l'origine du sommet est à mi-chemin entre — 4 et 8, c'est-à-dire 2.
>
> Substitue 2 à x dans l'équation, puis détermine y.
> $y = (2 + 4)(2 - 8)$
> $\quad = (6)(-6)$
> $\quad = -36$
> La valeur minimale est —36.

Explique pourquoi la méthode de Haley fonctionne.

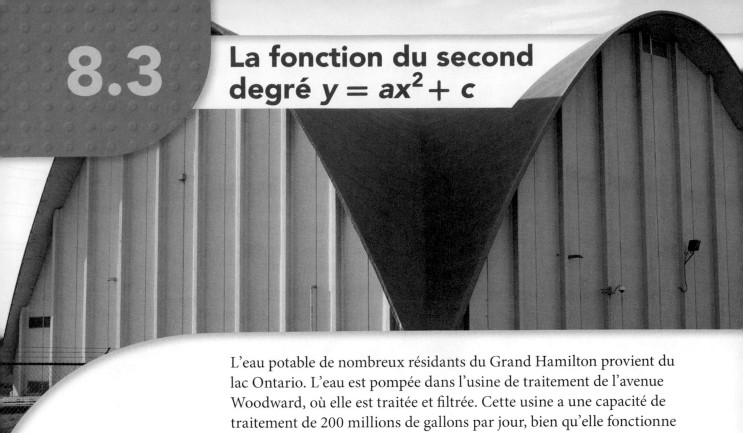

8.3 La fonction du second degré $y = ax^2 + c$

L'eau potable de nombreux résidants du Grand Hamilton provient du lac Ontario. L'eau est pompée dans l'usine de traitement de l'avenue Woodward, où elle est traitée et filtrée. Cette usine a une capacité de traitement de 200 millions de gallons par jour, bien qu'elle fonctionne généralement à moins de la moitié de sa capacité.

Explore A · La signification de *a* et de *c* dans les fonctions du second degré de la forme $y = ax^2 + c$

Matériel

- sonde CBR®
- calculatrice graphique

1. Fais rouler un ballon du haut jusqu'au bas d'une rampe inclinée à divers angles (par exemple, 15°, 30° et 45°) et recueille les données.
   - Installe une rampe d'environ 2 m de longueur à un angle d'inclinaison de 15°.
   - Place le ballon sur la rampe, à environ 50 cm d'une sonde CBR® située au pied de la rampe.

     Définis les paramètres de la façon suivante :
     Real Time: non
     Time(s): 3
     Display: distance
     Begin On: [ENTER]
     Smoothing: léger
     Units: centimètres

Une fois les paramètres introduits, choisis [START NOW].
- Appuie sur [ENTER].

Quand le cliquetis commence, lâche le ballon, mais sans le pousser.

Le graphique s'affichera automatiquement. Enregistre l'équation de la forme $y = ax^2 + c$ associée à chaque rampe, puis note la direction de l'ouverture de la parabole.

Répète la même procédure avec la rampe inclinée à 30° puis à 45°.

2. Prédis ce qui arriverait si on augmentait l'angle d'inclinaison à plus de 45°.

3. Compare les valeurs de a dans chacune des équations que tu as obtenues.

4. Compare la forme des paraboles obtenues au cours de l'expérience.

Explore **B**

L'effet du changement de c dans la fonction du second degré de la forme $y = ax^2 + c$

Matériel
- sonde CBR®
- calculatrice graphique

1. Fais une expérience : laisse tomber le même ballon à partir de diverses hauteurs (par exemple, 1,8 m, 1,5 m et 1,2 m).

2. Prédis ce qui va arriver.

3. Compare la valeur de c dans chacune des équations qui ont la forme $y = ax^2 + c$.

4. Compare la forme des graphiques obtenus.

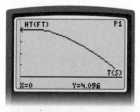

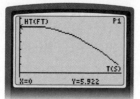

*Remarque que les ordonnées à l'origine sont différentes. Compare l'ordonnée à l'origine avec la valeur de **c** dans chaque équation. Dans ce cas-ci, la valeur de **c** est maximale. La valeur de a est négative et la parabole s'ouvre vers le bas.*

Déterminer la valeur maximale ou minimale

Détermine la valeur maximale ou minimale de chacune de ces relations.

a) $y = 3x^2$ **b)** $y = x^2 - 9$ **c)** $y = -2x^2 + 32$

Solution

a) Dans l'équation $y = 3x^2$, on a $b = 0$ et $c = 0$. L'ordonnée à l'origine est donc 0. D'autre part, puisque a est positif, la valeur minimale est 0.

b) Dans l'équation $y = x^2 - 9$, a est positif et $b = 0$; c représente donc la valeur minimale. La valeur minimale est -9.

c) Dans l'équation $y = -2x^2 + 32$, a est négatif et $b = 0$; c représente donc la valeur maximale. La valeur maximale est 32.

Calculer les zéros d'une fonction du second degré

Calcule les zéros de la relation $y = x^2 - 9$.

Solution

Méthode 1 : utiliser l'algèbre

$y = x^2 - 9$

$y = (x + 3)(x - 3)$.

Aux zéros, $y = 0$.

$0 = (x + 3)(x - 3)$

> *Factorise l'expression $x^2 - 9$.*
> *C'est une différence de carrés, de sorte que $x^2 - 9 = (x + 3)(x - 3)$.*

Soit $x + 3 = 0$ ou $x - 3 = 0$
            $x = 3$ $x = -3$

Les zéros sont -3 et 3.

Méthode 2 : utiliser la technologie

- Appuie sur Y=. Saisis l'équation Y1 = $x^2 - 9$.
- Appuie sur GRAPH. Appuie sur 2nd [CALC] 2:zero. À l'aide de la touche fléchée gauche, déplace le curseur à gauche de la première abscisse à l'origine. Appuie sur ENTER. À l'aide de la touche fléchée droite, déplace le curseur à droite de la première abscisse à l'origine.
- Appuie sur ENTER ENTER.

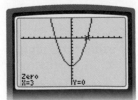

Répète les mêmes étapes pour calculer l'autre zéro.

Pour cette relation, les zéros sont donc 3 et -3.

Interpréter les zéros d'une fonction du second degré

Ce bâtiment abrite l'équipement qui pompe l'eau du lac
Ontario jusqu'à l'usine de traitement située sur l'avenue Woodward.
En coupe transversale, le bâtiment a la forme d'une parabole
qui peut être modélisée par la fonction du second degré
$h = -0{,}045l^2 + 18$, où h représente la hauteur, en mètres,
et l représente la distance horizontale, en mètres.

a) Trace le graphique de la relation.

b) Calcule la hauteur du bâtiment.

c) Calcule la largeur du bâtiment au niveau du sol.

Solution

a) Appuie sur WINDOW. Utilise les paramètres
d'affichage ci-contre.

- Appuie sur Y=. Saisis
  $Y1 = -0{,}045x^2 + 18$.
- Appuie sur GRAPH.

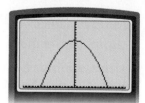

b) Puisque l'équation a la forme $y = ax^2 + c$, la valeur maximale est c. Dans $h = -0,045l^2 + 18$, $c = 18$. La valeur maximale étant 18, l'arche a donc 18 m de hauteur. Tu peux vérifier le résultat à l'aide d'une calculatrice graphique.

- Appuie sur [2nd] [CALC] 4:maximum.

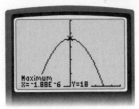

c) La largeur de l'arche est la distance entre les deux abscisses à l'origine.

- Appuie sur [2nd] [CALC] 2:zero. À l'aide de la touche fléchée gauche, déplace le curseur à gauche de la première abscisse à l'origine.
- Appuie sur [ENTER]. À l'aide de la touche fléchée droite, déplace le curseur à droite de la première abscisse à l'origine.
- Appuie sur [ENTER] [ENTER].
  Répète les étapes pour calculer l'autre zéro.

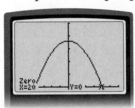

Les zéros sont −20 et 20. La distance entre les zéros est de 40. La largeur du bâtiment au niveau du sol est donc de 40 m.

Concept clé

- Dans la fonction du second degré de la forme $y = ax^2 + c$, la valeur maximale ou minimale se trouve à $y = c$, qui est l'ordonnée à l'origine.

Parle des concepts

D1. Considère les fonctions du second degré $y = -5x^2 + 45$ et $y = 2x^2 - 8$.
  a) Laquelle de ces relations a une valeur maximale ? Comment le sais-tu ? Quelle est cette valeur maximale ?
  b) Laquelle de ces relations a une valeur minimale ? Comment le sais-tu ? Quelle est cette valeur minimale ?
  c) Comment calculerais-tu les zéros de chaque relation ?

D2. Explique pourquoi la relation $y = x^2 + 25$ n'a pas de zéros.

1. Sans tracer de graphique, ordonne les paraboles résultant de ces équations de la plus étroite à la plus large.

    a) $y = \frac{1}{3}x^2 - 7$

    $y = x^2 - 7$

    $y = 3x^2 - 7$

    b) $y = -4x^2 + 5$

    $y = -\frac{1}{2}x^2 + 5$

    $y = -0,75\,x^2 + 5$

Si tu as besoin d'aide pour répondre à la question 2, reporte-toi à l'exemple 1.

2. Pour chacune de ces relations, trouve l'ordonnée à l'origine et détermine s'il s'agit d'une valeur maximale ou minimale ou ni l'une ni l'autre.

    a) $y = x^2 - 4$

    b) $y = 3x^2 + 7$

    c) $y = -5x^2 + 45$

    d) $y = -2x^2 - 8$

    e) $y = -\frac{1}{3}x^2 + 3$

    f) $y = -\frac{1}{2}x^2 + 5$

Si tu as besoin d'aide pour répondre à la question 3, reporte-toi à l'exemple 2.

3. Trace le graphique de chaque relation de la question 2, puis calcule les zéros.

Si tu as besoin d'aide pour répondre à la question 4, reporte-toi à l'exemple 3.

4. On laisse tomber une balle d'une plateforme. Sa trajectoire est représentée par la relation $h = -5t^2 + 45$, où h est la hauteur de la balle, en mètres, et t est le temps de vol de la balle, en secondes.

    a) De quelle hauteur a-t-on laissé tomber la balle ?

    b) Combien de temps faut-il à la balle pour toucher le sol ?

5. Une plongeuse commence sa remontée vers la surface. L'équation qui modélise sa remontée est $d = 2{,}5t^2 - 250$, où d est la profondeur, en mètres, sous la surface de l'eau et t est le temps écoulé depuis le début de la remontée, en secondes.

a) À quelle profondeur la plongeuse se trouve-t-elle quand elle commence sa remontée?

b) En combien de temps atteint-elle la surface de l'eau?

c) Suppose que la plongeuse a dans sa bouteille l'équivalent de 20 secondes d'air. Atteindra-t-elle la surface en sûreté?

6. Compare les relations $y = -3x^2 + 27$ et $y = -3(x + 3)(x - 3)$.

a) Trace le graphique des deux relations.

b) Que remarques-tu au sujet des graphiques? Explique ta réponse.

Problème du chapitre

7. On prévoit construire une autre rampe pour planches à roulettes dans le parc. Sa forme est modélisée par la relation $h = -0{,}067d^2 + 1{,}5$, où h représente la hauteur de la rampe, en mètres, et d représente la distance horizontale à partir du centre de la rampe, en mètres.

a) Quelle est la hauteur maximale de cette rampe?

b) Quelle est la distance horizontale d'un bord à l'autre de la rampe?

8. Un grand carré dont chaque côté mesure x m de longueur contient un plus petit carré dont chaque côté mesure 5 m de longueur. La relation $A = x^2 - 25$ représente la différence entre les aires.

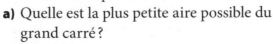

a) Quelle est la plus petite aire possible du grand carré?

b) Trace le graphique de cette relation et calcule les dimensions du grand carré en considérant que la différence entre les aires est de 75 m².

9. Une passerelle a une arche parabolique. L'équation $h = -0,005\,6d^2 + 20$ représente sa forme. Dans ce cas, h est la hauteur d'un câble, en mètres, à partir de la chaussée, et d est la distance en mètres entre le centre de l'arche et l'appui sur la rive.

   a) Quelle est la hauteur de l'arche au centre de la passerelle?

   b) Calcule la distance entre les deux appuis des deux rives.

10. Le graphique de la fonction du second degré $y = ax^2 - 15$ passe par le point $(2, 1)$. Calcule la valeur de a.

11. Le graphique de la fonction du second degré $y = -2x^2 + c$ passe par le point $(5, 10)$. Calcule la valeur de c.

Littératie **12.** En architecture, on utilise l'arche parabolique pour sa stabilité. Cite des exemples de parabole en architecture. Pour quelles autres raisons utilise-t-on la forme parabolique?

Approfondis les concepts **C**

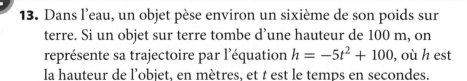

13. Dans l'eau, un objet pèse environ un sixième de son poids sur terre. Si un objet sur terre tombe d'une hauteur de 100 m, on représente sa trajectoire par l'équation $h = -5t^2 + 100$, où h est la hauteur de l'objet, en mètres, et t est le temps en secondes.

   a) Écris une équation qui représente la trajectoire du même objet qui est dans l'eau et qui tombe de la même hauteur.

   b) Combien de temps faut-il à l'objet pour tomber de 100 m sur terre?

   c) Combien de temps faut-il à l'objet pour tomber de 100 m dans l'eau?

8.4 Résoudre des problèmes comportant une fonction du second degré

On peut modéliser de nombreuses situations à l'aide des fonctions du second degré. Par exemple, on peut citer la trajectoire d'une balle lancée en l'air, la relation entre le nombre d'unités vendues d'un produit et son prix ou la trajectoire d'un plongeur professionnel. Dans cette section, tu résoudras des problèmes à l'aide des fonctions du second degré.

Exemple 1 — Calculer le revenu maximal

Matériel
- calculatrice graphique
- papier quadrillé

Une promotrice de concerts sait que si elle vend les billets d'un concert 30 $ chacun, elle vendra ses 8 000 billets. L'étude de marché indique que si elle hausse de 0,50 $ le prix du billet, elle vendra 100 billets de moins, mais le revenu augmentera. On peut modéliser cette situation par la relation $R = -50x^2 + 1\,000x + 240\,000$, où R représente le revenu de la vente des billets, en dollars, et x représente le nombre de fois que l'on hausse de 0,50 $ le prix du billet.

a) Détermine le revenu maximal. De combien la promotrice de concerts doit-elle augmenter le prix du billet pour tirer le revenu maximal?

b) Détermine le prix du billet qui lui rapporte le revenu maximal.

Solution

a) Le revenu maximal est représenté par la valeur maximale de la parabole. Trace le graphique de la relation. Utilise les paramètres d'affichage ci-contre.

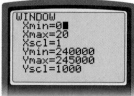

- Appuie sur $\boxed{Y=}$. Saisis l'équation $Y1 = -50x^2 + 1\ 000x + 240\ 000$. Appuie sur $\boxed{\text{GRAPH}}$.

- Utilise $\boxed{\text{2nd}}$ [CALC] 4:maximum. Le revenu maximal est de 245 000 $.

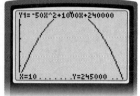

Le revenu est maximal quand $x = 10$. Cela signifie 10 augmentations de 0,50 $, soit 5 $.

b) Le prix qui générera le revenu maximal est de 35 $ le billet.

Modéliser la trajectoire d'un modèle réduit de fusée

Math plus

La trajectoire d'un objet est le trajet de cet objet dans l'espace.

On lance un modèle réduit de fusée d'une plateforme. Sa trajectoire peut être modélisée par la relation $h = -5t^2 + 100t + 1$, où h est la hauteur atteinte par la fusée, en mètres, et t est le temps, en secondes.

a) Quelle est la hauteur de la plateforme ?

b) À quelle hauteur se trouve le modèle réduit après 4 secondes ?

c) Quelle hauteur maximale la fusée atteint-elle ? Combien de temps lui faut-il pour atteindre cette hauteur ?

d) Combien de temps la fusée passe-t-elle au-dessus de 300 m ?

e) Environ combien de temps la fusée passe-t-elle dans les airs ?

Solution

a) La hauteur de la plateforme est la hauteur de la fusée quand $t = 0$. C'est l'ordonnée à l'origine, c'est-à-dire la valeur de c dans l'équation. Puisque $c = 1$, la plateforme se trouve à 1 m au-dessus du sol.

b) Pour trouver la hauteur de la fusée après 4 secondes, substitue 4 à t dans l'équation, puis détermine h.

$$h = -5t^2 + 100t + 1$$
$$= -5(4)^2 + 100(4) + 1$$
$$= -80 + 400 + 1$$
$$= 321$$

Après 4 secondes, la fusée est à 321 m au-dessus du sol.

c) Trace le graphique de la relation et calcule la valeur maximale. La hauteur maximale atteinte par la fusée est de 501 m. Il lui faut 10 secondes pour atteindre cette hauteur.

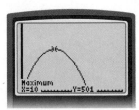

d) Trace le graphique de la droite horizontale $h = 300$. Saisis Y2 = 300.

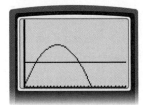

- Appuie sur [2nd] [CALC] 5:intersect. À l'aide des touches fléchées, déplace le curseur près du premier point d'intersection.

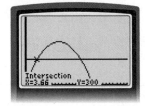

- Appuie sur [ENTER] [ENTER] [ENTER]. Enregistre les coordonnées du point d'intersection.

Répète les étapes pour déterminer l'autre point d'intersection.

La fusée est au-dessus de 300 m après 3,66 secondes et jusqu'à 16,34 secondes.

$$16,34 - 3,66 = 12,86$$

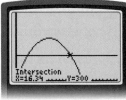

La fusée est au-dessus de 300 m pendant 12,86 secondes.

e) La fusée est en l'air depuis l'instant du décollage jusqu'à ce qu'elle retombe au sol. Quand elle touche le sol, sa hauteur est de 0. Calcule le zéro de la relation.

La fusée passe 20,01 secondes dans les airs.

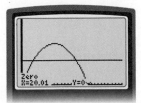

Concepts clés

- On peut modéliser de nombreuses situations à l'aide des fonctions du second degré.

- Un problème peut être résolu en calculant la valeur maximale ou minimale, l'ordonnée à l'origine ou les zéros.

Parle des concepts

D1. Considère le problème suivant :

Le coup de départ d'une golfeuse va dans les herbes hautes, et la balle s'arrête à environ 120 m du vert. Entre la balle et le vert, il y a un arbre, à 40 m de la balle. La golfeuse décide de frapper la balle par-dessus l'arbre. La trajectoire de sa balle peut être représentée par la relation $h = -0,018\,75x^2 + 2,25x$, où h est la hauteur de la balle, en mètres, et x est la distance horizontale, en mètres, d'où est frappé le deuxième coup.

a) Explique comment tu peux déterminer si la balle passe par-dessus l'arbre.

b) Comment peux-tu déterminer si la balle atterrit près du centre du vert ?

c) Comment peux-tu déterminer la hauteur maximale atteinte par la balle et quelle distance horizontale elle parcourt pour atteindre cette hauteur maximale ?

Exerce-toi

Utilise une calculatrice graphique.

Si tu as besoin d'aide pour répondre à la question 1, reporte-toi à l'exemple 1.

1. Un conseil étudiant organise un spectacle et prévoit vendre 700 billets si le prix du billet est de 5 $. Un sondage montre que si l'on hausse le prix du billet de 0,50 $, le conseil vendra 50 billets de moins. On peut modéliser cette situation par l'équation $R = -25p^2 + 100p + 3\,500$, où R représente la recette de la vente des billets, en dollars, et p représente le nombre de fois où l'on hausse le prix du billet de 0,50 $.

   a) Calcule la recette maximale que peut générer le conseil étudiant et le nouveau prix du billet qu'il doit facturer pour atteindre cette recette maximale.

   b) Quelle est la recette de départ, avant la hausse du prix du billet ?

   c) Quelle partie de la fonction du second degré la recette de départ représente-t-elle ?

Si tu as besoin d'aide pour répondre aux questions 2 à 4, reporte-toi à l'exemple 2.

2. On lance un modèle réduit de fusée d'une plateforme. Sa trajectoire est modélisée par la relation $h = -5t^2 + 100t + 15$, où h est la hauteur atteinte par la fusée, en mètres, et t est le temps, en secondes.

   a) Quelle est la hauteur de la plateforme ?

   b) À quelle hauteur se trouve le modèle réduit après 4 secondes ?

   c) Quelle hauteur maximale la fusée atteint-elle ?

   d) Combien de temps faut-il à la fusée pour atteindre cette hauteur ?

   e) Combien de temps la fusée passe-t-elle au-dessus de 300 m ?

   f) Estime le temps durant lequel la fusée est dans les airs.

3. Deux quarts-arrières concourent pour savoir lequel lance le ballon le plus loin. La trajectoire du ballon du premier quart-arrière est représentée par l'équation $h = -0{,}021d^2 + 0{,}9d + 7$; celle du deuxième quart-arrière est représentée par l'équation $h = -0{,}021d^2 + 0{,}8d + 7$. Dans les deux cas, h représente la hauteur du ballon, en pieds, et d, la distance horizontale, en verges.

   a) Quel quart-arrière lance le ballon le plus loin et de combien de verges de plus ?

   b) Quel ballon atteint la plus grande hauteur ?

   c) Explique pourquoi on peut lancer un ballon à la fois plus loin et plus bas.

4. On lance un modèle réduit de fusée à partir d'une plateforme. Sa trajectoire peut être modélisée par la relation $h = -4{,}9t^2 + 100t + 13$, où h est la hauteur atteinte par la fusée, en mètres, et t est le temps, en secondes.

   a) Quelle est la hauteur de la plateforme ?

   b) À quelle hauteur se trouve la fusée après 7 secondes ?

   c) Quelle hauteur maximale la fusée atteint-elle ?

   d) Combien de temps faut-il à la fusée pour atteindre cette hauteur ?

   e) Combien de temps la fusée passe-t-elle au-dessus de 400 m ?

   f) Estime le temps que la fusée passe dans les airs.

Applique les concepts B

5. Dans un match de soccer, deux coups francs sont tirés vers le but. La barre transversale du but est à 2,44 m du sol. La trajectoire des deux tirs est modélisée par une fonction du second degré dans laquelle h représente la hauteur du ballon et d, la distance horizontale, en mètres.

   Tir n° 1 : $h = -0{,}007d^2 + 0{,}28d$

   Tir n° 2 : $h = -0{,}007d^2 + 0{,}25d$

a) Chaque tir peut-il marquer un but si le coup franc est tiré à partir d'une distance de 25 m ? Explique ta réponse en supposant que le gardien ne puisse arrêter ni l'un ni l'autre de ces tirs.

b) Chaque tir finit-il en but marqué s'il est tiré à partir d'une distance de 20 m ? Explique ta réponse.

Vérification des connaissances

6. Un jeu de feux d'artifice est conçu pour exploser à sa hauteur maximale. Voici les équations qui modélisent la trajectoire de quatre types de feux d'artifice : $h = -5t^2 + 50t$, $h = -5t^2 + 60t$, $h = -5t^2 + 70t$ et $h = -5t^2 + 80t$, où h est la hauteur, en mètres, et t est le temps, en secondes.

a) Pour chaque type de feux, calcule à quel moment et à quelle hauteur a lieu l'explosion.

b) Trace le graphique des relations. Décris en quoi les graphiques sont semblables et en quoi ils sont différents.

7. Une compagnie d'autobus transporte environ 240 000 passagers par jour à 2 $ le voyage. On veut hausser ce tarif. Un sondage indique que chaque hausse de 0,10 $ fera perdre 10 000 passagers par jour. Cette situation peut être représentée par $R = -1\,000p^2 + 4\,000p + 480\,000$, où R est le revenu de la vente des billets, en dollars, et p le nombre de fois que l'on hausse de 0,10 $ le tarif du passage.

a) Quel revenu maximal la compagnie peut-elle tirer de son nouveau tarif ?

b) De combien le tarif du passage augmente-t-il ?

c) Quel est le nouveau tarif ?

d) Combien de passagers prendront l'autobus avec une hausse de 0,30 $?

8. Le coût d'extraction du pétrole d'un puits peut être modélisé par la relation $C = 9x^2 - 144x + 608{,}50$, où C représente le coût par baril, en dollars, lorsqu'on extrait x milliers de barils de pétrole.

a) Calcule le coût minimal d'extraction.

b) Calcule le nombre de barils de pétrole qu'il faut extraire pour atteindre ce coût minimal.

c) Calcule le coût d'un baril si on extrait du sol 4 000 barils de pétrole.

9. Dans un botté de dégagement, la trajectoire du ballon est modélisée par la relation $h = -0{,}05d^2 + 2{,}5d + 0{,}75$, où h est la hauteur du ballon, en verges, et d est la distance horizontale parcourue par le ballon, en verges.

a) De quelle hauteur le ballon a-t-il été botté?

b) À quelle hauteur se trouve le ballon après un parcours horizontal de 14 vg?

c) Quelle est la hauteur maximale atteinte par le ballon?

d) Quand le ballon atteint sa hauteur maximale, quelle distance horizontale a-t-il parcourue?

e) Quelle est la distance totale parcourue par le ballon?

10. On lance une balle. Sa trajectoire est modélisée par la relation $h = 2 + 12t - 1{,}5t^2$, où h est la hauteur de la balle, en mètres, et t est le temps après le lancer, en secondes.

a) De quelle hauteur lance-t-on la balle?

b) À quelle hauteur se trouve la balle après 2 secondes?

c) Quelle hauteur maximale la balle atteint-elle?

d) Combien de temps faut-il à la balle pour atteindre cette hauteur?

e) Combien de temps la balle reste-t-elle au-dessus de 21 m?

f) Estime le temps que la balle passe dans les airs.

11. La relation $C = 0{,}007\ 78v^2 - 1{,}556v + 87$ représente la quantité d'essence qu'une automobile consomme pour parcourir une distance fixe. C est le nombre de litres d'essence consommé et v est la vitesse de l'auto, en kilomètres à l'heure.

a) Quelle est la capacité du réservoir d'essence de cette auto ?

b) Combien de litres d'essence l'automobile consomme-t-elle si elle roule à 50 km/h ?

c) Quelle est la consommation d'essence minimale ? À quelle vitesse cette consommation minimale est-elle possible ?

Littératie

d) Explique à une ou à un camarade pourquoi il est plus économique de rouler à une vitesse constante de 100 km/h, plutôt qu'à une vitesse constante de 120 km/h.

Approfondis les concepts

12. Le pont Skyway, à Burlington, a deux supports d'acier en arche traversés à la verticale par des poutres d'acier. L'arche inférieure peut être modélisée par la relation $h = -0{,}004d^2 + 0{,}56d$ et l'arche supérieure par la relation $h = -0{,}002d^2 + 0{,}28d + 13$. Dans les deux relations, h représente la hauteur, en mètres, et d représente la distance horizontale, en mètres, à partir d'une extrémité du pont. Calcule la hauteur des deux poutres d'acier verticales situées à 15 m du centre.

13. Dominic est secouriste dans un secteur surveillé. On lui donne 300 m de câble de sécurité avec flotteurs pour délimiter une zone de baignade rectangulaire à la plage. Calcule l'aire maximale que Dominic peut délimiter.

Révision des termes clés

Recopie cet énoncé, puis complète-le à l'aide du bon terme clé.

1. Les abscisses à l'origine sont parfois appelées les _____ de la fonction du second degré.

8.1 Interpréter les fonctions du second degré, pages 324 à 332

2. Des chercheurs ont étudié la photosynthèse d'une herbe. Ce tableau indique l'efficacité de la photosynthèse, y, en pourcentage, et ce, en fonction de la température, x, en degrés Celsius.

x (°C)	y (%)
−1,5	33
0,0	46
2,5	55
5,0	80
7,0	87
10,0	93
12,0	95
15,0	91
17,0	89
20,0	77
22,0	72
25,0	54
27,0	46
30,0	34

   a) Trace les données à l'aide d'une calculatrice graphique.

   b) Écris l'équation de la courbe la mieux ajustée.

   c) À quelle température la photosynthèse est-elle la plus efficace ?

3. Une passerelle en forme d'arche parabolique traverse un ruisseau. Ce tableau représente la hauteur de la passerelle à différentes distances horizontales.

Distance horizontale (m)	Hauteur de la passerelle (m)
0,0	0,00
4,5	0,96
9,0	1,44
13,5	1,44
18,0	0,96

   a) Trace les données à l'aide d'une calculatrice graphique.

   b) Écris l'équation de la courbe la mieux ajustée.

   c) À quelle hauteur le point le plus élevé de la passerelle se trouve-t-il ? À quelle distance horizontale ce point se trouve-t-il ?

8.2 Représenter les fonctions du second degré de diverses manières, pages 333 à 339

4. a) Détermine une expression afin de représenter l'aire de ce rectangle.

$20 - l$

l

   b) Détermine la valeur de l qui donne la plus grande aire possible.

5. On attache les extrémités d'une corde à deux arbres. La courbe de la corde peut être modélisée par l'équation $y = x^2 - 4x$, où y est la hauteur et x est la distance horizontale, l'une et l'autre mesurées en mètres. Quelle distance sépare les deux arbres ? Comment le sais-tu ?

8.3 La fonction du second degré $y = ax^2 + c$, pages 340 à 347

6. On laisse tomber une balle à partir d'une plateforme. Sa trajectoire peut être modélisée par la fonction du second degré $h = -4,9t^2 + 13$, où h représente la hauteur de la balle, en mètres, et t représente le temps, en secondes.

   a) Quelle est la hauteur de la plateforme ?

b) Combien de temps faut-il à la balle pour toucher le sol ?

c) À l'aide d'une calculatrice graphique, calcule le temps qu'il faut à la balle pour chuter de 8,1 m.

7. Pour une réception de mariage, on dresse une arche dont la forme peut être modélisée par la fonction du second degré $h = -0,15d^2 + 4,5$, où h représente la hauteur de l'arche, en mètres, et d représente la distance horizontale, en mètres, à partir du centre de l'arche.

a) Quelle est la hauteur maximale de l'arche ?

b) Quelle est la largeur de la base de l'arche ?

c) Si le marié mesure 1,8 m, à quelle distance du centre de l'arche peut-il s'éloigner sans avoir à se pencher.

8.4 Résoudre des problèmes comportant une fonction du second degré,
pages 348 à 355

Réponds aux questions 8 et 9 à l'aide d'une calculatrice graphique.

8. Un joueur de basket fait un tir en suspension à 7,2 m du panier. La trajectoire du ballon peut être modélisée par la fonction du second degré $h = -0,093d^2 + 0,672d + 3,25$, où h représente la hauteur du ballon, en mètres, et d représente la distance horizontale entre le ballon et le panier, en mètres.

a) Quelle hauteur maximale le ballon atteint-il ?

b) Estime la hauteur à partir de laquelle le tir en suspension est éxécuté.

c) L'anneau du panier est à 3 m du sol. Le ballon entre-t-il dans le panier ? Explique ta réponse.

9. Le théâtre Jean Genet vend ses billets à 5 $ chacun. Un sondage indique que si on haussait lc prix du billet de 0,50 $, l'assistance diminuerait de 25 spectateurs. Malgré cela, le théâtre Jean Genet verrait ses recettes augmenter. Cette situation est modélisée par la fonction du second degré $R = -12,5p^2 + 125p + 2\ 500$, où R représente les recettes de la vente des billets, en dollars, et p représente le nombre de fois qu'on hausse de 0,50 $ le prix du billet.

a) Calcule les recettes maximales que la vente des billets peut rapporter au théâtre Jean Genet.

b) Calcule le nombre de hausses de 0,50 $ nécessaire pour atteindre ce maximum.

c) Quel est le nouveau prix du billet ?

1. Pour chacune de ces fonctions du second degré, calcule l'ordonnée à l'origine, les zéros et la valeur maximale ou minimale.

   a) $y = -\dfrac{1}{2}x^2$

   b) $y = x^2 + x - 2$

   c) $y = x^2 - 49$

   d) $y = x^2 + 4x$

2. Durant une pratique de football, on enregistre la trajectoire du ballon à chaque lancer du quart-arrière. Ce tableau présente les données des passes aux receveurs.

Distance horizontale (vg)	Hauteur (pi)
5	9,75
10	11,50
15	11,50
20	9,75

   a) Trace le nuage de points des données à l'aide d'une calculatrice graphique.

   b) Trouve l'équation de la fonction du second degré la mieux ajustée. Trace le graphique de cette fonction.

   c) À partir du graphique de l'équation, calcule la hauteur maximale atteinte par le ballon.

   d) Quand le ballon atteint sa hauteur maximale, combien de verges de terrain a-t-il parcourues?

   e) Si le capteur de ballon se trouve à 27 vg, à quelle hauteur attrape-t-il le ballon?

3. Shaniqua plonge dans l'eau du haut d'une falaise. Sa trajectoire peut être modélisée par la relation $h = -4,9t^2 + 4,9t + 21,5$, où h représente la hauteur au-dessus de l'eau, en mètres, et t représente le temps, en secondes.

   a) Quelle est la hauteur de la falaise?

   b) Quelle est la hauteur maximale atteinte par Shaniqua? Quand l'atteint-elle?

   c) À quelle hauteur au-dessus de l'eau Shaniqua se trouve-t-elle 1,5 s après son plongeon?

   d) Combien de temps lui faut-il pour toucher l'eau?

4. Le pont Golden Gate, à San Francisco, est supporté par des câbles qui relient les tours de soutien sur une distance horizontale de 1 260 m. Le sommet des tours est à environ 150 m au-dessus de la chaussée. Les câbles de suspension forment une arche parabolique qui peut être modélisée par l'équation $h = 0,000\,38(d - 630)^2$, où h représente la hauteur du câble au-dessus de la chaussée, en mètres, et d représente la distance horizontale à partir d'une tour de soutien, en mètres.

   a) Trace le graphique de cette relation à l'aide d'une calculatrice graphique.

   b) Quelle est la hauteur du câble au-dessus de la chaussée à une distance horizontale de 300 m à partir d'une des tours de soutien?

Retour sur le problème du chapitre

On prévoit entourer un planchodrome rectangulaire avec 80 m de clôture à mailles en losange de 2 m de hauteur. Il y aura deux rampes pour planches à roulettes. L'une aura la forme d'une parabole ouverte vers le haut, et l'autre, la forme d'une parabole ouverte vers le bas.

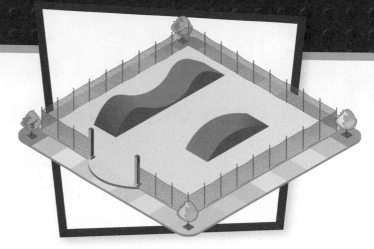

a) Calcule les dimensions du planchodrome de façon à lui donner la plus grande aire possible.

b) La rampe en forme de parabole ouverte vers le bas s'étend sur 6 m de largeur et a une hauteur maximale de 1 m. Détermine l'équation qui modélise la forme de la rampe.

Hauteur (m)	Distance horizontale (m)
0	0
1	3
0	6

c) La rampe en forme de parabole ouverte vers le haut s'étend sur 10 m de largeur et a une hauteur maximale de 1,5 m. Détermine l'équation qui modélise la forme de la rampe.

Hauteur (m)	Distance horizontale (m)
1,5	0
0,0	5
1,5	10

c) À quelle distance horizontale d'une tour de soutien se trouve le point où le câble a une hauteur de 27 m ?

5. Le profit hebdomadaire d'un fabricant de cadres peut être modélisé par la fonction du second degré $P = -2x^2 + 24x - 54$, où P représente le profit, en centaines de milliers de dollars, et x représente le nombre de dizaines de milliers de cadres fabriqués chaque semaine.

a) Calcule le profit maximal par semaine.

b) Calcule le nombre de cadres requis pour réaliser ce profit maximal hebdomadaire.

c) Combien de cadres le fabricant doit-il fabriquer chaque semaine pour réaliser un profit ? Explique ta réponse.

6. Lors d'un match de football, on tente un placement à partir d'une distance de 42 verges. Suppose que le ballon se dirige vers le milieu de l'espace entre les poteaux de placement. Le ballon suit une trajectoire modélisée par l'équation $h = -0,03d^2 + 1,50d$, où h représente la hauteur, en pieds, et d représente la distance horizontale, en verges. La barre transversale est située à 10 pieds du sol. Le joueur réussit-il son placement ? Explique ta réponse.

Projet

Un concours de coups de circuit

Le rendement de trois frappeurs, au cours d'un récent concours de coups de circuit, apparaît dans les données ci-dessous.

Juan

La trajectoire de sa balle est modélisée par l'équation $h = -0{,}001d^2 + 0{,}5d + 2{,}5$ où h représente la hauteur de la balle et d, la distance horizontale, toutes deux mesurées en mètres.

Patrick

Ce tableau représente la hauteur atteinte par sa balle à différentes distances.

d (m)	h (m)
0	0,9
15	6,9
30	11,4
45	14,4
60	15,9
75	15,9
90	14,4
105	11,4
120	6,9

Carl

Ce graphique représente la trajectoire de sa balle.

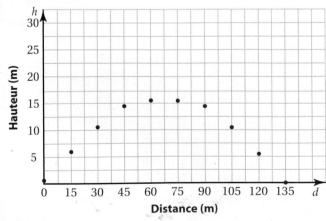

1. Représente la relation distance/hauteur de la balle de chaque joueur sous la forme d'une équation, d'un tableau et d'un graphique. Prends en note chaque représentation.

2. Suppose qu'il n'y a aucun obstacle. Laquelle des trois balles parcourra la plus grande distance avant de toucher le sol ? Laquelle parcourra la plus courte distance ? Comment as-tu trouvé tes réponses ?

3. Suppose que la clôture est à 105 m du marbre. À quelle hauteur au-dessus de la clôture chaque balle passe-t-elle ?

Chapitre 6 : Les fonctions du second degré

1. Trace le nuage de points de chacun de ces ensembles de données. Trace la droite ou la courbe la mieux ajustée.

a)

x	y
−3	−10
−2	−8
−1	−6
0	−4
1	−2
2	0
3	2

b)

x	y
−3	12
−2	6
−1	2
0	0
1	0
2	2
3	6

2. a) À partir de ce graphique d'une fonction du second degré, crée un tableau de valeurs.

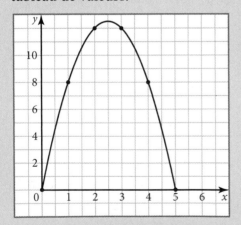

b) Saisis les données sur une calculatrice graphique. Détermine l'équation de la fonction du second degré.

c) Trace le graphique de la relation à l'aide d'une calculatrice graphique.

d) Détermine les coordonnées du sommet ainsi que l'équation de l'axe de symétrie.

3. a) Crée un tableau de valeurs pour la fonction du second degré $y = 4x^2 - 10x + 1$. Trace les points dans un plan cartésien, puis trace la courbe la mieux ajustée.

b) À partir de la courbe, estime les valeurs des abscisses à l'origine et des coordonnées du sommet.

Chapitre 7 : Les expressions algébrique du second degré

4. Détermine puis simplifie ces expressions.

a) $(x + 4)(x - 2)$

b) $(x - 3)^2$

c) $(2x + 3)(2x - 1)$

d) $(3x - 1)^2$

5. Détermine l'expression qui représente l'aire de la région ombragée.

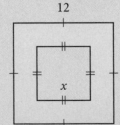

6. Pour chacun de ces polynômes, détermine le plus grand facteur commun (PGFC), puis factorise le polynôme.

a) $3x + 18$

b) $5x^2 - 10x$

c) $3x^2 + 9x - 18$

d) $14x^3 + 28x$

7. L'aire d'un terrain de jeu rectangulaire (en mètres carrés) est représentée par la relation $A = 10x^2 + 500x$.

   a) Factorise l'expression afin de déterminer les dimensions du terrain.

   b) Détermine une expression qui représente le périmètre du terrain.

   c) Calcule l'aire et le périmètre en supposant que $x = 10$ m.

8. Factorise ces expressions.

   a) $x^2 - 9$ **b)** $25 - x^2$

9. Factorise ces expressions.

   a) $x^2 - 3x - 18$ **b)** $x^2 - 11x + 18$

   c) $x^2 + 11x + 30$ **d)** $x^2 - 4x - 5$

Chapitre 8 : Représenter les fonctions du second degré

10. Le support en arc d'un pont est modélisé par la fonction du second degré $y = -0,018x^2 + 1,8x$, où y représente la hauteur et x représente la distance horizontale, toutes les deux exprimées en mètres. On doit installer un poteau de soutien vertical à 10,8 m de la base de l'arche. Quelle est la longueur de ce poteau ?

11. Ce tableau représente la hauteur où se trouve Alyshia à divers moments après avoir sauté de l'avion, mais aussi avant l'ouverture de son parachute.

Temps (s)	Hauteur (m)
0	3 100,0
5	2 977,5
10	2 610,0
15	1 997,5
20	1 140,0

   a) Saisis les données sur une calculatrice graphique. Trace le graphique des données. Fais l'esquisse du graphique dans ton cahier.

   b) Détermine l'équation de la fonction du second degré qui représente les données.

   c) Alyshia prévoit ouvrir son parachute à une altitude de 730 m. Combien de temps après le saut doit-elle tirer sur la corde ?

12. La trajectoire d'un ballon que l'on vient de botter est modélisée par l'équation $h = 25t - 5t^2$, où h est la hauteur, en mètres, et t est le temps, en secondes.

   a) Pendant combien de temps le ballon est-il en l'air ?

   b) Combien de temps faut-il au ballon pour atteindre sa hauteur maximale ?

   c) Quelle hauteur maximale le ballon atteint-il ?

13. Francis a 150 m de pare-neige pour entourer l'aire d'une patinoire rectangulaire. Calcule l'aire maximale qu'il peut entourer.

14. Un magasin vend régulièrement 18 téléviseurs par semaine à un prix unitaire de 440 $. On sait que chaque fois que le prix baisse de 20 $, le magasin en vend 3 de plus par semaine. On peut représenter les revenus par la relation $R = 7\,920 + 960x - 60x^2$ où R est le revenu total, en dollars, et x est le nombre de fois que l'on baisse le prix de 20 $.

   a) Calcule le revenu maximal.

   b) Détermine le prix unitaire des téléviseurs qui permet de maximiser les revenus.

Projet

Concevoir un jeu

1. Avec des camarades de classe, formez un groupe de trois. Chaque groupe doit respecter ces critères :

   - Le jeu doit inclure une table de jeu.
   - Il doit y avoir au moins 30 cartes numérotées comportant chacune une question. Il doit y avoir au moins trois nouvelles questions portant sur chacun des chapitres du manuel. Des réponses doivent être fournies pour chaque question.
   - Il doit y avoir au moins trois accessoires distincts pour jouer.
   - Le jeu doit inclure au moins un dé, ainsi qu'un objet pour les brasser.
   - Des règles et des instructions claires, qui décrivent le déroulement du jeu, doivent être fournies. Ces règles doivent indiquer combien de points sont accordés ou retranchés par question, ainsi que la façon de déterminer un gagnant ou une gagnante.

2. Inventez un nom pour votre jeu et concevez une boîte pour le contenir. Assurez-vous que la table de jeu et les accessoires de jeu puissent être rangés dans la boîte. Vous devez ainsi déterminer le volume de la boîte.

3. Échangez votre jeu avec ceux des autres groupes. Amusez-vous avec ces nouveaux jeux.

4. Proposez des améliorations à vos camarades.

Chapitre 1 : Les systèmes de mesure et les triangles semblables

1. Un plancher de carreaux de porcelaine coûte 51,25 $ le m². Les Dhaliwal choisissent ces carreaux pour leur entrée de maison, soit un rectangle de 15 pi sur 12 pi. Calcule le coût du plancher avant taxes.

2. Dans le diagramme ci-dessous, △JKL ∼ △ ZYX. Calcule la longueur des côtés indiqués.

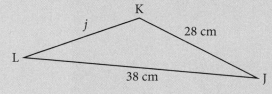

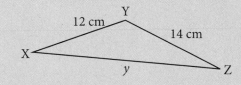

3. Par une journée ensoleillée, Simon, qui mesure 165 cm, projette une ombre de 1,50 m de longueur. Près de lui, au même moment, un arbre projette une ombre de 425 cm de longueur. Combien cet arbre mesure-t-il, au centième près ?

Chapitre 2 : La trigonométrie du triangle rectangle

4. Calcule la longueur de chaque côté indiqué au dixième près.

a)

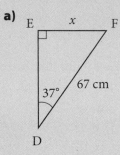

b)

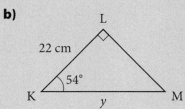

5. Avec un tachéomètre placé à 1,2 m du sol, Mélissa vise le sommet d'un lampadaire situé à 12,3 m d'elle. Si l'angle d'élévation est de 51,2°, calcule la hauteur du lampadaire au dixième près.

Chapitre 3 : Les fonctions affines

6. Calcule la pente de chaque segment de droite.

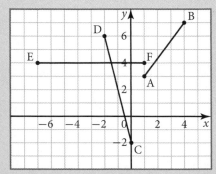

7. Détermine l'équation de chacune des droites.

a) pente de $\frac{1}{2}$, croise l'axe des y à 4

b) pente de $\frac{1}{2}$, et qui passe par $(4\,;-4)$

c) qui passe par $(3,-9)$ et par $(-2\,;-4)$

8. Trace le graphique de chaque relation sur du papier quadrillé.

a) $y = -\dfrac{1}{2}x + 5$ **b)** $y = -2x - 2$

9. Une leçon de ski coûte 25 \$ l'heure, tandis que la location de l'équipement coûte 55 \$.

a) Fais un tableau des valeurs pour des leçons de ski qui durent 1 h, 2 h et 3 h.

b) Trace le graphique de la droite représentant ces données.

c) Écris l'équation de la droite.

d) Calcule le coût d'une leçon de 4 h.

e) Calcule le coût d'une leçon de 90 min.

Chapitre 4 : Les équations du premier degré

10. Résous chacune des équations linéaires.

a) $3x - 5 = 4$ **b)** $\dfrac{k}{2} + 1 = 11$

c) $\dfrac{2y + 3}{5} = 9$ **d)** $-2{,}5z + 4 = -1$

11. Exprime chacune des équations sous la forme pente-ordonnée à l'origine.

a) $4x - y + 5 = 0$

b) $6x + y - 3 = 0$

c) $4x - 15y + 36 = 0$

12. La droite $3x - 2y + C = 0$ passe par $(5 ; -4)$. Calcule la valeur de C.

Chapitre 5 : Les systèmes d'équations du premier degré

13. Résous sur un graphique les systèmes d'équations du premier degré $y = 4x + 2$ et $y = x - 4$.

14. Résous par substitution chaque système d'équations du premier degré.

a) $x - y = 12$
$y = 2x + 4$

b) $y = -3x + 4$
$y = 2x - 1$

15. Résous par élimination chaque système d'équations du premier degré.

a) $2x - 4y = -20$
$x + y = 2$

b) $3x - 4y = 11$
$2x + y = 11$

16. Rick investit 15 000 \$ dans deux placements : l'un offre 8 % d'intérêt, et l'autre 5 % d'intérêt. Si Rick reçoit 1 035 \$ en intérêts à la fin de l'année, combien d'argent a-t-il investi dans chaque placement ?

Chapitre 6 : Les fonctions du second degré

17. Copie et remplis le tableau. Détermine s'il s'agit d'une fonction du premier degré, du deuxième degré ou ni l'une ni l'autre.

x	y	Premières différences	Deuxièmes différences
−3	31		
−2	18		
−1	9		
0	4		
1	3		
2	6		

18. Détermine dans le graphique :

a) les coordonnées du sommet

b) l'équation de l'axe de symétrie

c) les abscisses à l'origine et l'ordonnée à l'origine

d) la valeur minimale ou maximale

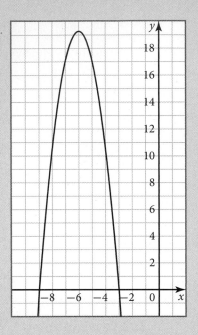

Chapitre 7 : Les expressions algébriques du second degré

19. Développe et simplifie.
  a) $(x + 3)(x - 5)$
  b) $(2x + 1)(x - 1)$
  c) $(2x - 3)^2$

20. Factorise chaque polynôme à l'aide du PGFC.
  a) $18x - 27$
  b) $5x^2 + x$

21. L'équation $A = 4x^2 + 200x$ représente l'aire d'un stationnement rectangulaire.
  a) Détermine les expressions représentant la longueur et la largeur du stationnement.
  b) Détermine l'expression du périmètre du stationnement.

c) Calcule l'aire et le périmètre du stationnement si $x = 50$ m.

22. Pour factoriser le trinôme $x^2 + x - 42$, Amrit écrit $(x - 7)(x + 6)$. Est-ce correct ? Explique ta réponse et corrige sa mise en facteurs s'il y a lieu.

23. Factorise chaque expression.
  a) $x^2 - 36$
  b) $x^2 + 6x - 7$
  c) $x^2 - 3x - 28$
  d) $x^2 + 4x - 5$

Chapitre 8 : Représenter les fonctions du second degré

24. La fonction du second degré $h = -5t^2 + 20t + 100$ représente le parcours d'une pierre lancée du haut d'une falaise ; h représente la hauteur en mètres, et t, le temps en secondes.
  a) Trace le graphique de la fonction.
  b) De quelle hauteur a-t-on jeté la pierre ?
  c) Quelle hauteur maximale la pierre atteint-elle ? En combien de temps l'atteint-elle ?

25. La coupe d'un réflecteur parabolique est modélisée par l'équation $y = 0{,}005x^2 - 0{,}08$ où x représente la distance horizontale, et y la profondeur, l'une et l'autre exprimées en mètres.
  a) Trace le graphique de l'équation à l'aide d'une calculatrice graphique.
  b) Détermine les coordonnées des points auxquels le graphique croise l'axe des x.
  c) Combien mesure le diamètre du réflecteur ?

Annexe – Habiletés

Table des matières

	page		page
L'addition et la soustraction de nombres entiers relatifs	370	Les fonctions affines et les fonctions non affines	383
Les tuiles algébriques	371	Les axes de symétrie	385
Les propriétés des angles	371	Les lois des exposants	386
L'aire	373	La multiplication et la division d'expressions algébriques	387
Les facteurs communs	374	Les polynômes	388
La conversion de fractions en nombres décimaux	374	Les propriétés des triangles	388
La conversion d'unités de mesure	375	Les proportions	390
L'évaluation d'expressions	376	Le théorème de Pythagore	390
La simplification	376	Les rapports	391
Le plus petit dénominateur commun	377	L'arrondissement	392
Les fractions	378	La simplification des expressions algébriques	392
Les coordonnées cartésiennes	380	La résolution d'équations	393
La représentation graphique de fonctions affines	381	La résolution graphique de systèmes d'équations du premier degré	394
Les coordonnées à l'origine	382	La mise au carré	395
Isoler une variable	383	Les racines carrées	396
		La mise en équation de problèmes	396

Annexe — Habiletés

L'addition et la soustraction de nombres entiers relatifs

Notions traitées dans les chapitres 3 et 4

Un entier relatif est un nombre qui fait partie de l'ensemble
$\ldots, -3, -2, -1, 0, 1, 2, 3, \ldots$ Les nombres entiers relatifs peuvent
être additionnés ou soustraits.

Exemples

1. $\quad -4 + 5$
$= 1$

2. $\quad -5 - 2$
$= -7$

3. $\quad 6 - (-9)$
$= 6 + 9$
$= 15$

Pour soustraire un nombre entier négatif, il faut ajouter son opposé.

4. $\quad -6 + (-5)$
$= -11$

5. $\quad 5 + (-7) - (-8) + (-2)$
$= 5 + (-7) + 8 + (-2)$
$= -2 + 8 + (-2)$
$= 6 + (-2)$
$= 4$

Remplace la soustraction par l'addition du nombre opposé, puis additionne les termes de gauche à droite.

Exercice

1. Effectue chacune de ces soustractions.
a) $7 - (-10)$
b) $-5 - (-5)$
c) $4 - (-4)$

2. Simplifie les expressions suivantes :
a) $8 + 9 - (-6)$
b) $11 - 7 - (-7)$
c) $-16 - (-5) + 8$

3. Simplifie les expressions suivantes :
a) $21 + 9 - (-12)$
b) $1 - (-6) - (-7) + (-9)$
c) $-1 + (-8) + (-3) - 5$
d) $10 - (-3) - (-9) + (-12)$

Les tuiles algébriques

Notions traitées dans les chapitres 4 et 7

Les tuiles algébriques peuvent servir à représenter des expressions et des équations algébriques.

Représente l'équation $2x - 5 = 3$ à l'aide de tuiles algébriques. Suppose que ▬▬ représente la variable x.

L'équation peut être représentée comme suit :

▬▬ ▬▬ ▢▢▢▢▢ = ■■■

1. Représente chacune de ces équations à l'aide de tuiles algébriques.
   a) $4 - 2x = 8$
   b) $x + 6 = 12$
   c) $-6 + x = 5$

Les propriétés des angles

Notions traitées dans le chapitre 1

Les angles opposés par le sommet et les angles supplémentaires

À l'intersection de deux droites sécantes, les angles opposés par le sommet sont congrus.

La somme d'angles supplémentaires est de 180°. Dans ce diagramme, x et 120° sont deux angles opposés par le sommet, donc $x = 120°$.

Les angles x et y forment un angle plat.

Ainsi, $x + y = 180°$, puisque $x = 120°$ et $y = 60°$.

L'angle y est l'angle supplémentaire à x, car leur somme est 180°.

Les angles et les droites parallèles

Quand une droite coupe des droites parallèles, les rapports entre les paires d'angles sont les suivants :

Les angles alternes-internes sont congrus. Ils sont représentés par la variable y dans ce diagramme.

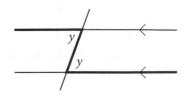

Les angles correspondants sont congrus. Ils sont représentés par la variable *x* dans ce diagramme.

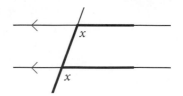

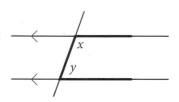

Les angles internes situés du même côté de la sécante sont supplémentaires. Ils sont représentés par les variables *x* et *y* dans ce diagramme.

Exemple

Calcule les valeurs de *x*, de *y* et de *z*.

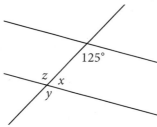

En utilisant les angles internes, on a $x + 125° = 180°$.

$$x + 125° - 125° = 180° - 125°$$
$$x = 55°$$

En utilisant les angles correspondants, on a $y = 125°$.
En utilisant les angles alternes-internes, on a $z = 125°$.

Exercice

1. Identifie l'angle supplémentaire de chacun de ces angles.

    a) 65°   **b)** 130°

    c) 20°   **d)** 78°

    e) 90°   **f)** 8°

2. Détermine la valeur de *x*, de *y* et de *z* dans chacune de ces figures.

    a)   **b)**   **c)**

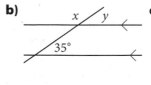

L'aire

Notions traitées dans les chapitres 5, 6 et 7

L'aire d'une figure est le nombre d'unités carrées nécessaires pour couvrir sa surface. L'aire d'un cercle est égale à π multiplié par le rayon au carré ($\pi \times r^2$). L'aire d'un rectangle est égale à la longeur multipliée par la largeur ($L \times l$). L'aire d'un triangle est calculée à l'aide de la formule $A = \frac{(b \times h)}{2}$, c'est-à-dire que la base est multpliée par la hauteur, le tout étant divisé par 2.

Exemples

1. Détermine l'aire de ce cercle.

L'aire d'un cercle est $A = \pi \times r^2$

$$\approx 3,14 \times (4)^2$$
$$\approx 3,14 \times 16$$
$$\approx 50,24$$

L'aire du cercle est d'environ $50,24 \text{ cm}^2$.

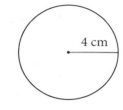

4 cm

2. Détermine l'aire de cette figure.

Divise la figure en deux parties :
un rectangle de 4 cm sur 3 cm

$$A = 4 \times 3$$
$$= 12$$

et un carré de 1 cm de côté

$$A = 1^2$$
$$= 1$$

L'aire de la figure est de 12 + 1, soit 13 cm^2.

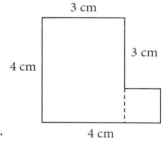

3 cm

3 cm

4 cm

4 cm

Exercice

1. Détermine l'aire de chacune de ces figures.

a)

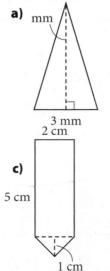

mm

3 mm
2 cm

b)

4 mm

1 mm

c)

5 cm

1 cm

d)

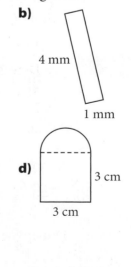

3 cm

3 cm

Les facteurs communs

Notions traitées dans les chapitres 3 et 7

Un facteur commun est un nombre entier qui divise tous les nombres d'un ensemble sans reste. Le plus grand facteur commun est un facteur de deux ou de plusieurs nombres.

Exemple

Détermine le plus grand facteur commun de 36 et de 120.

Les facteurs de 36 sont 1, 2, 3, 4, 6, 9, 12, 18 et 36.
Les facteurs de 120 sont 1, 2, 3, 4, 5, 6, 10, 12, 30, 40, 60 et 120.

Les facteurs communs sont donc 1, 2, 3, 4, 6 et 12. Le plus grand facteur commun est 12.

Exercice

1. Dresse la liste des facteurs communs de chacune de ces paires de nombres, puis détermine le plus grand facteur commun.
   a) 8, 12
   b) 16, 80
   c) 60, 150

2. Dresse la liste des facteurs communs de chacun de ces ensembles de nombres, puis détermine le plus grand facteur commun.
   a) 72, 81, 24   b) 55, 60, 125
   c) 63, 77, 12   d) 27, 99, 150

La conversion de fractions en nombres décimaux

Notions traitées dans le chapitre 3

On peut convertir une fraction en nombre décimal en divisant son numérateur par son dénominateur. La forme décimale est une autre manière de représenter une fraction.

Exemple

Exprime $\dfrac{3}{4}$ sous forme décimale.

$$
\begin{array}{r}
0{,}75 \\
4\overline{)3{,}00} \\
-\underline{28} \\
20 \\
-\underline{20} \\
0
\end{array}
$$

Donc, $\dfrac{3}{4}$ est égal à 0,75.

1. Exprime chacune de ces fractions sous forme décimale.

a) $\dfrac{5}{25}$ **b)** $\dfrac{35}{100}$ **c)** $\dfrac{3}{8}$

d) $\dfrac{7}{10}$ **e)** $\dfrac{13}{20}$ **d)** $\dfrac{1}{4}$

2. Exprime chacune de ces fractions sous forme décimale arrondie au dixième près.

a) $\dfrac{5}{7}$ **b)** $\dfrac{25}{150}$ **c)** $\dfrac{24}{56}$ **d)** $\dfrac{50}{60}$

La conversion d'unités de mesure

Notions traitées dans le chapitre 1

Les mesures du système impérial peuvent être converties en mesures du système international d'unités (SI). Voici quelques facteurs de conversion :
1 pied (pi) = 30 centimètres (cm)
1 pouce (po) = 2,5 centimètres (cm)
1 gallon (gal) = 4 litres (l)
1 mille (mi) = 1,6 kilomètre (km)
1 once liquide (oz) = 30 millilitres (ml)

Exemples

1. Convertis 250 mi en kilomètres.

Il y a 1,6 km dans un mille.

250 mi équivalent donc à 250 × 1,6, soit 400 km.

2. Convertis 25 oz en litres.

Il y a 1 oz dans 30 ml.

25 oz équivalent donc à 25 × 30, soit 750 ml. 750 / 1 000 = 0,75 l

3. Convertis 1 500 pi^2 en mètres carrés.

Il y a 1 pi dans 30 cm.

1 500 pi^2 équivalent donc à 1500 × 30 × 30, soit 1 350 000 cm^2.

1 350 000 / (100 × 100) = 135 m^2.

Exercice

1. Convertis chacune de ces mesures dans l'unité indiquée.

a)	138 l	millilitres
b)	45 cm	kilomètres
c)	580 ml	litres
d)	24 pi	mètres
e)	7 000 cm^2	mètres carrés
f)	7 pi^3	centimètres cubes

L'évaluation d'expressions

Notions traitées dans les chapitres 3, 4 et 6

On peut évaluer des expressions en remplaçant chaque variable par des valeurs données.

Exemples

1. Évalue $3x + 1$ pour $x = -2$.

$$3x + 1 = 3(-2) + 1 \qquad \textit{Substitue } -2 \textit{ à la variable } \mathbf{x}.$$
$$= -6 + 1$$
$$= -5$$

2. Évalue $5y - 10z$ pour $y = 10$ et $z = 2$.

$$5y - 10z = 5(10) - 10(2) \qquad \textit{Substitue 10 à la variable } \mathbf{y} \textit{ et 2}$$
$$= 50 - 20 \qquad \qquad \textit{à la variable } \mathbf{z}.$$
$$= 30$$

3. Évalue $3x^2$ pour $x = -1$.

$$3x^2 = 3(-1)^2$$
$$= 3(1)$$
$$= 3$$

Exercice

1. Évalue ces expressions pour $x = -3$.

a) $x + 1$ **b)** $-2x + 4$

c) $7 - x$ **d)** $\dfrac{1}{3}x$

2. Évalue ces expressions pour $x = -2$ et $y = 3$.

a) $3y - 2x$ **b)** $y + 2x + 6$

c) $y - 6 + x$ **d)** $40 - 3x + 7y$

3. Évalue les expressions pour $x = 5$ et $y = -5$.

a) $y^2 - 1$ **b)** $x^2 + 3y$

c) $x + 6y + xy$ **d)** $8 - 3y + y + xy$

La simplification

Notions traitées dans le chapitre 3

On peut simplifier des fractions en les réduisant à leur plus simple expression. Divise le numérateur et le dénominateur par leur plus grand facteur commun.

Exemple

Simplifie la fraction $\dfrac{18}{20}$.

Les facteurs de 18 sont 1, ②, 3, 6, 9, 18.

Les facteurs de 20 sont 1, ②, 4, 5, 10, 20.

Le plus grand facteur commun est donc 2.

Divise le numérateur et le dénominateur par le plus grand facteur commun afin de simplifier la fraction.

$$\frac{18}{20} = \frac{18 \div 2}{20 \div 2}$$
$$= \frac{9}{10}$$

Exercice

1. Simplifie ces fractions.

a) $\dfrac{20}{40}$

b) $\dfrac{75}{125}$

c) $\dfrac{33}{88}$

d) $\dfrac{36}{720}$

Le plus petit dénominateur commun

Notions traitées dans le chapitre 4

Pour déterminer le plus petit dénominateur commun dans un ensemble de fractions, compare les dénominateurs des fractions.

Exemples

1. Dans le cas des fractions $\dfrac{3}{8}$ et $\dfrac{7}{12}$:

le dénominateur de $\dfrac{3}{8}$ est 8 ; les multiples de 8 sont 8, 16, ㉔, 36, etc. ;

le dénominateur de $\dfrac{7}{12}$ est 12 ; les multiples de 12 sont 12, ㉔, 36, 48, etc.

Le plus petit multiple commun de 8 et de 12 est 24 ; 24 est donc le plus petit dénominateur commun de $\dfrac{3}{8}$ et de $\dfrac{7}{12}$.

2. Dans le cas des fractions $\dfrac{1}{2}$, $\dfrac{3}{4}$ et $\dfrac{5}{6}$:

le dénominateur de $\dfrac{1}{2}$ est 2 ; les multiples de 2 sont 2, 4, 6, 8, 10, ⑫, etc. ;

le dénominateur de $\dfrac{3}{4}$ est 4 ; les multiples de 4 sont 4, 8, ⑫, 16, etc. ;

le dénominateur de $\dfrac{5}{6}$ est 6 ; les multiples de 6 sont 6, ⑫, 18, 24, etc.

Le plus petit multiple commun de 2, de 4 et de 6 est 12 ; 12 est donc le plus petit dénominateur commun de cet ensemble de fractions.

1. Détermine le plus petit dénominateur commun de chacune de ces paires de fractions.

   a) $\dfrac{1}{6}, \dfrac{2}{5}$ **b)** $\dfrac{3}{7}, \dfrac{1}{4}$

   c) $\dfrac{4}{9}, \dfrac{5}{12}$ **d)** $\dfrac{7}{10}, \dfrac{8}{15}$

2. Détermine le plus petit dénominateur commun de chacun de ces ensembles de fractions.

   a) $\dfrac{3}{10}, \dfrac{4}{5}, \dfrac{1}{2}$ **b)** $\dfrac{9}{4}, \dfrac{3}{8}, \dfrac{1}{3}$

   c) $\dfrac{24}{25}, \dfrac{49}{50}, \dfrac{37}{100}$ **d)** $\dfrac{8}{9}, \dfrac{5}{8}, \dfrac{5}{12}$

Les fractions

Notions traitées dans le chapitre 1

Les additions et les soustractions de fractions

On peut additionner et soustraire des fractions en utilisant un dénominateur commun. Un dénominateur commun est le plus petit commun multiple des dénominateurs d'un ensemble de fractions.

Les multiplications et les divisions de fractions

On peut effectuer la multiplication de fractions en multipliant les numérateurs entre eux et les dénominateurs entre eux.

Les fractions peuvent être divisées en multipliant la première fraction par l'inverse de l'autre fraction. L'inverse d'une fraction est obtenu en intervertissant le numérateur et le dénominateur.

1. Effectue l'addition $\dfrac{2}{5} + \dfrac{1}{2}$.

   $$\dfrac{2}{5} + \dfrac{1}{2} = \dfrac{4}{10} + \dfrac{5}{10}$$
   $$= \dfrac{9}{10}$$

   Les dénominateurs 5 et 2 ont 10 comme multiple commun.

   Exprime les fractions à l'aide d'un dénominateur commun, soit 10.

   Additionne les numérateurs.

2. Effectue la soustraction $\dfrac{3}{4} - \dfrac{2}{3}$.

   $$\dfrac{3}{4} - \dfrac{2}{3} = \dfrac{9}{12} - \dfrac{8}{12}$$
   $$= \dfrac{1}{12}$$

   Les dénominateurs 4 et 3 ont 12 comme multiple commun.

   Exprime les fractions à l'aide d'un dénominateur commun, soit 12.

   Soustrais les numérateurs.

3. Effectue la multiplication $\frac{2}{7} \times \frac{3}{5}$.

$$\frac{2}{7} \times \frac{3}{5} = \frac{2 \times 3}{7 \times 5}$$

Multiplie les numérateurs.

$$= \frac{6}{35}$$

Multiplie les dénominateurs.

4. Effectue la division $\frac{3}{10} \div \frac{4}{5}$.

$$\frac{3}{10} \div \frac{4}{5} = \frac{3}{10} \times \frac{5}{4}$$

L'inverse de $\frac{4}{5}$ est $\frac{5}{4}$.

$$= \frac{3 \times 5}{10 \times 4}$$

Change le signe de la division en un signe de multiplication, puis remplace la deuxième fraction par son inverse.

$$= \frac{15}{40}$$

$$= \frac{3}{8}$$

Réduis les termes en divisant le numérateur et le dénominateur par 5.

Exercice

1. Effectue les additions suivantes.

a) $\frac{2}{3} + \frac{1}{6}$ **b)** $\frac{3}{10} + \frac{1}{2}$

c) $\frac{1}{4} + \frac{2}{5} + \frac{1}{10}$ **d)** $\frac{5}{12} + \frac{1}{6} + \frac{1}{4}$

2. Effectue les soustractions suivantes.

a) $\frac{3}{4} - \frac{3}{5}$ **b)** $\frac{5}{6} - \frac{1}{3}$

c) $\frac{11}{12} - \frac{3}{4}$ **d)** $\frac{8}{10} - \frac{2}{5} - \frac{1}{2}$

3. Effectue les multiplications suivantes.

a) $\frac{5}{9} \times \frac{2}{7}$ **b)** $\frac{2}{15} \times \frac{3}{10}$

c) $\frac{9}{20} \times \frac{4}{5}$ **d)** $\frac{2}{5} \times \frac{3}{4} \times \frac{1}{2}$

4. Effectue les divisions suivantes.

a) $\frac{2}{9} \div \frac{5}{6}$ **b)** $\frac{3}{10} \div \frac{2}{5}$

c) $\frac{5}{12} \div \frac{7}{10}$ **d)** $\frac{10}{9} \div \frac{6}{5}$

Les coordonnées cartésiennes

Notions traitées dans les chapitres 3, 5, 6 et 8

Les couples ordonnés peuvent être reportés dans un plan cartésien. La première coordonnée d'un couple ordonné s'appelle l'abscisse et représente la distance horizontale mesurée à partir de l'axe des y. La seconde coordonnée s'appelle l'ordonnée et représente la distance verticale mesurée à partir de l'axe des x. Un couple ordonné s'écrit (x, y).

Exemple

Trace le point A $(1, -2)$ dans un plan cartésien.

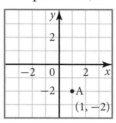

Le point A se trouve à 1 unité à droite de l'axe des y et à 2 unités vers le bas par rapport à l'axe des x.

Exercice

1. Détermine l'abscisse de chacun de ces couples ordonnés.
   a) $(2, 3)$ b) $(-1, -2)$
   c) $(5, -6)$ d) $(0, 9)$

2. Détermine l'ordonnée de chacun de ces couples ordonnés.
   a) $(1, 7)$ b) $(-8, -2)$
   c) $(0, -3)$ d) $(-10, 20)$

3. Trace les points dans un plan cartésien, puis désigne chaque point par la lettre correspondante.
   a) A $(3, 9)$ b) B $(-3, -4)$
   c) C $(0, 5)$ d) D $(6, 0)$

4. Trouve les coordonnées des points A, B, C et D.

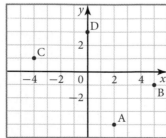

La représentation graphique de fonctions affines

Notions traitées dans les chapitres 4 et 5

Le graphique d'une fonction affine, écrite sous la forme $y = mx + b$, est une droite qui a b comme ordonnée à l'origine et m comme pente.

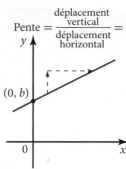

$$\text{Pente} = \frac{\text{déplacement vertical}}{\text{déplacement horizontal}} =$$

Un tableau de valeurs peut également servir à représenter graphiquement une fonction affine.

Exemples

1. Représente graphiquement la droite $y = 2x + 1$.

L'ordonnée à l'origine est 1 et la pente est 2 ou $\frac{2}{1}$. Trace le point $(0, 1)$ dans un plan cartésien.

Pour déterminer les deux points suivants sur la droite, utilise la pente. Puisque le déplacement vertical est de 2 et le déplacement horizontal est de 1, déplace-toi de 2 unités vers le haut et de 1 unité vers la droite; répète cela pour le deuxième point.

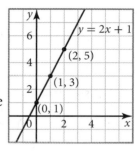

2. Représente graphiquement la droite $3x + 2y = 6$.

$$3x + 2y = 6$$
$$3x - 3x + 2y = -3x + 6$$
$$2y = -3x + 6$$
$$y = -\frac{3}{2}x + 3$$

Récris l'équation sous la forme pente-ordonnée à l'origine.

*Isole 2**y** en soustrayant 3**x** des deux membres de l'équation.*

Divise les deux membres de l'équation par 2.

Trace le point $(0, 1)$ dans un plan cartésien.

L'ordonnée à l'origine est 3 et la pente est $-\frac{3}{2}$. Trace le point $(0, 3)$. Pour déterminer les deux points suivants de la droite, déplace-toi de 3 unités vers le bas et de 2 unités vers la droite.

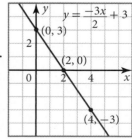

3. Crée un tableau de valeurs afin de représenter graphiquement la droite $2y + 5x = 4$.

x	y
-2	7,0
-1	4,5
0	2,0
1	$-0,5$
2	$-3,0$

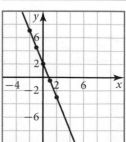

1. Représente graphiquement ces droites.

a) $y = 2x - 3$ **b)** $y = -x + 2$ **c)** $y = \dfrac{2}{3}x - 1$

2. Représente graphiquement ces droites.

a) $x + y = 5$ **b)** $2x - y = 1$ **c)** $2x + 2y = 6$

Les coordonnées à l'origine

Notions traitées dans les chapitres 3 et 6

L'abscisse à l'origine est la valeur de x du point d'intersection du graphique de la relation avec l'axe des x. L'ordonnée à l'origine est la valeur de y du point d'intersection du graphique de la relation avec l'axe des y.

Exemple

Détermine les coordonnées à l'origine de la droite.

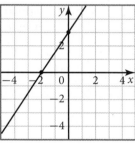

L'abscisse à l'origine est -2.
L'ordonnée à l'origine est 3.

Exercice

1. Détermine les coordonnées à l'origine de ces droites.

a)
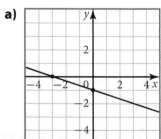

b)
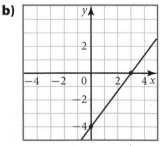

2. Pour les coordonnées à l'origine suivantes, trace la droite.

a) abscisse à l'origine : 4 ordonnée à l'origine : -1
b) abscisse à l'origine : -5 ordonnée à l'origine : $-2,5$

Isoler une variable

Notions traitées dans le chapitre 4

Les équations et les formules peuvent être réarrangées afin d'isoler une variable.

Exemples

1. Réarrange l'équation afin d'isoler d.

$$5d - 2e = 12$$
$$5d - 2e + 2e = 12 + 2e$$
$$5d = 2e + 12$$
$$\frac{5d}{5} = \frac{2e}{5} + \frac{12}{5}$$
$$d = \frac{2e}{5} + \frac{12}{5}$$

Ajoute 2e aux deux membres de l'équation.

Divise tous les termes par 5.

2. Réarrange l'équation afin d'isoler y.

$$8 - 3y - 7x = 0$$
$$8 - 8 - 3y - 7x + 7x = 0 + 7x - 8$$
$$-3y = 7x - 8$$
$$\frac{-3y}{-3} = \frac{7x}{-3} - \frac{8}{-3}$$
$$y = -\frac{7}{3}x + \frac{8}{3}$$

Soustrais 8 et ajoute 7x dans les deux membres de l'équation.

Divise tous les termes par −3.

Exercice

1. Réarrange chacune de ces équations afin d'isoler y.

a) $8x + 3y = 2$ **b)** $6x - 4y = 7$

c) $2x - y = 13$ **d)** $-5x + 6y = 11$

Les fonctions affines et les fonctions non affines

Notions traitées dans le chapitre 8

Une fonction affine est une relation entre deux variables dont la représentation graphique forme une droite non verticale.
La représentation graphique d'une fonction non affine ne forme pas une droite.

1. Représente graphiquement l'équation $y = 2x + 3$.
   S'agit-il d'une fonction affine ou d'une fonction non affine ?
   Détermine au moins trois points à tracer dans la
   représentation graphique.

x	$y = 2x + 3$	Couple ordonné
0	$2(0) + 3 = 3$	$(0, 3)$
1	$2(1) + 3 = 5$	$(1, 5)$
2	$2(2) + 3 = 7$	$(2, 7)$

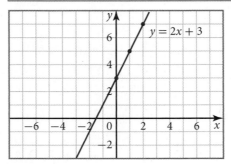

Cette relation est affine, car les points se trouvent sur une droite.

2. Représente graphiquement l'équation $y = x^2 + 1$.
   S'agit-il d'une fonction affine ou d'une fonction non affine ?
   Détermine au moins trois points à tracer dans la
   représentation graphique.

x	$y = x^2 + 1$	Couple ordonné
−1	$(-1)^2 + 1 = 2$	$(-1, 2)$
0	$(0)^2 + 1 = 1$	$(0, 1)$
1	$(1)^2 + 1 = 2$	$(1, 2)$
2	$(2)^2 + 1 = 5$	$(2, 5)$

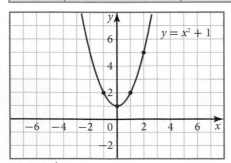

Cette relation n'est pas
affine, car les points ne se
trouvent pas sur une droite.

1. Représente graphiquement chacune de ces relations afin de déterminer s'il s'agit d'une fonction affine ou d'une relation non affine.

a)

x	y
−1	1
0	−2
1	−3
2	−2
3	1

b)

x	y
−1	6
0	5
1	4
2	3
3	2

2. Représente graphiquement chacune de ces relations afin de déterminer s'il s'agit d'une fonction affine ou d'une fonction non affine.

a) $y = 4x + 3$

b) $y = \dfrac{1}{2}x^2 + \dfrac{1}{2}$

Les axes de symétrie

Notions traitées dans le chapitre 6

Un axe de symétrie divise une figure en deux parties congruentes qui sont une réflexion l'une de l'autre. Certaines figures ont plusieurs axes de symétrie, alors que d'autres n'en ont pas.

1. Combien d'axes de symétrie ce pentagone présente-t-il ? Trace le ou les axes de symétrie de ce pentagone.

Ce pentagone a cinq axes de symétrie.

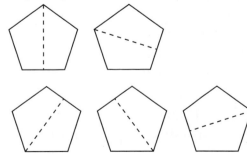

2. Complète le tracé de cette figure en utilisant la ligne pointillée comme axe de symétrie.

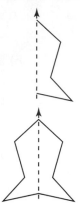

1. Reproduis chacune de ces figures. Trace le(s) axe(s) de symétrie de chaque figure.

a)

b)

2. Reproduis chacune de ces figures. Complète le tracé des figures en utilisant la ligne pointillée comme axe de symétrie.

a)

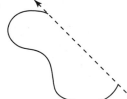

b)

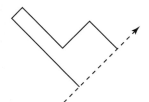

Les lois des exposants

Notions traitées dans les chapitres 4 et 7

L'expression x^3 est une puissance. Sa base est x et son exposant est 3. Pour multiplier des puissances qui ont une même base, additionne leurs exposants : $x^a \times x^b = x^{a+b}$.

Pour diviser des puissances qui ont une même base, soustrais l'exposant de la seconde puissance de l'exposant de la première : $x^a \div x^b = x^{a-b}$.

1. Écris chaque expression sous la forme d'une seule puissance.

a) $= 4^2 \times 4^7 \times 4$

    $= 4^{2+7+1}$

    $= 4^{10}$

Les bases sont les mêmes. Additionne donc les exposants.

S'il n'y a pas d'exposant indiqué, l'exposant est 1.

b) $= 9^{11} \div 9^9$ *Les bases sont les mêmes. Soustrais donc les exposants.*

$\quad = 9^{11-9}$

$\quad = 9^2$

Exercice

1. Écris chaque expression sous la forme d'une seule puissance.

    a) $u^4 \times u^5 \times u^2$ **b)** $(6^7 \div 6^3)\, 6$ **c)** $0{,}2^9 \div 0{,}2^4$ **d)** $(y \times y^8) \div y^2$

La multiplication et la division d'expressions algébriques

Notions traitées dans les chapitres 4 et 7

Les expressions algébriques peuvent être multipliées ou divisées.
Multiplie et divise les coefficients numériques séparément des variables.

Exemples

1. Multiplie cette expression.

$\quad 4r(-2r)$ *Multiplie les coefficients numériques : $4 \times (-2) = -8$.*

$= -8r^2$ *Multiplie les variables : $r \times r = r^2$.*

2. Divise cette expression.

$\quad -36y^2 \div 4y$ *Divise les coefficients numérique : $(-36) \div 4 = -9$.*

$= -9y$ *Divise les variables : $y^2 \div y = y$.*

3. Développe cette expression.

$\quad 5y(2y - 1)$ *Multiplie chaque terme du binôme par le monôme.*

$= 5y(2y - 1)$

$= 5y(2y) - 5y(1)$

$= 10y^2 - 5y$

Exercice

1. Multiplie ces expressions.

    a) $-5(-3y)$ **b)** $15(4p^2)$

    c) $2x(-x)$ **d)** $8(-2k)(3k)$

2. Divise ces expressions.

    a) $16x \div (-4)$ **b)** $3k^2 \div k$

    c) $-27y^2 \div 9y$ **d)** $10b^2 \div (-2b^2)$

3. Développe ces expressions.

    a) $-2(4x + 3)$ **b)** $3(-y^2 - 6y + 1)$

    c) $5a(7 - 2a)$ **d)** $-4(3p^2 - 7p + 5)$

Les polynômes

Notions traitées dans le chapitre 7

Un polynôme est une expression algébrique formée d'un ou de plusieurs termes séparés par des symboles d'addition ou de soustraction.

Un polynôme qui a *deux* termes est un *bi*nôme.
Un polynôme qui a *trois* termes est un *tri*nôme.
Un polynôme qui a *un* terme est un *mono*nôme.

Le coefficient numérique est le facteur numérique du terme.

Exemples

1. Pour chacune de ces expressions, indique s'il s'agit d'un monôme, d'un binôme, d'un trinôme ou d'un polynôme ayant plus de trois termes.
   a) $7x + 2y^2 - 3$ Cette expression a trois termes. Il s'agit donc d'un trinôme.
   b) $-4z$ Cette expression a un seul terme. Il s'agit donc d'un monôme.
   c) $a^2 - 2b^2 + 1 - 3a$ Cette expression a quatre termes. Il s'agit donc d'un polynôme à quatre termes.

2. Indique le coefficient numérique de chacun de ces termes.
   a) $5x$ (Le coefficient numérique est 5.)
   b) $-2y$ (Le coefficient numérique est -2.)
   c) $3y^2$ (Le coefficient numérique est 3.)

Exercice

1. Pour chacune de ces expressions, indique s'il s'agit d'un monôme, d'un binôme, d'un trinôme ou d'un polynôme ayant plus de trois termes.
   a) $8p + 3q$ b) $1 - y + 5z$
   c) $2r^2 - s + 4t - 2 + t^2$ d) $a - b + a^2$

2. Indique le coefficient numérique de chacun de ces termes.
   a) $-5x$ b) $8y^2$ c) $-p$ d) $24r$

Les propriétés des triangles

Notions traitées dans le chapitre 1

La somme des angles d'un triangle

La somme des angles intérieurs de tout triangle est de 180°.

Les types de triangles et leurs propriétés

Un triangle **rectangle** comporte un angle de 90°.
Un triangle **isocèle** comporte deux côtés de même longueur et deux angles congrus.

Un triangle **équilatéral** comporte trois côtés de même longueur et trois angles **congrus.** Chaque angle mesure 60°.

Un triangle **obtusangle** comporte un angle supérieur à 90°.

Un triangle **acutangle** comporte trois angles inférieurs à 90°.

1. Détermine la mesure de x.

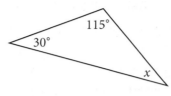

$$x + 30° + 115° = 180°$$
$$x = 180° - 30° - 115°$$
$$x = 35°$$

2. Pour chacun de ces triangles, indique s'il s'agit d'un triangle rectangle, isocèle, équilatéral, obtusangle ou acutangle.

a) 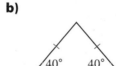 Ce triangle comporte un angle droit et pas de côtés égaux. Il s'agit d'un triangle rectangle.

b) 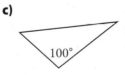 Ce triangle comporte deux côtés de même longueur et deux angles congrus. Le troisième angle mesure 180° − 2(40°), soit 100°. Il s'agit d'un triangle isocèle obtusangle.

c) Ce triangle n'a pas de côté de même longueur, mais il comporte un angle obtus. Il s'agit d'un triangle obtusangle.

d) Les longueurs de tous les côtés de ce triangle sont égales. Il s'agit d'un triangle équilatéral.

1. Détermine la valeur de x dans chacun de ces triangles.

a)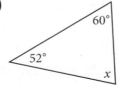

b)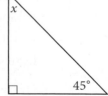

2. Détermine la mesure du troisième angle d'un triangle étant donné les mesures des deux autres.

a) 20° et 40°   **b)** 60° et 60°

c) 45° et 90°   **d)** 30° et 55°

e) 12° et 86°   **f)** 66° et 77°

3. Dessine les quatre triangles qui présentent les propriétés suivantes.

a) Un triangle acutangle qui comporte un angle de 65°.

b) Un triangle rectangle qui comporte un angle de 30°.

c) Un triangle isocèle qui comporte deux angles de chacun 20°.

d) Un triangle obtus qui comporte un angle de 140°.

Les proportions

Notions traitées dans les chapitres 1 et 2

Une proportion est une égalité entre deux rapports.

La valeur d'une variable dans une proportion peut être déterminée à l'aide de la multiplication croisée.

Exemple

Détermine la valeur de x :

$$\frac{4}{x} = \frac{20}{50}$$

$$4 \times 50 = x \times 20$$

$$200 = 20x$$ *Divise les deux membres de l'équation*

$$x = 10$$ *par 20.*

Exercice

1. Résous.

a) $8 = \dfrac{x}{6}$ **b)** $10 = \dfrac{x}{2}$ **c)** $15 = \dfrac{30}{x}$ **d)** $\dfrac{x}{22} = 3$

2. Résous.

a) $\dfrac{x}{5} = \dfrac{3}{15}$ **b)** $\dfrac{80}{x} = \dfrac{4}{200}$ **c)** $\dfrac{85}{100} = \dfrac{5}{x}$ **d)** $\dfrac{6}{18} = \dfrac{x}{9}$

Le théorème de Pythagore

Notions traitées dans le chapitre 2

Selon le théorème de Pythagore, dans un triangle rectangle, le carré de l'hypoténuse est égal à la somme des carrés des deux autres côtés.

Pour un triangle rectangle de côtés a et b et d'hypoténuse c, ce théorème peut s'exprimer par l'expression $c^2 = a^2 + b^2$.

1. À l'aide du théorème de Pythagore, détermine la longueur du côté indiqué au dixième près.

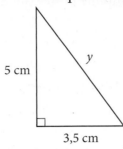

5 cm

3,5 cm

$y^2 = 5^2 + 3{,}5^2$
$y^2 = 25 + 12{,}25$
$y^2 = 37{,}25$
$y^2 = \sqrt{37{,}25}$
$y \approx 6{,}1$

La longueur de l'hypoténuse est d'environ 6,1 cm.

2. Détermine la longueur du côté indiqué au dixième près.

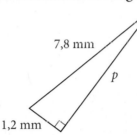

7,8 mm

p

1,2 mm

$1{,}2^2 + p^2 = 7{,}8^2$
$1{,}44 + p^2 = 60{,}84$
$p^2 = 60{,}84 - 1{,}44$
$p^2 = 59{,}4$
$p = \sqrt{59{,}4}$
$p \approx 7{,}7$

La longueur du côté p est d'environ 7,7 cm.

1. Pour chacun de ces triangles, détermine la longueur du côté indiqué au dixième près.

a)

2 cm

w

b)

x

5 mm   4,4 mm

c)

1 cm

c

2 cm

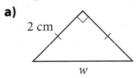

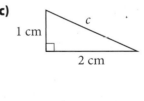

Les rapports

Notions traitées dans le chapitre 2

Les rapports permettent de comparer des quantités mesurées dans les mêmes unités. Ils peuvent être simplifiés en divisant chaque membre par un facteur commun.

1. Vingt chapeaux blancs et dix chapeaux noirs sont vendus dans un magasin. Écris le rapport entre le nombre de chapeaux blancs vendus et le nombre de chapeaux noirs vendus. Le rapport entre les chapeaux blancs et les chapeaux noirs est de 20 sur 10, ou 20 : 10.

2. Simplifie le rapport 12 : 18.
Un facteur commun à 12 et à 18 est 6.

$$12 \div 6 = 2$$
$$18 \div 6 = 3$$

12 : 18 peut donc être simplifié pour donner 2 : 3.

1. Simplifie chaque rapport.

   a) 30 : 36   **b)** 4 : 14   **c)** 25 : 100   **d)** 60 : 50

L'arrondissement

Notions traitées dans le chapitre 2

Les nombres peuvent être arrondis afin d'estimer les réponses de problèmes.

Exemples

1. Arrondis 87,81 à l'entier près. Considère les chiffres qui suivent la virgule décimale. Le nombre 0,81 est plus près de 1 que de 0. 87,81 arrondi à l'entier près donne donc 88.
2. Arrondis 2,53 à une décimale près. Considère les chiffres qui suivent le chiffre des dixièmes. Le nombre 0,03 est plus près de 0,0 que de 0,1. Ainsi, 2,53 arrondi à une décimale près donne 2,5.

Exercice

1. Arrondis ces nombres à l'entier près.

   a) 4,4   **b)** 9,92   **c)** 8,674   **d)** 2,299

2. Arrondis ces nombres au dixième près.

   a) 7,92   **b)** 8,419   **c)** 10,766   **d)** 100,9811

3. Arrondis ces nombres au centième près.

   a) 5,8910   **b)** 0,138 99   **c)** 11,7021   **d)** 0,003 45

La simplification des expressions algébriques

Notions traitées dans les chapitres 4, 5 et 7

Les termes d'une expression algébrique sont séparés par des signes d'addition ou de soustraction. Les termes semblables ont la même variable de même exposant. On peut simplifier des expressions en regroupant les termes semblables.

Exemples

1. Simplifie $8a + 7 + 5a - 2 - 3a$.

   $= 8a + 5a - 3a + 7 - 2$ *Regroupe les termes semblables.*

   $= 10a + 5$

2. Simplifie $3 + 3y + 2z - 4y + z - 1$.

   $= 3y - 4y + 2z + z + 3 - 1$ *Regroupe les termes semblables.*

   $= -y + 3z + 2$

1. Simplifie les expressions algébriques suivantes.
   a) $3 + 6b - 2b + 10$ c) $12 + 5f - 4 - 9f$
   b) $8k - 11 + 2k$ d) $-5t + 17 + 7t - 15$

2. Simplifie les expressions algébriques suivantes.
   a) $-6 + 5y + 2y + z + z + 2z$ c) $12p + q - 1 - 3 - 2q + p$
   b) $7a + 2a + 6b + a + b$ d) $3 + 2t + u + 5u + t - 3u$

La résolution d'équations

Notions traitées dans les chapitres 3 et 5

La solution d'une équation est la ou les valeurs des variables qui vérifient l'équation.

1. Résous l'équation suivante.

$$2x + 4 = 20$$
$$2x + 4 - 4 = 20 - 4 \quad \text{\textit{Soustrais 4 aux deux membres de l'équation.}}$$
$$2x = 16 \quad \text{\textit{Divise les deux membres par 2.}}$$
$$x = 8$$

2. Dans cette équation, détermine la valeur de x en supposant que $y = 2$.

$$x = 3y - 5$$
$$x = 3(2) - 5 \quad \text{\textit{Remplace y par 2.}}$$
$$x = 6 - 5$$
$$x = 1$$

3. Dans cette équation, détermine la valeur de y en considérant que $x = -3$.

$$2x - 3y = 12$$
$$2(-3) - 3y = 12 \quad \text{\textit{Remplace x par -3.}}$$
$$-6 - 3y = 12$$
$$-6 - 3y + 6 = 12 + 6 \quad \text{\textit{Ajoute 6 aux deux membres de l'équation.}}$$
$$-3y = 18$$
$$\frac{-3y}{-3} = \frac{18}{-3} \quad \text{\textit{Divise les deux membres de l'équation par -3.}}$$
$$y = -6$$

1. Résous les équations suivantes.
   a) $-5x = 25$ b) $2x + 2 = 12$
   c) $-10 + 3x = 30$ d) $-x + 2 = 26$

2. Pour chacune de ces équations, détermine la valeur de x en considérant que $y = 4$.
   a) $x = 7 - 2y$ b) $x + 6y = -8$
   c) $3x - 2y = 12$ d) $5y - x = 10$

La résolution graphique de systèmes d'équations du premier degré

Notions traitées dans le chapitre 5

Un système d'équations du premier degré est un ensemble d'au moins deux équations du premier degré étudiées simultanément. La solution d'un système d'équations est le point d'intersection des droites représentatives.

1. Résous ce système d'équations.

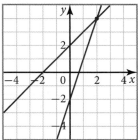

La solution de ce système est le point d'intersection des droites représentant ses équations, soit le point (2, 4).

1. Résous les systèmes d'équations.

a)
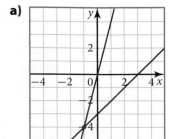

b)
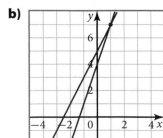

La mise au carré

Notions traitées dans les chapitres 2, 6 et 7

Quand un nombre est multiplié par lui-même, ce produit se nomme le carré de ce nombre.

Exemples

1. $7 \times 7 = 49$

Cela signifie que le carré de 7 est 49.

7×7 peut également s'écrire 7^2.

$$7 \times 7 = 7^2$$
$$= 49$$

2. Détermine le carré de 8.

$$8^2 = 8 \times 8$$
$$= 64$$

3. Évalue l'expression suivante.

$$8^2 + 7^2$$
$$= 8 \times 8 + 7 \times 7$$
$$= 64 + 49$$
$$= 113$$

4. Évalue l'expression suivante.

$$8^2 - 7^2$$
$$= 8 \times 8 - 7 \times 7$$
$$= 64 - 49$$
$$= 15$$

Exercice

1. Détermine la valeur de chaque carré.

a) 5^2 **b)** 3^2 **c)** 6^2

2. Évalue les expressions suivantes.

a) $9^2 + 4^2$ **b)** $2^2 + 8^2$ **c)** $10^2 + 1^2$

3. Évalue les expressions suivantes.

a) $8^2 - 2^2$ **b)** $9^2 - 6^2$ **c)** $20^2 - 10^2$

4. Évalue les expressions suivantes.

a) $1^2 + 7^2 + 2^2$ **b)** $10^2 - 3^2 + 4^2$ **c)** $4^2 - 3^2 + 5^2$

Les racines carrées

Notions traitées dans le chapitre 2

La racine carrée d'un nombre est un nombre qui, multiplié par lui-même, donne le nombre considéré.

Le symbole $\sqrt{}$ représente la racine carrée positive d'un nombre.

Exemples

1. La racine carrée positive de 49 est 7, car $7 \times 7 = 49$.

2. Trouve $\sqrt{169}$.

$$\sqrt{169} = \sqrt{13 \times 13}$$
$$= 13$$

Exercice

1. Trouve chacune des racines carrées.

a) $\sqrt{36}$ **b)** $\sqrt{64}$ **c)** $\sqrt{100}$ **d)** $\sqrt{9}$.

2. Trouve chacune de ces racines carrées, puis arrondis le résultat à une décimale près.

a) $\sqrt{20}$ **b)** $\sqrt{180}$ **c)** $\sqrt{99}$ **d)** $\sqrt{129}$

La mise en équation de problèmes

Notions traitées dans le chapitre 5

On peut écrire une équation afin de représenter une situation décrite dans un problème.

Exemples

1. Sidonie vend des verres de limonade 0,50 $ chacun. Samedi dernier, elle a gagné 26,50 $. Suppose que x représente le nombre de verres de limonade vendus par Sidonie. On a alors $26,50 = 0,5x$.

2. Marcus et ses amis ont formé un groupe.Ils louent du matériel de musique à un tarif fixe de 150 $, plus 75 $ l'heure. La fin de semaine dernière, ils ont payé 375 $. Suppose que y représente le nombre d'heures de répétition du groupe. On a alors $375 = 150 + 75y$.

Exercice

1. Pour chacune de ces situations, écris une équation.

a) Félix dépense environ 45 $ pour une paire de jeans. En une année, il a dépensé 225 $ à l'achat de plusieurs paires de jeans.

b) Ming a vendu quelques disques compacts de sa collection. Il les a vendus 8 $ chacun et a obtenu 136 $.

c) Andrée-Anne garde des enfants à un tarif fixe de 25 $, plus 2 $ pour chaque couche changée. Hier, elle a gagné 31 $.

Annexe – Technologie

Table des matières

Le *Cybergéomètre®*, logiciel de géométrie

	page
NOTIONS DE BASE DU *CYBERGÉOMÈTRE®*	398
Créer une esquisse	399
Ouvrir une esquisse existante	399
Sauvegarder une esquisse	399
Fermer une esquisse sans fermer le *Cybergéomètre®*	399
Fermer le *Cybergéomètre®*	399
Définir des préférences	400
Sélectionner des points et des objcts	400
Construire des segments de droite	401
Construire des triangles et des polygones	401
Construire un cercle	401
Construire des droites parallèles et des droites perpendiculaires	402
Construire des demi-droites	402
Construire des points milieux	402
Utiliser le menu Mesures	403
Construire et mesurer l'intérieur de polygones	403
Agrandir et faire pivoter un objet	404
Changer l'étiquette d'une mesure	404
Utiliser la calculatrice	404
Comprendre le système et les axes de coordonnées	405
Créer des graphiques	405
Charger les outils personnalisés	406

Les calculatrices graphiques TI-83 Plus, TI-84 Plus et TI-89

	page
NOTIONS DE BASE DES CALCULATRICES TI-83 PLUS ET TI-84 PLUS	407
Représenter graphiquement des relations et des équations	407
Définir les variables d'affichage	407
Créer un tableau de valeurs	408
Configurer l'affichage	408
Parcourir un graphique	408
Utiliser la fonction de zoom	409
Définir le format	409
Travailler avec des fractions	410
Saisir des données dans des listes	410
Créer un nuage de points	411
Tracer la droite la mieux ajustée	411
Déterminer un point d'intersection	412
Déterminer un zéro ou une valeur maximale/minimale	412
Utiliser le CBR® (Calculator Based Ranger)	414
NOTIONS DE BASE DES CALCULATRICES TI-89	415
Accéder à l'écran d'accueil	415
Effacer l'écran d'accueil	415
Effacer la ligne d'entrée de commandes	415
Effacer une ligne d'information de l'écran d'accueil ou réutiliser une commande	415
Effacer des variables à un caractère	416
Accéder à une liste de commandes	416
Grouper des termes à une variable	416

Grouper des termes à plusieurs variables **417**

Grouper des termes à plusieurs
variables comportant des exposants **417**

Développer des expressions **418**

Factoriser des expressions **418**

Travailler avec des fractions **419**

Arrondir des valeurs **419**

Déterminer un dénominateur commun **419**

Notions de base du *Cybergéomètre*®

Barre de menus

1 Menu **Fichier** – ouvrir / sauvegarder /
imprimer des esquisses

2 Menu **Édition** — défaire / refaire /
commandes

3 Menu **Affichage** — contrôler
l'apparence des objets d'une esquisse /
définir les préférences

4 Menu **Construction** — créer de
nouveaux objets géométriques à partir
des objets de l'esquisse

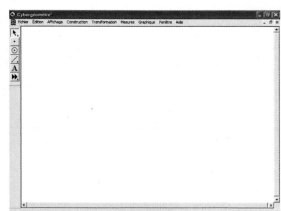

5 Menu **Transformation** — appliquer
des transformations géométriques aux objets sélectionnés

6 Menu **Mesures** — prendre diverses mesures des objets d'une esquisse

7 Menu **Graphique** — créer des axes et reporter des mesures et des points

8 Menu **Fenêtre** — manipuler les fenêtres

9 Menu **Aide** — accéder aux rubriques d'aide, excellent guide de références

10a **Outil flèche de sélection** — sélectionne et transforme les objets

10b **Outil point** — trace des points

10c **Outil compas** (cercle) — trace des cercles

10d **Outil rectiligne** — trace des segments, des demi-droites et des droites

10e **Outil texte** (lettre A dans une main) — nomme les points et crée du texte

10f **Outil créé** — accéder aux outils de création, de marquage et de transformation de points,
de cercles et d'objets linéaires (segments, droites et rayons) ; inclut également des outils de
texte et d'information

Créer une esquisse

- Dans le menu **Fichier**, choisis **Nouvelle esquisse** pour commencer à travailler dans une nouvelle zone de travail.

Ouvrir une esquisse existante

- Dans le menu Fichier, choisis **Ouvrir**.
  Dans la boîte de dialogue Ouvrir, le fichier s'affiche.
- Choisis l'esquisse sur laquelle tu souhaites travailler, puis clique sur **Ouvrir**.

  OU

- Saisis le nom de l'esquisse dans la zone Nom du fichier, puis clique sur **Ouvrir**.

Sauvegarder une esquisse

Si tu sauvegardes des modifications dans une nouvelle esquisse pour la première fois :

- Dans le menu **Fichier,** choisis Enregistrer sous. La boîte de dialogue de sauvegarde s'affiche.
- Tu peux sauvegarder l'esquisse avec le nom attribué par le *Cybergéomètre®*.
  Clique ensuite sur **Enregistrer**.

  OU

- Appuie sur la barre de retour en arrière ou de suppression pour effacer le nom proposé.
- Saisis le nom que tu souhaites donner à ton fichier d'esquisse, puis appuie sur **Enregistrer**.

Si tu as déjà donné un nom à ton fichier :
- Choisis **Sauvegarder** dans le menu Fichier.

Fermer une esquisse sans fermer le *Cybergéomètre®*

- Dans le menu **Fichier**, choisis **Fermer**.

Fermer le *Cybergéomètre®*

- Dans le menu **Fichier**, choisis **Quitter**.

Définir des préférences

- Dans le menu **Édition**, choisis **Préférences**.
- Clique sur l'onglet **Unités de mesure** pour choisir les unités et la précision des angles, des distances et des valeurs calculées telles que les pentes ou les rapports.
- Si tu veux que le *Cybergéomètre*® nomme les points à mesure que tu les crées, sélectionne l'onglet **Texte** et coche **pour tous les nouveaux points**.
- Tu peux choisir d'appliquer les fonctions d'étiquetage automatique uniquement à l'esquisse en cours ou à toute nouvelle esquisse créée.

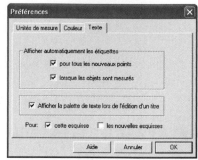

N'oublie pas de cliquer sur **OK** pour appliquer tes préférences.

Sélectionner des points et des objets

- Choisis l'**Outil flèche de sélection**. Le curseur de ta souris deviendra une flèche.

Pour sélectionner un point :
- Sélectionne le point en déplaçant le curseur jusqu'au point et en cliquant dessus.

Le point sélectionné s'affichera alors sous la forme d'un point plus foncé, semblable à une cible ⊙.

Pour sélectionner un objet tel qu'un segment ou un cercle :
- Déplace le curseur vers un point de l'objet jusqu'à ce que le curseur devienne une flèche horizontale.
- Clique sur l'objet. Il changera d'apparence pour indiquer qu'il est sélectionné.

Pour sélectionner plusieurs points ou plusieurs objets :
- Sélectionne chaque objet un par un en déplaçant le curseur sur chaque objet et en cliquant dessus tout en maintenant la touche Maj. enfoncée.

Pour désélectionner un point ou un objet :
- Déplace le curseur sur le point ou l'objet, puis clique sur le bouton gauche de ta souris tout en maintenant la touche Maj. enfoncée.
- Pour désélectionner tous les objets sélectionnés, clique dans une zone vide de l'espace de travail.

Construire des segments de droite

- Choisis l'**Outil point**. Crée deux points dans l'espace de travail.
- Choisis l'**Outil flèche de sélection** (flèche) et sélectionne les deux points.
- Dans le menu **Construction**, choisis **Segment**.

Tu peux également utiliser l'**Outil rectiligne** :

- Choisis cet outil.
- Déplace le curseur sur l'espace de travail.
- Clique sur le bouton gauche de la souris et maintiens-le enfoncé.
- Fais glisser le curseur à l'emplacement souhaité.
- Lâche le bouton de la souris.

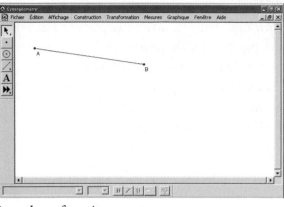

Construire des triangles et des polygones

Pour construire un triangle :
- Choisis l'**Outil point**. Trace trois points dans l'espace de travail.
- Sélectionne ces points.
- Dans le menu **Construction**, choisis **Segment**.

Tu peux construire un polygone comportant n'importe quel nombre de côtés.

Pour construire un quadrilatère :
- Trace quatre points.
- Désélectionne ces points.
- Sélectionne ces points dans le sens des aiguilles d'une montre ou dans le sens inverse.
- Dans le menu **Construction**, choisis **Segment**.

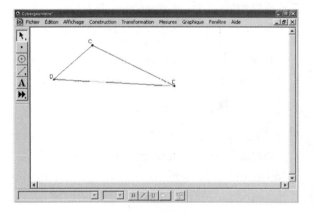

Construire un cercle

- Sélectionne l'**Outil compas**.
- Déplace le curseur vers le point où tu souhaites placer le centre du cercle.
- Clique sur le bouton gauche de la souris et maintiens-le enfoncé. Fais glisser le curseur de la largeur du rayon souhaité.
- Lâche le bouton de la souris.

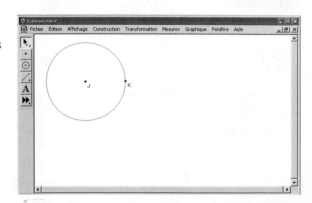

Construire des droites parallèles et des droites perpendiculaires

Pour construire une droite parallèle à $\overline{LM}$ passant par le point N :

- Sélectionne le segment LM (mais pas ses extrémités) et le point N.
- Dans le menu **Construction**, choisis **Droite parallèle**.

Pour construire une droite perpendiculaire à $\overline{LM}$ passant par le point N :

- Sélectionne le segment LM (mais pas ses extrémités) et le point N.
- Dans le menu **Construction**, choisis **Droite perpendiculaire**.

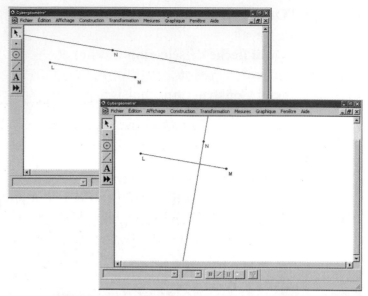

Construire des demi-droites

Pour construire une demi-droite OP :

- Sélectionne un point O puis un point P.
- Dans le menu **Construction**, choisis **Demi-droite**.

  OU

- Clique sur l'**Outil segment** dans la barre d'outils de gauche et maintiens-le enfoncé jusqu'à ce qu'un menu s'affiche. Choisis l'option demi-droite.
- Sélectionne le point O puis le point P.

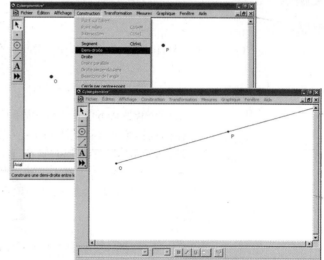

Construire des points milieux

Pour construire le point milieu du segment PQ :

- Sélectionne le segment PQ (mais pas ses extrémités).
- Dans le menu **Construction**, choisis **Point milieu**.

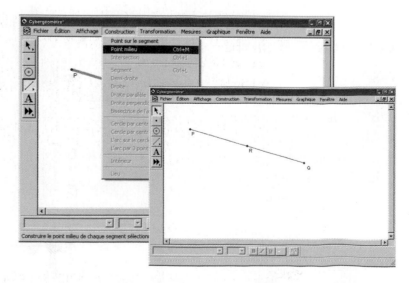

Utiliser le menu Mesures

Pour mesurer la distance entre deux points :
- Assure-toi que rien n'est sélectionné.
- Sélectionne les deux points.
- Dans le menu **Mesures**, choisis **Distance**.

Le *Cybergéomètre*® affichera la distance entre les points dans les unités et selon la précision choisies dans **Préférences**, qui est une option du menu **Édition**.

Pour mesurer la longueur d'un segment :
- Assure-toi que rien n'est sélectionné.
- Sélectionne le segment (mais pas ses extrémités).
- Dans le menu **Mesures**, choisis **Longueur**.

Pour mesurer un angle :
- Assurc-toi que rien n'est sélectionné.
- Sélectionne les trois points qui définissent l'angle dans l'ordre Q, R et S. Le deuxième point sélectionné doit être le sommet de l'angle.
- Dans le menu **Mesures**, choisis **Angle**.

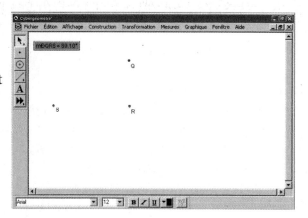

Pour calculer le rapport de deux longueurs :
- Sélectionne les deux longueurs à comparer.
- Dans le menu **Mesures**, choisis **Rapport**.

Construire et mesurer l'intérieur de polygones

Le *Cybergéomètre*® mesure le périmètre et l'aire d'un polygone. Cependant, tu dois d'abord construire l'intérieur du polygone.

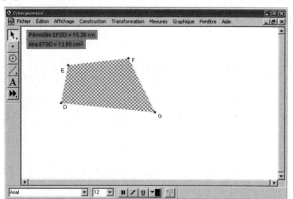

Pour construire l'intérieur de ce quadrilatère :
- Choisis les quatre points du quadrilatère dans le sens des aiguilles d'une montre ou dans le sens inverse.
- Dans le menu **Construction**, choisis **Intérieur du quadrilatère**. L'intérieur du quadrilatère deviendra hachuré.

Pour mesurer le périmètre :
- Sélectionne l'intérieur du polygone. Il deviendra hachuré.
- Dans le menu **Mesures**, choisis **Périmètre**.

Le *Cybergéomètre*® affichera le périmètre du polygone dans les unités et selon la précision choisies dans **Préférences**, qui est une option du menu **Édition**.

Pour mesurer l'aire :
- Sélectionne l'intérieur du polygone.
- Dans le menu **Mesures**, choisis **Aire**.

Agrandir et faire pivoter un objet

Pour agrandir ou réduire un objet :
- Sélectionne le point qui sera le centre de l'homothétie. Ensuite, dans le menu **Transformation**, choisis **Définir le centre**.
- Sélectionne le ou les objets à agrandir ou à réduire. Dans le menu **Transformation**, choisis **Homothétie**.
- Dans la boîte de dialogue **Homothétie**, saisis le facteur d'homothétie avec lequel tu souhaites agrandir ou réduire l'objet. Assure-toi que la case **rapport fixé** est cochée. Clique sur **Homothétie.**

Pour faire pivoter un objet :
- Sélectionne le point qui sera le centre de la rotation. Ensuite, dans le menu **Transformation**, choisis **Définir le centre**.
- Sélectionne le ou les objets à faire pivoter. Dans le menu **Transformation**, choisis **Rotation**.
- Dans la boîte de dialogue **Rotation**, saisis le nombre de degrés dont tu souhaites faire pivoter l'objet. Assure-toi que la case **angle fixé** est cochée. Clique sur **Rotation.**

Changer l'étiquette d'une mesure

- À l'aide du bouton droit de la souris, clique sur la mesure et choisis **Propriétés** dans le menu déroulant puis l'onglet **Étiquette**.
- Saisis le nom de la nouvelle étiquette.
- Clique sur **OK**.

Utiliser la calculatrice

Tu peux utiliser la calculatrice du *Cybergéomètre*® pour effectuer des calculs sur des mesures, des constantes, des fonctions ou d'autres opérations mathématiques.

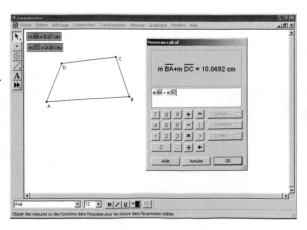

Pour additionner deux longueurs :
- Dans le menu **Mesures**, choisis **Calcul**.
- Dans l'espace de travail, clique sur la première mesure.
- Sur le clavier, clique sur **+**.
- Dans l'espace de travail, clique sur la deuxième mesure.
- Clique sur **OK**.

La somme des mesures s'affichera dans l'espace de travail.

OU

- Sélectionne les deux mesures. Choisis ensuite **Calcul** dans le menu **Mesures**. Cela placera les mesures dans la liste déroulante disponible en cliquant sur le bouton **Valeurs** de la calculatrice du *Cybergéomètre*®.
- Clique sur le bouton **Valeurs**. Sélectionne la première mesure.
- Clique sur **+**.
- Clique sur le bouton **Valeurs**. Clique sur la deuxième mesure.
- Clique sur **OK**.

Comprendre le système et les axes de coordonnées

Le plan cartésien par défaut a son origine au centre de ton écran et un point unitaire à (1, 0). Fais glisser l'origine pour déplacer le plan cartésien et fais glisser le point unitaire pour changer l'échelle.

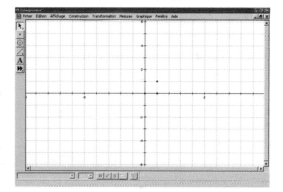

Créer des graphiques

Pour reporter des points dans un plan cartésien :
- Dans le menu **Graphique**, choisis **Repérer les points**.
- Assure-toi que l'option **rectangulaire (x, y)** est cochée.
- Saisis l'abscisse et l'ordonnée du point.
- Clique sur **Fini**. Un repère s'affichera ainsi que le point.

Tu peux ajouter d'autres points dans la boîte de dialogue **Repérer les points**. Saisis les coordonnées du ou des points suivants. Quand tous les points sont saisis, clique sur **Fini**.

Pour représenter graphiquement une équation :
- Dans le menu **Graphique**, sélectionne **Tracer une nouvelle fonction**. Une calculatrice intitulée **Nouvelle fonction** s'affichera.
- À l'aide de la calculatrice du *Cybergéomètre*®, saisis l'équation.
- Clique sur **OK**.

Pour tracer un tableau de valeurs :
- Sélectionne le tableau de valeurs.
- Dans le menu **Graphique**, sélectionne **Ajouter des données au tableau**.

Charger les outils personnalisés

Avant de pouvoir utiliser la fonction **Outil créé**, tu dois soit créer tes propres outils personnalisés, soit transférer les exemples d'outils avec le programme *Cybergéomètre®* dans le **Dossier d'outils.**

Pour transférer un exemple d'outil personnalisé :
- Ouvre l'**explorateur Windows**® et ouvre le dossier où tu as installé le *Cybergéomètre®*.
- Choisis **Échantillons**, puis **Outils créé**. Tu verras une liste d'outils personnalisés fournis avec le programme.
- Choisis l'ensemble d'outils que tu souhaites utiliser, puis choisis **Copier** dans le menu **Édition**.
- Retourne dans le dossier du *Cybergéomètre®*, puis choisis le **Dossier d'outils**. Choisis l'option **Coller** du menu **Édition**.
- Ouvre le *Cybergéomètre®*. Choisis la fonction **Outils créé**.

Tu verras l'ensemble d'outils personnalisés que tu as copié. Choisis l'un des ensembles d'outils, par exemple **Polygones**. Tu verras une liste des outils personalisés disponibles.

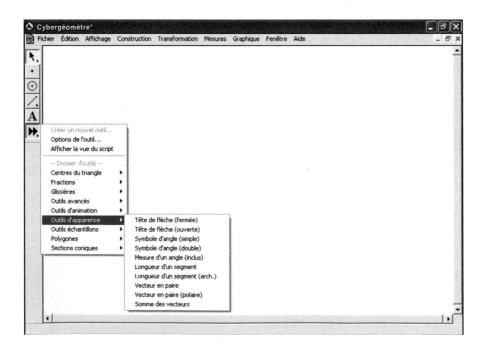

Notions de base des calculatrices TI-83 Plus et TI-84 Plus

Dans le cas spécifique des calculatrices TI-83 Plus, les touches sont colorées pour t'aider à situer les diverses fonctions.

- Les touches grises comprennent les touches des nombres, le point décimal et le signe négatif. Quand tu saisis des valeurs négatives, utilise la touche [(−)] grise et non la touche [−] bleue.
- Les touches bleues sur la droite sont les opérations mathématiques.
- Les touches bleues dans le haut sont utilisées pour les graphiques.
- La fonction principale de chaque touche apparaît en blanc.
- La fonction secondaire de chaque touche est indiquée en jaune et elle est activée en appuyant sur la touche jaune [2nd] Par exemple, pour trouver la racine carrée d'un nombre, appuie sur [2nd] [x^2] pour [$\sqrt{\ }$].
- La fonction alpha de chaque touche est indiquée en vert et elle est activée en appuyant sur la touche verte [ALPHA].

Représenter graphiquement des relations et des équations

- Appuie sur [Y=]. Saisis l'équation.
- Pour afficher le graphique, appuie sur [GRAPH].

Par exemple, saisis $y = \dfrac{3}{5}x - 2$ en appuyant sur

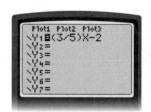 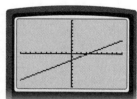

[Y=] [( ] 3 [÷] 5 [ )] [X,T,θ,n] [−] 2.

Ensuite, appuie sur [GRAPH].

Définir les variables d'affichage

La touche [WINDOW] définit l'apparence de la représentation graphique. Les paramètres d'affichage standards (par défaut) sont indiqués. Pour changer les paramètres d'affichage :

- Appuie sur [WINDOW]. Saisis les paramètres d'affichage souhaités.

Dans l'exemple donné :
- la valeur minimale de x est −47 ;
- la valeur maximale de x est 47 ;
- l'échelle de l'axe des x est 10 ;
- la valeur minimale de y est −31 ;
- la valeur maximale de y est 31 ;
- l'échelle de l'axe des y est 10 ;
- la résolution est 1, les équations s'afficheront donc à chaque pixel horizontal.

Créer un tableau de valeurs

Les paramètres standards (par défaut) des tableaux sont indiqués. Cette fonction permet de spécifier les valeurs de x du tableau.

Pour changer les paramètres de configuration des tableaux :

- Appuie sur [2nd] [WINDOW]. Saisis les valeurs souhaitées.

Dans l'exemple donné :
- la valeur de départ de x du tableau est -5 ;
- la variation des valeurs de x est $0,5$;
- appuie sur [2nd] [GRAPH].

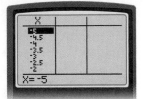

Les valeurs du tableau s'afficheront comme ci-contre.

Configurer l'affichage

Le type d'affichage de l'écran graphique standard (par défaut) est « Plein écran ».
L'écran graphique standard (par défaut) est présenté ci-contre.

Pour passer à un affichage Graphique-Tableau (G-T) :
- Appuie sur [MODE] [▼] [▼] [▼] [▼] [▼] [▼] [▼] [▶] [▶] [ENTER].
- Appuie sur [GRAPH].

L'écran sera séparé verticalement comme ci-contre.

Parcourir un graphique

- Saisis une fonction en utilisant [Y=].
- Appuie sur [TRACE].
- Appuie sur [◄] et [►] pour parcourir le graphique.

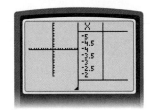

Les valeurs de x et de y s'affichent dans le bas de l'écran.

Si tu as plusieurs graphiques, utilise les touches [▲] et [▼] pour te déplacer d'un graphique à un autre.

Il pourrait être préférable de fermer la fonction STAT PLOTS avant de parcourir une fonction :
- Appuie sur [2nd] [Y=] pour [STAT PLOT]. Sélectionne **4:PlotsOff**.
- Appuie sur [ENTER].

Utiliser la fonction de zoom

La touche **ZOOM** sert à changer la fenêtre de visualisation.

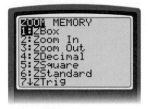

Pour agrandir une partie du graphique :
- Appuie sur [ZOOM]. Sélectionne **1:Zbox**. L'écran graphique s'affichera et le curseur clignotera.
- Si le curseur n'apparaît pas, utilise les touches [▶], [◀], [▲] et [▼] pour déplacer le curseur jusqu'à ce qu'il soit visible.
- Déplace le curseur vers le bord de la partie à agrandir. Appuie sur [ENTER] pour marquer ce point comme extrémité.
- Appuie sur les touches [▶], [◀], [▲] et [▼] pour déplacer les bords de la zone afin d'encadrer la partie à agrandir.
- Appuie sur [ENTER] quand tu as fini. La partie sélectionnée sera agrandie.

Pour agrandir une zone sans définir de cadre :
- Appuie sur [ZOOM] et choisis **2:Zoom In**.

Pour afficher une plus grande partie du graphique :
- Appuie sur [ZOOM] et choisis **3:Zoom Out**.

Pour afficher la fenêtre d'affichage avec l'origine au centre et les axes des *x* et des *y* avec des intervalles réguliers :
- Appuie sur [ZOOM] et choisis **4:ZDecimal**.

Pour réinitialiser l'échelle des axes sur ta calculatrice :
- Appuie sur [ZOOM] et choisis **6:ZStandard**.

Pour afficher tous les points d'un STAT PLOT :
- Appuie sur [ZOOM] et choisis **9:ZoomStat**.

Définir le format

Pour définir les paramètres d'affichage d'un graphique :
- Appuie sur [2nd] [ZOOM] pour [FORMAT] afin d'afficher les options disponibles.

Les **paramètres par défaut** indiqués ci-contre sont tous activés.

Pour utiliser la fonction **Grid Off/Grid On** (quadrillage désactivé/quadrillage activé) :
- Sélectionne [FORMAT] en appuyant sur [2nd] [ZOOM]. Déplace le curseur vers le bas et vers la droite jusqu'à **GridOn**.
- Appuie sur [ENTER].
- Appuie sur [2nd] [ZOOM] pour [QUIT].

Travailler avec des fractions

Pour afficher un nombre décimal sous la forme d'une fraction :
- Saisis le nombre décimal.
- Appuie sur [MATH], puis choisis **1:▸Frac**. Appuie ensuite sur [ENTER].

Le nombre décimal s'affichera sous la forme d'une fraction.

Pour saisir des fractions dans un calcul :
- Saisis les nombres en utilisant la touche de division [÷] pour créer des fractions.
- Si tu souhaites que le résultat s'affiche sous la forme d'une fraction, appuie sur [MATH], puis choisis **1:▸Frac**.
- Appuie ensuite sur [ENTER].

Par exemple, pour calculer $\frac{3}{4} - \frac{2}{3}$:
- Appuie sur 3 [÷] 4 [−] 2 [÷] 3.
- Ensuite, appuie sur [MATH], choisis **1:▸Frac**, puis appuie sur [ENTER].

Le résultat s'affichera sous la forme d'une fraction.

Pour effectuer des calculs comportant des nombres fractionnaires :
- Saisis les nombres fractionnaires à l'aide des touches [+] et [÷].
- Si tu souhaites que le résultat s'affiche sous la forme d'une fraction, appuie sur [MATH], choisis **1:▸Frac**, puis appuie sur [ENTER].

Par exemple, pour calculer $2\frac{3}{8} + 1\frac{3}{4}$:
- Appuie sur 2 [+] 3 [÷] 8 [+] 1 [+] 3 [÷] 4.
- Appuie ensuite sur [+], choisis **1:▸Frac**, puis appuie sur [ENTER].

Le résultat s'affichera sous la forme d'une fraction.

Saisir des données dans des listes

Pour saisir des données :
- Appuie sur [STAT]. Le curseur soulignera le menu **EDIT**.
- Appuie sur **1** ou [ENTER] pour sélectionner **1:Edit**.

Cela te permet de saisir de nouvelles données ou de modifier des données existantes dans des listes de **L1** à **L6**.

Par exemple, appuie sur [STAT], choisis **1:Edit**, puis saisis six résultats de test dans la liste **L1**.
- Déplace-toi dans l'écran d'édition à l'aide des touches du curseur.
- Confirme chaque saisie de donnée en appuyant sur [ENTER].
- Appuie sur [2nd] [MODE] pour [QUIT] afin de quitter l'éditeur de liste une fois toutes les données saisies.

Tu pourrais devoir effacer le contenu d'une liste avant de saisir d'autres données.

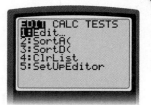

Par exemple, pour effacer le contenu de la liste **L1** :

- Appuie sur ⌈ STAT ⌉ et choisis **4:ClrList**.
- Appuie sur ⌈ 2nd ⌉ **1** pour [L1], puis sur ⌈ ENTER ⌉.

Pour effacer toutes les listes :

- Appuie sur ⌈ 2nd ⌉ ⌈ + ⌉ pour [MEM] et affiche le menu **MEMORY**.
- Sélectionne 4:ClrAllLists, puis appuie sur ⌈ ENTER ⌉.

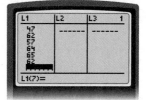

Créer un nuage de points

Pour créer un nuage de points :

- Saisis les deux ensembles de données dans les listes **L1** et **L2**.
- Appuie sur ⌈ 2nd ⌉ ⌈ Y= ⌉ pour [STAT PLOT].
- Appuie sur **1** ou ⌈ ENTER ⌉ pour sélectionner **1:Plot1**.
- Appuie sur ⌈ ENTER ⌉ pour sélectionner **On**.
- Déplace le curseur vers le bas et appuie sur ⌈ ENTER ⌉ pour sélectionner l'option graphique supérieure gauche, un nuage de points.
- Déplace le curseur vers le bas et appuie sur ⌈ 2nd ⌉ **1** pour [L1].
- Déplace le curseur vers le bas et appuie sur ⌈ 2nd ⌉ **2** pour [L2].
- Déplace le curseur vers le bas et choisis un style de point en appuyant sur ⌈ ENTER ⌉.
- Appuie sur ⌈ 2nd ⌉ ⌈ MODE ⌉ pour [QUIT] afin de quitter **STAT PLOTS** une fois les données saisies.

Pour afficher le nuage de points :

- Appuie sur ⌈ Y= ⌉ et utilise la touche ⌈ CLEAR ⌉ pour supprimer toute équation représentée graphiquement.
- Appuie sur ⌈ 2nd ⌉ ⌈ MODE ⌉ pour [QUIT] afin de quitter l'éditeur **Y=**.
- Appuie sur **ZOOM** et choisis **9:ZoomStat** pour afficher le nuage de points.

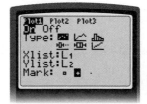
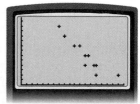

Tracer la droite la mieux ajustée

Tu peux ajouter la droite la mieux ajustée à un nuage de points grâce à la fonction **LinReg** :

- Le nuage de points affiché, appuie sur ⌈ STAT ⌉. Déplace le curseur pour afficher le menu **CALC**, puis choisis **4:LinReg(ax+b)**.
- Appuie sur ⌈ 2nd ⌉ **1** pour [L1], puis sur ⌈ , ⌉.
- Appuie sur ⌈ 2nd ⌉ **2** pour [L2], puis sur ⌈ , ⌉.
- Appuie ensuite sur ⌈ VARS ⌉, déplace le curseur pour afficher le menu **Y-VARS** et sélectionne **1:FUNCTION**, puis **1:Y1**.

- Appuie sur ⌈ ENTER ⌉ pour afficher l'écran **LinReg**, puis appuie sur ⌈ GRAPH ⌉.

L'équation de régression linéaire est enregistrée dans l'éditeur **Y=**. Si tu appuies sur ⌈ Y= ⌉, tu afficheras l'équation générée par la calculatrice.

Remarque : Si le mode diagnostic est activé, les valeurs de **r** et de **r²** s'afficheront dans l'écran **LinReg**. Pour désactiver le mode diagnostic :

- Appuie sur 2nd 0 pour [CATALOG].
- Fais défiler les options jusqu'à **DiagnosticOff**.
  Appuie sur ENTER pour sélectionner cette option.
- Appuie de nouveau sur ENTER pour désactiver le mode diagnostic.

Déterminer un point d'intersection

Au moins deux équations doivent figurer dans l'éditeur d'équations de la calculatrice.

- Appuie sur Y= .

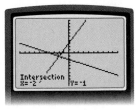

L'exemple montre deux équations du premier degré. L'affichage <u>doit</u> montrer un point d'intersection.

Dans l'exemple, un point d'intersection est affiché.

- Appuie sur GRAPH .

Remarque : Si aucun point d'intersection n'apparaît à l'écran, ajuste les paramètres d'affichage.
Pour déterminer un point d'intersection :

- Appuie sur 2nd TRACE 5 ENTER ENTER ENTER .

Un point d'intersection s'affichera au bas de l'écran.

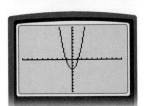

Déterminer un zéro ou une valeur maximale/minimale

Au moins une équation doit figurer dans l'éditeur d'équations.

- Appuie sur Y= .

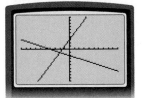

L'exemple montre une parabole.

Pour calculer un zéro (abscisse à l'origine), un maximum ou un minimum, l'un d'eux <u>doit</u> apparaître à l'écran.

- Appuie sur GRAPH .

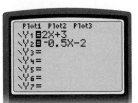

Remarque : Si ni un zéro (abscisse à l'origine), ni un maximum ou un minimum n'apparaît à l'écran, ajuste les paramètres d'affichage.

Pour déterminer un zéro :
- Appuie sur [2nd] [TRACE] 2.

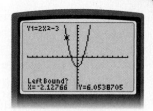

Déplace le curseur vers la gauche d'un zéro (abscisse à l'origine) en appuyant sur la touche gauche du curseur et en la maintenant enfoncée.
- Appuie sur [ENTER].

Déplace le curseur vers la droite d'un zéro (abscisse à l'origine) en appuyant sur la touche droite du curseur et en la maintenant enfoncée.
- Appuie sur [ENTER].

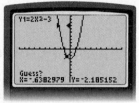

Pour trouver un zéro (abscisse à l'origine) en utilisant l'invité (*guess*) de la calculatrice :
- Appuie sur [ENTER].

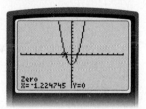

Un zéro (abscisse à l'origine) s'affichera dans le bas de l'écran.

Pour déterminer une valeur minimale :
- Appuie sur [2nd] [TRACE] 3.

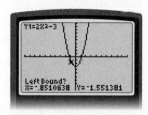

Déplace le curseur vers la gauche d'une valeur minimale en appuyant sur la touche gauche du curseur et en la maintenant enfoncée.
- Appuie sur [ENTER].

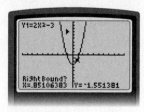

Déplace le curseur vers la droite d'une valeur minimale en appuyant sur la touche droite du curseur et en la maintenant enfoncée.
- Appuie sur [ENTER].

Pour que la calculatrice détermine une valeur minimale :
• Appuie sur ENTER.

Parfois, les valeurs de x ou de y ne sont pas exactes à cause de la méthode utilisée par la calculatrice pour déterminer les valeurs.
La valeur de x indiquée ici est $-1,938\text{E}-6$; c'est-à-dire le nombre $-1,938 \times 10^{-6}$ en notation scientifique. Déplacer la décimale de six rangs vers la gauche donne le nombre dans sa forme numérique (0,000 001 938). Dans ce cas, considère que la valeur de x de la valeur minimale est 0 plutôt que 0,000 001 938.

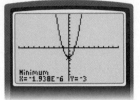

Pour déterminer une valeur maximale :
Appuie sur 2nd [TRACE] 4. Suis les mêmes étapes que pour déterminer une valeur minimale.

Utiliser le CBR® (Calculator Based Ranger)

Pour accéder au CBR^{MC} sur les calculatrices TI-83 Plus ou TI-84 Plus :
• Branche le CBR^{MC} à la calculatrice avec le câble calculatrice-CBR.

Vérifie si les deux extrémités du câble sont bien fixées.
• Appuie sur APPS. Sélectionne **2:CBL/CBR**.
• Quand l'écran CBL/CBR^{MC} s'affiche, appuie sur ENTER.
• Pour accéder aux programmes disponibles, sélectionne **3:Ranger**.
• Quand le menu Ranger s'affiche, appuie sur ENTER.

Pour enregistrer des données du CBR^{MC} :
• Dans le menu principal (MAIN), sélectionne **1:SETUP/SAMPLE**. Tous les paramètres, sauf le temps (TIME, S), peuvent être modifiés à l'aide des touches de curseur pour positionner le ▶ à côté de l'option actuelle et en appuyant sur ENTER pour faire défiler les options.

Si l'option en temps réel (REALTIME) est activée (YES), le temps de défilement est fixé à 15 s. Pour changer le paramètre de temps, tu dois d'abord définir l'option REALTIME à NO, comme le montre l'exemple ci-contre. Ensuite, déplace le curseur vers le bas jusqu'à TIME (S) et saisis la valeur souhaitée.

• Déplace le curseur vers le haut jusqu'à START NOW (lancer) dans le haut de l'écran, puis appuie sur ENTER.

Notions de base des calculatrices TI-89

Accéder à l'écran d'accueil

L'écran standard (par défaut) pour la TI-89 est présenté ci-contre.

Pour accéder à cet écran :
- Appuie sur HOME .

En appuyant sur la touche HOME , on ouvrira toujours l'écran d'accueil.

Effacer l'écran d'accueil

Pour effacer l'écran d'accueil :
- Appuie sur F1 8.

Effacer la ligne d'entrée de commandes

Pour effacer la ligne d'entrée de commandes :
- Appuie sur CLEAR .

Effacer une ligne d'information de l'écran d'accueil ou réutiliser une commande

Dans l'exemple, les lignes de données correspondent à chaque commande exécutée.

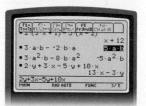

Pour accéder à une ligne de l'écran d'accueil :
- Appuie sur la touche fléchée vers le haut le nombre de fois nécessaire pour surligner la ligne.

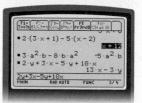

Pour supprimer une ligne de l'écran d'accueil :
- Appuie sur CLEAR . Remarque que la ligne précédente a été supprimée.

Pour réutiliser une ligne, surligne la ligne :
- Appuie sur la touche fléchée vers le haut le nombre de fois nécessaire pour surligner la ligne.

- Appuie sur $\boxed{\text{ENTER}}$ $\boxed{\text{ENTER}}$. Remarque que la première fois que tu appuies sur $\boxed{\text{ENTER}}$, l'information est insérée dans la ligne d'entrée de commandes.

La deuxième fois que tu appuies sur $\boxed{\text{ENTER}}$, la commande est exécutée.

Effacer des variables à un caractère

On peut assigner une valeur numérique à une lettre. Dans ce cas, la calculatrice rend une réponse numérique pour des expressions comportant cette lettre.

Dans l'exemple, la calculatrice a donné une valeur de 2 dans le développement de $x(x + 1)$ plutôt que la réponse algébrique, $x^2 + x$, car on avait assigné la valeur numérique 1 à x.

Pour effacer des variables à un caractère :

- Appuie sur $\boxed{\text{2nd}}$ $\boxed{\text{F1}}$ $\boxed{\text{ENTER}}$ $\boxed{\text{ENTER}}$.

Dans l'exemple, la calculatrice fournit la réponse algébrique.

Accéder à une liste de commandes

Pour accéder à une liste alphabétique de commandes :

- Appuie sur $\boxed{\text{CATALOG}}$.

Pour te déplacer vers une autre lettre de la liste de commandes :

- Appuie sur $\boxed{\text{ALPHA}}$ ainsi que sur la première lettre de la commande souhaitée. Fais défiler la liste vers le bas jusqu'à la commande souhaitée et appuie sur $\boxed{\text{ENTER}}$ pour l'insérer dans la ligne d'entrée de commandes.

Grouper des termes à une variable

Dans l'exemple, la calculatrice a simplifié $2x - 7x$.

Pour ce faire :

- Appuie sur 2 $\boxed{\text{X}}$ $\boxed{-}$ 7 $\boxed{\text{X}}$ $\boxed{\text{ENTER}}$.

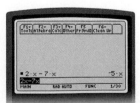

Dans l'exemple, la calculatrice a simplifié $3x - 4y + 7x + 8y$.

Pour ce faire :

- Appuie sur 3 $\boxed{\text{X}}$ $\boxed{-}$ 4 $\boxed{\text{Y}}$ $\boxed{+}$ 7 $\boxed{\text{X}}$ $\boxed{+}$ 8 $\boxed{\text{Y}}$ $\boxed{\text{ENTER}}$.

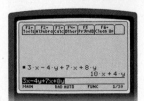

Grouper des termes à plusieurs variables

Quand deux variables se suivent, un signe de multiplication doit les séparer, sinon les calculatrices traitent les groupes de variables comme des éléments séparés. En d'autres mots, le terme xy ne sera pas traité de la même manière que le terme yx. Ils ne seront pas considérés comme des termes semblables à moins qu'un signe de multiplication les sépare.

Dans l'exemple, la calculatrice n'a pas ajouté les termes semblables xy et yx tant que les variables n'étaient pas séparées par un signe de multiplication.

Pour ce faire :
- Appuie sur [X] [Y] [+] [Y] [X] [ENTER].
- Appuie sur [CLEAR] [X] [×] [Y] [+] [Y] [×] [X] [ENTER].

Grouper des termes à plusieurs variables comportant des exposants

Dans l'exemple, la calculatrice groupera les termes semblables $2x^2y^2 - 5y^2x^2$ même si les variables ne sont pas séparées par un signe de multiplication, parce que les variables ne se suivent pas directement.

Pour ce faire :
- Appuie sur 2 [X] [^] 2 [Y] [^] 2 [−] 5 [Y] [^] 2 [X] [^] 2 [ENTER].

Dans l'exemple, la calculatrice n'a pas groupé les termes semblables $2xy^2 - 5y^2x$, car les variables x et y du premier terme se suivent.

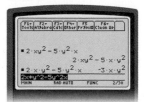

La réponse simplifiée ne sera correcte que si un signe de multiplication sépare les variables x et y dans le premier terme.

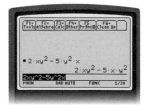

Développer des expressions

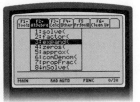

Pour développer une expression :

- Appuie sur ⬡F2⬡ 3.

Dans l'exemple, la calculatrice a développé $2(x + 3)$.

Pour ce faire :

- Appuie sur 2 ⬡(⬡ ⬡X⬡ ⬡+⬡ 3 ⬡)⬡ ⬡)⬡.
  Remarque que la dernière parenthèse est essentielle.

Dans l'exemple, la calculatrice a développé $2x(x + 3)$.

Pour ce faire :

- Appuie sur ⬡F2⬡ 3 2 ⬡X⬡ ⬡×⬡ ⬡(⬡ ⬡X⬡ ⬡+⬡ 3 ⬡)⬡ ⬡)⬡.

Remarque que le signe de multiplication est nécessaire dans le cas de la multiplication de variables.

Dans l'exemple, la calculatrice a développé $(x + 3)(2x - 1)$.

Pour ce faire :

- Appuie sur ⬡F2⬡ 3 ⬡(⬡ ⬡X⬡ ⬡+⬡ 3 ⬡)⬡
  ⬡(⬡ 2 ⬡X⬡ ⬡−⬡ 1 ⬡)⬡ ⬡)⬡.

Remarque qu'un signe de multiplication n'est pas nécessaire entre les parenthèses.

Factoriser des expressions

Dans l'exemple, la calculatrice a factorisé $x^2 + 6x$.

Pour ce faire :

- Appuie sur ⬡F2⬡ 2 ⬡X⬡ ⬡∧⬡ 2 ⬡+⬡ 6 ⬡X⬡ ⬡)⬡ ⬡ENTER⬡.

Dans l'exemple, la calculatrice a factorisé $x^2 + 2x - 8$.

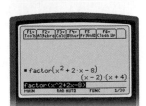

Pour ce faire :

- Appuie sur ⬡F2⬡ 2 ⬡X⬡ ⬡∧⬡ 2 ⬡+⬡ 2 ⬡X⬡ ⬡−⬡ 8 ⬡)⬡ ⬡ENTER⬡.

Travailler avec des fractions

Dans l'exemple, la calculatrice a additionné $\frac{1}{2} + \frac{7}{8}$.

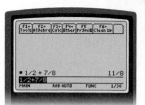

Pour ce faire :
- Appuie sur 1 $\boxed{\div}$ 2 $\boxed{+}$ 7 $\boxed{\div}$ 8 $\boxed{\text{ENTER}}$.

Dans l'exemple, la calculatrice a converti une fraction impropre en nombre fractionnaire.

Pour ce faire :
- Appuie sur $\boxed{\text{F2}}$ 7 11 $\boxed{\div}$ 8 $\boxed{)}$ $\boxed{\text{ENTER}}$.

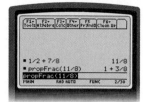

Dans l'exemple, la calculatrice a converti une fraction en nombre décimal.

Pour ce faire :
- Appuie sur $\boxed{\text{F2}}$ 5 11 $\boxed{\div}$ 8 $\boxed{)}$ $\boxed{\text{ENTER}}$.

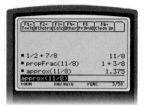

Arrondir des valeurs

Dans l'exemple, la calculatrice a arrondi le nombre au centième près.

Pour ce faire :
- Appuie sur $\boxed{\text{2nd}}$ 5 $\boxed{\blacktriangleright}$ 3 11 $\boxed{\div}$ 8 $\boxed{,}$ 2 $\boxed{)}$ $\boxed{\text{ENTER}}$.
- Appuie sur $\boxed{\text{2nd}}$ 5 $\boxed{\blacktriangleright}$ 3 1.375 $\boxed{,}$ 2 $\boxed{)}$ $\boxed{\text{ENTER}}$.

Remarque que le 2 indique le nombre de décimales.

Déterminer un dénominateur commun

Dans l'exemple, la calculatrice a déterminé le dénominateur commun de $\frac{3}{8} + 1\frac{1}{6} - \frac{1}{5}$ à l'aide de la fonction du plus petit multiple commun (PPMC). Cette commande peut uniquement déterminer le plus petit multiple commun pour deux nombres à la fois. Divise la procédure en deux étapes. Détermine le PPMC de la première paire. Ensuite, détermine le PPMC de la réponse et de la dernière valeur.

Pour ce faire :
- Appuie sur $\boxed{\text{2nd}}$ 5 $\boxed{\blacktriangleright}$ $\boxed{\text{ALPHA}}$ $\boxed{(}$ 8 $\boxed{,}$ 6 $\boxed{)}$ $\boxed{\text{ENTER}}$.
- Appuie sur $\boxed{\blacktriangleright}$ $\boxed{\blacktriangleleft}$ $\boxed{\blacktriangleleft}$ $\boxed{\blacktriangleleft}$ $\boxed{\blacktriangleleft}$ 24 $\boxed{,}$ 5 $\boxed{)}$ $\boxed{\text{ENTER}}$.

Pour réaliser cette commande, on utilise la touche fléchée droite pour déplacer le curseur vers la droite de la ligne d'entrée de commandes, puis la touche d'espace pour supprimer le texte de la première parenthèse.

Réponses

Remarque : Les réponses aux questions des sections Explore, Parle des concepts, Vérification des connaissances, Problème du chapitre, Projet ainsi qu'à certaines questions technologiques sont fournies dans le guide d'enseignement.

CHAPITRE 1

Les systèmes de mesures et les triangles semblables, pages 2 à 41

Prépare-toi, pages 4 et 5

1. a) $\frac{5}{32}, \frac{3}{8}, \frac{1}{2}, \frac{3}{4}$ **b)** $\frac{1}{4}, \frac{5}{16}, \frac{11}{32}, \frac{7}{5}, 1\frac{1}{2}$ **c)** $\frac{5}{64}, \frac{3}{8}, \frac{9}{16}$

2. a) $\frac{9}{16}$ **b)** $\frac{53}{64}$ **c)** $-\frac{1}{16}$

   d) $\frac{3}{8}$ **e)** $\frac{3}{32}$ **f)** $8\frac{3}{4}$

   g) $\frac{3}{8}$ **h)** 52   **i)** $1\frac{7}{8}$

   j) $\frac{3}{8}$

3. a) 3 : 1   **b)** 4 : 1   **c)** 2 : 3 : 6

4. a) $x = \frac{3}{5}$ **b)** $x = 15$ **c)** $p = 12$

   d) $s = 2,5$ **e)** $p = 9, q = 15$

5. a) $x = 100°, y = 80°$ **b)** $x = 159°$

   c) $x = 124°, y = 124°,$ **d)** $a = 122°, b = 58°$
     $z = 56°$

   e) $x = 41°$ **f)** $p = 48°$

1.1 Le système international d'unités (SI), pages 6–11

1. a) 63 mm   **b)** 84 mm   **c)** 67 mm

2. a) 4 500 ml   **b)** 1 890 ml

   c) 25 500 ml   **d)** 34 000 ml

3. a) 0,25 l   **b)** 0,34 l   **c)** 0,09 l

4. a) 5 200 m   **b)** 2,5 m   **c)** 4,5 m   **d)** 750 000 m

5. a) 32 000 g   **b)** 832 000 g

6. a) 3,5 kg   **b)** 0,000 125 kg

7. Dans certains cas, plusieurs réponses peuvent convenir.
   a) Livre : centimètres ; bureau : centimètres/mètres ; pelouse : mètres ; terrain d'atterrissage : mètres, kilomètres
   b) Dé à coudre : millilitres ; verre : millilitres ; piscine : litres ; océan : litres
   c) Papier : milligrammes/grammes ; livres : grammes/kilogrammes ; personne : kilogrammes ; auto : kilogrammes/tonnes

8. Oui. Ces 7 cuillères totalisent 105 ml. Un quart de litre représente 250 ml.

9. 2 m²

10. 20,25 kg

11. Oui. La consommation totale pour son déplacement représente 14 l d'essence.

12. 1 980 $

13. Le décalitre, l'hectolitre

14. Il doit louer un échafaudage, car il n'atteint que 4,3 m de hauteur.

15. a) 11,16 m²   **b)** 28,57 m²   **c)** 29,6 m²

16. 510,40 (carreaux) + 336 (maquette) + 960 (bois franc) = 1 806,40 $

17. a) 27,6 m²   **b)** Il faut environ 1,38 l d'apprêt.

1.2 La conversion des mesures, pages 12–18

1. a) 6 km   **b)** 24 l   **c)** 70,2 l   **d)** 30 ml
   e) 15 °C   **f)** 62,5 cm   **g)** 300 ml   **h)** 55 m

2. Environ 4,8 pouces

3. Orlando, parce que 87 °F correspond à 30,6 °C.

4. 365 km

5. a) Une approximation **b)** Une mesure exacte
   c) Une approximation **d)** Une approximation
   e) Une mesure exacte **f)** Une approximation/une mesure exacte

6. On doit planter uniquement des viornes à feuilles de pruniers sous les fils.

7. Environ 0,80 $

8. Oui ; 5/16 de po correspond 0,794 cm et 5 mm égalent 0,5 cm. Le boulon va donc entrer. Le trou est même peut-être un peu plus grand que nécessaire.

9. 1,35 kg de groseilles rouges, 750 ml de sucre, 265 ml d'eau et 15 ml de fécule de maïs

10. L'emmental est moins cher au kilogramme : il coûte 29,40 $. Le fromage Noyan, lui, coûte 41,25 $ le kilogramme.

11. 4 bouteilles par jour

12. a) de 41 °F à 140 °F   **b)** 65,56 °C

13. a) ≈ 24 l   **b)** Une capacité de plus de 7,1 l   **c)** 6 (ou 7 si l'on fait un calcul exact)

14. Environ 27 milles

15. Le bébé a une masse de 4,252 kg ; 2,5 ml/kg → 10,63 ml/4,252 kg. Il faut lui donner 10,65 ml du médicament. Non, la quantité de médicament administrée doit être précise.

16. Environ 18 km

1.3 Les triangles semblables, pages 19 à 29

1. a) $m\angle A = m\angle D, m\angle B = m\angle E, m\angle C = m\angle F$;
     $m\overline{AB} \sim m\overline{DE}, m\overline{AC} \sim m\overline{DF}, m\overline{BC} \sim m\overline{EF}$;
     $\dfrac{m\overline{AB}}{m\overline{DE}} = \dfrac{m\overline{AC}}{m\overline{DF}} = \dfrac{m\overline{BC}}{m\overline{EF}}$

b) m∠P = m∠U, m∠Q = m∠S, m∠R = m∠T;
m $\overline{PQ}$ ~ m $\overline{US}$, m $\overline{PR}$ ~ m $\overline{UT}$,
m $\overline{QR}$ ~ m $\overline{ST}$; $\dfrac{m\overline{PR}}{m\overline{UT}} = \dfrac{m\overline{PQ}}{m\overline{US}}, = \dfrac{m\overline{QR}}{m\overline{ST}}$

2. a) m∠Y = 88°, m∠D 45°, m∠F = 47°, m $\overline{EF}$ = 10, m $\overline{XY}$ = 4

   b) m∠C = 85°, m∠DBE = 32°, m∠D = 63°,
      $\overline{DB}$ = 16, $\overline{BE}$ = 13$\frac{1}{3}$ m

   c) m∠C = 55°, ∠P = 33°, m∠Q = 92°, m $\overline{AB}$ = 13,5
      m $\overline{PR}$ = 8,3

3. a) 19,5   **b)** 5

4. 7,4

5. 12,5

6. $b = 7,3, d = 2,5$

7. Les réponses varieront.

8. Oui, parce que $\dfrac{v}{p} = \dfrac{w}{q} = \dfrac{x}{r} = 1,4.$

9. m∠C = 40°, m∠P = 50°, m∠Q = 90°, m∠R = 40°,
   m $\overline{AC}$ = 6,4 cm, m $\overline{QR}$ = 15 cm

10. m $\overline{PQ}$ = 16,6 cm

11. a) 4,2 cm   **b)** Les réponses varieront.

12. Les réponses varieront.

13. La solution est dans le guide d'enseignement.

14. a) Oui, parce que $\dfrac{\overline{AB}}{\overline{DE}} = \dfrac{\overline{AC}}{\overline{DF}} = \dfrac{\overline{BC}}{\overline{EF}} = \dfrac{1}{2}.$

   b) La largueur de chaque côté du △ ABC est la moitié de la
      longueur du côté correspondant du △ DEF.

   c) 10 unités carrées, 10 unités carrées

   d) Aire (ABC) : Aire (DEF) = 1 : 4, et $\dfrac{1}{4} = \left(\dfrac{1}{2}\right)^2.$ Le rapport
      entre les aires de deux triangles semblables sera le carré
      du rapport entre les longueurs des côtés correspondants.

   e) La hauteur du △ ABC est égale à la moitié de la hauteur
      du △ DEF.

   f) Le rapport des longueurs des côtés correspondants est
      1:3. Le rapport des aires est de 1:9, c'est-à-dire le carré
      du rappport des longueurs.

15. 128 cm²

16. 4 : 9

1.4 Résoudre des problèmes à l'aide de triangles semblables, pages 30 à 37

1. Les réponses varieront : arbre, bâtiment, mât, largeur d'une
   rivière, Tour du CN.

2. Mesure l'ombre d'un objet et définis-en les proportions en
   utilisant la longueur de l'ombre projetée par un mètre rigide.

3. Les réponses varieront.

4. 7 m

5. 83,7 m

6. 10 m

7. Elle atteint au hauteur de 4,32 m sur le mur.

8.

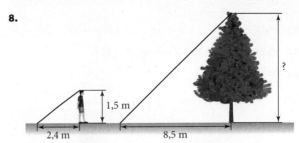

1,5 m

2,4 m   8,5 m   ?

5,3 m

9.

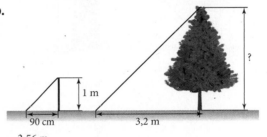

1 m

90 cm   3,2 m   ?

3,56 m

10. 43,3 m

11. 68,6 cm

12. 124,3 m

13. La solution est dans le guide d'enseignement.

14. 249,4 m

15. 10 cm

16. a) 40 000 km   **b)** Elle est la même.   **c)** 12 732,4 km

Révision du chapitre 1, pages 38 et 39

1. a) système impérial   **b)** rapport
   c) angles correspondants ; côtés correspondants
   d) grandeurs proportionnelles

2. a) Les côtés qui occupent la même position relative dans
     des triangles semblables
   b) Les angles qui occupent la même position relative dans
     des triangles semblables

3. a) 254 cm   **b)** 3,541 litres **c)** 0,85 kg

4. 44 m

5. 480 mg

6. a) 9,6 km   **b)** 24 l   **c)** 17,5 °C   **d)** 2,4 m

7. Un gallon pour 3,58 $ est le meilleur achat.

8. Environ 270 $ avant les taxes

9. 11 cuillères à soupe

10. a) m∠A = m∠D, m∠B = m∠E, m∠C = m∠F

  b) m $\overline{AB}$ ∼ m $\overline{DE}$, m $\overline{BC}$ ∼ m $\overline{EF}$, m $\overline{AC}$ ∼ m $\overline{DF}$

  c) $\dfrac{m\,\overline{AB}}{m\,\overline{DE}}, \dfrac{m\,\overline{AC}}{m\,\overline{DF}}, \dfrac{m\,\overline{BC}}{m\,\overline{EF}}$

  d) $\dfrac{m\,\overline{AB}}{m\,\overline{DE}} = \dfrac{m\,\overline{AC}}{m\,\overline{DF}} = \dfrac{m\,\overline{BC}}{m\,\overline{EF}}$

11. m∠C = 30° = m∠D, m $\overline{AB}$ = 24, m∠F = 35°, m $\overline{FD}$ = 29

12. △ZDE ∼ △ZXY, m $\overline{XY}$ = 16,53

13. 33,3 cm

14.

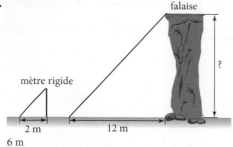

mètre rigide

2 m   12 m

6 m

falaise

?

15. 30 m

16. 8,6 m

Test modèle du chapitre 1, pages 40 et 41

1. 4 modèles

2. 1 lb

3. 144 po

4. Oui; $\dfrac{3}{8}$ po est égal à 9,5 mm.

5. Oui; 6,5 l pour 100 km égale environ 38 milles par gallon.

6. Oui; 1 l correspond à 4 tasses de lait, ce qui donne 1 200 mg de calcium.

7. a) m∠Q = m∠X, m∠R = m∠Y, m∠S = m∠Z

  b) m $\overline{QR}$ ∼ m $\overline{XY}$, m $\overline{QS}$ ∼ m $\overline{XZ}$, m $\overline{RS}$ ∼ m $\overline{YZ}$

  c) $\dfrac{m\,\overline{QR}}{m\,\overline{XY}}, \dfrac{m\,\overline{QS}}{m\,\overline{XZ}}, \dfrac{m\,\overline{RS}}{m\,\overline{YZ}}$

  d) $\dfrac{m\,\overline{QR}}{m\,\overline{XY}} = \dfrac{m\,\overline{QS}}{m\cdot\overline{XZ}} = \dfrac{m\,\overline{RS}}{m\,\overline{YZ}}$

8. m△AEB ∼ m△CED; m $\overline{AE}$ = 3,52 cm

9. m△BDE ∼ m△BAC; m $\overline{BA}$ = 17,5

10.

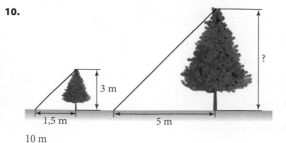

3 m

1,5 m   5 m

10 m

?

11.

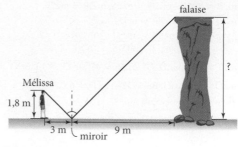

falaise

Mélissa

1,8 m

3 m   miroir   9 m

?

5,4 m

12. △ABC ∼ △DEC; m $\overline{AB}$ = 9,6 mm

13. La solution est dans le guide d'enseignement.

CHAPITRE 2

La trigonométrie du triangle rectangle, pages 42 à 95

Prépare-toi, pages 44 et 45

1. a) $x = 3$ **b)** $x = 2$ **c)** $x = 4$

  d) $x = 0,8$ **e)** $x = 6$ **f)** $x = 3$

  g) $x = 55$ **h)** $x = 8$ **i)** $x = 90$

  j) $x = 18$

2. a) $x = 3,6$ **b)** $x = 0,75$ **c)** $x = 0,937\,5$

  d) $x = 8$ **e)** $x = 132$ **f)** $x = 59,4$

  g) $x = 2,4$ **h)** $x = 11,25$ **i)** $x = 3,2$

3. a) 44°   **b)** 13°   **c)** 79°

  d) 58°   **e)** 78°   **f)** 90°

  g) 42°

4. a) 4,9   **b)** 2,3   **c)** 9,6

  d) 3,3   **e)** 5,4   **f)** 2,0

  g) 27,0

5. a) 2,346 1   **b)** 0,099 7   **c)** 3,462 3

  d) 0,856 3   **e)** 0,909 1   **f)** 3,756 4

  g) 31,605 8

6. a) 576   **b)** 3 136   **c)** 5 041

  d) 144   **e)** 1 444   **f)** 361

  g) 729

7. a) 5,2   **b)** 5,9   **c)** 13,7

  d) 16,9   **e)** 33,8   **f)** 7,9

  g) 23,3

8. a) 45   **b)** 50   **c)** 41

  d) 80   **e)** 19   **f)** 157

  g) 165

2.1 Le théorème de Pythagore, pages 46 à 53

1. m $\overline{AB}$ = 10,8; m $\overline{BC}$ = 5,8; m $\overline{CD}$ = 10,8; m $\overline{AD}$ = 12

2. a) 29,2 m   **b)** 11,7 cm   **c)** 12,6 cm   **d)** 42,5 m

3. a) 20 m   **b)** 8 m   **c)** 5 m   **d)** 36 m

4. a) 4,6 m   **b)** 5,1 m   **c)** 9,8 m

5. 174,0 m

6. a) 14,6 m   **b)** Les réponses varieront.

7. a) 16 po   **b)** 42,4 po

c) Les réponses varieront.

d) Elle peut penser que la mesure donnée est celle de la largeur de l'écran.

e) Les réponses varieront.

8. Non, parce que la diagonale de l'entrée mesure 234 cm et les cloisons sèches, 244 cm.

9. a) 44 cm   **b)** Les réponses varieront.

10. 127,3 pi

11. Non, parce que l'hypoténuse doit mesurer 1,50 m et non 1,58 m.

12. 27,3 cm

13. 1,2 m

14. a) 3,3 m   **b)** 3,0 m

15. 2,8 m

2.2 Les rapports et les proportions dans les triangles rectangles, pages 54 à 62

1. a)

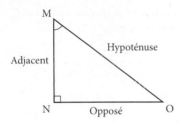

b)

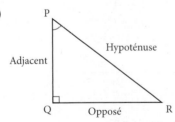

c)

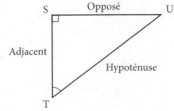

d)

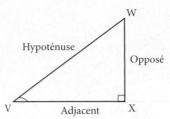

e)

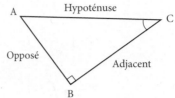

f)

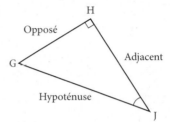

2. a)

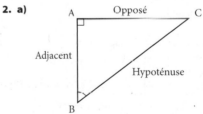

b)

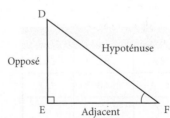

c)

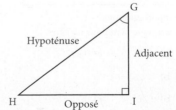

d)

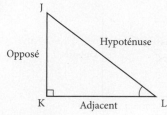

3. 5,8 : 10,4 ; 0,558

4. 12 : 13 ; 0,923

5. 24 : 29 ; 0,828

6. 12 : 17 ; 0,71

7. a) 2,0 : 3,4 ; 0,59   **b)** 2,8 : 3,1 ; 0,90

8. a) 0,53

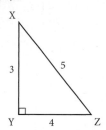

b) 3 : 5

9. Les réponses varieront.

10. a)
b)

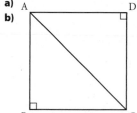

c)

	△ ABC	△ ACD
Opposé à ∠A	$\overline{BC}$	$\overline{DC}$
Adjacent à ∠A	$\overline{AB}$	$\overline{AD}$
Opposé à ∠C	$\overline{AB}$	$\overline{AD}$
Adjacent à ∠C	$\overline{BC}$	$\overline{DC}$

d) 3 : 3 = 1 ; le rapport est toujours 1.
e) Non, c'est vrai uniquement pour un carré.

11. a) 0,71   **b)** 0,77   **c)** 0,64

12. a) 24,0   **b)** 17 : 17 = 1

13. a) m$\overline{XZ}$ = 1,4 **b)** 0,71   **c)** 0,71

2.3 Le sinus et le cosinus, pages 63 à 73

1. a) 0,669 1   **b)** 0,544 6   **c)** 0,945 5
d) 0,999 4   **e)** 0,275 6   **f)** 0,788 0
g) 0,707 1   **h)** 0,743 1

2. a) 38°   **b)** 66°   **c)** 8°
d) 51°   **e)** 67°   **f)** 17°
g) 55°   **h)** 44°

3. a) 25,6 cm   **b)** x = 8 cm

4. 3,4 cm

5. 19,3 cm

6. 51°

7. 7,3 cm

8. 57°

9. 2,4 m

10. Oui, parce que l'échelle atteint une hauteur de 9,4 m.

11. 1,5 m

12. 0,85 m

13. Si le triangle ABC a un angle droit en B, alors C
sin A = cos et cos A = sin C.

14. 8 008,5 m

15. La solution est dans le guide d'enseignement.

16. a) 8,1 cm   **b)** 63°   **c)** 15,9 cm

17. a) 4,2 cm
b)

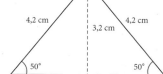

18. 41°

2.4 La tangente, pages 74 à 82

1. a) 0,531 7   **b)** 0,726 5   **c)** 1   **d)** 3,077 7

2. a) 19°   **b)** 66°   **c)** 88°   **d)** 57°

3. 57,6 m

4. 51 m

5. 43 cm

6. 18 cm

7. 11 m

8. a) SOH signifie que le sinus est opposé à l'hypoténuse ;
CAH signifie que le cosinus est adjacent à l'hypoténuse ;
TOA signifie que la tangente est opposée au côté adjacent.

b) Les réponses varieront.

9. Oui, parce que le navire est à 2 282 m, soit 2,282 km, du pied de la falaise.

10. 211 cm, qui est une mesure apparemment petite pour une maison.

11. 2°

12. 7,2 m

13. 32°

14. La solution est dans le guide d'enseignement.

15. 40°

16. a) 132°   **b)** 5,9 m

2.5 Résoudre des problèmes portant sur des triangles rectangles, pages 83 à 87

1. 10,2 m

2. 85,9 m

3. 4,9 m

4. 687 m

5. 49 m

6. 72°

7. 101 m

8. 11 m

9. 13 m

10. 4,2 m

11. Le plus petit a une hauteur de 10,1 m et le plus grand a une hauteur de 26,8 m.

12. 4,9 m

13. 12,8°

Révision du chapitre 2, pages 88 et 89

1. Le théorème de Pythagore

2. sinus

3. cosinus

4. tangente

5. 19,9 m

6. 156,6 cm

7. 206,3 m

8. a) 2,1 : 1,2
b) 2,1 : 1,2
c) Les rapports sont les mêmes.

9. 42°

10. 57,4 km

11. 10,5 m

12. 16,1 cm

13. 16°

14. 17,9 m

15. 2,1 m

16. 8,4 m

17. a) 20 m   **b)** 6,7 m

Test modèle du chapitre 2, pages 90 et 91

1. $a^2 + b^2 = c^2$, où a et b sont les longueurs des cathètes et c est la longueur de l'hypoténuse.

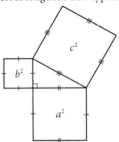

2. a)

A

Hypoténuse
8,7 cm

Adjacent
5,2 cm

Opposé 7,0 cm

B   C

b) $\sin A = \dfrac{m\overline{BC}}{m\overline{AC}} = 0{,}8046$

3. a)

M

Hypoténuse
12,6 cm

Adjacent
9,6 cm

N   Opposé 8,1 cm   P

b) $\cos M = \dfrac{m\overline{MN}}{m\overline{MP}} = 0{,}7619$

4. a)

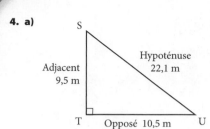

b) $\tan S = \dfrac{m\overline{TU}}{m\overline{ST}} = 1{,}1053$

5. 6,2 cm

6. 11,3 cm

7. a) 7,3 cm **b)** 5,4 cm

8. a) 12,2 cm **b)** 10,0 cm

9. a) 85° **b)** 54,8 m

10. 2,3 m

Révision des chapitres 1 et 2, pages 94 et 95

Chapitre 1, page 94

1. a) 21,6 m² **b)** 529 cm²
  c) 409 **d)** 18
  e) 2 088 $

2. 4h30 min

3. 4,90 $/kg

4. a) $m\overline{AC} = 60$ cm ; $m\overline{EF} = 50{,}4$ cm ;
  $m\angle C = 31°$; $m\angle E = 117°$; $m\angle D = 32°$

  b) $m\overline{GH} = 11{,}4$ po ; $m\overline{JI} = 5{,}5$ po
  $m\angle G = 67°$; $m\angle JIK = 42°$; $m\angle K = 67°$

5. 34,6 m

6. 37,5 cm

7. 25 m

Chapitre 2, page 95

8. a) 15 cm **b)** 15,5 cm

9. a) 2 m **b)** 4,4 m

10. a) $\sin A = \dfrac{8}{17}$; $\cos A = \dfrac{15}{17}$; $\tan A = \dfrac{8}{15}$;

  b) $\sin E = \dfrac{4}{5}$; $\cos E = \dfrac{3}{5}$; $\tan E = \dfrac{4}{3}$;

11. 3,6 m

12. 90 m

13. 5,7 m

14. 53,2 m

CHAPITRE 3
Les fonctions affines, pages 96 à 153

Prépare-toi, pages 98 et 99

1. a) 3 **b)** 5 **c)** 3 **d)** 4
  e) 3 **f)** 1 **g)** 7 **h)** 12

2. a) $\dfrac{4}{3}$ **b)** $\dfrac{2}{5}$ **c)** $\dfrac{1}{6}$
  d) $\dfrac{1}{4}$ **e)** $\dfrac{1}{3}$ **f)** $\dfrac{8}{15}$

3.

	Fraction	Nombre decimal
a)	$\dfrac{1}{2}$	0,500
b)	$\dfrac{3}{5}$	0,600
c)	$\dfrac{3}{8}$	0,375
d)	$\dfrac{1}{4}$	0,250
e)	$\dfrac{1}{20}$	0,050
f)	$\dfrac{5}{8}$	0,625

4. a) 13 **b)** −2 **c)** −4
  d) −12 **e)** 4 **f)** 13

5. a) $-\dfrac{1}{2}$ **b)** −3 **c)** 3
  d) 2 **e)** $-\dfrac{1}{2}$ **f)** $-\dfrac{3}{11}$

6. A(4, 7), B(−3, 2), C(0, −5), D(−4, −1),
  E(−8, 5,5), F(6,5, 0)

7. a) −2 **b)** 4 **c)** −6
  d) −14 **e)** 14 **f)** 4

8. a) −9 **b)** 13 **c)** −3
  d) 6,5 **e)** −46 **f)** 0

3.1 La pente comme taux de variation, pages 100 à 111

1. a) déplacement vertical = 5,
  déplacement horizontal = 5, pente = 1
  b) déplacement vertical = 10,
  déplacement horizontal = 5, pente = 2
  c) déplacement vertical = 15,
  déplacement horizontal = 10, pente = 1,5
  d) déplacement vertical = 6,
  déplacement horizontal = 12, pente = 0,5

2. a)

x	y	Taux de variation
0	5	
1	7	2
2	9	2
3	11	2
4	13	2

b)

x	y	Taux de variation
0	3	
1	4	1
2	5	1
3	6	1
4	7	1

c)

x	y	Taux de variation
0	−2	
1	2	4
2	6	4
3	10	4
4	14	4

3. a)

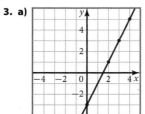

b)

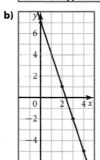

c)

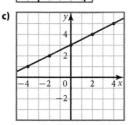

4. a) 2   **b)** −3   **c)** $\frac{1}{2}$

5.

Heures	Prix	Taux de variation
1	2,50 $	
2	5,00 $	2,50 $
3	7,50 $	2,50 $
4	10,00 $	2,50 $
5	12,50 $	2,50 $

6. a)

x	y
0	−2
1	−1
2	0
3	1
4	2

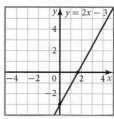

b)

x	y
0	−3
1	−1
2	1
3	3
4	5

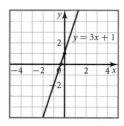

c)

x	y
0	1
1	4
2	7
3	10
4	13

7. $\overline{AB}$: déplacement vertical = 6, déplacement horizontal = 3, pente = 2
$\overline{CD}$: déplacement vertical = −4, déplacement horizontal = 8, pente = −0,5
$\overline{EF}$: déplacement vertical = 5, déplacement horizontal = 5, pente = 1
$\overline{GH}$: déplacement vertical = 12, déplacement horizontal = 3, pente = 4

8. a) 1,50 $ le panier   **b)**

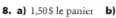

c) 1,5
d) La pente est le prix en dollars qu'Albert gagne pour chaque panier de pêches ramassées.

9. a)

Temps (min)	Espace utilisé (Mb)	Taux de variation
1	1,4	
2	2,8	1,4
3	4,2	1,4
4	5,6	1,4
5	7,0	1,4
6	8,4	1,4
7	9,8	1,4
8	11,2	1,4
9	12,6	1,4
10	14,0	1,4

b)

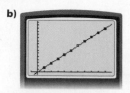

c) 1,4

10. Déplacement vertical = 1 ; déplacement horizontal = 10 ;
pente = $\frac{1}{10}$ = 0,1

11. a)

Distance parcourue (km)	0	100	200	300	400
Gains ($)	0	45	90	135	180

b)

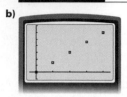

c) $y = 0,45x$; L'équation de la droite représente les gains de Michel pour toute distance parcourue. La variable x est exprimée en kilomètres et y en dollars.

12. a)

x	y	Taux de variation
0	−3,0	
1	−2,5	0,5
2	−2,0	0,5
3	−1,5	0,5
4	−1,0	0,5

b)

x	y	Taux de variation
0	−5	
1	−8	−3
2	−11	−3
3	−14	−3
4	−17	−3

c)

x	y	Taux de variation
0	0	
1	−0,5	−0,5
2	−1,0	−0,5
3	−1,5	−0,5
4	−2,0	−0,5

13. a)

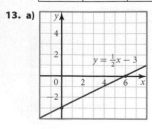

b)

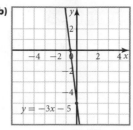

$y = -3x - 5$

c)

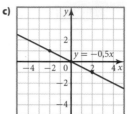

$y = -0,5x$

14. a) 0,5 **b)** −3 **c)** −0,5

16. a)

Date	Solde	Taux de variation
1er janvier	67,00 $	
1er février	62,50 $	−4,50 $
1er mars	58,00 $	−4,50 $
1er avril	53,50 $	−4,50 $
1er mai	49,00 $	−4,50 $
1er juin	44,50 $	−4,50 $
1er juillet	40,00 $	−4,50 $

b)

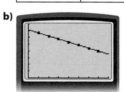

c) pente = −4,5 **d)** $y = -4,5x + 67$

3.2 Étude technologique de la pente et de l'ordonnée à l'origine, pages 112 à 118

1. a) 3 **b)** $-\frac{1}{4}$ **c)** 0,25 **d)** 2

2. a) 4 **b)** $\frac{3}{4}$ **c)** 0 **d)** 1,45

3. a)

b)

c)

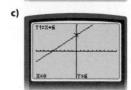

d)

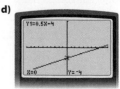

4. a) $y = 3x + 7$ **b)** $y = x - 1$ **c)** $y = \frac{3}{4}x + \frac{1}{2}$

d) $y = -4x$ **e)** $y = 4$

5. a)

b)

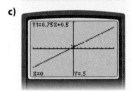

c)

d)

e)

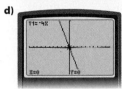

6. a) $y = 2x + 1$ **b)** $y = -x + 2$

c) $y = 3x - 4$ **d)** $y - 1,5x$

7. a) 125

b) La pente représente la somme économisée chaque mois.

c) 1 000

d) L'ordonnée à l'origine représente la somme initiale mise de côté par Marina.

e) $y = 125x + 1 000$

8. a) 1 500 ; il s'agit de la distance entre son domicile et l'endroit d'où il part.

b) −90 ; il s'agit du nombre de kilomètres déduits de la distance qui le sépare de chez lui par heure.

c) 960 km

9. a) Il s'agit du prix fixe de location de l'automobile.

b) L'ordonnée à l'origine resterait la même, mais la pente serait plus abrupte.

10. a) Sur un écran normal, Ymax = 10, mais l'ordonnée à l'origine est 19,99 et la droite a une pente positive.
Ainsi, la droite se trouverait au-dessus de l'affichage normal.

b) Il faut remplacer Ymax par un nombre supérieur à 10.

3.3 Les propriétés des pentes de droites, pages 119 à 129

1. $\overline{PQ}$ a une pente positive et $\overline{QR}$ a une pente négative. Les côtés de la porte et les murs de garage ont une pente non définie.

2. a) positive   **b)** négative   **c)** négative   **d)** zéro
e) positive   **f)** négative   **g)** zéro   **h)** positive

3. a) droite B   **b)** droite D   **c)** droite A
d) droite E   **e)** droite C

4. a) à d) Les réponses varieront.

5. a) à d) Les réponses varieront.

6. a) Non, les pentes sont différentes.
b) Oui, les pentes sont égales.
c) Oui, les pentes sont égales.
d) Oui, les pentes sont égalcs.
e) Oui, les pentes sont égales.
f) Oui, les pentes sont égales.
g) Non, les pentes sont différentes.
h) Non, les pentes sont différentes.

7. a) à d) Les réponses varieront.

8. a) Oui, le taux de variation est 2.
b) Oui, le taux de variation est −3.
c) Non, aucune des relations n'est affine.
d) Oui, le taux de variation est 2.

9. a) $\overline{AE}$, $\overline{CD}$, $\overline{FI}$ et $\overline{GH}$ sont parallèles. $\overline{ED}$, $\overline{FG}$ et $\overline{HI}$ sont parallèles.

b) $\frac{4}{5}$ **c)** $-\frac{4}{5}$ **d)** 0

e) pente non définie

10. a) $5m$

b)

Déplacement horizontal (m)	Déplacement vertical (m)
0	0
1 000	50
2 000	100
3 000	150
4 000	200
5 000	250

c)

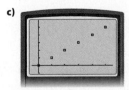

d) 0,05

e)

11. a)

x (semaines)	y (montant dû, $)
0	1 000
1	950
2	900
3	850
4	800
5	750
6	700
7	650
8	600

b)

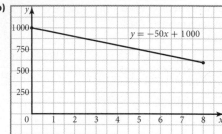

c) 1 000

d) −50

e) La pente est négative parce que la somme due diminue en fonction du temps.

f) $y = -50x + 1\,000$

12. a) 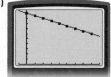 **b)**

13. a) 90° ; perpendiculaire

b) I) $2, -\dfrac{1}{2}$ II) $4, -\dfrac{1}{4}$ III) $\dfrac{3}{4}, -\dfrac{4}{3}$ IV) $\dfrac{2}{3}, -\dfrac{3}{2}$. Les pentes sont opposées et inverses.

c) Chaque paire de pentes a un produit de −1.

14. Les réponses varieront. **a)** $y = -\dfrac{1}{3}x + b$

b) $y = \dfrac{1}{2}x + b$

c) $y = \dfrac{5}{2}x + b$

15. $x = a$, où a est un réel. C'est l'abscisse à l'origine de la droite.

3.4 Déterminer l'équation d'une droite, pages 130 à 140

1. a) I) 2 II) $a = -\dfrac{1}{2}, b = 1$ III) $y = 2x + 1$

b) I) −1 II) $a = -3, b = -3$ III) $y = -x - 3$

c) I) $\dfrac{3}{4}$ II) $a = -\dfrac{16}{3}, b = 4$ III) $y = \dfrac{3}{4}x + 4$

d) I) $-\dfrac{5}{3}$ II) $a = -\dfrac{7}{5}, b = -\dfrac{7}{3}$ III) $y = -\dfrac{5}{3}x - \dfrac{7}{3}$

e) I) 0 II) $b = -5$ III) $y = -5$

f) I) non définie II) $a = -6$ III) $x = -6$

2. a) **b)**

c) 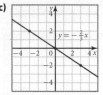 **d)**

3. a) −1 **b)** 11
c) 0,5 **d)** 5

4. a) $y = 40x + 50$ **b)** 9

5. a) $y = 2x - 4$ **b)** $y = x + 4$ **c)** $y = -3x + 5$
d) $y = -5$ **e)** $y = -2x + 3$ **f)** $y = 3x + 7$
g) $y = 0,5x + 5$ **h)** $y = -1,5x - 4,5$ **i)** $x = -4$

6. a) 2 **b)** 17 **c)** 95 **d)** −33

7. a) $y = 5x - 8$ **b)** $y = 1,5x + 5,5$ **c)** $y = -\dfrac{1}{2}x$
d) $y = 3x + 3$ **e)** $x = -2$ **f)** $y = -0,4x + 6$
g) $y = 4$ **h)** $y = -\dfrac{2}{3}x - 6$

8. a) $(1,5, 6,3)$

b)

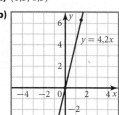

c) 4,2 ; 0

d) $y = 4,2x$

e) 8,4 km

9. a) $y = 55x + 65$ **b)** Il n'y a pas d'abcisse à l'origine, car le coût ne peut pas être négatif.

10. a) 3 **b)** 16 **c)** $y = 3x + 1$

11. a) 175 $ **b)** 24 $ **c)** $y = 25x + 24$

12. a) $y = 2x + 40$ **b)** 1 boulon : 2 g, boîte : 40 g

13. $G = 0,06v + 500$, où G représente les gains et v représente les ventes, tous deux en dollars.

14. a) 15 h 30 **b)** 2,5 km
c) A(0, 0) ; B(0,25, 2,5) ; C(7, 2,5) ; D(8,0)
d) $\overline{AB} : y = 10x$; BC : $y = 2,5$, CD : $y = -2,5x + 20$
e) 10 km/h ; 2,5 km/h

3.5 Représenter graphiquement à la main des fonctions affines, pages 141 à 149

1. a) pente : 3

ordonnée à l'origine : −4

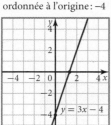

b) pente : 1

ordonnée à l'origine : 3

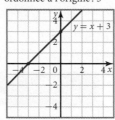

c) pente : −2

ordonnée à l'origine : 3

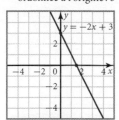

d) pente : −1

ordonnée à l'origine : 0,5

e) pente : 0

ordonnée à l'origine : 7

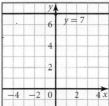

2. a)

b)

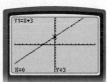

c)

d)

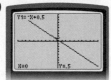

e)

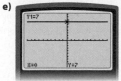

3. a)

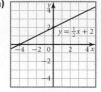

b)

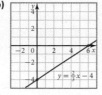

c)

 $y = -\frac{3}{4}x + 1$

d)

 $y = -1,25x$

4. a)

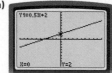

b)

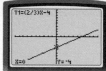

c)

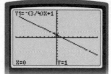

d)

5. a) $a = 2, b = 3$

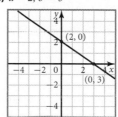

b) $a = -6, b = 10$

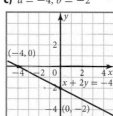

c) $a = -4, b = -2$

d) $a = 12, b = -4$

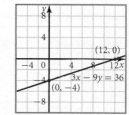

6.

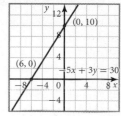

7. Côté gauche du toit : $m = \frac{2}{3}$, $b = 1$, $y = \frac{2}{3}x + 1$;

Côté droit du toit : $m = -\frac{2}{3}$, $b = 1$, $y = -\frac{2}{3}x + 1$

8. a)

b) 1 070 m

c) 4 s

d) $y = 10x + 1\,000$

9. a)

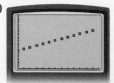

b) $y = 55x + 575$

10. a)

Enveloppes timbrées	Solde ($)
0	40,00
10	34,50
20	29,00
30	23,50
40	18,00
50	12,50

b) Négative. La droite descend de gauche à droite, car le solde diminue.

c) $-0,55$

d) 20,75 $

e) $y = -0,55x + 40$

f) 72 ; après 72 enveloppes, le solde sera seulement de 0,40 $. Cela signifie qu'aucune autre enveloppe ne pourra être timbrée avant que le solde ne soit augmenté.

11. La solution est dans le guide d'enseignement.

12. a) b)

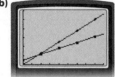

c) Coût : $y = 0,65x + 25$; recette : $y = 1,25x$

d) (41,67, 52,08)

e) C'est le seuil où la recette de l'école est égale aux dépenses et à partir de laquelle l'école commence à faire des profits.

Révision du chapitre 3, pages 150 et 151

1. a) L'abscisse du point où une droite ou une courbe coupe l'axe des x.

b) Coefficient : nombre que multiplie une variable

c) Déplacement horizontal : distance horizontale entre deux points d'une droite

d) Déplacement vertical : distance verticale entre deux points d'une droite

e) Équation représentative d'une fonction affine

f) Fonction affine : relation entre deux variables représentée graphiquement par une droite

g) Ordonnée à l'origine : ordonnée du point où une droite ou une courbe coupe l'axe des y

h) Pente : degré d'inclinaison d'une droite

i) Taux de variation : variation d'une variable par rapport à une autre variable.

2. a) Le taux de variation de y est 3.

b) Elles sont identiques.

c) 3

d) -2

e) $y = 3x - 2$

3. a)

Durée du stationnement (min)	Prix ($)
15	0,25
30	0,50
45	0,75
60	1,00
75	1,25
90	1,50
105	1,75
120	2,00

b)

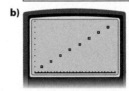

c) Le taux de variation de y est constant.

4. a) 2   **b)** -3 **c)** $\dfrac{1}{3}$

5. a)

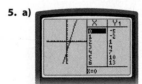   **b)**

c)    **d)**

6. a) a et d   **b)** b et c   **c)** $-5 ; 2 ; 7 ; -1,5$

d) Les réponses varient, mais elles doivent avoir la forme suivante : $y = 3x + b, y = -x + b, y = -0,25x + b$, où b est une ordonnée à l'origine différente de celle de la question 4.

e) Les réponses varient, mais elles doivent avoir la forme suivante : $y = -\dfrac{1}{3}x + b, y = x + b, y = 4x + b, y = -\dfrac{4}{3}x + b$, où b peut être n'importe quel nombre.

f) a, b, d, c

7. a) Oui, les taux de variation sont les mêmes et les ordonnées à l'origine sont différentes.

b) Non, les taux de variation sont différents et les ordonnées à l'origine sont différentes.

8. a) $y = 3x, y = 3x - 12$

b) $y = -3x + 10, y = 3x - 7$

9. a) $y = 4x - 3$ **b)** $y = -2,7x + 6,3$
c) $y = 2,5$ **d)** $y = 2,5x$

10. a) $y = 8$ **b)** $y = -3x + 11$
c) $y = -2,5x$ **d)** $y = \frac{3}{4}x + \frac{1}{2}$
e) $x = 500$

11. a) $y = -0,5x + 4,5$ **b)** $y = 1,5x - 2,5$
c) $y = 500$ **d)** $y = -2x - 1$

12. a) $6\,\$$

b)

Année	Valeur de l'obligation ($)
0	200
1	206
2	212
3	218
4	224
5	230

c)

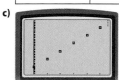

d) $y = 6x + 200$

13.

Test modèle du chapitre 3, pages 152 et 153

1. a) $m = 2$, $b - 5$ **b)** $m = -\frac{1}{2}$, $b = 3$ **c)** $m = 1$, $b = -7$
d) $m = -3$, $b = -2,5$ **e)** $m = 1,8$; $b = 32$ **f)** $m = 0$, $b = 6$

2. a) 2 **b)** 0 **c)** -3

3. a) $y = 3x + 1$ **b)** $y = -2x + 4$ **c)** $y = -9$

4. a)

b)

c)

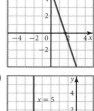

d)

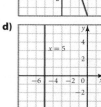

5. a)

Durée de la leçon	Prix total
0,5	45
1,0	85
1,5	125
2,0	165

b)

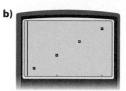

c) $P = 80d + 5$ **d)** $425\,\$$

6. a) $y = 2x + 1$ **b)** $y = -0,2x + 1,8$ **c)** $x = 2$

7. a) $y = -\frac{3}{4}x + 14$ **b)** $y = \frac{1}{5}x + \frac{19}{5}$

8. a) $y = 0,05x + 200$ **b)** 200; salaire de base
c) $0,05$; commission   **d)** $7\,000\,\$$

9. a) $P = 240 - 0,8t$

b)

c) 192 kPa
d) 5 heures

CHAPITRE 4
Les équations du premier degré, pages 154 à 197

Prépare-toi, pages 156 et 157

1. a) 12 **b)** 10 **c)** 6
d) 18 **e)** 30 **f)** 16
g) 60 **h)** 18

2. a) 3 **b)** -1 **c)** -2
d) -3 **e)** -10 **f)** -14

3. a) $2 + 7r + 4z$ **b)** $9y - 3$ **c)** $4r - 3$
d) $x + 3y + 4$ **e)** $-5k - 3t$ **f)** $-8t + 22$
g) $6x - 8y - 6z$ **h)** $4p + 4q - 1$

4. a) $3x + 6$ **b)** $13q + 6$ **c)** $-11p + 17$
d) $11k - 11$ **e)** $10e - 6$ **f)** $20k + 24$
g) $-7x + 20$ **h)** $7r + 11$

5. a) 5   **b)** 7   **c)** 1
d) −9   **e)** 0   **f)** 2.5

6. b)

c)

d)

e)

f)

4.1 Résoudre des équations du premier degré en une ou en deux étapes, pages 158 à 166

1. a) division   **b)** soustraction   **c)** addition
   d) division   **e)** multiplication   **f)** addition

2. a) 8   **b)** 6   **c)** 12
   d) 3   **e)** 143   **f)** 13

3. a) 4   **b)** 6   **c)** 17
   d) 33   **e)** 2   **f)** 7

4. a) −1   **b)** 18   **c)** −4
   d) 5   **e)** −30   **f)** 9

5. a) soustraction, puis division
   b) addition, puis multiplication
   c) addition, puis multiplication
   d) addition, puis division

6. a) 2   **b)** 9   **c)** 1   **d)** 7

7. La solution est dans le guide d'enseignement.

8. a) −14   **b)** 20   **c)** 10   **d)** −33
   e) 18   **f)** −6   **g)** 15   **h)** −45

9. a) 18   **b)** 24   **c)** −3
   d) −12   **e)** 12   **f)** 15

10. a) $y = 3{,}5x + 25$
   b) La variable m représente le coût par cahier d'exercices; b représente le coût fixe.
   c) 50

11. Les réponses varieront.

12. a) 1 325 cm²   **b)** 35 kg

13. 425

14. 58 m. Dans l'équation du périmètre, substitue 32 à l et 180 à P. Multiplie la largeur par deux, puis soustrais la valeur obtenue dans chaque membre de l'équation. Finalement, divise les deux membres par 2 pour résoudre L.

15. 6,1 °F

16. a) $C = 30n$
   b) Non, elle ne peut acheter que 15 uniformes avec 450 $.

17. 48. Résous l'équation $43 = \dfrac{38 + x}{2}$.

18. a) $L = \dfrac{P}{2} - l$ **b)** $E = Pt$
   c) $b = \dfrac{2A}{h}$ **d)** $h = \dfrac{V}{\pi r^2}$

19. a) La compagnie Y
   b) Oui, parce que la somme de 10 500 $ est inférieure à 11 910 $ et à 12 225 $.

4.2 Résoudre des équations du premier degré en plusieurs étapes, pages 168 à 177

1. a) Divise 12 par 3, puis soustrais 5.
   b) Multiplie 5 par 2, additionne 5, puis divise par 3.
   c) Multiplie 8 par 3, divise par 2, puis additionne 4.
   d) Divise 12 par 3, puis soustrais 4.
   e) Multiplie −3 par 4, divise par 3, puis soustrais 2.
   f) Additionne 3 et 5, multiplie par 5, puis divise par 4.

2. a) −1   **b)** 5   **c)** 16
   d) 0   **e)** −6   **f)** 10

3. a) 5   **b)** −15   **c)** 3
   d) 1,2   **e)** −7   **f)** 0,25

4. a) −20   **b)** 0,5   **c)** −3
   d) −1   **e)** 9   **f)** −4

5. a) 4   **b)** −9   **c)** 21   **d)** −4,25
   e) $2\dfrac{2}{3}$ **f)** −13   **g)** 6   **h)** −3
   i) −5   **j)** 80

6. Non. Même si cette méthode fonctionne dans certains cas, elle prendrait trop de temps dans d'autres cas. Si la solution est une fraction, Minh pourrait ne jamais la deviner.

7. Les réponses varieront.

8. 50 ans

9. $t = 3$. L'avion cargo rattrape le vol 47 après 3 heures.

10. a) $s = 20 - x$ **b)** $s = 20 + x$ **c)** 4 km/h

11. Jack prend 1 heure et 48 minutes et Diane prend 1 heure et 3 minutes.

12. 24 heures

13. a) $0{,}5n$
   b) $75n + 100(0{,}5n) = 150\ 000$; Espèce A : 1 200; espèce B : 600

14. a) 150   **b)** 160   **c)** 200

15. a) 163,3 m/s
   b) 192 396 m
   c) Non, deux fois 53 km font 106 km et l'auto a parcouru 192,4 km, soit 86,4 km de plus. Cela s'explique parce que la voiture accélère toujours, couvrant plus de distance dans les deuxièmes 30 secondes que dans les 30 premières.

16. 74

4.3 Modéliser à l'aide de formules, pages 178 à 187

1. a) $l = \dfrac{A}{L}$ **b)** $l = \dfrac{P - 2L}{2}$

   c) $b = y - mx$ **d)** $r = \dfrac{C}{2\pi}$

   e) $h = \dfrac{V}{Ll}$ **f)** $h = \dfrac{2A}{b}$

2. a) 112,5 km   **b)** $s = \dfrac{d}{t}$; 75 km/h   **c)** $t = \dfrac{d}{v}$; 1,75 heure

3. 136 $

4. 2 500 $

5. a) $d = \dfrac{I}{Ct}$ **b)** $t = \dfrac{I}{Ct}$ **c)** $C = \dfrac{I}{td}$

d)

I	C	t	d
1 980	2 200	0,150	6
240	800	0,100	3
625	625	0,250	4
3 300	2 000	0,150	11
450	1 800	0,050	5
4 400	5 000	0,040	22
450	600	0,025	30
522	725	0,080	9

6. 3 200 $

7. Normand : 45 km/h ; Antoine : 55 km/h

8. Non, les deux filles seront à 13 km l'une de l'autre.

9. Les réponses varieront.

10. 85 mots à la minute

11. 10

12. a) $C = \dfrac{5(F - 32)}{9}$

   b) 31,1 °C

   c) $C = \dfrac{F - 30}{2}$

   d) 29 °C

   e) Le graphique montre que les droites sont très proches l'une de l'autre.

13. 30 600 kPa

14. a) 32 $ par personne

   b) 42 $ par personne

   c) Puisque la location des deux salles s'élève à 16 800 $ pour un événement comprenant 400 invités, aucune ne constitue une meilleure affaire que l'autre.

16. Raymond : 1,06, Jesse : 1,23, Tran : 1,26, Harvinder : 1,11, Igor : 1,23. L'entraîneur devrait choisir Raymond parce qu'il a un résultat plus bas.

4.4 Transformer la forme générale d'une équation du premier degré, pages 188 à 193

1. a) $m = -3, b = -6$; $y = -3x - 6$

   b) $m = \dfrac{1}{4}, b = 2$; $y = \dfrac{1}{4}x + 2$

   c) $m = \dfrac{5}{2}, b = -2$; $y = \dfrac{5}{2}x - 2$

   d) $m = 2, b = 1$; $y = 2x + 1$

2. a) $y = -2x + 1$

   b) $y = 3x - 5$

   c) $y = -2x + 4$

   d) $y = -5x - 8$

   e) $y = x + 1$

   f) $y = 2x - 3$

3. a) $y = 2x + 4$; $m = 2, b = 4$

   b) $y = -3x + 2$; $m = -3, b = 2$

   c) $y = x + 4$; $m = 1, b = 4$

   d) $y = -3x - 11$; $m = -3, b = -11$

   e) $y = 8x - 5$; $m = 8, b = -5$

   f) $y = -2x - 7$; $m = -2, b = -7$

4. a) $y = x - 3$; $m = 1, b = -3$

   b) $y = \dfrac{2}{3}x + 4$; $m = \dfrac{2}{3}, b = 4$

   c) $y = -2x + 5$; $m = -2, b = 5$

   d) $y = \dfrac{1}{2}x + 5$; $m = \dfrac{1}{2}, b = 5$

   e) $y = \dfrac{1}{5}x + 3$; $m = \dfrac{1}{5}, b = 3$

   f) $y = \dfrac{3}{4}x + 3$; $m = \dfrac{3}{4}, b = 3$

   g) $y = \dfrac{4}{3}x - 6$; $m = \dfrac{4}{3}, b = -6$

   h) $y = -\dfrac{1}{2}x - 3$; $m = -\dfrac{1}{2}, b = -3$

5. a) $3x + y = 750$, où x représente le nombre de billets pour adultes et y représente le nombre de billets pour enfants.

   b) $y = -3x + 750$

   c) 604

6. Soustrais $3x - 3$ dans chaque membre, puis divise les deux membres par 2.

7. a)

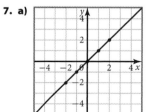

   b) $m = -\dfrac{2}{3}, b = 0$

   c) $y = -\dfrac{2}{3}x$

   d) Si $C = 0$, la droite passe par l'origine.

8. -11

9. 5

10. -35

11. a) 1 600 $

  b) 1 800 $

  c) Les réponses varieront.

12. a) $y = -\dfrac{A}{B}x - \dfrac{C}{B}$

  b) $m = -\dfrac{A}{B}, b = -\dfrac{C}{B}$

13. a) l'axe des y

  b) une droite en pente qui passe par l'origine

  c) une droite verticale qui passe par l'axe des x en $= -\dfrac{C}{A}$

  d) une droite en pente qui ne passe pas par l'origine

Révision du chapitre 4, pages 194 et 195

1. a) Les opérations inverses et opposées sont des opérations qui s'annulent mutuellement.

  b) Un terme variable est un terme qui comprend une lettre ou un symbole qui représente une valeur inconnue.

  c) Un terme constant est un terme numérique qui ne peut pas changer.

  d) Une formule décrit une relation algébrique entre deux variables ou plus.

  e) La forme générale d'une équation du premier degré est $Ax + By + C = 0$.

2. a) i) diviser   ii) 9

  b) i) soustraire   ii) 4

  c) i) multiplier   ii) 60

  d) i) soustraire et diviser   ii) −10

3. a) 3

  b) 20

  c) −32

  d) 14

4. 11,50 $

5. a) 2   **b)** 17

  c) 8   **d)** 10

  e) −65

6. 142,9 l de lait et 57,1 l de crème

7. a) soustraire $2l$ dans les deux membres, puis diviser les deux membres par 2

  b) diviser les deux membres par 2π

8. a) $d = \dfrac{C}{\pi}$

  b) $m = \dfrac{y - b}{x}$

  c) $w = \dfrac{P}{2} - l$

  d) $h = \dfrac{S}{\pi r^2}$

9. 12 ans

10. 39,47 $

11. Ari roule à 20 km/h et Lisa roule à 50 km/h.

12. a) $y = -3x + 7; m = -3, b = 7$

  b) $y = 5x - 4; m = 5, b = -4$

  c) $y = x + 3; m = 1, b = 3$

  d) $y = -\dfrac{1}{14}x + 2; m = -\dfrac{1}{14}, b = 2$

  e) $y = 6; m = 0, b = 6$

  f) $y = \dfrac{3}{8}x + 6; m = \dfrac{3}{8}, b = 6$

13. 7

14. −12

Test modèle du chapitre 4, pages 196 et 197

1. a) 8   **b)** 1

  c) −4   **d)** −2

  e) 3

2. a) 2   **b)** −1

  c) 4   **d)** −9

  e) −3

3. 42

4. $r = \dfrac{A - P}{Pt}$

5. 46,7 ml de solution à 35 % et 23,3 ml de solution à 80 %

6. a) $m = \dfrac{1}{2}, b = 3; y = \dfrac{1}{2}x + 3$

  b) $m = -2, b = -3; y = -2x - 3$

7. a) $y = -2x + 3; m = -2, b = 3$

  b) $y = 6x - 1; m = 6, b = -1$

  c) $y = -\dfrac{2}{3}x + 4; m = -\dfrac{2}{3}, b = 12$

  d) $y = \dfrac{4}{5}x + 2; m = \dfrac{4}{5}, b = 2$

  e) $y = -\dfrac{3}{2}x + 4; m = -\dfrac{3}{2}, b = 4$

8. a) $a = \dfrac{P - b}{2}$ **b)** $t = \dfrac{M - C}{Cd}$ **c)** $b = \dfrac{A}{h} - a$

9. a) 28   **b)** $I = A - \dfrac{P - 2}{2}$ **c)** 18

10. a) $C = 500 + 20p$ **b)** 1 700   **c)** 83

CHAPITRE 5

Les systèmes d'équations du premier degré, pages 198 à 237

Prépare-toi, pages 200 et 201

1. a) $-2d - 4$ **b)** $5x + 3$

  c) $13y + 3$ **d)** $4m + 16$

  e) $c - 5$ **f)** $v + 10$

2. a) $y = \dfrac{3x}{8} + \dfrac{11}{8}$ **b)** $y = 3x - 4$

  c) $y = -4x + 9$ **d)** $y = 2x - 7$

  e) $y = \dfrac{5}{2}x - 3$ **f)** $y = -\dfrac{2}{3}x + \dfrac{1}{3}$

  g) $y = -\dfrac{2}{3}x + \dfrac{3}{2}$

3. a) $y = 2$ **b)** $y = 10$ **c)** $y = 9$

d) $y = 25$ **e)** $y = -6$ **f)** $y = \dfrac{1}{2}$

g) $y = -\dfrac{19}{5}$

4. a) $x = -\dfrac{11}{3}$ **b)** $x = \dfrac{9}{2}$ **c)** $x = 17$

d) $x = \dfrac{1}{2}$ **e)** $x = 8$ **f)** $x = 1$

g) $x = \dfrac{17}{2}$ **h)** $x = \dfrac{23}{13}$

5. a)

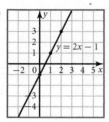

b)

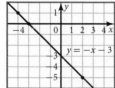

c)

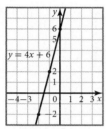

d)

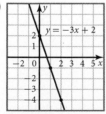

e)

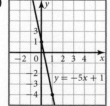

f)

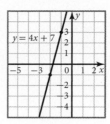

g)

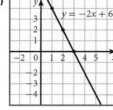

6. a)

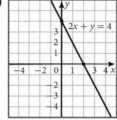

b)

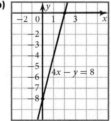

c)

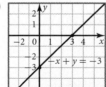

d)

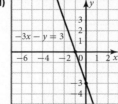

e)

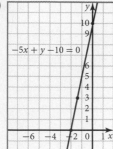

f)

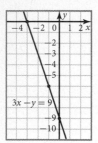

g)

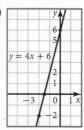

7. a) $400 = 0{,}1n + 50$

b) $8{,}50x = 52{,}00$

c) $90 = 18 + 2{,}3x$

d) $300 = 0{,}35d + 125$

e) $450 = 270 + 12h$

5.1 Résoudre graphiquement des systèmes d'équations du premier degré, pages 202 à 208

1. a) $(2, 7)$ **b)** $(-3, -4)$

c) $(2, 3)$ **d)** $(-3, 1)$

2. a) $\left(-\dfrac{1}{2}, -1\right)$ **b)** $(-24, -14)$

c) $(-8, -19)$ **d)** $(-2{,}27, -14{,}09)$

3. a) $(1, 4)$

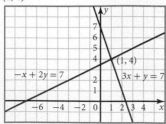

b) $(-1, -4)$

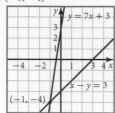

c) $(1, 2)$

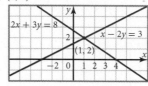

d) $(-1, -1)$

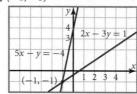

4. a) $(-1, 10)$

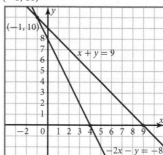

b) $(-1, -2)$

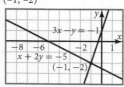

c) $(0, 1)$

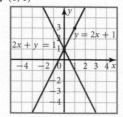

d) (3, 4)

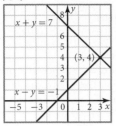

5. a) $C = 150 + 20m$

   b) $C = 100 + 30m$

   c)

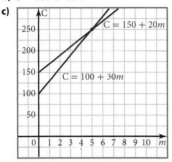

   d) (5, 250). Ce point représente le moment où les coûts sont les mêmes.

   e) Pour le club Boisjoli, $C = 390$ \$; pour le club La Couronne, $C = 460$ \$. Je m'inscrirais au club Boisjoli.

6. a) $y = 10 + 3x$ **b)** $y = 7 + 4x$ **c)** (3, 19)

   d) Il représente le point auquel les frais de location sont les mêmes (19 \$) dans les deux entreprises.

7. a) $C = 1\,000 + 75n$ **b)** $C = 1\,500 + 50n$ **c)** 20 personnes

8.

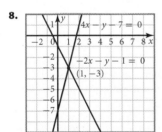

La solution est (1, –3).

9. a) $C = 15n$

   b) $C = 150$

   c) Si je pense devoir faire déblayer mon allée plus de 10 fois par hiver, j'engagerais l'entreprise Després; sinon, j'engagerais Roger.

11. a) $G = 80 + 10b$

   b) $C = 110$

   c) 3 blousons

12. (4, −1)

13. a) $C = 675 + 2n$

   b) $R = 8,50n$

   c) 104

14. a) Non, les droites ne se coupent pas.

   b) Cela ne fonctionne pas et le message «ERR: SGN CONSTANT» s'affiche. Cela ne fonctionne pas, car les droites sont parallèles.

15. a) pente : 3, ordonnée à l'origine : −4 ①

       pente : 3, ordonnée à l'origine : −4 ②

   b) Il s'agit de la même droite.

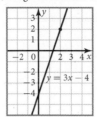

   c) Une infinité de solutions, car il s'agit de la même droite.

16. Un nombre infini. Les points d'une droite se trouveront toujours également sur l'autre droite.

17. Non. Un système du premier degré peut soit n'avoir aucune solution, soit une seule solution, soit une infinité de solutions.

5.2. Résoudre des systèmes d'équations du premier degré par substitution, pages 209 à 215

1. a) (−5, 8)   **b)** (3, 5)   **c)** (9, −1)

   d) (1, 1)   **e)** (4, −3)   **f)** (1, 1)

   g) (2, −1)   **h)** (2, −1)

2. a) (−0,8, −6,6)   **b)** (9,5, −15,5)

   c) $\left(\dfrac{2}{3}, \dfrac{1}{3}\right)$ **d)** $\left(\dfrac{1}{5}, -\dfrac{42}{5}\right)$

3. a) (2, −4)   **b)** (6, −3)

   c) (−1, 4)   **d)** $\left(\dfrac{15}{4}, \dfrac{1}{2}\right)$

4. a) $A = 2F$ **b)** $A + F = 39$

   c) Antoine a 26 ans et Frédéric a 13 ans.

5. a) $R = 500 + 15m$, $P = 410 + 18m$ **b)** 30 personnes

6. a) $C = 825 + 2n$, $R = 7n$

   b) 165 billets

7. Si une variable est déjà isolée dans une équation, utilise-la dans l'autre équation et résous l'équation en fonction de l'autre variable.

8. a) $b + a = 63$, $b = a − 17$

   b) 23 buts, 40 actions

9. $\dfrac{25}{18}$ ou 1,39 heure

10. $\left(\dfrac{69}{13}, -\dfrac{40}{13}\right)$

11. 8 750 adultes

12. a) $C1 = 80 + 0,22k$, $C2 = 100 + 0,12k$

b) $k = 200$. Le coût est le même quand le camion parcourt 200 km.

c) Vito devrait utiliser le garage Athena si la distance à parcourir est inférieure à 200 km. Inversement, Vito devrait utiliser Bouge-Tout si la distance à parcourir est supérieure à 200 km.

13. 6

14. a) $C = 348 + 2t$ **b)** $R = 5t$ **c)** 116 médaillons pour chien

15. Non, ce point ne vérifie par les deux équations.

16. a) Il n'y a pas de solution.

b) Les droites sont parallèles.

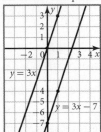

c) Les droites sont parallèles. Il n'y a pas de point d'intersection.

17. a) La solution est $0x = 0$, ce qui est toujours vrai.

b) Il s'agit de la même droite.

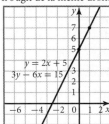

c) Il y a un nombre infini de solutions parce que les droites sont confondues. Il s'agit aussi de la même droite.

5.3. Résoudre des systèmes d'équations du premier degré par élimination, pages 216 à 222

1. a) $(1, 1)$ **b)** $(-2, -1)$
c) $(2, 4)$ **d)** $(-2, 2)$
e) $(-1, -3)$ **f)** $(1, 5)$

2. a) $(2, 3)$ **b)** $(-1, 1)$
c) $(2, -1)$ **d)** $(1, 1)$
e) $(-1, 1)$ **f)** $(-2, -7)$

3. a) $(-2, 2)$ **b)** $(-1, 3)$

c) $(-3, 2)$ **d)** $(3, -1)$

4. a) $\left(\dfrac{1}{4}, 1\right)$ **b)** $\left(\dfrac{7}{15}, \dfrac{1}{9}\right)$

c) $(6, 9)$ **d)** $(1, 2)$

5. 20 g de cannelle et 5 g de muscade

6. a) $a + c = 800$, $5a + 3c = 3\,600$

b) 600 billets pour adultes

7. a) $vi - ve = 540$, $vi + ve = 680$

b) La vitesse du vent peut être calculée à l'aide de la méthode de résolution par élimination. Quand les équations sont additionnées, ve est éliminée. Le membre gauche est $2vi$ et le membre droit de l'équation devient $1\,220$. L'étape suivante consiste à diviser les deux membres par 2 afin de déterminer la vitesse de l'avion.

8. a) 50 $ par jour

b) 20 ¢ par kilomètre

9. a) $C = 120 + 8d$, $R = 16c$

b) 15 personnes

10. 36 heures

11. $\dfrac{30}{11}$ ou 2,73 heures

12. 12,5 l

5.4 Résoudre des problèmes impliquant des systèmes d'équations du premier degré, pages 223 à 229

1. 9 ans, 35 000 $

2. 5 000 $ à 3,25 % et 3 000 $ à 5 %

3. 1 050 $ à 8 % et 2 000 $ à 7,5 %

4. a) 10 mois

b) Centre sportif Beaulieu, parce que ça lui coûtera moins cher.

c) Centre sportif Énergie Plus, parce que ça lui coûtera moins cher.

5. $(4, 7)$. Substitution ; y est déjà isolé et peut donc être utilisé facilement.

6. 30 t-shirts de taille moyenne

7. 21 voitures, 31 camions

8. a) x : La distance que parcourt Sophie en conduisant à 100 km/h ; y représente la distance que parcourt Sophie en conduisant à 60 km/h.

b) $x + y = 255$

c) $x = 255$; $y = 30$

9. J'utiliserais la méthode de résolution par élimination, car je peux soustraire les deux équations et éliminer y.

10. a) 18 cm sur 24 cm

b) Non, ces dimensions donnent un périmètre de 168 cm, ce qui est bien supérieur au périmètre donné de 84 cm.

11. Cela est possible, car les droites sont confondues. Elles ont un nombre infini de solutions.

12. a) 10 $ par repas   **b)** 50 $ par jour

13. a) $\dfrac{x}{80} + \dfrac{y}{60} = 5,5$; $x + y = 400$

b) 280 km à 80 km/h et 120 km à 60 km/h

Révision du chapitre 5, pages 230 et 231

1. a) Un système d'équations du premier degré est un ensemble d'au moins deux équations du premier degré considérées au même moment.

b) Le point d'intersection est le point où se coupent deux droites.

c) La méthode de résolution par substitution est une méthode algébrique qui permet de résoudre un système d'équations du premier degré pour lequel une équation est résolue en fonction d'une variable, puis cette valeur est utilisée dans l'autre équation.

d) La méthode de résolution par élimination est une méthode algébrique qui permet de résoudre un système d'équations du premier degré dont les équations sont additionnées ou soustraites pour éliminer une variable.

2. a)

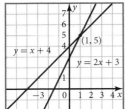

b)

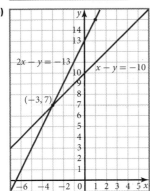

c)

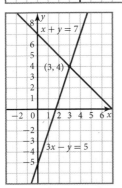

d)

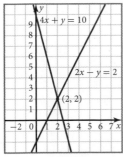

3. a) $(-1{,}29, 7{,}86)$ **b)** $(1{,}17, -0{,}13)$
c) $(-0{,}33, 2)$ **d)** $(1{,}56, -3{,}67)$

4. a) $(1, 8)$ **b)** $\left(\dfrac{1}{2}, 3\right)$ **c)** $(3, -4)$ **d)** $(2, 3)$

5. 5 ha de canola et 15 ha de maïs

6. 17 livres de poche et 11 livres à couverture cartonnée

7. a) $\left(2, \dfrac{1}{2}\right)$ **b)** $(4, 3)$

c) $(-1{,}25, 5{,}5)$ **d)** $\left(\dfrac{1}{3}, 3\right)$

8. a) $2(vi + ve) = 216$ **b)** $vi = 90\,; ve = 18$
     $3(vi - ve) = 216$

9. 25 ballons de basketball et 20 ballons de volleyball

10. a) $\left(\dfrac{5}{2}, \dfrac{3}{2}\right)$ **b)** $(13, -1)$

c) $(1, 7)$ **d)** $(4, 0)$

11. 4 000 $ à 8 %
2 000 $ à 6 %

12. Pour moins de 300 minutes par mois, Christian devrait choisir le deuxième forfait. Sinon, il devrait choisir le premier forfait.

13. 33 pièces de 10 ¢ et 12 pièces de 25 ¢

Test modèle du chapitre 5, pages 232 et 233

1. a) $(1, 5)$

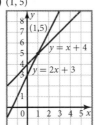

b) $(2, 2)$

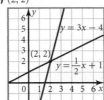

c) $(-1, 7)$

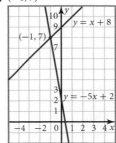

2. a) $(-1, -5)$ **b)** $\left(\frac{7}{3}, \frac{4}{3}\right)$ **c)** $(5, -1)$

3. a) $(-3, 7)$ **b)** $(1, 4)$ **c)** $\left(\frac{5}{3}, \frac{-13}{9}\right)$

4. $(2, -1)$; les méthodes varieront.

5. a) J'utiliserais la méthode de résolution par substitution. Je remplacerais le y de la deuxième équation par $7x + 1$ et je déterminerais la valeur de x. Ensuite, je remplacerais cette valeur de x dans la première équation pour déterminer la valeur de y.
   b) $(1, 8)$

6. a) $N = 10 + 4x$; $V = 40 + x$
   b) 10 articles
   c) 50 $

7. a) $A = 40 + 5x$
      $B = 100 + 2x$
   b) 20 chemises
   c) Le coût est le même pour 20 chemises, c'est-à-dire 140 $. Marcela devrait choisir la première entreprise si elle a besoin de moins de 20 chemises. La deuxième entreprise est moins chère pour la production de plus de 20 chemises.

8. a) *Sport 2000* $= 5 + x$
      Les Menuires Location $= 7 + 0,5x$
   b) $(4, 9)$. Ce point d'intersection signifie que le coût de location de l'équipement pour les entreprises est le même, 9 $, si l'équipement est loué pour une durée de 4 heures.
   c) Il serait moins cher de louer auprès de Sport 2000 si on souhaitait faire de la planche pour moins de 4 heures.

9. a) 63 élèves
   b) 675 $

10. 50 minutes par mois

Révision des chapitres 3 à 5, pages 236 et 237

Chapitre 3, page 236

1. a) -3
   b) 2

2. a)

d	$C = 0,35d + 2$
0	2,00
1	2,35
2	2,70
3	3,05
4	3,40
5	3,75
6	4,10
7	4,45
8	4,80
9	5,15
10	5,50

b)

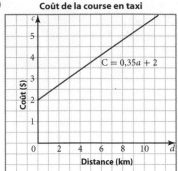

Coût de la course en taxi

$C = 0,35a + 2$

c) pente $= 0,35$. La pente représente le coût supplémentaire par kilomètre parcouru par le taxi.

3. a)

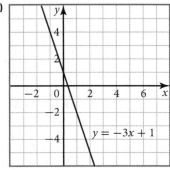

$y = -3x + 1$

   b) taux de variation $= -3$
   c) 1

4. a) $y = 2x + 4$ **b)** $y = \frac{3}{2}x - \frac{1}{4}$
   c) $y = -3x$ **d)** $y = \frac{1}{2}$

5. a) $y = -4x - 10$
   b) $y = 5x - 11$
   c) $x = 1$

Chapitre 4, pages 236 et 237

6. a) $x = 5$ **b)** $x = 12$ **c)** $x = -1$
   d) $x = -4$ **e)** $t = 7$ **f)** $x = 2,5$

7. a) 230 $ **b)** 60 fois

8. a) $L = \frac{P - 2l}{2}$ **b)** $r = \sqrt{\frac{A}{\pi}}$ **c)** $h = \frac{S}{2\pi r}$

9. 5 000 $

10. a) $y = -2x + 6$, pente $= -2$, ordonnée à l'origine $= 6$
   b) $y = 3x + 4$, pente $= 3$, ordonnée à l'origine $= 4$
   c) $y = \frac{4}{3}x - 2$, pente $= \frac{4}{3}$, ordonnée à l'origine $= -2$

11. $B = 2$

Chapitre 5, page 237

12. a) $(1, 0)$;

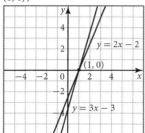

b) $(-1, -2)$;

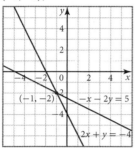

13. a) $(1, 5)$
b) $(-2, -3)$

14. a) $(-1, 1)$
b) $(0, 3)$

15. a) Salle Primo: $C = 2\,000 + 50n$
   Félicité Banquet: $C = 1\,500 + 75n$
b) $(12, 1\,800)$
c) Il représente le point auquel le coût est le même pour le même nombre de personnes dans les deux salles.

16. a) $C = 700 + 3n$
   $R = 10n$
b) $n = 100$
c) coût total $= 1\,000$ \$

CHAPITRE 6
Les fonctions du second degré, pages 238 à 279

Prépare-toi, pages 240 et 241

1. a) 5
b) -2
c) -15
d) 12,75
e) $-3,3$

2. a) La réponse est dans le texte.

b)

x	y
−3	9
−2	8
−1	7
0	6
1	5
2	4
3	3

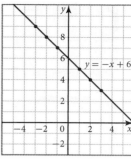

c)

x	y
−3	−7
−2	−5
−1	−3
0	−1
1	1
2	3
3	5

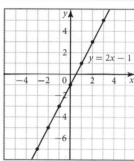

d)

x	y
−3	9
−2	7
−1	5
0	3
1	1
2	−1
3	−3

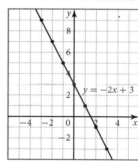

e)

x	y
−3	−4,5
−2	−4,0
−1	−3,5
0	−3,0
1	−2,5
2	−2,0
3	−1,5

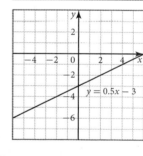

3. a)

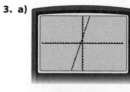

b)

c)

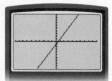

b)

e)

4. a) abscisse à l'origine : 2 ; ordonnée à l'origine : −4
b) abscisse à l'origine : −2 ; ordonnée à l'origine : −4
c) abscisse à l'origine : 2 ; ordonnée à l'origine : 3
d) abscisse à l'origine : 1 ; ordonnée à l'origine : −6

5. a) 2

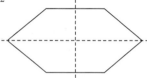

b) 1

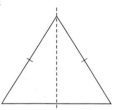

c) 4

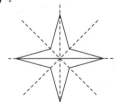

d) 0

6.1 Explorer les relations non affines, pages 242 à 248

1. a) Une courbe. Les points forment une régularité en forme de U.

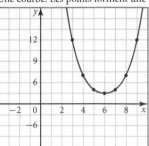

b) Une droite. Les points sont tous sur la même droite.

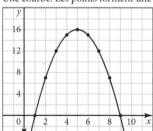

c) Une courbe. Les points forment une régularité en forme de U.

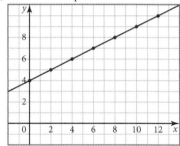

d) Une courbe. Les points forment une régularité en forme de U.

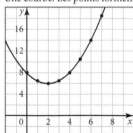

2. a)

Longueur du côté (unités)	Aire (unités carrées)
1	1
2	4
3	9
4	16
5	25

b)

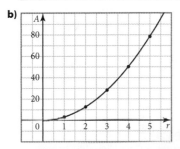

3. a)

Rayon (cm)	Aire (cm²)
1	3,14
2	12,56
3	28,26
4	50,24
5	78,50

b)

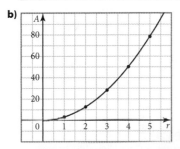

4. a)

Longueur (cm)	Largeur (cm)	Aire (cm²)
1	8	8
2	7	14
3	6	18
4	5	20

b)

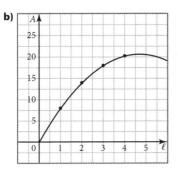

c) 20,25 cm²

5. a)

Base	Hauteur	Périmètre	Aire
1	1	4	1
2	2	8	3
3	3	12	6
4	4	16	10
5	5	20	15
6	6	24	21
7	7	28	28
8	8	32	36

b) La relation est affine, car les premières différences sont constantes.

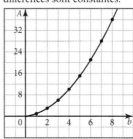

c) La relation est du second degré, car les deuxièmes différences sont constantes.

d) Aire = 15 + 14 + 13 + (...) + 2 + 1 = 120
Périmètre = 4 × 15 = 60

6. a)

Largeur	Longueur	Aire
1	2	2
2	4	8
3	6	18
4	8	32
5	10	50
6	12	72
7	14	98
8	16	128

b) affine. La figure est deux fois plus longue que large.

c) du second degré ; aire = longueur × largeur = $2l \times l = 2l^2$

d) largeur = 8 ; aire = 128

e) 200 unités carrées

7. a)

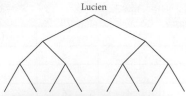

Lucien

b)

Nombre d'élèves	Nombre de conversations
1	2
2	4
4	8
8	16

c)

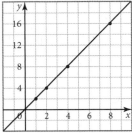

d) C'est une fonction affine.

Le nombre de conversations = 2 × le nombre d'élèves

8. a)

Longueur	Largeur	Aire
24	1	24
23	2	46
22	3	66
21	4	84
20	5	100
19	6	114
18	7	126
17	8	136
16	9	144
15	10	150

b)

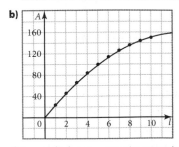

c) La courbe la mieux ajustée est tracée en 8 b).

d) Pour maximiser l'aire, la longueur doit être de 12,5 m et la largeur, de 12,5 m.

9. a)

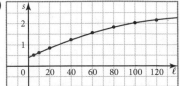

b) La courbe la mieux ajustée est tracée en 9 a).

c) du second degré

d) environ 1,94 secondes

e) environ 1,41 secondes

f) Plus le fil du pendule est long, plus le temps d'oscillation est long.

g) Théoriquement, les résultats devraient être les mêmes, mais le temps et les réponses peuvent varier.

6.2 Modéliser les fonctions du second degré, pages 249 à 257

1. a) du second degré **b)** affine **c)** du second degré
d) du second degré **e)** affine **f)** du second degré

Les fonctions du second degré ont un terme en x^2.
Les fonctions affines ont un terme en x, mais pas de x^2.

2. a) du second degré

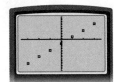

b) affine

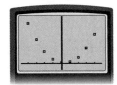

c) du second degré

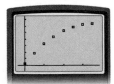

3.

4 a)

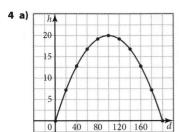

b) $y = -0,002x^2 + 0,4x$

c) C'est une fonction du second degré.

5. a)

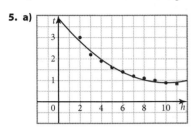

b) $y = 0,029\,32x^2 - 0,5931x + 3,8854$

6. a)

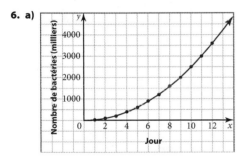

b) $y = 25,34x^2 - 4,90x + 2,84$

c) parabole   **d)** du second degré

7. La solution est dans le guide d'enseignement.

8. a)

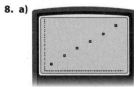

b)

c)

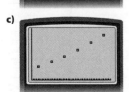

d) La vitesse initiale en fonction de la distance de réaction : la fonction affine correspond le mieux. La vitesse initiale en fonction de la distance de freinage : la fonction du second degré correspond le mieux. La vitesse initiale en fonction de la distance de l'arrêt complet : la fonction du second degré correspond le mieux.

e) Plus longue est la distance de freinage, plus grande était la vitesse de l'auto.

9. a) Les réponses varieront.

b) Les réponses varieront.

10. Les deux portent le nom de parabole parce que les deux ont pour but de représenter une vérité : l'une au moyen d'une comparaison ou d'une allégorie ; l'autre, mathématique, en comparant deux variables qui sont analysées.

11. a)

x	y
−2	−9
−1	0
0	5
1	6
2	3
3	−4

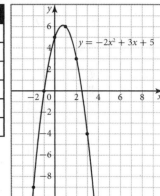

$y = -2x^2 + 3x + 5$

b)

x	y
−3	2
−2	−1
−1	−2
0	−1
1	2

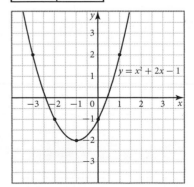

$y = x^2 + 2x - 1$

c)

x	y
−5	−1
−4	3
−3	5
−2	5
−1	3
0	−1

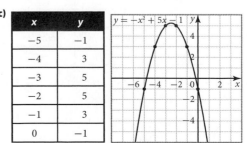

$y = -x^2 + 5x - 1$

6.3 Les caractéristiques principales des fonctions du second degré, pages 258 à 267

1.

GRAPHIQUE A	
a) sommet	$(2, -1)$
b) axe de symétrie	$x = 2$
c) ordonnée à l'origine	3
d) valeur maximale ou minimale	min. $y = -1$
e) abscisses à l'origine	1, 3

GRAPHIQUE B	
a) sommet	$(-2, -1)$
b) axe de symétrie	$x = -2$
c) ordonnée à l'origine	3
d) valeur maximale ou minimale	min. $y = -1$
e) abscisses à l'origine	$-3, -1$

GRAPHIQUE C	
a) sommet	$(4, 6)$
b) axe de symétrie	$x = 4$
c) ordonnée à l'origine	1,7
d) valeur maximale ou minimale	max. $y = 6$
e) abscisses à l'origine	$-0,7$, 8,7

GRAPHIQUE D	
a) sommet	$(0, 2)$
b) axe de symétrie	$x = 0$
c) ordonnée à l'origine	2
d) valeur maximale ou minimale	max. $y = 2$
e) abscisses à l'origine	$-2, 2$

GRAPHIQUE E	
a) sommet	$(1, 2)$
b) axe de symétrie	$x = 1$
c) ordonnée à l'origine	4
d) valeur maximale ou minimale	min. $y = 2$
e) abscisses à l'origine	aucune

GRAPHIQUE F	
a) sommet	$(0, -3)$
b) axe de symétrie	$x = 0$
c) ordonnée à l'origine	-3
d) valeur maximale ou minimale	min. $y = -3$
e) abscisses à l'origine	$-1,7$, 1,7

2. a)

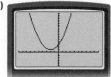

b) $(-2, 1)$ **c)** $x = -2$ **d)** 3
e) min. $y = 1$ **f)** aucune

3. a)

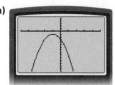

b) $(-1, -1)$ **c)** $x = -1$ **d)** -3
e) max. $y = -1$ **f)** aucune

4. a) $(0,9, 5,4)$
  b) La hauteur maximale de l'entrée est de 5,4 m.
  c) 0
  d) 0 ; 1,8 m
  e) La base de l'entrée a 1,8 m de largeur.
  f) Les arches d'entrée qui sont en forme de parabole offrent des structures très solides.

5. Les réponses varieront.

6. a) environ $(6, 13)$ **b)** $x = 6$
  c) environ 13 cm de profondeur
  d) 12, 0   **e)** 12 cm

7. La solution est dans le guide d'enseignement.

8. a)

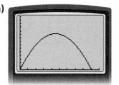

b) 45 vg   **c)** Les réponses varieront.
  d) Non, il n'y a pas de but parce que, à 10 vg du botteur, le ballon est seulement à 7 pi de hauteur, alors que les poteaux de but sont à 13,2 pi de hauteur.

6.4 Le taux de variation dans les fonctions du second degré, pages 268 à 275

1. a) $y = x^2 - 6x + 8$

x	y	1re diff.	2e diff.
0	8		
1	3	$3 - 8 = -5$	
2	0	$0 - 3 = -3$	$-3 + 5 = 2$
3	-1	$-1 - 0 = -1$	$-1 + 3 = 2$
4	0	$0 + 1 = 1$	$1 + 1 = 2$
5	3	$3 - 0 = 3$	$3 - 1 = 2$
6	8	$8 - 3 = 5$	$5 - 3 = 2$

C'est une fonction du second degré.

b) $y = x^2 + 7x + 12$

x	y	1re diff.	2e diff.
−7	12		
−6	6	$6 - 12 = -6$	
−5	2	$2 - 6 = -4$	$-4 + 6 = 2$
−4	0	$0 - 2 = -2$	$-2 + 4 = 2$
−3	0	$0 - 0 = 0$	$0 + 2 = 2$
−2	2	$2 - 0 = 2$	$2 - 0 = 2$
−1	6	$6 - 2 = 4$	$4 - 2 = 2$
0	12	$12 - 6 = 6$	$6 - 4 = 2$

C'est une fonction du second degré.

c) $y = x^2 - 3x + 10$

x	y	1re diff.	2e diff.
−2	20		
−1	14	$14 - 20 = -6$	
0	10	$10 - 14 = -4$	$-4 + 6 = 2$
1	8	$8 - 10 = -2$	$-2 + 4 = 2$
2	8	$8 - 8 = 0$	$0 + 2 = 2$
3	10	$10 - 8 = 2$	$2 - 0 = 2$
4	14	$14 - 10 = 4$	$4 - 2 = 2$
5	20	$20 - 14 = 6$	$6 - 4 = 2$

C'est une fonction du second degré.

d) $y = x^2 + 3x - 18$

x	y	1re diff.	2e diff.
−6	0		
−5	−8	$-8 - 0 = -8$	
−4	−14	$-14 + 8 = -6$	$-6 + 8 = 2$
−3	−18	$-18 + 14 = -4$	$-4 + 6 = 2$
−2	−20	$-20 + 18 = -2$	$-2 + 4 = 2$
−1	−20	$-20 + 20 = 0$	$0 + 2 = 2$
0	−18	$-18 + 20 = 2$	$2 - 0 = 2$
1	−14	$-14 + 18 = 4$	$4 - 2 = 2$
2	−8	$-8 + 14 = 6$	$6 - 4 = 2$
3	0	$0 + 8 = 8$	$8 - 6 = 2$

C'est une fonction du second degré.

2. a) ni l'une ni l'autre **b)** ni l'une ni l'autre **c)** affine

3. a) Les réponses varieront.

x	y
0	0
1	0,96
2	1,84
3	2,64
4	3,36
5	4,00

b)

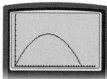

c) Les premières différences ne sont pas constantes, puisque la relation n'est pas une droite.

d) Les deuxièmes différences sont constantes, soit −0,08, car la relation est du second degré.

e) 75 kg ; 79,56 kg

4. a) Dans le tableau ci-dessous, les valeurs sont approximatives.

x	y
0	0
20	4 900
40	7 000
60	7 800
80	7 400
100	5 600
120	1 900

b) $y = -1,93 x^2 + 245,18x + 276,19$ (les réponses peuvent varier légèrement)

5. Si les deuxièmes différences sont constantes, la relation est alors du second degré.

6. La solution est dans le guide d'enseignement.

7. a)

Nombre de côtés	Nombre de diagonales
4	2
5	5
6	9
7	14

b)

Nombre de côtés	Nombre de diagonales
8	20
9	27

c) $y = 0,5x^2 - 1,5x$

d) 170

8. a) Les réponses varieront.

b) Les réponses varieront.

c) Les réponses varieront.

Révision du chapitre 6, pages 276 et 277

1. a) parabole
b) valeur minimale
c) sommet
d) axe de symétrie

2. a)

Figure	Nombre de triangles
1	1
2	4
3	9
4	16
5	24
6	36
7	49
8	64

b)

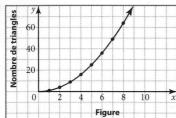

3. a)

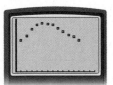

b) $y = -1,11x^2 + 13,61x + 56,16$

4. a) $(-1, -3)$ **b)** $x = -1$
c) ordonnée à l'origine : -1 **d)** valeur minimale : -3
e) $-2,225$; $0,225$

5. a)

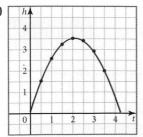

b) La courbe la mieux ajustée est tracée en 5 a).
c) une parabole
d) Après 2 secondes, la flèche a parcouru 11,42 m.
Après 3 secondes, la flèche a parcouru 17,13 m.
Pour calculer la vitesse, divise la distance, 20 m, par le temps nécessaire pour que la flèche frappe la cible. Ensuite, pour calculer la distance parcourue par la flèche, multiple chaque temps par la vitesse.

6. a)

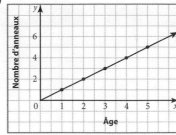

b) Elle est affine.
c) Elle est affine, car un anneau s'ajoute à chaque année de vie de l'arbre.
d) 3,14 cm par année.
e) Théoriquement, oui. Pour savoir combien il y a d'anneaux dans l'arbre, donc l'âge de l'arbre, divise le rayon par 0,5 cm. Par contre, il peut y avoir des différences d'une année à l'autre. Quand l'été est sec, les arbres grandissent moins qu'au cours d'un été relativement pluvieux.

7. a) b)

d	h	Premières différences	Deuxièmes différences
-5	1,15		
-4	1,87	0,72	
-3	2,43	0,56	$-0,16$
-2	2,83	0,40	$-0,16$
-1	3,07	0,24	$-0,16$
0	3,15	0,08	$-0,16$
1	3,07	$-0,08$	$-0,16$
2	2,83	$-0,24$	$-0,16$
3	2,43	$-0,40$	$-0,16$
4	1,87	$-0,56$	$-0,16$
5	1,15	$-0,72$	$-0,16$

c) parabole
d)

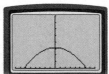

Test modèle du chapitre 6, pages 278 et 279

1. a)

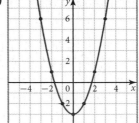

b)

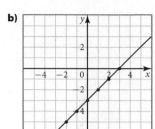

c)

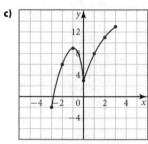

L'ensemble de données de a) peut être
représenté par une fonction du second degré.

2. **a)** Du second degré. La courbe est une parabole.
   b) Pas du second degré. La courbe n'est pas une parabole.
   c) Du second degré. La courbe est une parabole.
   d) Pas du second degré. La courbe a une forme ovale.

3. **a)**

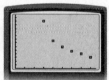

   b) $y = 0,0036x^2 - 0,27x + 5,71$
   c) La relation est mieux modélisée par une fonction du
   second degré parce que les données ne présentent pas une
   tendance linéaire : elles forment une courbe.

4. **a)**

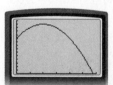

b)

d	h	Premières différences	Deuxièmes différences
0	10		
10	13	3	
20	14	1	−2
30	13	−1	−2
40	10	−3	−2
50	5	−5	−2

5. **a)** $(3, 4)$
   b) $x = 3$
   c) Toute estimation autour de −5 sera valable.
   d) valeur maximale : $y = 4$
   e) 1, 5

6. **a)** Les réponses varieront.
   b) Les réponses varieront.
   c) Les réponses varieront.
   d) Les réponses varieront.

CHAPITRE 7

**Les expressions algébriques du second degré,
pages 280 à 319**

Prépare-toi, pages 282 et 283

1. **a)** −5   **b)** 6   **c)** 2   **d)** −7

2. **a)** binôme   **b)** monôme
   c) trinôme   **d)** trinôme

3. **a)** $-6p$ **b)** $20q$ **c)** $18r^2$
   d) $-2x$ **e)** $6x$ **f)** -2

4. **a)** $-2x + 14$ **b)** $x^2 + 8x + 15$
   c) $8x^2 + 3x$ **d)** $-x^2 + 9x + 15$

5. **a)** $2x - 6$ **b)** $-4x^2 - 12x + 20$
   c) $10x^2 + 15x$ **d)** $-3x^2 + 6x + 3$

6. **a)** −10   **b)** 28
   c) 10   **d)** −21

7. **a)** $34x$ **b)** $24x$
   c) $2x + 14$

8. **a)** 16   **b)** $49x^2$
   c) $9x^2$ **d)** $81x^2$

9. **a)** 24   **b)** 3
   c) 65   **d)** 55

10. 319 cm^2

7.1 La multiplication de deux binômes, pages 284 à 293

1. **a)** $x^2 + 5x + 6$ **b)** $x^2 + 9x + 20$
   c) $x^2 + 9x + 8$ **d)** $x^2 + 11x + 24$
   e) $x^2 + 12x + 27$ **f)** $x^2 + 11x + 30$

2. **a)** $6x^2 + 17x + 7$ **b)** $9x^2 + 3x - 20$
   c) $5x^2 - 7x - 6$ **d)** $6x^2 - 13x + 6$

3. **a)** $x^2 + 10 + 25$ **b)** $x^2 + 14x + 49$
   c) $x^2 + 6x + 9$ **d)** $x^2 + 12x + 36$
   e) $x^2 + 16x + 64$ **f)** $x^2 + 8x + 16$

4. **a)** $4x^2 + 4x + 1$ **b)** $16x^2 - 8x + 1$
   c) $9x^2 + 12x + 4$ **d)** $25x^2 - 20x + 4$

5. a)

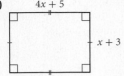

$4x + 5$

$x + 3$

b) $4x^2 + 17x + 15$

6. a) $x^2 + 7x + 10$ **b)** $x^2 + 3x - 10$
    c) $x^2 - 3x - 10$ **d)** $x^2 - 7x + 10$

7. a) non
    b) Toutes les multiplications donnent un trinôme de la forme $x^2 + bx + c$ où b est la somme de deux constantes, c est le produit de deux constantes.

8. $x^2 + 6x + 9$

9. $5x^2 + 26x + 24$

10. a) $20x^2 + 7x - 6$ **b)** $18x + 2$

11. a) $4x^2 + 30x + 50$ **b)** 806 m   **c)** 322,4 m

12. a) $2x^2 - 18$ **b)** 224 m²   **c)** 1 117,76 $

13. Les réponses varieront.

14. a) $4x^2 + 10x + 6{,}25$ **b)** 16 m²

15. -4

16. a)   **i)** $8x^2 + 32x + 30$
      ii) $21x^2 - 74x + 65$
      iii) $13x^2 - 106x + 35$
    b) photographie : 2 310 cm²
      fond : 3 680 cm²
      fond visible : 1 370 cm²
      Oui ; cela respecte les recommandations, seuls 62,8 % du fond sont recouverts par la photographie.

7.2 Les facteurs communs et la factorisation, pages 294 à 301

1. a) 2   **b)** 5   **c)** $4x$ **d)** $4x$

2. a) $3(x + 5)$ **b)** $4x(x + 2)$ **c)** $5x(x - 2)$ **d)** $-7x\,(x + 3x)$

3. a) $3(x^2 - 4x + 6)$
    b) $-10(x^2 - 2x + 3)$
    c) $-3(3x^2 + x - 3)$
    d) $2(2x^2 - 3x + 4)$

4. a) $6x(x + 2)$ **b)** $9x(x + 2)$
    c) $4x(x + 6)$ **d)** $15x(x + 2)$

5. a) oui   **b)** binôme

6. a) $8(x - 3)$ **b)** $x(x + 5)$
    c) $x(x - 10)$ **d)** $4(x^2 + 4x + 6)$

7. a) $x(x + 5)$ **b)** 2 m sur 7 m
    c) 18 m

8. a) $3x$, $7x + 1$ **b)** $2x$, $x + 9$

9. a) $x^2 + 40$ **b)** 40, 41, 44, 49, 56, 65, 76, 89, 104
    c) Les réponses varieront entre des valeurs de 0 à 7.
    d) Les réponses varieront pour des valeurs plus grandes que 8.

10. a) Méthode 1 : $(2x + 30)(2x + 20) - 4(x^2)$
    b) Méthode 2 : $600 + 2(30x) + 2(20x)$
    c) Méthode 1 : $100x + 600$; Méthode 2 : $600 + 100x$
    d) 900 cm²

11. a) $4x^2 + 16x$ **b)** $4x(x + 4)$
    c) 52 m sur 17 m

12. Les réponses varieront (par exemple, $5x^2 + 125x - 10$ et $15x^2 - 65x + 5$).

13. Les réponses varieront (par exemple, $6x^2 + 72x - 10$ et $78x^2 + 42x$).

14. a) $14x(x - 2)$ **b)** oui
    c) oui   **d)** $3x(x + 13)$

15. La division et la multiplication; les réponses varient.

16. $7x$ sur $x + 6$; 7 m sur 7 m

17. a) $4y(2x - 1)$ **b)** $2x^2(x - 2)$
    c) $-3x(3x^2 + 5x + 7)$ **d)** $5xy(x - 2 + 3y)$

18. 14 cm sur 19 cm

7.3 La factorisation d'une différence de carrés, pages 302 à 309

1. a) 7   **b)** 9   **c)** 10

2. a) 5^2 **b)** 6^2 **c)** 4^2

3. a) Oui, les deux termes sont des carrés parfaits, un terme est positif et l'autre est négatif.
    b) Non, les deux termes sont positifs.
    c) Oui, les deux termes sont des carrés parfaits, un terme est positif et l'autre est négatif.

4. a) $(x + 9)(x - 9)$ **b)** $(x + 11)(x - 11)$
    c) $(x + 12)(x - 12)$ **d)** $(20 + x)(20 - x)$
    e) $(5 + x)(5 - x)$ **f)** $(7 + x)(7 - x)$
    g) $(10 + x)(10 - x)$ **h)** $(15 + x)(15 - x)$
    i) $(4x + 11)(4x - 11)$

5. a) $x^2 - 36$ **b)** $(x + 6)(x - 6)$ **c)** 4 cm sur 16 cm

6. a) $x + 7$, $x - 7$ **b)** 576 cm²

7. a) $2 - x$ **b)** 3,2 m sur 0,8 m   **c)** 2,56 m²

8. Oui, les deux termes sont des carrés parfaits, un terme est positif et l'autre est négatif.

9. a) $9 - x^2$ **b)** $25 - 4x^2$ **c)** $81 - 16x^2$

10. $x^2 + 1$ est la somme de deux carrés. $x^2 - 1$ est la différence de carrés, car les deux termes sont des carrés parfaits et l'un est soustrait de l'autre.

11. $x^2 + 25$ ne peut pas être factorisé, car c'est une somme de carrés.

12. $2x^2 - 18$ n'est pas une différence de carrés parfaits. Cependant, une fois que le 2 est mis en évidence, l'autre facteur est une différence de carrés.

13. a) $2(2x + 3)(2x - 3)$ **b)** $3(4x + 3)(4x - 3)$
c) $5(x + 3y)(x - 3y)$

14. 20 m sur 20 m

7.4 La factorisation de trinômes de la forme $ax^2 + bx + c$, où $a = 1$, pages 310 à 315

1. a) 4, 5 **b)** 2, 9
c) $-3, -4$ **d)** 2, -7

2. a) $(x + 6)(x + 6)$ **b)** $(x - 3)(x - 9)$
c) $(x + 10)(x - 3)$ **d)** $(x - 18)(x + 2)$

3. a) $(x + 2)(x + 2)$ **b)** $(x - 5)(x + 1)$
c) $(x + 11)(x - 2)$ **d)** $(x - 4)(x - 5)$

4. $x + 1, x + 1$

5. a)

b)

c)

6. a) $x + 10$ sur $x + 2$ **b)** $x + 2$ sur $x + 3$
c) $x + 2$ sur $x + 7$

a) $(x + 10)(x + 2)$ **b)** $(x + 2)(x + 3)$
c) $(x + 2)(x + 7)$

7. a) $(x + 3)(x + 5)$ **b)** 7 cm sur 9 cm

8. a) $(x - 5)(x + 2)$ **b)** $(x - 2)(x - 3)$

9. non, $(x - 12)(x + 2)$ est la bonne réponse ; $(x - 6)(x - 4)$ donne $x^2 - 10x + 24$

10. a) $x + 1$ sur $x + 8$ **b)** 858 m^2

11. $x^2 - 3x - 28$

12. La réponse varie ; 6, -6, -126.

13. 12, -12

14. Cela forme un rectangle de côté $x + 2$ sur $x + 1$.

Les tuiles ne peuvent pas être arrangées pour former un rectangle.

15. a) $(x + 6)(x + 6)$
b) Il a la forme d'un carré parce que les deux facteurs sont égaux.
c) 7 m sur 7 m

16. a) $3(x + 2)(x + 5)$ **b)** $4(x + 3)(x - 6)$
c) $-(x - 3)(x - 1)$ **d)** $2(x + 1)(x + 1)$

17. 12,5 cm sur 3,5 cm

Révision du chapitre 7, pages 316 et 317

1. a) iv **b)** iii **c)** i **d)** ii

2. a) $x^2 - x - 72$ **b)** $2x^2 - 7x - 15$
c) $6x^2 - 11x + 3$ **d)** $x^2 - 36$

3. a) $x^2 + 10x + 25$ **b)** $x^2 - 14x + 49$
c) $4x^2 + 12x + 9$ **d)** $9x^2 - 12x + 4$

4. Enrico a tort. La réponse devrait être $2x^2 + 11x - 21$.

5. a) $5x^2 + 53x + 30$ **b)** 3 090 cm^2 **c)** oui

6. $(5x - 2)(x + 3) - (x + 2)(x + 1)$

7. a) $5(x - 5)$ **b)** $4x(2x + 5)$ **c)** $-3(2x^2 - 5x - 9)$

8. a) $4(x - 5)$ **b)** $3x(2x + 5)$ **c)** $7(x - 3)(x + 1)$

9. a) x sur $x + 51$ **b)** $4x + 102$

10. a) $2x(7x - 6)$ **b)** $-5y^2(2 - 3y)$ **c)** $6x(5x^2 - 4x + 2)$

11. a) $(x + 4)(x - 4)$ **b)** non
c) $(7 + 3x)(7 - 3x)$ **d)** $(2 + 5x)(2 - 5x)$

12. a) $(x + 5)(x - 5)$ **b)** $(9x + 10)(9x - 10)$
c) $(8 + 11x)(8 - 11x)$ **d)** $(x + 6)(x - 6)$

13. a) $9x^2 - 16$ **b)** $(3x + 4)(3x - 4)$

14. $(x^2 + 12x + 36) - (x^2 + 2x + 1) = 10x + 35 = 5(2x + 7)$

15. a) 2, 5 **b)** $-3, -3$ **c)** $-1, 9$ **d)** $-9, -4$

16. a) $(x + 9)(x - 3)$ **b)** $(x + 5)(x + 5)$

Test modèle du chapitre 7, pages 318 et 319

1. a) $x^2 + 12x + 27$ **b)** $2x^2 + 9x - 5$
c) $x^2 + 12x + 36$ **d)** $x^2 - 49$

2. a) $x^2 + 6x + 8$ **b)** $2x^2 + 5x - 3$

3. a) $8x(2x - 3)$ **b)** $5x(3x + 4)$
c) $-2x(7x + 3)$ **d)** $-4(3x^2 + 9x + 1)$

4. a) $(x + 3)(x + 7)$ **b)** $(x - 4)(x + 1)$
c) $(x - 5)(x - 5)$ **d)** $(x + 10)(1x - 10)$

5. 426 cm

6. Parce que les deux facteurs sont identiques $(x + 7)(x + 7)$.

7. a) $25x^2 - 9$ **b)** $(5x + 3)(5x - 3)$ **c)** 8 m × 2 m

8. a) $9a(a - 2)$; $9(a^2 - 2a)$; $3a(3a - 6)$
b) $9a(a - 2)$, parce qu'il ne peut pas être factorisé davantage.

9. a) $8x^2 + 32x$
b) 49,92 m^2

CHAPITRE 8

Représenter les fonctions du second degré, pages 320 à 363

Prépare-toi, pages 322 et 323

1. a)

b)

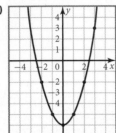

c)

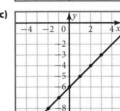

d)

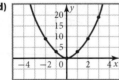

2. a) Affine, car les premières différences sont constantes.
b) Du second degré, car les secondes différences sont constantes.
c) Affine, car les premières différences sont constantes.
d) Du second degré, car les secondes différences sont constantes.

3. a) $(-1, 4)$ **b)** $(1, 5)$

4. a) sommet: $(1, 9)$; axe de symétrie: $x = 1$;
abscisses à l'origine: -2; 4; ordonnée à l'origine: 8
b) sommet: $(-3, -4)$; axe de symétrie: $x = -3$;
abscisses à l'origine: -5; -1; ordonnée à l'origine: 5
c) sommet: $(0, 3)$; axe de symétrie: $x = 0$;
abscisses à l'origine: aucune; ordonnée à l'origine: 3
d) sommet: $(0, -4)$; axe de symétrie: $x = 0$;
abscisses à l'origine: aucune; ordonnée à l'origine: -4

5. a) 3   **b)** 10   **c)** ± 3

6. a) $-4x^2 + 8x$ **b)** $x^2 + 8x + 15$ **c)** $x^2 - 2x - 3$

7. a) $-5(x^2 - 2)$ **b)** $3x(x - 5)$ **c)** $(x + 9)(x - 2)$

8.1 Interpréter les fonctions du second degré, pages 324 à 332

1. a) 4 m   **b)** 2 m   **c)** $\approx 4{,}25$ m
d) $\approx 0{,}3$ m   **e)** 1 m

2. a) 20 m   **b)** 2,5 s   **c)** 5 s

3. a)

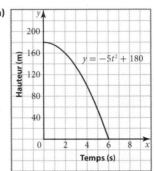

b) 180m   **c)** 118,75m

4. a)

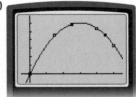

b) $y = -0{,}008\,3x^2 + 1{,}000\,7x - 0{,}002\,9$
c) 120 m   **d)** Oui

5. a)

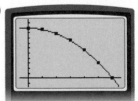

b) $y = -1{,}119x^2 + 0{,}021x + 9{,}990$
c) 3 s   **d)** 10 m

6. a)

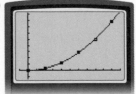

b) Oui, les points semblent former une demi-parabole.
c) $y = 3{,}14x^2$ **d)** 314 cm²

7. a)

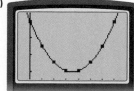

b) Oui, les points peuvent être modélisés par une parabole, car les secondes différences sont constantes.

c) Parce que la hauteur du pont décroît d'abord puis croit ; $x = 70$ m.

8. a)

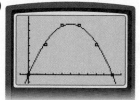

b) $y = -0,112x^2 + 5,607x - 0,714$

c) 25 m

9. a)

Prix du billet ($)	Assistance	Revenus (1 000 $)
40	8 000	320,00
41	7 850	321,85
42	7 700	323,40
43	7 550	324,65
44	7 400	325,60
45	7 250	326,25
46	7 100	326,60
47	6 950	326,65
48	6 800	326,40
49	6 650	325,85
50	6 500	325,00
51	6 350	323,85
52	6 200	322,40

b)

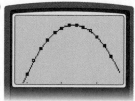

c) 47

10. a) 3 s

b) 270 m

11. a)

Largeur (m)	Longueur (m)	Aide du jardin (m²)
1	13	13
2	12	24
3	11	33
4	10	40
5	9	45
6	8	48
7	7	49
8	6	48
9	5	45
10	4	40
11	3	33
12	2	24
13	1	13

b)

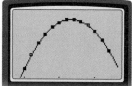

c) 7 m sur 7 m

13. a)

l (cm)	p (cm)
0	0
25	11
50	20
75	27
100	32
125	35
150	36

b)

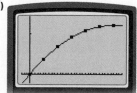

$p = -0,001\ 6l^2 + 0,48l$

c) $p = -0,001\ 6l^2 + 0,48l = -0,001\ 6l(l - 300)$

8.2 Représenter les fonctions du second degré de diverses manières, pages 333 à 339

1. a) $-2, -3$ **b)** $-9, 2$ **c)** 4, 6

2. a) minimale   **b)** -4 **c)** $-4, 1$

3. a) minimale : -1 **b)** maximale : 1   **c)** maximale : 18,75

4. a

5. 56,25 m²

6. a) $y = (x - 2)(x - 8)$
   b) 2 ; 8   **c)** 6 m

7. a) 100 $ **b)** 3 heures   **c)** 154 $

8. a) 120 000 $ **b)** 7 000

9. Une entreprise peut maximiser ses profits en calculant le niveau de production qui correspond à la valeur maximale de la relation du second degré qui modélise ses profits.

10. a)

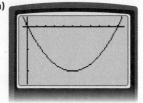

   b) 2 m
   c) 5 m
   d) 10 m

11. 30 m

12. zéros : 1, 5 ; valeur maximale : 8

13. La méthode de Haley fonctionne parce que les paraboles sont symétriques. L'abscisse à l'origine du sommet est égale à la moyenne des zéros.

8.3 La fonction du second degré $y = ax^2 + c$, pages 340 à 347

1. a) $y = 3x^2 - 7$, $y = x^2 - 7$, $y = \frac{1}{3}x^2 - 7$
   b) $y = -4x^2 + 5$, $y = -0{,}75x^2 + 5$, $y = -\frac{1}{2}x^2 + 5$

2. a) -4 ; minimale
   b) 7 ; minimale
   c) 45 ; maximale
   d) -8 ; maximale
   e) 3 ; maximale
   f) 5 ; maximale

3. a) $y = x^2 - 4$

   b) $y = 3x^2 + 7$

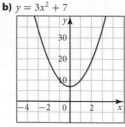

c) $y = -5x^2 + 45$

d) $y = 2x^2 - 8$

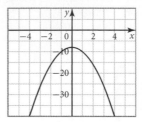

e) $y = -\frac{1}{3}x^2 + 3$

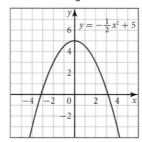

f) $y = -\frac{1}{2}x^2 + 5$

4. a) 45 m
   b) 3 s

5. a) 250 m de profondeur
   b) 10 s
   c) oui, car 10 < 20

6. a)

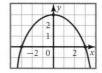

   b) Les diagrammes sont les mêmes. Quand tu développes $-3(x + 3)(x - 3)$, tu obtiens $-3x^2 + 27$.

7. a) 1,5 m
   b) environ 9,5 m

8. a) 25 m²

b) 10 m sur 10 m

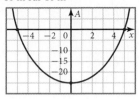

9. a) 20 m

b) environ 120 m

10. $a = 4$

11. $c = 60$

12. On utilise des paraboles pour les ponts, les entrées de porte, les édifices historiques et les tunnels.

13. a) $h = -\dfrac{5}{6}t^2 + 100$

b) environ 4,47 s

c) environ 10,95 s

8.4 Résoudre des problèmes comportant une fonction du second degré, pages 348 à 355

1. a) recette = 3 600 $; prix du billet: 6 $

b) 3 500 $

c) c, la partie constante de la relation du second degré, représente la recette initiale.

2. a) 15 m **b)** 335 m

c) 515 m **d)** 10 s

e) 13,11s **f)** 20,15 s

3. a) Le premier quart-arrière a lancé le ballon 4,2 verges plus loin.

b) Le premier quart-arrière l'a lancé plus haut.

c) Les réponses varieront.

4. a) 13 m

b) 472,9 m

c) 523,20 m

d) 10,20 s

e) 10,03 s

f) 20,54 s

5. a) Non, seul le deuxième tir marque un but. Au premier tir, le ballon arrive au but à 2,652 5 m de hauteur, soit au-dessus de la barre transversale, et donc pas dans le but. Au deuxième tir, le ballon arrive au but à 1,875 m de hauteur, soit sous la barre transversale.

b) Non, seul le deuxième tir marque un but.

6. a) 5s, 125 m; 6s, 180 m; 7s, 245 m; 8s, 320 m

b) La solution est dans le guide d'enseignement.

7. a) 484 000 $

b) 0,20 $

c) 2,20 $

d) 210 000 personnes

8. a) 32,50 $

b) 8 000 barils

c) 176,50 $

9. a) 0,75 vg

b) 25,95 vg

c) 32 vg

d) 25 vg

e) 50,30 vg

10. a) 2 m **b)** 20 m

c) 26 m **d)** 4 s

e) 3,65 s **f)** 8,17 s

11. a) 87 l

b) 28,65 l

c) 9,2 l à 100 km/h

d) Les réponses varieront.

12. La plus basse mesure 18,7 m et l'autre mesure 22,35 m.

13. 5 625 m²

Révision du chapitre 8, pages 356 et 357

1. zéros

2. a)

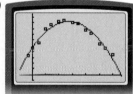

b) $y = -0,248\,8x^2 + 6,767\,1x + 46,370\,5$

c) 13,6 °C selon la courbe la mieux ajustée

3. a)

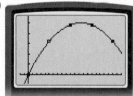

b) $y = -0,011\,85x^2 + 0,266\,7x$

c) hauteur maximale = 1,5 m distance horizontale = 11,25 m

4. a) Aire = $-l^2 + 20l$ **b)** $l = 10$

5. Ils sont distants de 4 m, soit deux fois la distance entre un arbre et le milieu de la corde.

6. a) 13 m **b)** 1,63 s **c)** 1,29 s

7. a) 4,5 m **b)** 10,94 m **c)** 4,24 m

8. a) 4,5 m **b)** 3,25 m

c) Oui. Quand on tire en suspension à 7,2 m du panier, le ballon atteint 3,15 m de hauteur avant d'arriver au panier, soit au-dessus de l'anneau. Il peut donc entrer dans le panier.

9. a) 2 812,50 $

    b) 5

    c) 7,50 $

Test modèle du chapitre 8, pages 358 et 359

1. a) 0 ; 0 ; valeur minimale : 0

    b) -2 ; -2, 1 ; valeur minimale $-2,25$

    c) -49 ; -7, 7 ; valeur minimale : -49

    d) 0 ; -4, 0 ; valeur minimale : -4

2. a)

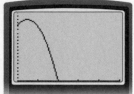

    b) $y = -0,035x^2 + 0,875x + 6,25$

    c) 11,72 pi

    d) 12,5 vg

    e) 4,36 pi

3. a) 21,5 m

    b) 22,725 m ; 0,5 s

    c) 17,825 m

    d) environ 2,65 s

4. a)

    b) 41,4 m

    c) 360 m ou 897 m

5. a) 1 800 000 $

    b) 60 000

    c) entre 30 000 et 90 000 ; le produit sera inférieur à zéro si le fabricant fabrique moins de 30 000 ou plus de 90 000 cadres.

6. Oui, il a marqué. $h = -0,03(42)^2 + 1,50(42) = 10,08$ Puisque $10,08 > 10$, le but est bon.

Révision des chapitres 6 à 8, pages 362 et 363

Chapitre 6, page 362

1. a)

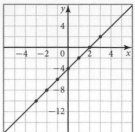

    b)

2. a)

x	y
0	0
1	8
2	12
3	12
4	8
5	0

    b) $y = -2x^2 + 10x$

    c)

    d) Sommet : (2,5, 12,5) ; axe de symétrie : $x = 2,5$

3. a)

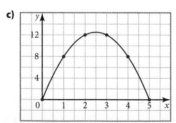

x	$y = 4x^2 - 10x + 1$
0	1
1	-5
2	-3
3	7
4	25
5	51

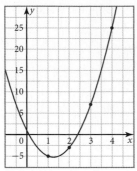

b) ordonnée à l'origine : $y = 1$;
abscisses à l'origine : $x = 0,104$, $x = 2,396$;
sommet : $(1,25, -5,25)$

Chapitre 7, page 362

4. a) $x^2 + 2x - 8$
b) $x^2 - 6x + 9$
c) $4x^2 + 4x - 3$
d) $9x^2 - 6x + 1$

5. $144 - x^2$

6. a) PGFC : 3 ; $3(x + 6)$
b) PGFC : $5x$; $5x(x - 2)$
c) PGFC : 3 ; $3(x^2 + 3x - 6)$
d) PGFC : $14x$; $14x(x^2 + 2)$

7. a) $A = 10x(x + 50)$
b) $P = 2(x + 50) + 2(10x)$ ou $P = 22x + 100$
c) $A = 6\ 000$, $p = 320$

8. a) $(x + 3)(x - 3)$
b) $(5 - x)(5 + x)$

9. a) $(x - 6)(x + 3)$
b) $(x - 9)(x - 2)$
c) $(x + 6)(x + 5)$
d) $(x - 5)(x + 1)$

Chapitre 8, page 363

10. 17,34 m

11. a)

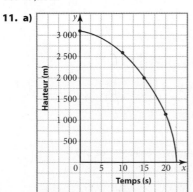

b) $y = -4,9x^2 + 3\ 100$
c) 21,99 s

12. a) 5 s
b) 2,5 s
c) 31,25 m

13. 1 406,25 m^2

14. a) 11 760 $
b) 280 $

Révision des chapitres 1 à 8, pages 366 à 368
Chapitre 1, page 366

1. 830,25 $

2. $j = 24$ cm ; $y = 19$ cm

3. 4,68 m

Chapitre 2, page 366

4. a) 40,3 cm
b) 37,4 cm

5. 16,5 m

Chapitre 3, page 366

6. pente de $\overline{AB} = \dfrac{4}{3}$; pente de $\overline{CD} = -4$; pente de $\overline{EF} = 0$;

7. a) $y = \dfrac{1}{2}x + 4$ **b)** $y = \dfrac{1}{2}x - 6$ **c)** $y = -x - 6$

8. a)

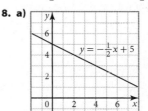

b)

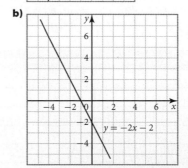

9. a)

Temps (h)	Coût ($)
1	80
2	105
3	130

b)

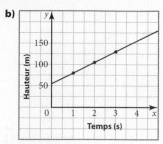

Temps (s)

c) $y = 25x + 55$

d) 155 $

e) 92,50 $

Chapitre 4, page 367

10. a) $x = 3$ **b)** $k = 20$ **c)** $y = 21$ **d)** $z = 2$

11. a) $y = 4x + 5$ **b)** $y = -6x + 3$

    c) $y = \dfrac{4}{15}x + 2\dfrac{2}{5}$

12. $C = -23$

Chapitre 5, page 367

13.

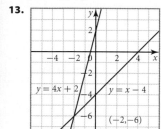

14. a) $(-16, -28)$ **b)** $(1, 1)$

15. a) $(-2, 4)$ **b)** $(5, 1)$

16. Respectivement 9 500 $ et 5 500 $

Chapitre 6, page 367

17.

x	y	Premières différences	Deuxièmes différences
-3	31		
-2	18	-13	
-1	9	-9	4
0	4	-5	4
1	3	-1	4
2	6	3	4

18. a) $(-6, 18)$ **b)** $x = -6$
    c) abscisse à l'origine $(-9, 0)$, $(-3, 0)$;
       ordonnée à l'origine $(0, -54)$
    d) max : 18

Chapitre 7, page 368

19. a) $x^2 - 2x - 15$
    b) $2x^2 - x - 1$
    c) $4x^2 - 12x + 9$

20. a) PGCF : 9 ; $9(2x - 3)$ **b)** PGCF : x ; $x(5x + 1)$

21. a) $l = 4x$; $L = x + 50$ **b)** $10x + 100$
    c) $P = 600$ m ; $A = 20\ 000$ m^2

22. non ; $(x + 7)(x - 6)$

23. a) $(x + 6)(x - 6)$ **b)** $(x + 7)(x - 1)$
    c) $(x - 7)(x + 4)$ **d)** $(x + 5)(x - 1)$

Chapitre 8, page 368

24. a)

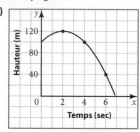

Temps (sec)

    b) 100 m   **c)** 120 m ; 2 s

25. a)

    b) $(-4, 0)$, $(4, 0)$
    c) 8 m

Annexe — Habiletés

L'addition et la soustraction de nombres entiers relatifs, page 370

1. a) 17   **b)** 0   **c)** 8

2. a) 23   **b)** 11   **c)** -3

3. a) 42   **b)** 5   **c)** -17 **d)** 10

Les tuiles algébriques, page 371

1. a) ▪▪▪▪ ▭ ▭ = ▪▪▪▪

    b) ▪▪▪ ▪▪▪▪ = ▪▪▪▪▪▪

    c) ▯▯▯▯▯▯ ▪▪ = ▪▪▪▪▪

Les propriétés des angles, pages 371 et 372

1. a) 115°   **b)** 50°   **c)** 160°
    d) 102°   **e)** 90°   **f)** 172°

2. a) $x = 75°, y = 105°$
    b) $x = 145°, y = 35°$
    c) $x = 130°, y = 50°, z = 130°$

L'aire, page 373

1. a) 7,5 mm^2 **b)** 4 mm^2
c) 11 cm^2 **d)** 12,53 cm^2

Les facteurs communs, page 374

1. a) 1, 2, 4 ; GCF : 4
b) 1, 2, 4, 8, 16 ; GCF : 16
c) 1, 2, 3, 5, 6, 10, 15, 30 ; GCF : 30

2. a) 1, 3 ; GCF : 3   **b)** 1, 5 ; GCF : 5
c) 1 ; GCF : 1   **d)** 1, 3 ; GCF : 3

La conversion de fractions en nombres décimaux, pages 374 et 375

1. a) 0,2   **b)** 0,35
c) 0,375   **d)** 0,7
e) 0,65   **f)** 0,25

2. a) 0,7   **b)** 0,2
c) 0,4   **d)** 0,8

La conversion d'unités de mesure, page 375

1. a) 138 000 ml   **b)** 0,000 45 km
c) 0,58 ml   **d)** 7,2 m
e) 0,7 m^2 **f)** 189 000 cm^3

L'évaluation d'expressions, page 376

1. a) −2   **b)** 10   **c)** 10   **d)** −1
2. a) 13   **b)** 5   **c)** −5   **d)** 67
3. a) 24   **b)** 10   **c)** −50   **d)** −7

La simplification, pages 376 et 377

1. a) $\dfrac{1}{2}$ **b)** $\dfrac{3}{5}$
c) $\dfrac{3}{8}$ **d)** $\dfrac{1}{20}$

Le plus petit dénominateur commun, pages 377 et 378

1. a) 30   **b)** 28
c) 36   **d)** 30

2. a) 10   **b)** 24
c) 100   **d)** 72

Les fractions, pages 378 et 379

1. a) $\dfrac{5}{6}$ **b)** $\dfrac{4}{5}$ **c)** $\dfrac{3}{4}$ **d)** $\dfrac{5}{6}$
2. a) $\dfrac{3}{20}$ **b)** $\dfrac{1}{2}$ **c)** $\dfrac{1}{6}$ **d)** $-\dfrac{1}{10}$
3. a) $\dfrac{10}{63}$ **b)** $\dfrac{1}{25}$ **c)** $\dfrac{9}{25}$ **d)** $\dfrac{3}{20}$
4. a) $\dfrac{4}{15}$ **b)** $\dfrac{3}{4}$ **c)** $\dfrac{25}{42}$ **d)** $\dfrac{25}{27}$

Les coordonnées cartésiennes, page 380

1. a) 2   **b)** −1   **c)** 5   **d)** 0
2. a) 7   **b)** −2   **c)** −3   **d)** 20

3.

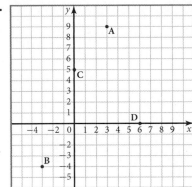

4. A(2, −4), B(5, −1), C(−4,1), D(0, 3)

La représentation graphique de fonctions affines, pages 381 et 382

1. a)

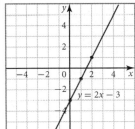

b)

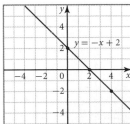

c)

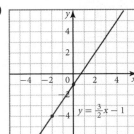

2. a)

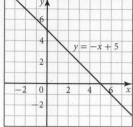

b)

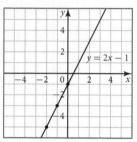

c)

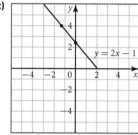

Les coordonnées à l'origine, page 382

1. a) abcisse à l'origine : −3, ordonnée à l'origine : −1
   b) abcisse à l'origine : 3, ordonnée à l'origine : −4

2. a)

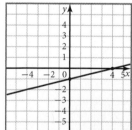

b)

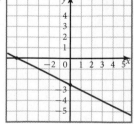

Isoler une variable, page 383

1. a) $y = -\dfrac{8}{3}x + \dfrac{2}{3}$

b) $y = \dfrac{3}{2}x - \dfrac{7}{4}$

c) $y = 2x - 13$

d) $y = \dfrac{5}{6}x + \dfrac{11}{6}$

Les fonctions affines et les fonctions non affines, pages 383 et 385

1. a)

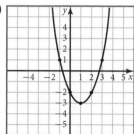

non affine

b)

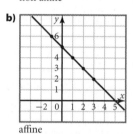

affine

2. a)

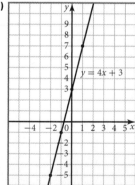

affine

b)

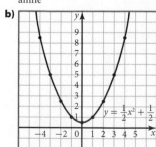

non affine

Les axes de symétrie, pages 385 et 386

1. a)

b)

2. a)

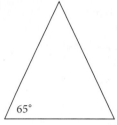

b)

Les lois des exposants, pages 386 et 387

1. a) u^{11} **b)** 6^5 **c)** $0{,}2^5$ **d)** y^7

La multiplication et la division d'expressions algébriques, page 387

1. a) $15y$ **b)** $60p^2$
     c) $-2x^2$ **d)** $-48k^2$

2. a) $-4x$ **b)** $3k$
     c) $-3y$ **d)** -5

3. a) $-8x - 6$
     b) $-3y^2 - 18y + 3$
     c) $35a - 10a^2$
     d) $-12p^2 + 28p - 20$

Les polynômes, page 388

1. a) binôme
     b) trinôme
     c) polynôme
     d) trinôme

2. a) -5 **b)** 8
     c) -1 **d)** 24

Les propriétés des triangles, pages 388 et 390

1. a) $68°$ **b)** $45°$

2. a) $120°$ **b)** $60°$ **c)** $45°$
     d) $95°$ **e)** $82°$ **f)** $37°$

3. a)

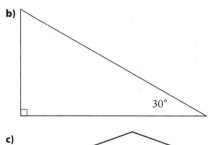

b)

c)

d)

Les proportions, page 390

1. a) $x = 48$ **b)** $x = 20$
     c) $x = 2$ **d)** $x = 66$

2. a) $x = 1$ **b)** $x = 4\ 000$
     c) $x = \dfrac{100}{17}$ **d)** $x = 3$

Le théorème de Pythagore, pages 390 et 391

1. a) $w \approx 2{,}8$ cm
     b) $x \approx 2{,}4$ mm
     c) $c \approx 2{,}2$ cm

Les rapports, pages 391 et 392

1. a) $5 : 6$ **b)** $2 : 7$
     c) $1 : 4$ **d)** $6 : 5$

L'arrondissement, page 392

1. a) 4 **b)** 10
     c) 9 **d)** 2

2. a) $7{,}9$ **b)** $8{,}4$
     c) $10{,}8$ **d)** $101{,}0$

3. a) $5{,}89$ **b)** $0{,}14$
     c) $11{,}70$ **d)** $0{,}00$

Les simplifications des expressions algébriques, pages 392 et 393

1. a) $4b + 13$ **b)** $10k - 11$
  c) $-4f + 8$ **d)** $2t + 2$

2. a) $7y + 4z - 6$ **b)** $10a + 7b$
  c) $13p - q - 4$ **d)** $3t + 3u + 3$

La résolution d'équations, pages 393 et 394

1. a) $x = -5$ **b)** $x = 5$
  c) $x = \dfrac{40}{3}$ **d)** $x = -24$

2. a) $x = -1$ **b)** $x = -32$
  c) $x = \dfrac{20}{3}$ **d)** $x = 10$

La résolution graphique de systèmes d'équations du premier degré, page 394

1. a) $(-1, -4)$ **b)** $(1, 7)$

La mise au carré, page 395

1. a) 25   **b)** 9   **c)** 36

2. a) 97   **b)** 68   **c)** 101

3. a) 60   **b)** 45   **c)** 300

4. a) 54   **b)** 107   **c)** 32

Les racines carrées, page 396

1. a) 6   **b)** 8   **c)** 10
  d) 3

2. a) 4,5   **b)** 13,4   **c)** 9,9
  d) 11,4

La mise en équation de problèmes, page 396

1. a) x représente le nombre de jeans que Félix a achetés. Donc, $45x = 225$.
  b) y représente le nombre de disques compacts que Ming a vendus. Donc, $8y = 136$.
  c) z représente le nombre de couches qu'Andrée-Anne a changées. Donc, $2z + 25 = 31$.

Glossaire

LÉGENDE	
f.	féminin
m.	masculin
pl.	pluriel
adj.	adjectif
v.	verbe

abscisse (f.) Le premier nombre du couple qui a position d'un point dans un plan cartésien. Elle représente la distance horizontale par rapport à l'axe des *y*.

abscisse à l'origine (f.) L'abscisse du point où la représentation graphique d'une relation coupe l'axe des *x* ; la valeur de *x* quand *y* = 0.

aire (f.) Le nombre d'unités carrées nécessaires pour couvrir une surface plane.

aire totale (f.) Le nombre d'unités carrées nécessaires pour couvrir la surface d'un solide.

angle d'élévation (m.) L'angle formé par une droite horizontale et la ligne de visée vers un objet plus élevé que l'observateur.

angle de dépression (m.) L'angle formé par une droite horizontale et la ligne de visée vers un objet situé plus bas que l'observateur.

angle droit (m.) Un angle qui mesure 90°.

angles complémentaires (m. pl.) Deux angles dont la somme des mesures est égale à 90°.

angles correspondants (m. pl.) Pour les triangles semblables, les angles qui occupent la même position relative. Les angles correspondants sont égaux.

angles opposés par le sommet (m. pl.) Les paires d'angles formés de chaque côté de l'intersection de deux droites.

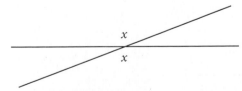

angles supplémentaires (m. pl.) Deux angles dont la somme des mesures est égale à 180°.

axe de symétrie (m.) Pour une parabole, c'est la droite verticale qui passe par le sommet et dont l'équation est
$x = a$, où *a* représente l'abscisse du sommet.

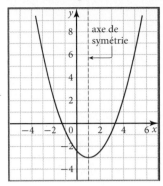

axe des x (m.) La droite numérique horizontale dans un plan cartésien.

axe des y (m.) La droite numérique verticale dans un système de coordonnées cartésien.

 B

binôme (m.) Un polynôme formé de deux termes. Par exemple, $4x^2 + 2$ est un binôme.

C

cathètes (f. pl.) Les deux côtés qui forment l'angle droit d'un triangle rectangle.

circonférence (f.) Le périmètre d'un cercle.

cœfficient (m.) Le facteur qui multiplie une variable. Dans $y = -2x$, le coefficient de *x* est -2.

congruents (adj. pl.) Se dit de polygones de forme et de taille identiques.

congrus (adj. pl.) Se dit d'angles ou de côtés de mêmes mesures.

coordonnées (f. pl.) Un couple ordonné de nombres qui indiquent la position d'un point dans un plan cartésien.

coordonnées à l'origine (f.) La distance de l'origine d'un plan cartésien au point où une droite ou une courbe coupe l'un des axes. Voir abscisse à l'origine et ordonnée à l'origine.

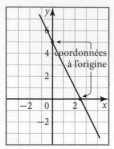

cosinus (m.) Dans un triangle rectangle, le rapport entre la longueur du côté adjacent à un angle et la longueur de l'hypoténuse.

$$\cos A = \frac{\text{longueur du côté adjacent à A}}{\text{longueur de l'hypoténuse}}$$

côté adjacent (m.) Dans un triangle rectangle, côté de l'angle étudié autre que l'hypoténuse.

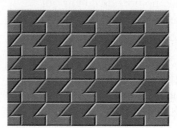

côté opposé (m.) Dans un triangle, le côté en face de l'angle étudié.

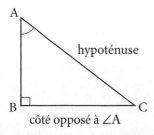

côtés correspondants (m. pl.) Les côtés qui occupent la même position relative dans des triangles semblables. Les longueurs de côtés correspondants sont proportionnelles.

couple (m.) Une paire ordonnée de nombres qui sert à situer un point dans un plan cartésien. Le premier nombre indique la distance horizontale par rapport à l'axe des *y*. Le second nombre indique la distance verticale par rapport à l'axe des *x*.

courbe la mieux ajustée (f.) Une courbe qui passe par les points d'un nuage de points ou le plus près possible de ces points.

D

dallage ou maillage (m.) Une répétition de figures géométriques qui couvrent une surface sans chevauchement ni espace.

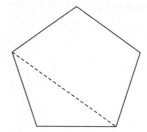

dénominateur (m.) Le nombre de parties égales d'un tout ou d'un groupe. Le dénominateur est le second nombre d'une fraction, c'est-à-dire celui qui se trouve sous le trait de la fraction.

déplacement horizontal (m.) La distance horizontale entre deux points d'une droite.

déplacement vertical (m.) La distance verticale entre deux points d'une droite.

deuxièmes différences (f. pl.) Les différences entre les premières différences consécutives. Dans le cas d'une fonction du second degré, les deuxièmes différences sont constantes.

développer (v.) Effectuer une multiplication, souvent en appliquant la distributivité.

diagonale (f.) Une droite qui relie deux sommets non consécutifs d'un polygone.

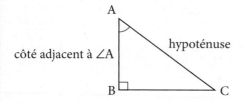

diagramme de Venn (m.) Un diagramme qui montre les relations entre des ensembles à l'aide de cercles.

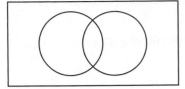

diamètre (m.) Un segment de droite reliant deux points de la circonférence d'un cercle et qui passe par son centre.

différence de carrés (f.) Un binôme dans lequel un terme au carré est soustrait d'un autre terme au carré. Les facteurs d'une différence de carrés sont des binômes formés de la somme et de la différence des deux termes.

dimension (f.) En géométrie, la longueur, la largeur ou la hauteur d'une figure ou d'un solide.

distributivité (f.) Une propriété qui fait en sorte que, dans la multiplication d'un polynôme par un monôme, le monôme multiplie chaque terme du polynôme.

droite la mieux ajustée (f.) Une droite qui passe par les points d'un nuage de points ou le plus près possible de ces points.

droites parallèles (f. pl.) Des droites qui sont situées dans un même plan et qui ne se coupent jamais. Des droites parallèles ont la même pente.

droites perpendiculaires (f. pl.) Des droites qui se coupent à angle droit. Des droites perpendiculaires ont des pentes inverses l'une de l'autre, pentes dont les signes sont opposés.

équation (f.) Un énoncé mathématique qui contient au moins une variable et qui indique que deux expressions sont égales.

Par exemple, $6x - 1 = 4x$.

équation cartésienne d'une droite (f.)
Une équation du premier degré de la forme $Ax + By + C = 0$, où A, B et C sont des nombres réels, et où A et B ne peuvent pas être tous les deux nuls.

équation de la forme pente-ordonnée à l'origine (f.) Une équation du premier degré de la forme $y = mx + b$, où m représente la pente de la droite et b, l'ordonnée à l'origine.

équation du premier degré (f.) Une équation qui lie deux variables de telle manière que les couples vérifiant l'équation forment une droite dans un graphique.

équation du second degré (f.) Une équation de la forme $ax^2 + bx + c = 0$, où $a \neq 0$.

expression algébrique (f.) Un énoncé mathématique formé de nombres et d'une ou plusieurs variables.

Par exemple, $3x - 2$, $5m$ et $12xy + x + 14y$ sont des expressions algébriques.

facteur (m.) Un nombre ou une expression qui divise un autre nombre ou une autre expression.

facteur commun (m.) Un nombre qui est le facteur de tous les nombres d'un ensemble.
Par exemple, 7 est un facteur commun des nombres 14, 21 et 42.

formule (f.) Une équation qui décrit une relation algébrique entre deux ou plusieurs variables.

grandeurs proportionnelles (f. pl.)
Des grandeurs qui sont dans le même rapport. Les longueurs des côtés de deux triangles sont proportionnelles si l'on obtient les longueurs des côtés de l'un en multipliant chaque longueur de côté de l'autre par un même nombre.

hauteur d'un objet (f.) Le segment ou la longueur du segment abaissé perpendiculairement du sommet à la base.

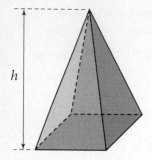

hypoténuse (f.) Le côté le plus long d'un triangle rectangle, c'est-à-dire le côté opposé à l'angle droit.

ligne de symétrie (m.) Une droite qui divise une figure en deux parties congruentes qui sont la réflexion l'une de l'autre par rapport à cette droite. On dit aussi axe de symétrie.

masse (f.) La quantité de matière contenue dans un objet.

mnémonique (f.) Une technique d'abréviation qui permet de se rappeler plus facilement des règles et des définitions.

Par exemple, PEDMAS renvoie à la priorité des opérations, et SOH CAH et TOA, aux rapports trigonométriques.

monôme (m.) Un polynôme qui a un seul terme. Un monôme est défini comme le produit d'un cœfficient et d'une ou plusieurs variables avec des exposants entiers naturels.

Par exemple, $5x^2$.

multiple (m.) Le produit d'un nombre donné et d'un nombre naturel non nul. Par exemple, les multiples de 7 sont 7, 14, 21, 28, etc.

nombre entier (m.) Un nombre qui fait partie de l'ensemble des nombres relatifs {…, −3, −2, −1, 0, 1, 2, 3, …}.

nombres consécutifs (m. pl.) Des nombres qui viennent l'un après l'autre.

Par exemple, 5, 6, 7 et 8 et sont des nombres consécutifs dans l'ensemble des entiers.

nuage de points (m.) Une représentation graphique qui permet de comparer deux ensembles de données reliées entre elles. Les données correspondant à deux variables sont représentées sous forme de points dans un plan cartésien.

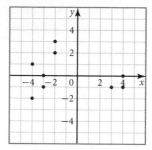

numérateur (m.) Le nombre de parties égales considérées dans un tout ou dans un groupe. Le numérateur est le premier nombre d'une fraction, c'est-à-dire celui qui se trouve au-dessus du trait de la fraction.

opérations opposées ou inverses (f. pl.) Des opérations mathématiques qui s'annulent mutuellement. L'addition et la soustraction sont des opérations opposées. La multiplication et la division sont des opérations inverses.

ordonnée (f.) Le second nombre du couple qui indique la position d'un point dans un plan cartésien. Elle représente la distance verticale par rapport à l'axe des x.

ordonnée à l'origine (f.) L'ordonnée du point où le graphique d'une relation coupe l'axe des y; la valeur de y quand $x = 0$.

origine (f.) Le point d'intersection de l'axe des x et des y dans un plan cartésien; les coordonnées de ce point sont (0, 0).

P

parabole (f.) La représentation graphique d'une fonction du second degré. Une courbe symétrique en forme de U.

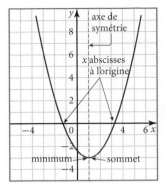

pente (f.) La mesure du degré d'inclinaison d'une droite. Elle permet de comparer la distance verticale avec la distance horizontale entre deux points.

périmètre (m.) La longueur du contour d'une figure fermée.

plan cartésien (m.) Un quadrillage défini par des droites numériques perpendiculaires et utilisé pour situer des points à partir de leurs coordonnées.

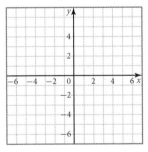

plus grand facteur commun (PGFC) (m.) Le plus grand nombre qui est un facteur de deux ou de plusieurs nombres.

Par exemple, le PGFC des nombres 36, 48 et 72 est 12.

plus petit multiple commun (PPMC) (m.) Le plus petit multiple commun de deux ou plusieurs nombres.

Par exemple, le PPMC des nombres 2, 3 et 5 est 30.

plus petit dénominateur commun (PPDC) (m.) Le plus petit multiple commun des dénominateurs de deux ou de plusieurs fractions.

Par exemple, le PPDC des fractions $\frac{1}{4}$, $\frac{1}{6}$, et $\frac{1}{3}$ est 12.

poids (m.) La force gravitationnelle entre un objet et la Terre ou une autre planète.

point d'intersection (m.) Le point où deux droites se coupent. Les coordonnées de ce point vérifient l'équation de chacune des deux droites.

polynôme (m.) Une expression algébrique formée d'un ou de plusieurs termes séparés par des symboles d'addition ou de soustraction.

premières différences (f. pl.) Les différences entre des valeurs consécutives de y dans un tableau de valeurs où les valeurs de x sont séparées par un intervalle constant. Les premières différences sont constantes dans une relation du premier degré.

priorité des opérations (f.) La convention qui indique l'ordre dans lequel on doit effectuer les opérations pour évaluer une expression : parenthèses, exposants, division, multiplication, addition et soustraction (PEDMAS).

produit (m.) Le résultat d'une multiplication.

profit (m.) Les revenus totaux moins les coûts totaux.

R

racine carrée (f.) Un nombre qui, multiplié par lui-même, donne le nombre considéré.

rapport (m.) Une comparaison, sous forme de fraction, de deux quantités exprimées dans la même unité de mesure.

rayon (m.) Un segment de droite qui relie le centre d'un cercle à un point de sa circonférence ; il définit aussi la longueur de ce segment de droite.

rectangle (m.) Un quadrilatère qui a deux paires de côtés opposés congrus et quatre angles droits.

relation (f.) Une régularité ou un lien qui existe entre deux variables. Une relation peut être représentée par une équation, un graphique, un ensemble de couples ou un tableau de valeurs.

relation du premier degré (f.) Une relation entre deux variables qui est représentée graphiquement par une droite.

relation du second degré (f.) Une relation entre deux variables qui est représentée graphiquement par une parabole. Une relation définie par une équation de la forme $y = ax^2 + bx + c$, où $a \neq 0$.

relation non linéaire (f.) Une relation entre deux variables qui ne peut être représentée graphiquement par une droite.

résolution par élimination (f.) Une méthode algébrique qui permet de résoudre un système d'équations du premier degré : on additionne ou on soustrait les équations pour éliminer une variable.

résolution par substitution (f.) Une méthode algébrique qui permet de résoudre un système d'équations du premier degré : on trouve la valeur de l'une des variables dans une équation, puis on remplace la variable par cette valeur dans l'autre équation.

revenu (m.) ou recette (f.) La valeur totale des ventes.

segment de droite (m.) Une portion de droite limitée par deux points.

seuil de rentabilité (m.) Le point où les coûts sont égaux aux recettes.

simplifier (v.) Trouver une expression équivalente plus simple et plus courte, ce qui nécessite généralement le regroupement des termes semblables.

sinus (m.) Dans un triangle rectangle, le rapport entre la longueur du côté opposé à un angle et la longueur de l'hypoténuse.

$$\sin A = \frac{\text{longueur du côté opposé à A}}{\text{longueur de l'hypoténuse}}$$

solution (f.) La valeur de la variable qui vérifie une équation.

somme (f.) Le résultat d'une addition.

sommet (d'un polygone) (m.) Le point de rencontre de deux côtés d'un polygone.

sommet (d'une parabole) (m.) Le point où une parabole change de direction en devenant ascendante plutôt que descendante, ou vice versa.

système d'équations du premier degré (m.) Deux ou plusieurs équations du premier degré étudiées en même temps.

système impérial (m.) Un système de mesures basé sur les unités britanniques.

système métrique (m.) Un système de mesures dans lequel toutes les unités sont basées sur des multiples de 10. Le système métrique est maintenant appelé système international d'unités (SI).

tableau de valeurs (m.) Un tableau qui indique les coordonnées des points d'une relation.

x	y
0	1
1	4
2	7
3	10
4	13
5	16

tangente (f.) Dans un triangle rectangle, le rapport entre la longueur du côté opposé à un angle et la longueur du côté adjacent à cet angle.

$$\tan B = \frac{\text{longueur du côté opposé à B}}{\text{longueur du côté adjacent B}}$$

taux de variation (m.) La variation d'une grandeur par rapport à la variation d'une autre grandeur.

terme (m.) Un nombre, une variable ou le produit d'un nombre et de variables.

terme constant (m.) Un terme numérique qui ne peut changer, qui reste constant.

Par exemple, dans l'équations $7x + 3 = -5$, les termes constants sont 3 et −5.

terme variable (m.) Un terme qui comprend une lettre ou un symbole pour représenter une valeur inconnue.

Par exemple, dans l'équation $7x + 3 = -5$, le terme variable est $7x$.

termes semblables (m. pl.) Des termes qui ont la ou les mêmes variables avec le ou les mêmes exposants.

Par exemple, $4x$ et $-6x$ sont des termes semblables.

théorème (m.) Un énoncé mathématique qui a été démontré.

théorème de Pythagore (m.) Théorème énonçant que, dans un triangle rectangle, le carré de l'hypoténuse est égal à la somme des carrés des deux autres côtés. Pour un triangle rectangle de côtés a et b et d'hypoténuse c, on a $c^2 = a^2 + b^2$.

triangle (m.) Un polygone à trois côtés.

triangle équilatéral (m.) Un triangle qui a trois côtés congrus et trois angles congrus.

triangle isocèle (m.) Un triangle qui a exactement deux côtés congrus.

triangle rectangle (m.) Un triangle qui a un angle droit.

triangles semblables (m. pl.) Des triangles dont les mesures des côtés correspondants sont dans un même rapport et dont les angles correspondants sont congrus.

$\triangle$ ABC $\sim$ $\triangle$ DEF

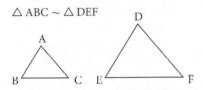

trigonométrie (f.) La branche des mathématiques qui s'intéresse aux mesures des angles et des côtés d'un triangle.

trinôme (m.) Un polynôme formé de trois termes. Par exemple, $x^2 + 2x + 1$ est un trinôme.

trinôme carré parfait (m.) Le résultat de l'élévation au carré d'un binôme.

valeur maximale (f.) Dans le cas d'une relation du second degré représentée par une parabole qui s'ouvre vers le bas, c'est l'ordonnée du sommet.

valeur minimale (f.) Dans le cas d'une fonction du second degré représentée par une parabole qui s'ouvre vers le haut, c'est l'ordonnée du sommet.

variable (f.) Une lettre qui sert à représenter une valeur qui peut changer.

Par exemple, dans $5p + 4$, p est la variable.

zéros (m. pl.) Les abscisses à l'origine d'une fonction du second degré; la ou les valeurs de x quand $y = 0$.

Index

A

Abscisse à l'origine, 260, 335
  dans une fonction du second
    degré, 261, 322, 333–334
  problèmes, 264–267, 337–335
Aéroport international Pearson
  (Toronto), 175
Aire
  d'un carré, 305
  d'un cercle, 246
  d'un cube, 324
  d'un rectangle, 242, 246, 282,
    284, 285, 289
  de la surface du corps, 165
  de triangles, 244
  problèmes, 314–315
Algorithme, 163–166
Allégorie, 257
Angle(s), 56, 65
  aigu, 59
  correspondants, 21
  dans les triangles rectangles,
    25–29
  d'élévation, 84
  d'un triangle rectangle, 58
  de dépression, 84
  et les côtés, 22
  mesure des _, 70
  mesurer à l'aide d'un
    clinomètre, 83–84
  opposés, 5
  dans des triangles
    semblables, 21, 23–24
  propriétés des _, 5
  supplémentaires, 5
Approximativement, 22
Arche parabolique, 345–347
  voir aussi Parabole
Archéologie, 241
Architecture, 266
  fonctions du second degré en
    _, 271–272
Arpenteur, 83
Arrondir, 44
Association canadienne de
  normalisation, 73
Astronautes, 258

Axe de symétrie, 260
  des fonctions du second
    degré, 261–263, 322
  problèmes, 264–267

B

Base de triangles, 244
Binômes, 282
  au carré, 288
  multiplication des _, 284–
    293, 316
  plus grand facteur commun,
    296
  problèmes, 290–293, 298–
    301, 314–315
  propriété de distributivité, 287
  utilisation du modèle d'aire,
    286
Blom Piet, 324

C

Cadran solaire, 249
  ombre, 249
  style, 249
Calcul formel. *Voir* Logiciel de
  calcul formel (LCF)
Calculatrice graphique, 101, 202
  ordonnée à l'origine, 112
  pente, 112–113, 122–123
  problèmes, 107–111
  résoudre des équations du
    premier degré, 225
  résoudre des fonctions du
    second degré, 333–336
Camionneurs, 97, 99
Canyon Miles, 91
CAO. *Voir* Conception assistée
  par ordinateur
Capital, 181
Carré(s), 45
  aire des _, 245, 305
  différence de _, 302–309
  différence entre les aires de
    deux _, 302–307
Cathedral Bluffs, 82
Cathètes, 47
  problèmes, 49–53

Celcius. *Voir* Degrés Celcius
Centimètre(s), 12
  conversion des _, 12–18
Cercle
  aire du _, 246
  rayon du _, 246
Chambre noire, 35
Charpentier, 43
Chute Kakabeka 74, 78
Circonférence, 37
  de la Terre, 37
Clinomètre, 83
Coefficient, 122
  numérique, 282
Commission, 140
Comparaison, 257
Concepts clés (rubrique)
  abscisses à l'origine, 263, 337
  algorithme, 163
  angle d'élévation, 86
  angle de dépression, 86
  axe de symétrie, 263
  binômes, 290
  calculatrice graphique, 253
  cathètes, 49
  coefficient, 125
  conversion, 16
  cosinus, 70
  côté adjacent, 59
  côté opposé, 59
  deuxièmes différences, 272
  différence de carrés, 306
  distance, 33
  droite, 135–136
  droite horizontale, 125
  droites parallèles, 125
  équation d'une droite, 135–136
  équations du premier degré,
    191
  facteurs d'un trinôme, 313
  factoriser, 306
  fonction affine, 106, 115, 116
  fonction du second degré, 244
  forme pente-ordonnée à
    l'origine, 191
  forme $y = ax^2 + c$, 344
  forme $y = mx + b$, 116
  formule, 184
  fractions, 173
  graphique, 146, 272
  hauteur, 33

hypoténuse, 49, 59
longueur, 9, 33
masse, 9
méthode de résolution par
    élimination, 220
opérations opposées, 163
ordonnée à l'origine, 116,
    135–136
ordre des opérations, 184
parabole, 244, 253, 263
pente, 106, 116, 135–136, 146
pente négative, 125
pente positive, 125
plus grand facteur commun,
    298
point, 135
point d'intersection, 205
rapports dans un triangle
    rectangle, 59
résolution d'équations du
    premier degré en plusieurs
    étapes, 173
résolution de problèmes, 351
seuil de rentabilité, 213
sinus, 70
sommet, 263
substitution, 163, 213
système d'équations du
    premier degré, 205, 209, 227
système international
    d'unités (SI), 9
tangente, 79
taux de variation, 106
théorème de Pythagore, 49
triangle rectangle, 49
triangles semblables, 25
trinôme carré parfait, 290
tuiles algébriques, 163
valeur maximale, 261
valeur minimale, 261
variables, 184
volume, 9
zéros, 337
Conception assistée par
    ordinateur (CAO), 321
Condition cardiorespiratoire, 177
Cône, 82
Constante, 169
    dans une équation du
        premier degré, 217

Coordonnées, 260
    problèmes, 227–229
Cosinus, 63–73, 67, 89
    problèmes, 71–73
Côté adjacent, 58
    côté opposé, 63–73
    problèmes, 59–62
Côté opposé, 58
    côté adjacent, 58, 63–73
    problèmes, 59–62
Côtés
    angles, 22
    correspondants, 21
    d'un triangle rectangle, 58
    longueur des _, 54–62
Courbe la mieux ajustée, 243
    problèmes, 245–248, 256
Coût, 8
Croissance (culture bactérienne),
    255
Cube
    surface d'un _, 324
    aire d'un _, 324
Cuillères à mesurer, 6
Culture bactérienne (croissance),
    255
Cybergéomètre®, 27, 55, 64–65,
    308
    pente, 122–123
    tangente, 75–77
    triangles semblables, 20–21

Dallages, 28
Décoration intérieure, 281
Degré, 6, 12, 115, 161
    d'inclinaison, 141
Degrés Celsius, 6, 12, 114, 161,
    356
    conversion des _, 12–18
    problèmes, 186–187
Degrés Fahrenheit, 12, 114
    conversion des _, 12–18
    problèmes, 186–187
Demi-droite, 55
Déplacement horizontal, 101
Déplacement vertical, 101
Design, 263
    parabole dans un _, 263

Dessinatrices et dessinateurs, 3
Dessins à l'échelle, 141
Deuxièmes différences, 270
    dans les fonctions du second
        degré, 268–272
    problèmes, 273–275
Diagonales dans les polygones,
    274–275
Diamètre, 37
    de la Terre, 37
Différence de carrés, 302–309, 303
    factorisation d'une _, 305, 317
    problèmes, 306–309
Distance, 56
    formule, 180
    problèmes, 33–37, 184–187,
        254
Distance-temps, graphique _,
    140
Distributivité
    d'un binôme, 287
    multiplication, 287
Données, recueil de _, 249–250
Droite(s), 55
    de symétrie, 241
    équation, 115, 130–140, 151
    la mieux ajustée, 243
    problèmes, 245–248, 256
    parallèles, 125, *voir aussi*
        Droites parallèles
    pente, 102
    perpendiculaire, 56, 64, 65
Droites parallèles, 125, 215
    dans des triangles semblables,
        23–24
    problèmes, 126–129

Élastique, saut à l'_, 158
Élimination
    dans les équations du premier
        degré, 216–222, 231, 232
    problèmes, 220–222
Émondeur, 5
Empreinte dentaire humaine,
    247
Énoncés et expressions
    algébriques, 201

Équation d'une droite, 151
  problèmes, 137–140
Équations, 200
  d'une pente, 104, 116
  de droites, 115, 130–140
  réarranger les _, 200
  représentation à l'aide de
    tuiles algébriques, 153
  résoudre des _, 196
Équation(s) du premier degré,
  159
  algorithme, 160
  constante dans une _, 169, 217
  élimination dans les _, 216–
    222, 231, 232
  forme générale, 188, 195
  forme pente-ordonnée à
    l'origine, 189
  fractions dans les _, 159–161,
    170–172, 189
  méthodes de résolution de
    problèmes, 223
  nombres décimaux dans les _,
    160–161
  ordre des opérations, 167–168
  parenthèses, 169–170
  pente, 189
  problèmes, 163–166, 173–177
  résoudre en deux étapes,
    158–166, 194
  résoudre en plusieurs étapes,
    167–177, 194
  résoudre en une étape, 158–
    166, 194
  variables, 169
Ératosthène, 37
Escher, M.C., 28
Estimation, 14–15
Études de marché, 155
Évaluation
  d'expressions, 240
  d'expressions algébriques, 157
Expressions, évaluation d'_, 157,
  240
Expressions algébriques, 156,
  200, 282, 284
  évaluation d'_, 157, 240
  simplification d'_, 156

F

Facteurs communs, 98, 316
Factorisation, 294, 316, 317
  d'une différence de carrés,
    305, 317
  de fonctions du second degré,
    333
  de trinômes, 310–315, 317
Fahrenheit. *Voir* Degrés
  Fahrenheit
Fédération Internationale de
  Football Association (FIFA),
  300
Ferme de toit, 47
FIFA. *Voir* Fédération
  Internationale de Football
  Association
Fonctions affines, 96, 101
  ordonnée à l'origine, 114, 115
  pente, 114, 115
  premières différences, 270
  problèmes, 107–111, 116–118,
    126–129, 191–193
  représenter graphiquement,
    141–149, 200
  tableau de valeurs, 240
  température, 115
Fonctions du second degré, 238,
  242, 356
  à partir d'un graphique, 261,
    325, 333–334
  abscisse à l'origine, 261, 322,
    334
  analyser des _, 335–336
  axes de symétrie, 261–263,
    322
  caractéristiques principales,
    258–267, 276–277
  deuxièmes différences, 268–
    270, 277
  en architecture, 271–272
  factorisation de _, 333–334
  forme des _, 258–260
  forme $y = ax^2 + c$, 340–347,
    356–357
  interprétation des _, 324–332,
    336, 356
  modéliser les _, 249–257, 276
  ordonnée à l'orignine, 261, 322

  premières différences, 268–
    270, 277
  problèmes, 253–257, 264–267,
    273–275, 327–332
  représenter les _, 320, 333–
    339, 356
  résoudre des problèmes
    comportant des _, 348–355,
    357
  sommet de la parabole, 261,
    322
  taux de variation dans les _,
    268–275, 277
  valeur maximale, 261
  valeur minimale, 261
Fonctions non affines, 276
Fonctions quadratiques, 249, *voir
  aussi* Fonctions du second
  degré
Football, ligue canadienne de _,
  284
Force gravitationnelle, 13
Forme générale d'une équation
  du premier degré, 188
Forme $y = ax^2 + c$
  concept clé, 344
  dans les fonctions du second
    degré, 340–347
  effet du changement de c
    dans la forme _, 341
  problèmes, 345–347
  valeur maximale, 342
  valeur minimale, 342
  zéros, 342, 343–344
Formule(s), 178
  distance, 180
  intérêt, 181
  intérêt simple, 181
  modéliser à l'aide de _,
    178–187, 195
  réarranger des _, 179
  temps, 180
  vitesse, 180
Four solaire, 265
Fractions, 4, 98, 156
  dans les équations du premier
    degré, 159–160, 170–172, 189
  pente, 142
Frais de service, 182–183

G

Gallon (unité de mesure), 12
Gaudi, Antonio, 266
Gaz, volume d'un _, 161–162
Géoplan, 197
Gramme, 6, 7, 12
Grandeur. *Voir* Hauteur/
   grandeur
Grandeurs proportionnelles, 21,
   22
Graphique. *Voir* Représenter
   graphiquement
Graphiques
   de relations, 322
   distance-temps, 140

H

Hauteur/grandeur, 38, 84–85,
   252
   des triangles, 244
   mesure de la _, 30–37
Hexagone, 241
Homothétie, 21
Hypoténuse, 47, 73
   problèmes, 49–53, 59–62

I

Inclinaison
   de la tour de Pise, 91
   degré d'_, 141
Intérêt, 181, 226
   problèmes, 185–187
   taux d'_, 181
     voir aussi Intérêt simple;
     Investissement
Intérêt simple, 181
   formule, 181
   problèmes, 184–187
     voir aussi Intérêt;
     Investissement
Investissement, 181, 226
   problèmes, 227
Iron Bridge (Grande-Bretagne),
   242

J

Jardins, 283

K

Kilogramme, 6, 12
   conversion, 12–18
Kilomètre, 6, 12
Kubuswoning, maisons _, 324

L

Largeur, 38
   problèmes, 33–37
Ligue canadienne de football,
   284
Litre, 6, 7, 12
   conversion, 12–18
Littératie (rubrique)
   cercle de concepts, 154
   diagramme composé de
     cercles et de flèches, 238
   diagramme de Venn, 198
   diagramme des connaissances
     antérieures, 238
   graphiques, 320
   lien de concepts à l'aide d'un
     réseau, 280
   Mon propre tableau de mots, 2
   tableau Mot et figure, 96
   tableau SVA, 42
Livre (unité de mesure), 12
   conversion de mesures, 12–18
Logiciel de calcul formel (LCF),
   171–172, 182–183, 285, 295
Longueur
   des côtés, 54–62
   unités de mesure de la _, 7, 12
Longueur/hauteur
   calcul de la _, 30–37
   d'une ferme de toit, 47
   mesure de la _, 6
   problèmes, 33–37, 49–53

M

Mach 10, 175
Mâchoire humaine fossilisée, 241
Masse, 13, 139
   conversion, 12–18
Mesure, 283
   d'angles, 70
   de longueur, 6
   de masse, 6
   de température, 6
   de volume ou de capacité, 6
   impériale, 12, 38
   système international d'unités
     (SI), 6
Méthode par élimination, 212
   dans les systèmes du premier
     degré, 223–224
Méthode par substitution, 209
   pour résoudre un système du
     premier degré, 223–224
   problèmes, 213–215
Méthode PEID, 287
Mètre (conversion), 6, 7, 12–18
Microgravité, 258
Mille (unité de mesure), 12
Millilitre, 6, 7, 12
   conversion, 12–18
Millimètre, 6, 7, 12
Monôme, 282
Mouvement, 320
Multiplication, 316
   de binômes, 284–293, 316
   et la distributivité, 287
Musée des beaux-arts du
   Canada, 19

N

Nombres, 4, 282
   opérations numériques, 282
   ordonner des _, 4
   sens des _, 4
   sous la forme de puissance,
     304
Nombres décimaux, 98
   dans les équations du premier
     degré, 160–161

Nombres entiers, 98, 156
    problèmes, 313–314
    somme et produit, 311–312
Nuage de points, 255

O

Offre et la demande, l'_, 211
Ombre (cadran solaire), 249
Once (unité de mesure), 12
Once liquide, 12
Opérations
    algébriques, 323
    opposées, 159, 166, 301, 303
Orbite, 180
Ordonnée à l'origine, 112, 201
    calculatrice graphique, 112
    d'une droite, 114, 115
    dans l'équation d'une droite, 134
    dans un graphique, 143, 145–146
    dans une fonction du second degré, 261, 322
    pente, 150
    problèmes, 116–118, 137–140, 191–193, 264–267, 337–339
Ordre des opérations
    dans les équations du premier degré, 167–168
    problèmes, 163–166
Outils technologiques et recueil de données, 249–250

P

Page Web, 283
Palais Guell (Espagne), 266
Parabole, 242, 257, 258–262, 322, 323, 325, 336
    caractéristiques des _, 260–263
    dans un design (arches), 263
    problèmes, 337–339, 345–347
    valeur maximale, 260
    valeur minimale, 260
PEID, méthode _, 287

Pendule, 248
Pente(s), 100, 101, 203
    calculatrice graphique, 112–113
    d'une droite, 102
    d'une équation, 104
    dans une équation du premier degré, 189
    équation d'une droite à l'aide de la _, 133
    fraction, 143
    négative, 125
    ordonnée à l'origine, 114, 115, 150
    positive, 125
    problèmes, 107–111, 116–118, 126–129, 136–139, 193–195
    propriétés des _, 119–120, 151
    représentation graphique d'une _, 141–150
    taux de variation, 150
Périmètre
    d'un rectangle, 165, 242, 246, 297–298
    et l'aire d'un cercle, 246
Période, 248
Pertes, 188
Pied (unité de mesure), 12
Pinte (unité de mesure), 12
Plan cartésien, 99
Planchodrome, 323
    problèmes, 339
Planète Mars, 180
Planificateurs d'événements, 193
Plus grand facteur commun, 294, 295, 318
    à l'aide des tuiles algébriques, 294
    factoriser des binômes, 296
    factoriser des trinômes, 296
    problèmes, 298–301
Plus petit dénominateur commun, 156
Plus petit multiple commun, 156
Podomètre, 138
Poids, 12
    conversion, 12–18
    mesure du _, 6

Point
    dans l'équation d'une droite, 133, 134
    problèmes, 136–139
Point d'intersection, 56, 202, 203
    problèmes, 205–208
Points, nuage de _, 255
Polygones, 275
    diagonales dans les _, 274–275
Polynômes, 282
Pont Capilano (Vancouver), 329
Pont du port de Sydney (Australie), 279
Pont Golden Gate (San Francisco), 354
Pont Rainbow Bridge (Utah), 267
Pont Skyway (Burlington), 355
Pont suspendu, 329
    problèmes, 338
Pouce (unité de mesure), 12
Premières différences, 268
    dans les fonctions du second degré, 268–270
    problèmes, 273–275
Pression (problèmes), 186–187
Profit, 188, 359
    problèmes, 338, 353–355
Projectiles, 320
    trajectoires de _, 280
Proportions, 4, 44
    dans les triangles rectangles, 54–62, 88
Propriété de distributivité. *Voir* Distributivité
Puissance, nombres sous la forme de _, 304
Pythagore, 46

Q

Quadrant, 83

R

Racines carrées, 45, 304
  problèmes, 306
Rapport(s), 4, 21, 63–73, 66, 89
  cosinus, 63–73, 67, 89
  d'une tangente, 74–82, 77, 89
  problèmes, 79–82
  dans les triangles rectangles,
    54–62, 88
  des longueurs de côtés, 54–62
  problèmes, 59–62, 71–73
  sinus, 63–73, 66, 89
  sous la forme la plus simple, 4
Rayon du cercle, 246
Rectangle
  aire, 242, 246, 282, 284, 285,
    289
  dimensions, 297–298, 310,
    311, 312–313
  périmètre, 165, 242, 246,
    297–298
  problèmes, 298–301, 314–315
Recueil de données, 249–250
  et outils technologiques,
    249–250
Règle, 7
Régularités, 303
Relations, graphiques de _, 322
Rentabilité, seuil de _, 188, 212
  problèmes, 208
Représenter graphiquement, 151
  des fonctions affines, 141–
    149, 200
  des fonctions du second
    degré, 325, 333–335
  des systèmes d'équations du
    premier degré, 202–208
  l'équation d'une droite, 132
  l'ordonnée à l'origine, 142,
    145–146
  plan cartésien, 99
  problèmes, 147–149
  une pente, 141–149
Résolution d'équations
  à l'aide d'opérations opposées
    et inverses, 163–166
  à l'aide d'un algorithme,
    163–166
  à l'aide de tuiles algébriques,
    163–166

Résolution de problèmes,
    351–355
Responsable d'études de marché,
    155
Revenu maximal, 348–349
  voir aussi Intérêt; Intérêt
    simple; Investissement;
    Seuil de rentabilité
Robotique, 280

S

Saut à l'élastique, 158
Science North (Sudbury), 280
Segment, 55, 64, 65
Sens des nombres, 4
Seuil de rentabilité, 188, 212
  problèmes, 208
Simplification d'expressions
    algébriques, 156
Sinus, 63–73
Sirop d'érable, 166
Snowbirds, 223
Soins esthétiques, 199
Sommet, 260
  d'une parabole, 263
  dans les fonctions du second
    degré, 322
  problèmes, 264–267
Sonde spatiale, 180
Soucoupes, 265, 332
Spécialiste des sciences de la
    terre, 71
Square Nathan Phillips
    (Toronto), 263
Station spatiale internationale,
    46
Sténopé d'une chambre noire, 35
Style (cadran solaire), 249
Substitution
  dans les systèmes d'équations
    du premier degré, 209–215,
    224–225, 230
  méthode par _, 209
  problèmes, 213–215
Surface d'un cube, 324
Surface du corps, aire de la _,
    165

Symétrie, 241
  axes de _, 240
Système impérial, 12, 38
  conversion en système
    métrique, 12–18
Système international d'unités
    (SI), 6, 38
  système impérial
    (conversion), 12–18
Systèmes d'équations du premier
    degré, 198, 203
  mélanges, 219–220
  méthode d'élimination dans
    les _, 223–224
  méthode de résolution de
    problèmes, 223–224
  méthode de résolution par
    substitution, 223–224
  problèmes, 205–208, 213–
    215, 227–229
  résoudre des _, 218–219
  résoudre à l'aide d'outils
    technologiques, 225
  résoudre à l'aide d'une
    calculatrice graphique, 225
  résoudre graphiquement,
    202–208, 223, 225, 230
  résoudre par élimination,
    216–222, 231
  résoudre par substitution,
    209–215, 224–225, 230
  solution à des problèmes de
    _, 322

T

Tachéomètre, 83
Tasse à mesurer, 6, 7, 12
Taux d'intérêt, 181
Taux de variation, 100, 188
  calcul du _, 103
  d'une pente, 150
  dans les fonctions du second
    degré, 268–275
  de gains, 105–106
  problèmes, 107–111
Taxes, 182–183
Technicienne ou technicien en
    génie civil, 321
Technologies en aérospatiale, 239

Température, 12, 161, 356
    conversion, 12–18
    et fonction affine, 115
    mesure de la _, 6
    problèmes, 186, 187, 254
Temps
    formule, 180
    problèmes, 184–187
Terre, planète _, 180
    circonférence de la _, 37
    diamètre de la _, 37
Théorème de Pythagore, 42, 46, 47, 88
    problèmes, 49–53
Tonne (unité de mesure), 12
Totems, 30
Tour de Pise, inclinaison de la _, 91
TPS, 182–183
Trajectoires, 320, 349–350
    de projectiles, 280
    problèmes, 352–355
Transformations, 21, 28
Triangles, 130–131
    aire des _, 244
    base, 244
    hauteur, 244
    isocèles, 73, 244
    longueur, 244
    mesure des _, 63
    semblables, 2, 19–29
    voir aussi Théorème de Pythagore
Triangle(s) rectangle(s), 244
    angles, 58
    angles correspondants dans les _, 25–29
    côté adjacent, 58
    côté opposé, 58
    côtés, 58
    isocèle, 244
    problèmes, 59–62, 86–87
    proportions, 54–62, 88
    rapports, 54–62, 88
    résoudre des problèmes portant sur des _, 83–87, 89

Triangles semblables, 21, 38
    angles correspondants, 25–29
    angles opposés, 22–23
    Cybergéomètre®, 20–21
    droites parallèles, 23–24
    longueurs de côtés, 24
    mesurer la hauteur, 30–37
    mesurer la longueur, 30–37
    propriétés des _, 19–29
Trigonométrie, 63
Trinôme carré parfait, 289, 318
Trinôme(s), 282
    carré parfait, 289, 290, 318
    factorisation de _, 310–315, 317
    plus grand facteur commun, 296
    problèmes, 300–301, 313, 314–315
Tuiles algébriques, 157, 284, 286, 288, 310–311
    détermination du plus grand facteur commun, 294
TVP, 182–183

U

Unités de mesure de la longueur, 7

V

Valeur maximale, 260
    d'une fonction du second degré, 261
    forme $y = ax2 + c$, 341–342
    problèmes, 264–267, 338–339
    revenu maximal, 348–349
Valeur minimale, 260
    d'une fonction du second degré, 261
    forme $y = ax^2 + c$, 341–342
    problèmes, 264–267

Variables, 99, 169
Vitesse, 175
    formule, 180
    problèmes, 184–187
Volume (capacité), 6, 7, 12
    conversion, 12–18
    d'un gaz, 161–162
    mesure du _, 6
    unités de _, 7

Y

$y = ax^2 + c$, *Voir aussi forme* $y = ax^2 + c$
$y = mx + b$, *Voir aussi Équation; Pente*
Yourte, 119, 120

Z

Zéros, 334, 335, 336, 339
    dans une fonction du second degré de la forme $y = ax^2 + c$, 342, 343–344
    problèmes, 337–339

Sources

Sources des photos

g = gauche ; d = droit ; h = haut ; c = centre ; b = bas

iv h NASA/JPL, b Jeff Greenberg/Index Stock Imagery ; v h Peter Bowater/Photo Researchers, Inc, b Karl Weatherly/Getty Images ; vi h © Jim Sugar/CORBIS, b © Don Johnston/Alamy ; vii h © SHOTFILE/Alamy, b © Richard Cummins/CORBIS ; x h © Digital Vision Ltd./SuperStock, b © Momentum Creative Group/Alamy ; 2–3 Royalty-Free/CORBIS ; 3 hd © Bill Varie/CORBIS ; 5 hd Reza Estakhrian/The Image Bank/Getty Images ; 6 h Blair Seitz/Photo Researchers, Inc. ; 7 hd Michel Stevelmans / Shutterstock, cd Photos.com, bd Dino Ablakovic / iStockphoto, b Shutterstock ; 8 Neo Edmund / Shutterstock ; 11 Photodisc Collection/Getty Images ; 12 Dwight Smith / Shutterstock ; 19 Geostock/Getty Images ; 28 M.C. Escher's ÒSymmetry drawing E78Ó © 2006 The M.C. Escher Company - The Netherlands. All rights reserved. www.mcescher.com ; 30 © Bjorn Backe ; Papilio/CORBIS ; 35 © David Lees/CORBIS ; 37 Visual Arts Library (London)/Alamy ; 41 Greg Pease/The Image Bank/Getty Images ; 42–43 Ilene MacDonald/Alamy ; 43 hd Steve Holderfield / Shutterstock ; 45 Jeff Dunn/Index Stock Imagery ; 46 STS-110 Shuttle Crew, NASA ; 54 Ocean Drilling Program/NOAA ; 63 Jeff Greenberg/Index Stock Imagery ; 73 © JOHN SANFORD/Grant Heilman Photography ; 74 Arco Images/Alamy ; 83 h © Joel Benard/Masterfile, b © Bettmann/CORBIS ; 86 cg Frank Vetere/Alamy, bd Thomas Shjarback/Alamy ; 91 h Dwight Smith / Shutterstock, b Royalty-Free/CORBIS ; 95 Yvette Cardozo/Index Stock Imagery ; 96–97 Peter Bowater/Photo Researchers, Inc ; 97 hd © Royalty-Free/Corbis ; 99 © Bill Barley/SuperStock ; 100 © Royalty-Free/Corbis ; 111 © Michael S. Yamashita/CORBIS ; 112 © Brand X/SuperStock ; 118 Mark Segal/Index Stock Imagery ; 119 © Royalty-Free/Corbis ; 130 © Royalty-Free/Corbis ; 138 David Young-Wolff/PhotoEdit, Inc. ; 139 hd M Stock/Alamy, bg Hemera Technologies/Alamy ; 140 © Brand X Pictures / Jupiter images ; 141 Peter Horree/Alamy ; 148 Hugh Threlfall/Alamy ; 149 Royalty-Free/CORBIS ; 153 Reimar Gaertner/Alamy ; 154–155 Royalty-Free/CORBIS ; 155 hd Flying Colours Ltd/Getty Images ; 157 BananaStock/Alamy ; 158 h © Paul A. Souders/CORBIS, b Craig Lovell/Eagle Visions Photography / Alamy ; 164 Karl Weatherly/Getty Images ; 165 © Newstockimages/SuperStock ; 166 h © James Marshall/CORBIS, b Jeff Greenberg/PhotoEdit, Inc. ; 167 Ralph Ginzburg/Peter Arnold, Inc. ; 175 Holly Harris / Getty Images ; 177 © SuperStock, Inc./SuperStock ; 178 AP Photo/Roberto Borea ; 180 NASA Langley Research Center (NASA-LaRC) ; 181 Keith Brofsky/Getty Images ; 182 Jochen Tack/Peter Arnold, Inc. ; 185 Otto Stadler/Peter Arnold, Inc. ; 186 © Alan Porritt/epa/Corbis ; 187 Rudi Von Briel/PhotoEdit, Inc. ; 188 © Royalty-Free/Corbis ; 192 © Wolfgang Kaehler/CORBIS ; 194 © Rudy Sulgan/Corbis ; 195 © Royalty-Free/Corbis ; 197 FogStock LLC/Index Stock Imagery ; 198–199 © SuperStock, Inc./SuperStock ; 199 hd © ELDER NEVILLE/CORBIS SYGMA ; 201 Image Source/SuperStock ; 202 © Robert Stainforth/Alamy ; 206 © BananaStock/SuperStock ; 207 © Ingram Publishing/SuperStock ; 209 © Angelo Cavalli/SuperStock ; 215 © Spencer Grant/PhotoEdit ; 216 © Muriot/photocuisine/Corbis ; 222 b © Tom Stewart/CORBIS, h Image Source/Getty Images ; 223 Air Force Public Affairs/Department of National Defence ; 224 © Ingram Publishing/SuperStock ; 228 © John T. Fowler/Alamy ; 229 ©Travel Ink/Index Stock Imagery ; 230 Larry MacDougal/Peter Arnold, Inc. ; 231 © ThinkStock/SuperStock ; 233 Renee DeMartin/Photonica/Getty Images ; 234 © Michelle Pedone/zefa/Corbis ; 235 © Royalty-Free/Corbis ; 238–239 Steve Allen/Getty Images ; 239 hd WorldFoto/Alamy ; 241 h Robert J. Blumenschine, b The Natural History Museum/Alamy ; 242 Paul Thompson Images/Alamy ; 248 © Maria Ferrari/SuperStock ; 249 © Photo Researchers, Inc. ; 254 Big Cheese Photo/Index Stock Imagery ; 257 Jessica Addams/Wolf Park, www.wolfpark.org ; 258 © Jim Sugar/CORBIS ; 263 Peter Watson/Intuition Photography ; 266 h FirstShot/Alamy, b The Natural History Museum/Alamy ; 267 © Galen Rowell/CORBIS ; 268 h © PICIMPACT/CORBIS, cd © Royalty-Free/Corbis ; 269 Ross Woodhall/Photographer's Choice/Getty Images ; 272 ©David Prichard/First Light ; 277 © BIOS Klein & Hubert / Peter Arnold, Inc. ; 279 b Matthew Wellings/Alamy, h Robert J. Blumenschine, cd The Natural History Museum/Alamy ; 280-281 © Don Johnston/Alamy ; 281 hd Royalty-Free/CORBIS ; 283 © Royalty-Free/Corbis ; 284 © Iconotec/Alamy ; 292 Stan Liu/Iconica/Getty Images ; 294 AP PHOTO/CP, Francois Roy ; 300 © Eurostyle Graphics/Alamy ; 301 © Patti McConville/Grant Heilman Photography, Inc. ; 302 © Royalty-Free/Corbis ; 308 © Pawel Libera/Corbis ; 310 © Ingram Publishing/SuperStock ; 318 © Ross M. Horowitz/Getty ; 319 © David H. Wells/Corbis ; 320–321 © SHOTFILE/Alamy ; 321 hd © Cindy Charles/PhotoEdit ; 323 Big Stock Photo ; 324 © Robert Harding Picture Library Ltd/Alamy ; 327 © Alex Bartel/SuperStock ; 332 Stockbyte/PunchStock ; 333 © Richard T. Nowitz/Corbis ; 338 h Skip Nall/Getty Images, b © Lee F. Snyder/Photo Researchers, Inc. ; 340 h © Peter Watson/Intuition Photography ; 343 © Peter Watson/Intuition Photography ; 346 Mike Mesgleski /Index Stock ; 347 ihoe/Alamy ; 348 © Gideon Mendel/Corbis ; 349 Bill Aron/PhotoEdit ; 353 Keith Alstrin /Index Stock Imagery ; 354 Troy+Mary Parlee/Index Stock Imagery ; 355 © Peter Watson/Intuition Photography ; 357 FAN travelstock/Alamy ; 358 Eric Figge/Index Stock Imagery ; 361 © PhotoLink/Getty Images ; 364 © Image Source/SuperStock ; 365 © Royalty-Free/Corbis

Source des illustrations

Pronk&Associates

Source des dessins techniques

Pronk&Associate